NORDFRIISK
INSTITUUT

Wegweiser zu den Quellen der Landwirtschaftsgeschichte Schleswig-Holsteins

Abschnitt XI: Kreis Rendsburg-Eckernförde

Von
Harry Kunz

Herausgegeben vom Nordfriisk Instituut
in Zusammenarbeit mit dem Landesarchiv Schleswig-Holstein

Gedruckt im Rahmen der Förderung des Projekts „Wegweiser zu den Quellen der Landwirtschaftsgeschichte Schleswig-Holsteins“ durch die Stiftung Schleswig-Holsteinische Landschaft.

Umschlagbilder:
Vorne: Altes Bauernhaus in Vogelsang, Ascheffel, Postkarte 1903
Hinten: Kate in den Hüttener Bergen, kolorierte Postkarte, 1904

Bibliografische Information Der Deutschen Bibliothek

Die Deutsche Bibliothek verzeichnet diese Publikation in der Deutschen Nationalbibliografie;
detaillierte bibliografische Daten sind im Internet über http://dnb.ddb.de abrufbar.

Nr. 146j

Herstellung: Books on Demand, Norderstedt
ISBN 978-3-88007-417-0

Inhaltsverzeichnis

	Vorbemerkungen	10
I.	Methodischer Leitfaden und Quellenkunde	12
II. a	Orts- und Jurisdiktionsverzeichnis	23
II. b	Verzeichnis kleinerer Wohnplätze	63
II. c	Verzeichnis der adeligen Güter	71
III.	Quellenverzeichnis	73
	Herzogtum Holstein	73
	Amt Bordesholm	75
	- Kirchspiel Bordesholm	85
	- Kirchspiel Brügge	89
	- Kirchspiel Großflintbek	90
	- Kirchspiel Nortorf	93
	- Kirchspiel Westensee	95
	Amt Kronshagen	95
	- Kirchspiel Kiel	100
	Amt Neumünster	101
	- Kirchspiel Neumünster	112
	Amt Rendsburg	114
	- Kirchspielvogtei Hohenwestedt	125
	-- Kirchspiel Hohenwestedt	126
	-- Kirchspiel Schenefeld	131
	- Kirchspielvogtei Jevenstedt	131
	-- Kirchspiel Jevenstedt	132
	-- Kirchspiel Schenefeld	133
	- Kirchspielvogtei Kellinghusen	134
	-- Kirchspiel Kellinghusen	134
	-- Kirchspiel Nortorf	136
	- Kirchspielvogtei Nortorf	137
	-- Kirchspiel Hohenwestedt	137
	-- Kirchspiel Nortorf	137
	- Kirchspielvogtei Raumort	145
	-- Kirchspiel Jevenstedt	147
	-- Kirchspiel Marienkirche Rendsburg	149
	-- Kirchspiel Christkirche Rendsburg	152
	- Kirchspielvogtei Schenefeld	152
	-- Kirchspiel Schenefeld	152

Städte 157
- Büdelsdorf 157
- Rendsburg 157

Adelige Güterdistrikte 162
- Itzehoer Güterdistrikt 163
-- Gut Drage 164

- Kieler Güterdistrikt 172
-- Gut Annenhof 172
-- Gut Blockshagen 174
-- Gut Bossee 175
-- Gut Deutsch Nienhof 176
-- Gut Emkendorf 177
-- Gut Georgenthal 183
-- Gut Groß Nordsee 184
-- Gut Hohenschulen 185
-- Gut Klein Königsförde 185
-- Gut Klein Nordsee 186
-- Gut Kluvensiek 187
-- Gut Kronsburg 187
-- Gut Marutendorf 188
-- Gut Neu Nordsee 189
-- Gut Osterrade 190
-- Gut Pohlsee 190
-- Gut Quarnbek 191
-- Gut Schierensee 193
-- Gut Schwartenbek 194
-- Gut Steinwehr 195
-- Gut Westensee 195

- Kanzleigüter 196
-- Gut Hanerau 196

Kloster Itzehoe 206
- Vogtei Hennstedt 222
- Vogtei Hohenwestedt 222
- Vogtei Meimersdorf 223
- Vogtei Nortorf 223
- Vogtei Langwedel 224

Herzogtum Schleswig 225
Amt Gottorf 227
- Kroppharde 245
-- Kirchspiel Hohn 247

Amt Hütten 247
- Hohnerharde 256
-- Kirchspiel Hohn 257
-- Kirchspiel Christkirche Rendsburg 263
- Hüttenerharde 264
-- Kirchspiel Borby 265
-- Kirchspiel Bünsdorf 266
-- Kirchspiel Haddeby 270
-- Kirchspiel Hütten 270
-- Kirchspiel Kosel 274
-- Kirchspiel Kropp 277
-- Kirchspiel Sehestedt 280

Städte 281
- Eckernförde 281

Adelige Güterdistrikte 284
- Eckernförderharde 285
- Dänischwohlder Güterdistrikt 286
-- Gut Altbülk 287
-- Gut Altenhof 288
-- Gut Aschau 288
-- Gut Augustenhof 289
-- Gut Behrensbrook 289
-- Gut Birkenmoor 291
-- Gut Borghorst 293
-- Gut Borghorster-Hütten 294
-- Gut Dänisch-Nienhof 294
-- Gut Eckhof 295
-- Gut Friedensthal 297
-- Gut Grönwohld 297
-- Gut Groß Königsförde 298
-- Gut Grünhorst 299
-- Gut Harzhof 300
-- Gut Hoffnungsthal 300
-- Gut Hohenhain 300
-- Gut Hohenlieth 301
-- Gut Kaltenhof 302
-- Gut Knoop 303
-- Gut Lindau 304

-- Gut Marienthal 305
-- Gut Neubülk 305
-- Gut Noer 305
-- Gut Rathmannsdorf 307
-- Gut Rosenkrantz 308
-- Gut Schirnau 309
-- Gut Seekamp 310
-- Gut Sehestedt 310
-- Gut Steinrade 311
-- Gut Uhlenhorst 312
-- Gut Warleberg 312
-- Gut Windeby 313
-- Gut Wulfshagen 315
-- Gut Wulfshagenerhütten 315

- Schwansener Güterdistrikt 316
-- Gut Bienebek 316
-- Gut Büchenau 317
-- Gut Büstorf 317
-- Gut Damp 318
-- Gut Dörphof 323
-- Gut Eschelsmark 323
-- Gut Grünholz 324
-- Gut Hemmelmark 325
-- Gut Hohenstein 326
-- Gut Karlsburg 326
-- Gut Kasmark 327
-- Gut Krieseby 327
-- Gut Louisenlund 328
-- Gut Ludwigsburg 329
-- Gut Maasleben 331
-- Gut Marienhof 332
-- Gut Möhlhorst 333
-- Gut Mohrberg 333
-- Gut Ornum 334
-- Gut Rögen 334
-- Gut Saxtorf 335
-- Gut Schönhagen 337
-- Gut Staun 338
-- Gut Stubbe 339

IV. Literaturverzeichnis 340
- Geschichte, Landeskunde, Topografie, Übersichts- und Nachschlagewerke 340
- Landwirtschafts- und Sozialgeschichte 342
- Recht und Verwaltung 350
- Steuerwesen 353
- Gedruckte Quellen, Quellenkunde, Statistiken, Archive und sonstige Hilfsmittel 354
- Haus- und Familiengeschichte, Ortschroniken 360

V. Anhang 373
Adressenverzeichnis 373
Abkürzungen 377

Vorbemerkungen

Die Landwirtschaft hat in Schleswig-Holstein nicht nur eine große ökonomische Bedeutung, sie darf, ja muss in einem agrarisch geprägten Land auch als besonderes Kulturgut betrachtet werden. Allerdings befindet sich dieses Gut in großer Gefahr, spätestens seit dem zügigen Voranschreiten der europäischen Vereinheitlichung und vermehrt im Zuge der aktuellen Globalisierungsbestrebungen. „Die Kenner der ländlichen Arbeits- und Lebensverhältnisse vor den großen Agrarstrukturreformen werden nicht jünger, bei den folgenden Generationen sind bereits erhebliche Wissenslücken über die früheren Zustände festzustellen", betonte vor einigen Jahren Staatssekretär a. D. Brar C. Roeloffs. 1996 gab er am Nordfriisk Instituut in Bredstedt den Anstoß für ein Projekt zur Sicherung des landwirtschaftlichen Kulturgutes. Für die finanzielle Förderung konnte die Stiftung Schleswig-Holsteinische Landschaft gewonnen werden. Dankenswerterweise hielt sie dem Vorhaben, das schließlich in ein landesweit angelegtes Projekt mündete, unentwegt die Treue!

Angestrebt wurden zunächst Höfe-Archive, doch erwiesen sich bald die „Wegweiser" als der praktikablere Weg zu den reichlich vorhandenen Quellen im Lande, die überwiegend im Landesarchiv Schleswig-Holstein aufbewahrt werden. Es galt vor allem, die historischen und oft nicht leicht durchschaubaren Jurisdiktionsverhältnisse, die sich zum Leidwesen vieler Interessierter in den Ordnungsprinzipien der Archive widerspiegeln, aufzuschlüsseln und so vor allem der Gruppe der Laienforscherinnen und -forscher einen erfolgversprechenden Einstieg in ihr Quellenstudium zu ermöglichen.

Als Resultate wurden im Verlag Nordfriisk Instituut in Zusammenarbeit mit dem Landesarchiv Schleswig-Holstein zwischen 1998 und 2015 die „Wegweiser zu den Quellen der Landwirtschaftsgeschichte" für die Kreise Nordfriesland (ISBN 3-88007-259-0), Dithmarschen (ISBN 3-88007-276-0), Schleswig-Flensburg (ISBN 3-88007-289-2), Ostholstein (ISBN 3-88007-303-1), Plön (ISBN 3-88007-321-X), Steinburg (ISBN 978-3-88007-340-1), Segeberg (ISBN 978-3-88007-354-8), Stormarn (ISBN 978-3-88007-363-0), Pinneberg (ISBN 978-3-88007-378-4) und Herzogtum Lauenburg (ISBN 978-3-88007-395-1) veröffentlicht.

Als elftes Ergebnis liegt nun der Wegweiser für den Kreis Rendsburg-Eckernförde vor. Aufbau und Gliederung entsprechen den bisher erschienenen Bänden: Teil I führt in die Thematik ein, deutet Erfolg versprechende Vorgehensweisen bei der Haus- und Höfeforschung an und skizziert die wichtigsten Quellen zur Landwirtschaftsgeschichte.

Das Orts- und Jurisdiktionsverzeichnis in Teil II a befasst sich mit jenen Eigenheiten der Archive, die durch die Aufteilung des Landes unter verschiedene Obrigkeiten in vorpreußischer Zeit entstanden sind. Um an die richtigen Aktenfundstellen zu gelangen, muss man die verschiedenen historischen Verwaltungs- und Gerichtszuständigkeiten im Forschungsgebiet kennen.

Teil III beinhaltet das umfangreiche Quellenverzeichnis. Es dient als Bestellkatalog für die der landwirtschaftlichen Geschichtsforschung zur Verfügung stehenden Archivalien.

Teil IV ist ein Literaturangebot. Besonders hingewiesen sei auf den Abschnitt „Haus- und Familiengeschichte, Ortschroniken“. Das Literaturverzeichnis ist umfangreich, eine Garantie auf Vollständigkeit kann aber nicht gegeben werden.

Ein ganz besonderer Dank gilt der Stiftung Schleswig-Holsteinische Landschaft für die finanzielle Förderung des landesweiten Projekts, das über gut zwanzig Jahre hinweg für jeden Kreis in Schleswig-Holstein einen „Wegweiser“ hervorgebracht hat. Dem Landesarchiv Schleswig-Holstein und seinen Mitarbeiterinnen und Mitarbeitern sei gedankt für die Bereitstellung der auszuwertenden Findmittel. Frau Dernehl und Frau Seiter leisteten ausgezeichnete Betreuung im Lesesaal. Wertvolle Anregungen insbesondere für das Literaturverzeichnis kamen erneut von Prof. Dr.-Ing. Klaus Timm.

Besonders gedankt sei auch dem Nordfriisk Instituut, insbesondere Geschäftsführerin Marlene Kunz für die verlagstechnische Betreuung des Projekts. Dank gilt darüber hinaus all jenen, die mit Gesprächen, Hinweisen und Ratschlägen die Sicherung des Kulturguts Landwirtschaft auf ihre Weise unterstützten.

Allen interessierten Forscherinnen und Forschern sei so viel Ausdauer und Energie gewünscht, wie sie für die Auswertung der für den Kreis Rendsburg-Eckernförde reichlich vorhandenen Quellen benötigen. Bewahren Sie sich Geduld und Beharrlichkeit und lassen Sie nicht den Kopf hängen, wenn das erste Quellenstudium nicht gleich den erhofften Erfolg bringt! Versuch und Irrtum, das liegt in der Natur der Sache, werden auch künftig die Beschäftigung mit historischem Material begleiten. Mit Hilfe des Wegweisers allerdings sollten Sie zumeist die richtige Spur verfolgen – es gilt nur noch fündig zu werden.

Bredstedt im Dezember 2017
Harry Kunz

Teil I: Methodischer Leitfaden und kleine Quellenkunde

Auch dieser elfte „Wegweiser zu den Quellen der Landwirtschaftsgeschichte Schleswig-Holsteins“ wendet sich in erster Linie, doch nicht ausschließlich, an die wachsende Schar engagierter Hobbyforscherinnen und -forscher im Lande. Er befasst sich mit dem Kreis Rendsburg-Eckernförde, enthält die im Landesarchiv Schleswig-Holstein sowie in anderen Archiven reichlich vorhandenen Akten und Unterlagen zu den Themen „Haus- und Höfeforschung“ bzw. „Landwirtschaftliche Geschichtsschreibung“ und gibt Tipps und Ratschläge im Umgang mit der Fülle des historischen Materials.

Wir unterstellen dabei, dass das Beschaffen von Unterlagen ab dem 20. Jahrhundert keine großen Schwierigkeiten bereiten wird, da z. B. sämtliche Veränderungen am Grundeigentum in den Grundbüchern festgehalten werden. Deshalb konnte auf die nach 1900 entstandenen Quellen in dem Wegweiser weitgehend verzichtet werden. Für die Zeit davor jedoch sind die Dokumentations- und Überlieferungsverhältnisse wesentlich undurchsichtiger, was die Arbeit an Ortschroniken oder bei der Höfeforschung auf vielfältige Weise erschwert. Mittels einer ausführlichen Dokumentation der für die landwirtschaftliche Geschichtsforschung in Frage kommenden Quellen und dem Angebot weiterer Hilfsmittel will Sie der „Wegweiser“ bei Ihrer Arbeit mit dem Archivmaterial unterstützen.

Bevor Sie mit der Erforschung historischer landwirtschaftlicher Verhältnisse beginnen, sollten Sie sich unbedingt nach bereits geleisteten Vorarbeiten zum Thema umsehen. Das *Literaturverzeichnis* (Teil IV) hält hierzu u. a. eine große Auswahl von Chronikarbeiten zu vielen Ortschaften des Kreisgebietes parat. Ein Studium der für Sie interessanten Werke bringt Sie vielleicht schon auf eine erste heiße Spur zu Ihrem Forschungsobjekt, zumindest jedoch werden Sie interessante Einblicke in die methodische Arbeitsweise Ihrer Vorgänger erhalten.

Bei der Haus- und Höfeforschung ist es wohl am sinnvollsten, wenn Sie mit Ihrer Arbeit von der Gegenwart ausgehen und mit der *Recherche vor Ort* beginnen. Das gilt auch für den Fall, dass Sie nicht Besitzer des Forschungsobjektes sind. Bevor Sie Ämter oder Archive um Akteneinsicht bitten, fragen Sie auf dem Hof nach alten Dokumenten nach und versuchen Sie, damit die Geschichte des Hauses so weit wie möglich zurückzuverfolgen.[1] Eine gewisse Hartnäckigkeit bei der Suche nach alten Unterlagen könnte sich dabei durchaus lohnen, weshalb man seiner Phantasie beim Aufspüren von Aktenverstecken keine Grenzen setzen sollte. Es ist zu empfehlen, Dachböden, Keller, Schuppen, Abstellräume, Kammern, Schränke und Truhen genauestens zu inspizieren, denn das amtliche „Ersatz“material wird sehr wahrscheinlich viel nüchterner ausfallen als private Dokumente. Tagebucheintragungen z. B. könnten einen schlichten Kaufvertrag um allerhand

[1] Vgl. Ute Neuhaus-Schröder (Hrsg.): Heimatforschung in Schleswig-Holstein. Handbuch für Chronisten, Regionalforscher und Historiker, Husum 2001; Peter Ingwersen (Hrsg.): Methodisches Handbuch für Heimatforschung, Schleswig 1954.

Interessantes über die Umstände seines Zustandekommens bereichern und amtliche oder juristische Fakten zu einem lebendigen Stück Vergangenheit werden lassen.

Wenn alle Möglichkeiten vor Ort ausgeschöpft sind, ziehen Sie eine erste Bilanz und versuchen dann, die sich abzeichnenden Dokumentationslücken mit Hilfe der Archive zu schließen. Stellen sich zur Hofgeschichte für das 20./21. Jahrhundert noch Fragen bezüglich der Besitzerfolge oder zeigen sich Unklarheiten bei der Hofgröße oder bei der Lage der dazugehörigen Ländereien, so lassen sich diese Mängel am ehesten mit einem Blick in die entsprechenden *Grundbuch- und Katasterunterlagen* beseitigen. Die für Ihre Forschungsvorhaben zuständigen Grundbuchämter finden Sie bei den Amtsgerichten Eckernförde, Kiel, Neumünster und Rendsburg (siehe Teil II. a).[2]

In ein Grundbuch können Sie problemlos Einsicht nehmen, wenn Sie ein „berechtigtes Interesse" nachweisen. Dies ist selbstverständlich dann der Fall, wenn Sie als Eigentümer einer Immobilie Ihre eigenen Unterlagen einsehen möchten. Berechtigten Zugriff können aber auch Personen erhalten, die juristisch oder geschäftlich mit dem fraglichen Objekt betraut sind, oder jemand, der Rechte aus der zweiten oder dritten Abteilung (siehe unten) des Grundbuchblatts ableiten kann. Will man sich als Forscher mit anderen als seinen eigenen Grundakten beschäftigen, so empfiehlt es sich, Vollmachten zur Akteneinsicht von den betroffenen Eigentümern einzuholen. Wer z. B. aus wissenschaftlichen Gründen generellen Zugang zu den Grund- und Liegenschaftsbüchern erhalten will, muss eine Genehmigung des zuständigen Gerichts einholen. In unserem Fall ist dazu ein formloser Antrag an den Präsidenten des Landgerichts Kiel zu stellen.

Grundstücke sind laut Bürgerlichem Gesetzbuch (§ 905) ein abgegrenzter Teil der Erdoberfläche und müssen in einem Grundbuch registriert werden, um Klarheit über die Rechtsverhältnisse zu schaffen.[3] Die Grundbücher werden von Grundbuchämtern geführt. Sie sind alphabetisch geordnet nach Gemarkungen, die aber nicht immer identisch sind mit den Namen der heutigen politischen Gemeinden. Genaue Auskunft darüber erteilt das Katasteramt, wie weiter unten gezeigt wird.

Jedes Grundstück erhält im Grundbuch ein Grundbuchblatt mit der Grundbuchnummer. Kennt man diese Nummer und die Gemarkung, auf der das Grundstück liegt, dann findet man das gewünschte Grundbuch am schnellsten. Eine zweite Zugriffsmöglichkeit ist die, mit Namen und Geburtsdatum des Besitzers über den Bestandskatalog zu der jeweiligen Grundbuchnummer zu gelangen.

Ein Grundbuch besteht aus dem Deckblatt, dem Bestandsverzeichnis und drei Abteilungen.
Das Deckblatt ist der Ort für besondere Vermerke über das Grundeigentum (z. B. über Denkmalschutz). Interessant könnte dabei die Eintragung „Hof gemäß der Höfeordnung" sein. In einem solchen Fall haben wir es mit einem auf besondere Weise geschützten land-

[2] Adressen von Ämtern und Institutionen finden Sie ab Seite 373.
[3] Zum Grundbuch und zur Grundbuchordnung (GBO) vgl. Manfred Bengel und Franz Simmerding: Grundbuch, Grundstücke, Grenze, 3. Aufl., Neuwied/Frankfurt a. M. 1989 sowie im Internet: www.Grundbuch.de.

wirtschaftlichen Objekt zu tun. So ist beim Ableben des Hofbesitzers nicht etwa dessen Testament ausschlaggebend für die Erbfolge, sondern ein vom Landwirtschaftsgericht auszustellendes Hoffolgezeugnis. Dieses attestiert, dass der Hof in wirtschaftlich relevanter Größe erhalten bleibt und auf einen geeigneten Nachfolger übergeht. Zu Lebzeiten des Hofbesitzers kann dies mit Hilfe eines Überlassungsvertrages geregelt werden. Entschließt sich ein Landwirt zur Auflösung seines Hofes, wird die Eintragung auf dem Deckblatt des Grundbuchblattes gelöscht.

Das Bestandsverzeichnis enthält die Daten aus dem Katasteramt. Sie betreffen die vermessungstechnische Größe und Lage des Grundeigentums. Wir werden später darauf zurückkommen.

In der ersten Abteilung des Grundbuches stehen Angaben über die Eigentumsverhältnisse und die Erwerbsgründe wie z. B. Kauf, Erbe, Flurbereinigung, freiwilliger Tausch usw.

Die zweite Abteilung führt Belastungen und Verfügungsbeschränkungen auf, soweit diese keine Grundpfandrechte betreffen. Hier sind etwa Abmachungen zum Altenteil, über persönliche Dienstbarkeiten, Nießbrauch usw. festgehalten – auch und gerade für den Sozialforscher ein geeignetes Betätigungsfeld.

Die dritte Abteilung dokumentiert die Grundschulden und Hypotheken, mit denen das Grundeigentum belastet ist.

Parallel zum Grundbuchblatt wird die Grundakte geführt. Sie ist eine Art Protokollbuch und enthält alle Originalurkunden und Anträge, die zu einem Eintrag in das Grundbuchblatt geführt haben. Diese Grundakte ist für Forschungszwecke das weitaus interessantere Dokument, und in der chronologischen Ordnung rückwärts gehend stößt man dort schließlich auf das Eröffnungsdatum des Grundbuches. Die wichtigste Eintragung für uns ist dabei der Verweis auf die Folio-Nummer in einem der Schuld- und Pfandprotokolle der Vorgrundbuchzeit. Wir befinden uns hier an der Schnittstelle zwischen der Einführung der Grundbücher durch die preußischen Amtsgerichte und den vielfältigen Jurisdiktionen unter königlicher, herzoglicher, bischöflicher und anderer Obrigkeit in der Zeit davor.

Bevor Sie nun Ihren Forschungsschwerpunkt z. B. ins Landesarchiv und damit zu den älteren Quellen verlagern, sollten Sie eventuell noch einen Blick in das *Katasteramt* in Kiel werfen. Es ist neben dem Grundbuchamt eine weitere wichtige Institution zur Verwaltung von Liegenschaften.

Das Katasteramt führt „das amtliche Verzeichnis aller Grundflächen eines Landes, das als Grundlage für das Grundbuch und für die Bemessung der Grundsteuer dient“.[4] Dazu gehören die Flurkarte und das Liegenschaftsbuch.

---

[4] Brockhaus-Enzyklopädie, 21. Aufl., Band 14, Mannheim 2006.

Etwa zur Zeit der Einführung des Grundbuches wurde auch das Land neu vermessen. Diese sogenannte Stückvermessung lieferte die Daten für die – natürlich laufend fortgeschriebenen – Flurkarten. Sie enthalten in Maßstäben von 1:500 bis 1:5000 Angaben über Grenzen, Abmarkungen und Nummern von Flurstücken sowie über Gebäude, Nutzungsarten und Bodenschätzungsmerkmale. Diese Daten gehen, wie oben bereits angedeutet, in das Bestandsverzeichnis des Grundbuchblattes ein und bilden somit den beschreibenden Teil des Grundbuches.

Aus der Flurkarte erfährt man z. B. auch den Namen der Gemarkung, unter welcher ein bestimmtes Grundbuch eingeordnet ist. Auf diese Weise lassen sich Probleme bei der Bezeichnung von ehemaligen Gemarkungen und heutigen politischen Gemeinden zweifelsfrei aufklären. Die Flurkarten dienen dem Nachweis von Liegenschaften und bilden die Grundlage für den zweiten Teil des katasteramtlichen Verzeichnisses, das Liegenschaftsbuch.

Im Liegenschaftsbuch finden Sie die personenbezogenen Angaben zum Eigentümer des betreffenden Grundstücks. Der Eigentumsnachweis gründet sich auf eine entsprechende Eintragung in einem der sogenannten Flurbücher, auch Grundsteuermutterrollen genannt, aus der Zeit vor Einführung des Grundbuchs.

Um diese alten Listen der Gebäude- und Grundsteuerpflichtigen und die oben bereits erwähnten Schuld- und Pfandprotokolle einsehen zu können, wenden wir uns nun den verschiedenen historischen Archiven zu. Den Weg zu den benötigten Unterlagen zeigt Ihnen das *Orts- und Jurisdiktionsverzeichnis* (Teil II. a). Zur Benutzung des Verzeichnisses müssen Sie nur wissen, in welchem Ort Ihr Forschungsobjekt liegt oder lag.

In der ersten Spalte des Verzeichnisses finden Sie in alphabetischer Reihenfolge die Ortschaften der früheren Ämter Bordesholm, Gottorf, Hütten, Kronshagen, Neumünster und Rendsburg sowie der adeligen Güter und weiterer historischer Jurisdiktionsbezirke. Als Unterlagen für die Erstellung des Orts- und Jurisdiktionsverzeichnisses dienten die Topografien von Johannes v. Schröder/Hermann Biernatzki und Henning Oldekop[5] sowie Angaben des Statistischen Landesamtes[6]. Sollten Sie hier eine Angabe vermissen, so handelt es sich dabei sehr wahrscheinlich um eine kleinere Siedlungseinheit, einen Wohnplatz, eine Streusiedlung, einen einzelnen Hof usw. Zur Abklärung solcher Fragen wurde ein *Wohnplatzverzeichnis*[7] entwickelt, das die kleineren Wohnplätze jeweils einem Ort aus Spalte 1 zuordnet. Allerdings kann hier keine Vollständigkeit garantiert werden.

Spalte 2 enthält die oben angesprochenen Grundbuchämter.

---

[5] Johannes v. Schröder und Hermann Biernatzki: Topographie der Herzogthümer Holstein und Lauenburg, des Fürstenthums Lübeck und des Gebiets der freien und Hanse-Städte Hamburg und Lübeck, Oldenburg (Holstein) 1855; Henning Oldekop: Topographie des Herzogtums Holstein, 2 Bände, Kiel 1908.

[6] Statistisches Landesamt Schleswig-Holstein (Hrsg.): Die schleswig-holsteinischen Kreise und Verzeichnis der Gemeinden nach der Gebietsreform vom 26.4.1970, Kiel 1970; dass. (Hrsg.): Die Bevölkerung der Gemeinden in Schleswig-Holstein 1867–1970 (Historisches Gemeindeverzeichnis), Kiel 1972.

[7] Das Wohnplatzverzeichnis finden Sie auf Seite 63 f. Es wurde mit den gleichen Hilfsmitteln erstellt wie das Orts- und Jurisdiktionsverzeichnis.

In der dritten Spalte finden sich schließlich die verschiedenen Verwaltungs- und Jurisdiktionsverhältnisse, die in den einzelnen Ortschaften im Laufe der Jahrhunderte herrschten. Diese zu kennen ist wichtig, weil die historischen Archive nicht „nach topographischen Gesichtspunkten, nach Landesteilen, Landschaften oder Orten, auch nicht nach einzelnen Personen, Familien oder Geschlechtern gegliedert“[8] sind, sondern nach dem Provenienz- oder Herkunftsprinzip. Das bedeutet, dass die Archive nach den alten Behörden (Ämter, Landschaften, Kirchspiele, adelige und kirchliche Güterdistrikte etc.) geordnet sind und es zum Auffinden der Akten unerlässlich ist, über die ehemaligen Verwaltungseinheiten genaue Kenntnis zu haben. Die weltlichen Kirchspiele bildeten die untersten Verwaltungs- und Gerichtsinstanzen, in denen u. a. auch Akten entstanden, die landwirtschaftliche Verhältnisse betrafen. Ein weltliches Kirchspiel konnte, musste aber nicht identisch sein mit dem geistlichen Kirchspiel, das all jene Orte und Wohnplätze umfasste, die einem bestimmten Pastorat zugeordnet waren.

Die Seitenzahlen zeigen Ihnen, wo überall im *Quellenverzeichnis* (Teil III) Sie nachschlagen müssen, um keine der in den Archiven vorhandenen Unterlagen bei Ihren Nachforschungen zu vergessen.

Zur Erstellung des Quellenverzeichnisses wurden die für das Gebiet des heutigen Kreises Rendsburg-Eckernförde zuständigen Archive – allen voran das Landesarchiv Schleswig-Holstein in Schleswig (LAS) – nach relevanten Unterlagen zur Erforschung der Landwirtschaftsgeschichte untersucht. Auch verschiedene Gutsarchive wurden im Landesarchiv in Schleswig verzeichnet bzw. mikroverfilmt und als „LAS, Andere Archive“ in den Wegweiser aufgenommen. Falls Sie Kontakt mit den genannten Archiven aufnehmen wollen, finden Sie die nötigen Angaben im Adressenverzeichnis im Anhang des Wegweisers. Weitere Hilfe und Anleitung geben Ihnen gerne die jeweils zuständigen Archivpfleger. Auch der schleswig-holsteinische Archivführer kann weiterhelfen.[9] Damit sollten alle zugänglichen Archivalien zum Thema erfasst worden sein.

Das Quellenverzeichnis wurde systematisch gegliedert nach den früheren politischen und juristischen Verwaltungseinheiten in den Herzogtümern Schleswig und Holstein. Den genauen Aufbau entnehmen Sie bitte dem Inhaltsverzeichnis des Wegweisers.

Beim Umgang mit dem Quellenverzeichnis sollten Sie unbedingt darauf achten, mit welchem Archiv Sie es zu tun haben. Damit es nicht zu Verwechslungen kommt, wurden die Akten archivweise gebündelt, obwohl sie thematisch sehr gut zu Akten eines anderen Archivs passen oder diese ergänzen. So finden sich z. B. Kaufkontrakte sowohl im Landesarchiv Schleswig (LAS) als auch in Gutsarchiven. *„Andere Archive“* wurden im Wegweiser kursiv gesetzt. Im Anschluss an die Archivbezeichnung sehen Sie eine Abteilungsnummer oder eine Abteilungsbezeichnung und schließlich die Bestellnummer(n) der Akte(n). Es

---

[8] Gottfried Ernst Hoffmann: Der Weg zu den archivalischen Quellen der Heimat- und Landesforschung. In: Peter Ingwersen (Hrsg.): Methodisches Handbuch für Heimatforschung, Schleswig 1954, S. 26.

[9] Veronika Eisermann und Hans Wilhelm Schwarz (Bearb.): Archive in Schleswig-Holstein, Schleswig 1996 (= Veröffentlichungen des Schleswig-Holsteinischen Landesarchivs, Band 43); fortgeschrieben im Internet unter www.archive.schleswig-holstein.de.

folgen weiter die Bezeichnung der Akte und der Zeitraum, in den die Vorgänge in der Akte fallen. Wenn Sie die Angaben aus dem Quellenverzeichnis exakt übernehmen, sollten Sie bei der Aktenbestellung in den Archiven keine Probleme bekommen.

Schnell werden Sie feststellen, dass der Umfang an interessanten Akten in einigen Verwaltungseinheiten so groß ist, dass eine thematische Untergliederung nötig und sinnvoll erschien. Aus gleich noch näher zu erläuternden Gründen bilden die Schuld- und Pfandprotokolle (SchuPfPr) diejenige Quellengruppe, mit der Sie sich zuerst beschäftigen sollten. Weitere Themenbereiche sind die Amtsrechnungen, das Steuerwesen, das Landwesen einschließlich der Akten über Pachtverhältnisse sowie die Durchführung der Verkoppelung, Erb-, Testaments- und Vormundschaftssachen, die Brandkataster und schließlich statistische Erhebungen wie Volks- und Viehzählungen. Innerhalb der einzelnen Themenblöcke wurden die Akten chronologisch geordnet.

Wie bereits angedeutet, liefern die Grundakten mit Angabe einer Folio-Nummer den Anschluss an die *Schuld- und Pfandprotokolle*, die man als deren Vorläufer ansehen kann. Sie liegen in umfangreichen Bändereihen im Landesarchiv und können in der Regel bis etwa 1700 zurückverfolgt werden. Seitdem besteht ein Eintragungszwang für alle Schulden und Verträge. Je nach Anlageform hat jeder Hof (Realfolium) oder jeder Besitzer (Personalfolium) sein Folium (Blatt), auf welchem alle Veränderungen des unbeweglichen Vermögens festgehalten werden mussten.

Protokolliert wurde z. B. der Kauf einer Immobilie und die dafür eventuell benötigten Kredite, die eingegangenen Bürgschaften oder sämtliche vermögensrechtlichen Verträge, die nötig waren, wenn ein Grundstück seinen Besitzer wechselte. Bei Besitzvererbung war fast immer ein Abnahmevertrag zu schließen und zu dokumentieren, beim vorzeitigen Tode eines Ehepartners und vor dessen zweiter Heirat wurde das Erbe der Kinder aus erster Ehe in einem Aussagebrief oder Setzungskontrakt festgehalten und gesichert.

Die gehaltvollere Geschichtsquelle stellen aber die parallel zum Protokollbuch geführten Neben- oder Kontraktenbücher – verschiedentlich auch als Zerten-, Obligations- oder Expeditionsprotokolle bezeichnet – dar, die die Urkunden und Verträge über die Besitzverhältnisse im vollen Wortlaut enthalten und viele Details beispielsweise über Hofinventare oder Hinterlassenschaften bereit halten.[10] Hier ist die Fülle des bevölkerungs-, familien-, kultur- und (land)wirtschaftsgeschichtlichen Geschehens festgehalten, und es lassen sich interessante Einblicke in die jeweiligen Verhältnisse der Familien, aber auch allgemein des Dorfes und der Zeit gewinnen.

Der Umgang mit Protokoll und Nebenbuch wird durch Querverweise erleichtert. Eine Notiz am Ende der Eintragung im Schuld- und Pfandprotokoll verweist auf die entsprechende Stelle im dazu gehörenden Nebenbuch. Das bedeutet, dass Sie im Nebenbuch den Vorgang im vollen Wortlaut aufgeschrieben finden. Umgekehrt steht auch hinter der Abschrift im

---

[10] Otto Thiesen: Das Schuld- und Pfandprotokoll als Quelle der Familienforschung. In: Jahrbuch des Heimatvereins der Landschaft Angeln, Band 3, Kappeln 1932, S. 48–54.

Nebenbuch ein Verweis auf das zum Vorgang gehörende Protokoll. Auf dieser Seite findet man auch den Hinweis auf eine vorangegangene Eintragung zu dieser Immobilie in einem früheren Schuld- und Pfandprotokoll und kann sich so zielstrebig in die Vergangenheit zurückarbeiten.

Eine manchmal ärgerliche Eigenheit der Schuld- und Pfandprotokolle besteht in der Tatsache, dass das Nebenprotokoll und das entsprechende Folium im Schuld- und Pfandprotokoll nicht vom gleichen Schreiber und auch nicht immer zur gleichen Zeit verfasst wurden. Es ist deshalb möglich, dass Sie auf unterschiedliche Angaben stoßen. In solchen Fällen ist es gut zu wissen, dass die verbindliche Aussage im Nebenbuch steht, von dem der Grundbesitzer auch immer eine Abschrift erhalten hat.[11]

Nach der Auswertung der Schuld- und Pfandprotokolle wird die Forschung schwieriger und vielfach auch unsicherer.[12] Hauptsächlich gilt es nun, den im ältesten vorhandenen Schuld- und Pfandprotokoll ermittelten Besitzer in einer der *Amtsrechnungen*, einem der *Geld-, Korn- und Dienstregister* oder einer der *Gutsrechnungen* wiederzufinden.

Die Amts- und Gutsrechnungen sowie die verschiedenen Register sind aus zwei Gründen für den Forscher besonders wertvoll: Zum einen setzen sie meist schon im 16. Jahrhundert ein und reichen bis zur Einführung der preußischen Landgemeindeordnung 1867. Vor allem für die Zeit des 16. und 17. Jahrhunderts, in der in Schleswig-Holstein die sonstige Überlieferung vielfach lückenhaft ist, bilden sie eine wichtige und sozialgeschichtlich aufschlussreiche Quelle. Zum anderen wurden sie regelmäßig und jährlich geführt, was bedeutet, dass hier ein dichter Quellenbestand überliefert ist, dessen Wahrheitsgehalt kaum angezweifelt werden muss.[13]

„Die Amtsrechnungen sind die jährlichen Rechnungslegungen der Amtsverwalter über ihre Einnahmen und Ausgaben."[14] Sie bestehen aus einem Rechnungsband und einem mehr oder minder umfangreichen Stapel von Beilagen, die oftmals detaillierte Ausführungen zu den im Rechnungsbuch aufgeführten Posten enthalten. „Jeder Rechnungsband enthält einen Einnahme- und einen Ausgabeteil. Die Einnahmen bestehen aus den Landsteuern der Bauern, den Verbittelsgeldern der landlos ansäßigen Bevölkerung, den Pachten aus herrschaftlichen Besitzungen wie Mühlen, Vorwerken, Schäfereien, den Abgaben an herrschaftliche Zollstellen, der Brüchdingung, also den Strafgeldern aus der niederen Gerichtsbarkeit, und den sogenannten zufälligen, also nicht regelmäßigen Einnahmen, wie z. B. aus Verkäufen von Holz oder Strandgut."[15]

---

[11] Otto Clausen: Die Bedeutung der Schuld- und Pfandprotokolle für die Hof- und Familienforschung. In: Busdorfer Hefte 1 (1988), S. 42–48.

[12] Gottfried Ernst Hoffmann: Der Weg zu den archivalischen Quellen ..., S. 29.

[13] Silke Göttsch: Möglichkeiten der Erfassung und Auswertung von Amtsrechnungen. In: KBlV XV (1983), S. 163–172.

[14] Kurt Hector: Zur Verwaltung und Rechtspflege in Schleswig-Holstein vor 1864. In: Peter Ingwersen (Hrsg.): Methodisches Handbuch für Heimatforschung, Schleswig 1954, S. 119–135; Zitat S. 128.

[15] Silke Göttsch: Möglichkeiten der Erfassung und Auswertung von Amtsrechnungen. In: KBlV XV (1983), S. 163–172.

Eine Amtsrechnung gibt Aufschluss über die Anzahl der Hufner, Kätner bzw. Büdner und Insten im Dorf, die Namen derselben, ihre Abgaben und Leistungen und vieles mehr. Sie verzeichnet namentlich die Steuerzahler für die einzelnen Abgaben, und die Einhaltung der Reihenfolge der Namen durch Jahrzehnte hindurch macht es möglich, Personenwechsel oder Veränderungen in deren steuerlichen Leistungen abzulesen, was gute Rückschlüsse auf Hofbesitz oder -größe zulässt. So besagt z. B. ein Wechsel in der Namenfolge, dass der Hof einen neuen Besitzer erhalten hat. Eine Vermehrung der Namen in den Rechnungslisten lässt auf Teilung von Höfen schließen, die Verminderung kann bedeuten, dass Stellen verlassen wurden oder durch Krieg und Seuchen „wüst" geworden sind.

Die Ausgaben umfassen in erster Linie die Besoldung der Amtsbediensteten sowie Arbeitslöhne für Handwerker und anderes Personal, das für die Unterhaltung des Amtes notwendig ist. Auf diese Weise erhält man Einsichten über die personelle Zusammensetzung eines Amtes vom Amtmann bis zum Knecht, über die Höhe der Entlohnung und die Art der Arbeiten, über die Ausstattung mit Geräten und Lebensmitteln sowie ihren damaligen Preis.

„Allgemein kann man sagen, daß die Amtsrechnungen in der älteren Zeit die Schuld- und Pfandprotokolle ersetzen, weil sie ermöglichen, die Besitzgeschichte der Höfe um viele Jahrzehnte weiter rückwärts zu verfolgen."[16] Ein weiteres Vordringen in die Zeit vor der Erstellung von Amtsrechnungen wird dann aber nur noch in Einzelfällen möglich sein. Zur Erweiterung einer Hofgeschichte über die bloße Auflistung der aufeinander folgenden Besitzer hinaus gibt es aber noch eine Reihe anderer geschichtlicher Quellen, denen wir uns im Folgenden zuwenden wollen.

Um sich über die Einnahmen und die Steuerkraft einen Überblick zu verschaffen, ließen staatliche und kirchliche Verwaltungen zu verschiedenen Zeiten für bestimmte Regionen *Erdbücher* anlegen. Sie enthalten Angaben über Ländereien (manchmal mit Nennung einzelner Flurnamen), Viehbestand, Aussaat, Abgaben und Steuerbelastung der Höfe.

Im Zusammenhang mit der Verkoppelung entstanden *Landaufteilungsakten*, die zusammen mit der *Flurkarte* sichere Auskünfte über die Besitzverhältnisse auf der Dorfgemarkung geben. Zuständig dafür war ab 1768 die schleswig-holsteinische Landkommission in Schleswig, die auch für die Entwicklung der Landwirtschaft, des Ackerbaus und der Viehzucht zu sorgen hatte. Die aus dieser Tätigkeit erwachsenen Akten sind nicht nur für die Geschichte des ländlichen Grundbesitzes von Bedeutung, sondern enthalten vor allem in den zahlreichen Erdbüchern und Karten reiches Quellenmaterial für wirtschaftsgeschichtliche und kulturgeografische Fragen.

Neben den Pachtgeldern basierte auch das ältere *Steuerwesen* auf dem Besitz an Grund und Boden. Die älteste Steuer, das „Herrengeld" oder „Erdbuchgefälle"[17], war eine in

[16] Kurt Hector: Zur Verwaltung und Rechtspflege ..., S. 128.
[17] Kurt Hector: Zur Verwaltung und Rechtspflege ..., S. 126 f.

Geld umgerechnete Abgabe für die landesherrschaftliche Hofhaltung an Stelle der früheren Naturalleistungen wie etwa Schweine, Gänse, Hühner, Eier u. a. Wer kein eigenes Land besaß (z. B. Kätner, Kaufleute, Handwerker, Tagelöhner), zahlte das sogenannte Verbittelsgeld. Später kam die monatliche Kontribution (Kriegssteuer) dazu, die nach der Katastereinheit „Pflug" auch als Pflugsteuer bezeichnet wurde. 1802 trat noch eine dritte Grundsteuer hinzu, die als „Grund- und Benutzungssteuer" von allem urbaren Land ausgeschrieben war. Andere Einnahmequellen des Staates waren z. B. die Vierprozent- oder Kollateralsteuer und die Halbprozentsteuer (beides Erbschaftssteuern) sowie die außerordentliche Kopf- und Rangsteuer.

Dokumentiert wurden alle genannten Hebungen im Hauptbuch des jeweiligen Hebungsbeamten. Für den Untertan wurde ein Quittungsbuch angelegt, das alle persönlichen Daten (Namen, Wohnort, Pflugzahl) und Angaben über die zu entrichtenden Abgaben enthielt.[18] Dieses Buch hatte als Gegenstück zum Hauptbuch des Hebungsbeamten im Besitz des Steuerzahlers zu verbleiben und könnte deshalb auch heute noch irgendwo auf den Höfen „verwahrt" liegen.

Eine weitere lohnenswerte Quellengruppe stellen die *Brandkataster* dar. Sie beschreiben Größe und Zustand von Hof und Nebengebäuden und ermöglichen, wenn sie über längere Zeiträume erhalten sind, die Beobachtung der baulichen Veränderungen.

Personelle Veränderungen dokumentieren z. B. die amtlich protokollierten *Testamente* und *Erbschaftsverträge*. Letzte Unklarheiten lassen sich eventuell durch die Akten über *Vormundschaftsverhältnisse* beseitigen. Vielleicht stellt sich ja dabei heraus, dass der plötzlich in den Unterlagen auftauchende unbekannte Name der Vormund des noch unmündigen Erben ist.

Wer nach Namen sucht, sollte vor allem auch die Ergebnisse der amtlichen *Volkszählungen*[19] nicht außer Acht lassen. Probleme bezüglich der Familiennamen lassen sich meist am leichtesten mit Hilfe der Tauf-, Trau- und Sterberegister der Kirchengemeinden klären. Diese *Kirchenbücher* können Sie beim jeweiligen Kirchenbuchamt einsehen.

Viele Erbschaftsangelegenheiten wurden dokumentiert, weil ein Gericht eingeschaltet werden musste. Deshalb finden Sie diese Vorgänge heute in den Archiven oft unter der Rubrik *Justizwesen*. Natürlich waren nicht nur Testaments-, Erb- und Vormundschaftsauseinandersetzungen Thema vor Gericht, sondern es ging dabei auch oft um Landstreitigkeiten oder um die Feststellung der Landgröße wegen der fälligen Abgaben und Steuern. Besonderes Augenmerk verdient dabei die *Landesarchiv-Abteilung 50c* (Gottorfer Obergericht). Hier befinden sich Justiz- und Justizverwaltungssachen von 1713 bis 1867. Das Findbuch für diese Abteilung ist so systemmatisch aufgebaut mit Inhaltsverzeichnis, alphabetischem

---

[18] F. H. Albers: Allgemeine Darstellung des Hebungswesens in den Ämtern und Landschaften der Herzogthümer Schleswig und Holstein; mit besonderer Rücksicht auf die herrschaftlichen Gefälle und Abgaben, Kopenhagen 1840. C. Horst: Das Hebungs- und Steuerwesen, Kiel 1857.

[19] Vgl. dazu: Ingwer Ernst Momsen: Die allgemeinen Volkszählungen in Schleswig-Holstein in dänischer Zeit (1769–1860), Neumünster 1974.

Index, Ortsregister und Personenregister, dass auf eine Übernahme dieser umfangreichen Aktentitel in das Quellenverzeichnis verzichtet werden konnte. Man darf davon ausgehen, dass jeder Interessierte mit diesem Findbuch problemlos zurechtkommen wird.

Bisher hatten wir es ganz überwiegend mit nüchternen Verwaltungsakten zu tun. „In ihnen tritt uns der Bauer als Subjekt, als Untertan entgegen, soweit er in seinen Lebensäußerungen für die jeweilige Obrigkeit relevant war. Er war dies in erster Linie als Steuerzahler, und deshalb finden wir vor allem in Steuerregistern Nachweise über Landbewohner, besonders Großgrundbesitzer."[20] Wollen Sie aber den Bauernhof als Wirtschaftsbetrieb beschreiben und über eine reine Aufzählung der Hofbesitzer hinausgehen, dann sind Sie auch auf nicht-amtliche Dokumente angewiesen. Für Fragen nach der Wirtschaftsweise oder ob z. B. Ackerbau, Holz- oder Milchwirtschaft im Vordergrund standen, welche Vermarktungsmöglichkeiten es gab, wie auf konjunkturelle Schwankungen reagiert wurde, welcher Bedarf an Arbeitskräften und Energie bestand, nach der Art der Ertrags- und Vermögensbilanzierung, Abgabenbelastungen und Innovationen, stehen nur wenige statistische Erhebungen zur Auswertung zur Verfügung.

Eine äußerst ergiebige Quellengruppe zu diesen Fragestellungen bilden – sofern vorhanden und aufspürbar – die privaten bäuerlichen *Anschreibe- oder Rechnungsbücher*. Es handelte sich dabei zunächst um eine Mischform aus tagebuchähnlichen Aufzeichnungen und kleinen Buchführungen über ganz unterschiedliche Dinge wie Berichte über das Wetter und Naturereignisse, über Ernteerträge und Viehhaltung, über Arbeiten und Geldgeschäfte, über Rezepte, Testamente, Familienereignisse und auch allerhand Merkenswertes (z. B. Fürstenbesuche, Verbrechen, Himmelserscheinungen).[21]

Im 18. Jahrhundert änderte sich der Charakter der Bücher, die Aufzeichnung wichtiger Bereiche der Wirtschaftsführung trat nun in den Vordergrund. „Das Gros der Aufzeichnungen dient dem Zweck, die eigene Wirtschaft besser zu überblicken; vor allem sollte sie bilanzierbar werden, den Ertrag – am besten: den Gewinn – erkennbar machen und dem Landwirt ein planendes Verhalten ermöglichen."[22]

Im 19. Jahrhundert nahmen chronikalische Notizen zu, und „allerhand Begebenheiten" wurden zur Grundlage der bäuerlichen Aufzeichnungen. Mit etwas Glück kann ein privates Anschreibebuch auch eine ganze Familiengeschichte enthalten.

Mit Hilfe dieses autobiografischen Quellenmaterials können Sie Lebensbereiche beobachten, die mit anderen Unterlagen kaum fassbar sind. Die private Färbung der Aufzeichnungen erlaubt eventuell, Ihre Hofgeschichte mit Aussagen über die persönliche Einstellung der Hofbewohner, ihren Lebenszyklus und ihre Verhältnisse zu den Mitmenschen anzureichern. Auf diese Weise kann es gelingen, auch den bäuerlich-ländlichen Lebensstil vergangener Zeiten zu beleuchten.

---

[20] Klaus-Joachim Lorenzen-Schmidt: Anschreibebücher als Quellen zur Wirtschaftsgeschichte bäuerlicher Betriebe in Schleswig-Holstein. In: (ZSHG) 109 (1984), S. 151.
[21] Klaus-Joachim Lorenzen-Schmidt: Warum schrieben Bauern? In: KBlV 27 (1995), S. 109–126.
[22] Klaus-Joachim Lorenzen-Schmidt: Warum schrieben Bauern? S. 117.

Einiges von diesem Material fand als *Privatarchiv* oder *Nachlass* Eingang in die öffentlichen Archive und wurde dort zum größten Teil gesichtet und verzeichnet. Im Landesarchiv in Schleswig befinden sich solche Dokumente in der Abteilung 399 „Nachlässe und Privatarchive“.

Im Anhang des Wegweisers finden Sie eine Liste der für Ihre Vorhaben relevanten Ämter und Institutionen. Die meisten wurden im methodischen Leitfaden behandelt, einige andere kommen nur für ganz spezielle Aspekte in Frage. Überall aber werden Ihnen kundige und sehr hilfsbereite Fachkräfte bei allen auftauchenden Problemen gerne zur Seite stehen.

Teil II a: Orts- und Jurisdiktionsverzeichnis

Orte	Seite[1]	Grundbuchamt	Jurisdiktionsbereiche	Seite[1]
Achterwehr	185	Kiel	Adelige Güterdistrikte - Kieler Güterdistrikt -- Gut Hohenschulen	162 172 185
Ahlefeld	270	Eckernförde	Herzogtum Schleswig - Amt Hütten -- Hüttenerharde --- Kirchspiel Hütten	225 247 264 270
Ahrenstedt	257	Rendsburg	Herzogtum Schleswig - Amt Hütten -- Hohnerharde --- Kirchspiel Hohn	225 247 256 257
Alt Büdelsdorf		siehe Büdelsdorf		
Altbülk	287	Eckernförde	Adelige Güterdistrikte - Eckernförderharde -- Dänischw. Güterdistrikt --- Gut Altbülk	284 285 286 287
Alt Duvenstedt	258	Rendsburg	Herzogtum Schleswig - Amt Hütten -- Hohnerharde --- Kirchspiel Hohn	225 247 256 257
Altenhof	288	Eckernförde	Adelige Güterdistrikte - Eckernförderharde -- Dänischw. Güterdistrikt --- Gut Altenhof	284 285 286 288
Altenholz		siehe Klausdorf		
Altenkattbek	132	Rendsburg	Herzogtum Holstein - Amt Rendsburg -- Ksp.vogtei Jevenstedt --- Kirchspiel Jevenstedt	73 114 131 132

Orte	**Seite**[1]	**Grundbuchamt**	**Jurisdiktionsbereiche**	**Seite**[1]
Altwittenbek	308	Eckernförde	Adelige Güterdistrikte - Eckernförderharde -- Dänischw. Güterdistrikt --- Gut Rathmannsdorf	284 285 286 307
Annenhof	174	Kiel	Adelige Güterdistrikte - Kieler Güterdistrikt -- Gut Annenhof	162 172 172
Arpsdorf	112	Neumünster	Herzogtum Holstein - Amt Neumünster -- Kirchspiel Neumünster	73 101 112
Aschau	288	Eckernförde	Adelige Güterdistrikte - Eckernförderharde -- Dänischw. Güterdistrikt --- Gut Aschau	284 285 286 288
Ascheffel	271	Eckernförde	Herzogtum Schleswig - Amt Hütten -- Hüttenerharde --- Kirchspiel Hütten	225 247 264 270
Audorf	150 188	Rendsburg	Herzogtum Holstein - Stadt Rendsburg - Amt Rendsburg -- Ksp.vogtei Raumort --- Marienkirche Rendsburg Adelige Güterdistrikte - Kieler Güterdistrikt -- Gut Kronsburg	73 157 114 145 149 162 172 187
Augustenhof	289	Eckernförde	Adelige Güterdistrikte - Eckernförderharde -- Dänischw. Güterdistrikt --- Gut Augustenhof	284 285 286 289

Aukrug siehe Bargfeld, Böken, Bünzen, Homfeld, Innien

Orte	Seite[1]	Grundbuchamt	Jurisdiktionsbereiche	Seite[1]
Bargfeld	136	Neumünster	Herzogtum Holstein - Amt Rendsburg -- Ksp.vogtei Kellinghusen --- Kirchspiel Nortorf	73 114 134 136
Bargstall	258	Rendsburg	Herzogtum Schleswig - Amt Hütten -- Hohnerharde --- Kirchspiel Hohn	225 247 256 257
Bargstedt	139	Rendsburg	Herzogtum Holstein - Amt Rendsburg -- Ksp.vogtei Nortorf --- Kirchspiel Nortorf	73 114 137 137
Barkelsby	265 325	Eckernförde	Herzogtum Schleswig - Amt Hütten -- Hüttenerharde --- Kirchspiel Borby Adelige Güterdistrikte - Eckernförderharde -- Schwansener Güterdistrikt --- Gut Hemmelmark	225 247 264 265 284 285 316 325
Barlohe	127	Rendsburg	Herzogtum Holstein - Amt Rendsburg -- Ksp.vogtei Hohenwestedt --- Kirchspiel Hohenwestedt	73 114 125 126
Basdorf	336	Eckernförde	Adelige Güterdistrikte - Eckernförderharde -- Schwansener Güterdistrikt --- Gut Saxtorf	284 285 316 335
Behrensbrook	290	Eckernförde	Adelige Güterdistrikte - Eckernförderharde -- Dänischw. Güterdistrikt --- Gut Behrensbrook	284 285 286 289
Beldorf	202	Rendsburg	Kanzleigüter - Kanzleigut Hanerau	196 196

Orte	Seite[1]	Grundbuchamt	Jurisdiktionsbereiche	Seite[1]
Bendorf	202	Rendsburg	Kanzleigüter - Kanzleigut Hanerau	196 196
Beringstedt	155	Rendsburg	Herzogtum Holstein - Amt Rendsburg -- Ksp.vogtei Schenefeld --- Kirchspiel Schenefeld	73 114 152 152
Bienebek	317	Eckernförde	Adelige Güterdistrikte - Eckernförderharde -- Schwansener Güterdistrikt --- Gut Bienebek	284 285 316 316
Birkenmoor	292	Eckernförde	Adelige Güterdistrikte - Eckernförderharde -- Dänischw. Güterdistrikt --- Gut Birkenmoor	284 285 286 291
Bissee	89	Rendsburg	Herzogtum Holstein - Amt Bordesholm -- Kirchspiel Brügge	73 75 89
Bistensee	266	Eckernförde	Herzogtum Schleswig - Amt Hütten -- Hüttenerharde --- Kirchspiel Bünsdorf	225 247 264 266
Blickstedt	315	Eckernförde	Adelige Güterdistrikte - Eckernförderharde -- Dänischw. Güterdistrikt --- Gut Wulfshagen	284 285 286 315
Blocksdorf	191	Rendsburg	Adelige Güterdistrikte - Kieler Güterdistrikt -- Gut Pohlsee	162 172 190
Blockshagen	175	Kiel	Adelige Güterdistrikte - Kieler Güterdistrikt -- Gut Blockshagen	162 172 174

Orte	Seite[1]	Grundbuchamt	Jurisdiktionsbereiche	Seite[1]
Blumenthal	93	Kiel	Herzogtum Holstein	73
			- Amt Bordesholm	75
			-- Kirchspiel Nortorf	93
Bohnert	324	Eckernförde	Adelige Güterdistrikte	284
	334		- Eckernförderharde	285
			-- Schwansener Güterdistrikt	316
			--- Gut Eschelsmark	323
			--- Gut Ornum	334
Böhnhusen	90	Rendsburg	Herzogtum Holstein	73
			- Amt Bordesholm	75
			-- Kirchspiel Großflintbek	90
Bokel	139	Rendsburg	Herzogtum Holstein	73
			- Amt Rendsburg	114
			-- Ksp.vogtei Nortorf	137
			--- Kirchspiel Nortorf	137
Böken	139	Neumünster	Herzogtum Holstein	73
			- Amt Rendsburg	114
			-- Ksp.vogtei Nortorf	137
			--- Kirchspiel Nortorf	137
Boklund	277	Eckernförde	Herzogtum Schleswig	225
			- Amt Hütten	247
			-- Hüttenerharde	264
			--- Kirchspiel Kropp	277
Borby	265	Eckernförde	Herzogtum Schleswig	225
	325		- Amt Hütten	247
			-- Hüttenerharde	264
			--- Kirchspiel Borby	265
			Adelige Güterdistrikte	284
			- Eckernförderharde	285
			-- Schwansener Güterdistrikt	316
			--- Gut Hemmelmark	325
Bordesholm	85	Rendsburg	Herzogtum Holstein	73
			- Amt Bordesholm	75
			-- Kirchspiel Bordesholm	85

Orte	Seite[1]	Grundbuchamt	Jurisdiktionsbereiche	Seite[1]
Bordesholmer Hoffeld	86	Rendsburg	Herzogtum Holstein - Amt Bordesholm -- Kirchspiel Bordesholm	73 75 85
Borgdorf	140 180	Rendsburg	Herzogtum Holstein - Amt Rendsburg -- Ksp.vogtei Nortorf --- Kirchspiel Nortorf Adelige Güterdistrikte - Kieler Güterdistrikt -- Gut Emkendorf	73 114 137 137 162 172 177
Borghorst	293	Eckernförde	Adelige Güterdistrikte - Eckernförderharde -- Dänischw. Güterdistrikt --- Gut Borghorst	284 285 286 293
Borgstedt	266	Rendsburg	Herzogtum Schleswig - Amt Hütten -- Hüttenerharde --- Kirchspiel Bünsdorf	225 247 264 266
Bornholt	siehe Großenbornholt und Lütjenbornholt			
Bornstein	288	Eckernförde	Adelige Güterdistrikte - Eckernförderharde -- Dänischw. Güterdistrikt --- Gut Altenhof	284 285 286 288
Bossee	175	Kiel	Adelige Güterdistrikte - Kieler Güterdistrikt -- Gut Bossee	162 172 175
Bovenau	184 190	Rendsburg	Adelige Güterdistrikte - Kieler Güterdistrikt -- Gut Georgenthal -- Gut Osterrade	162 172 183 190
Brammer	140	Rendsburg	Herzogtum Holstein - Amt Rendsburg -- Ksp.vogtei Nortorf --- Kirchspiel Nortorf	73 114 137 137

Orte	Seite[1]	Grundbuchamt	Jurisdiktionsbereiche	Seite[1]
Brandsbek	186	Kiel	Adelige Güterdistrikte - Kieler Güterdistrikt -- Gut Klein Nordsee	162 172 186
Bredenbek	188	Kiel	Adelige Güterdistrikte - Kieler Güterdistrikt -- Gut Kronsburg	162 172 187
Breiholz	148	Rendsburg	Herzogtum Holstein - Amt Rendsburg -- Ksp.vogtei Raumort --- Kirchspiel Jevenstedt	73 114 145 147
Brekendorf		siehe Groß-Brekendorf		
Brinjahe	132	Rendsburg	Herzogtum Holstein - Amt Rendsburg -- Ksp.vogtei Jevenstedt --- Kirchspiel Jevenstedt	73 114 131 132
Brodersby	338	Eckernförde	Adelige Güterdistrikte - Eckernförderharde -- Schwansener Güterdistrikt --- Gut Schönhagen	284 285 316 337
Bruchs	176	Kiel	Adelige Güterdistrikte - Kieler Güterdistrikt -- Gut Bossee	162 172 175
Brügge	89	Rendsburg	Herzogtum Holstein - Amt Bordesholm -- Kirchspiel Brügge	73 75 89
Büchenau	317	Eckernförde	Adelige Güterdistrikte - Eckernförderharde -- Schwansener Güterdistrikt --- Gut Büchenau	284 285 316 317
Bucken	137	Neumünster	Herzogtum Holstein - Amt Rendsburg -- Ksp.vogtei Nortorf --- Kirchspiel Hohenwestedt	73 114 137 137

Orte	Seite[1]	Grundbuchamt	Jurisdiktionsbereiche	Seite[1]
Büdelsdorf	157	Rendsburg	Herzogtum Holstein - Stadt Büdelsdorf	73 157
Bünsdorf	267	Eckernförde	Herzogtum Schleswig - Amt Hütten -- Hüttenerharde --- Kirchspiel Bünsdorf	225 247 264 266
Bünzen	140 223	Neumünster	Herzogtum Holstein - Amt Rendsburg -- Ksp.vogtei Nortorf --- Kirchspiel Nortorf Kloster Itzehoe - Vogtei Nortorf	73 114 137 137 206 223
Büstorf	318	Eckernförde	Adelige Güter - Eckernförderharde -- Schwansener Güterdistrikt --- Gut Büstorf	284 285 316 317
Christiansholm	247	Rendsburg	Herzogtum Schleswig - Amt Gottorf -- Kroppharde --- Kirchspiel Hohn	225 227 245 247
Damendorf	272	Eckernförde	Herzogtum Schleswig - Amt Hütten -- Hüttenerharde --- Kirchspiel Hütten	225 247 264 270
Damp (Gemeinde seit 1927)		Eckernförde		
Dänischenhagen	287 296	Eckernförde	Adelige Güter - Eckernförderharde -- Dänischw. Güterdistrikt --- Gut Altbülk --- Gut Eckhof	284 285 286 287 295

Orte	Seite[1]	Grundbuchamt	Jurisdiktionsbereiche	Seite[1]
Dänisch-Nienhof	294	Eckernförde	Adelige Güter - Eckernförderharde -- Dänischw. Güterdistrikt --- Gut Dänisch-Nienhof	284 285 286 294
Dätgen	94	Rendsburg	Herzogtum Holstein - Amt Bordesholm -- Kirchspiel Nortorf	73 75 93
Deutsch Nienhof	177	Kiel	Adelige Güterdistrikte - Kieler Güterdistrikt -- Gut Deutsch Nienhof	162 172 176
Dörphof	323	Eckernförde	Adelige Güter - Eckernförderharde -- Schwansener Güterdistrikt --- Gut Dörphof	284 285 316 323
Dörpstedt	127	Rendsburg	Herzogtum Holstein - Amt Rendsburg -- Ksp.vogtei Hohenwestedt --- Kirchspiel Hohenwestedt	73 114 125 126
Eckernförde	281	Eckernförde	Herzogtum Schleswig - Stadt Eckernförde	225 281
Eckhof	296	Eckernförde	Adelige Güter - Eckernförderharde -- Dänischw. Güterdistrikt --- Gut Eckhof	284 285 286 295
Ehlersdorf	187 195	Rendsburg	Adelige Güterdistrikte - Kieler Güterdistrikt -- Gut Kluvensiek -- Gut Steinwehr	162 172 187 195
Ehndorf	112	Neumünster	Herzogtum Holstein - Amt Neumünster -- Kirchspiel Neumünster	73 101 112

Orte	Seite[1]	Grundbuchamt	Jurisdiktionsbereiche	Seite[1]
Eiderstede	86	Rendsburg	Herzogtum Holstein - Amt Bordesholm -- Kirchspiel Bordesholm	73 75 85
Eisendorf	140 180	Rendsburg	Herzogtum Holstein - Amt Rendsburg -- Ksp.vogtei Nortorf --- Kirchspiel Nortorf Adelige Güterdistrikte - Kieler Güterdistrikt -- Gut Emkendorf	73 114 137 137 162 172 177
Ekhöft	177	Kiel	Adelige Güterdistrikte - Kieler Güterdistrikt -- Gut Deutsch Nienhof	162 172 176
Ellerdorf	141	Rendsburg	Herzogtum Holstein - Amt Rendsburg -- Ksp.vogtei Nortorf --- Kirchspiel Nortorf	73 114 137 137
Elsdorf	258	Rendsburg	Herzogtum Schleswig - Amt Hütten -- Hohnerharde --- Kirchspiel Hohn	225 247 256 257
Embühren	132	Rendsburg	Herzogtum Holstein - Amt Rendsburg -- Ksp.vogtei Jevenstedt --- Kirchspiel Jevenstedt	73 114 131 132
Emkendorf	180	Rendsburg	Adelige Güterdistrikte - Kieler Güterdistrikt -- Gut Emkendorf	162 172 177
Enkendorf	191	Rendsburg	Adelige Güterdistrikte - Kieler Güterdistrikt -- Gut Pohlsee	162 172 190

Orte	Seite[1]	Grundbuchamt	Jurisdiktionsbereiche	Seite[1]
Eschelsmark	324	Eckernförde	Adelige Güter - Eckernförderharde -- Schwansener Güterdistrikt --- Gut Eschelsmark	284 285 316 323
Felde	186	Kiel	Adelige Güterdistrikte - Kieler Güterdistrikt -- Gut Klein Nordsee	162 172 186
Felm	302	Eckernförde	Adelige Güter - Eckernförderharde -- Dänischw. Güterdistrikt --- Gut Kaltenhof	284 285 286 302
Fiefharrie	86	Rendsburg	Herzogtum Holstein - Amt Bordesholm -- Kirchspiel Bordesholm	73 75 85
Fleckeby	274	Eckernförde	Herzogtum Schleswig - Amt Hütten -- Hüttenerharde --- Kirchspiel Kosel	225 247 264 274
Flemhude	192	Kiel	Adelige Güterdistrikte - Kieler Güterdistrikt -- Gut Quarnbek	162 172 191
Flintbek	siehe Großflintbek und Kleinflintbek			
Fockbek ab 1853	152 263	Rendsburg	Herzogtum Holstein - Amt Rendsburg -- Ksp.vogtei Raumort --- Christkirche Rendsburg Herzogtum Schleswig - Amt Hütten -- Hohnerharde --- Christkirche Rendsburg	73 114 145 152 225 247 256 263
Föhrden	259	Rendsburg	Herzogtum Schleswig - Amt Hütten -- Hohnerharde --- Kirchspiel Hohn	225 247 256 257

Orte	Seite[1]	Grundbuchamt	Jurisdiktionsbereiche	Seite[1]
Friedensthal	297	Eckernförde	Adelige Güter - Eckernförderharde -- Dänischw. Güterdistrikt --- Gut Friedensthal	284 285 286 297
Friedrichsholm	260	Rendsburg	Herzogtum Schleswig - Amt Hütten -- Hohnerharde --- Kirchspiel Hohn	225 247 256 257
Gammelby	335	Eckernförde	Adelige Güter - Eckernförderharde -- Schwansener Güterdistrikt --- Gut Rögen	284 285 316 334
Georgenthal	184	Rendsburg	Adelige Güterdistrikte - Kieler Güterdistrikt -- Gut Georgenthal	162 172 183
Gettorf	298 316	Eckernförde	Adelige Güter - Eckernförderharde -- Dänischw. Güterdistrikt --- Gut Groß Königsförde --- Gut Wulfshagenerhütten	284 285 286 298 315
Glüsing	127	Rendsburg	Herzogtum Holstein - Amt Rendsburg -- Ksp.vogtei Hohenwestedt --- Kirchspiel Hohenwestedt	73 114 125 126
Gnutz	141	Rendsburg	Herzogtum Holstein - Amt Rendsburg -- Ksp.vogtei Nortorf --- Kirchspiel Nortorf	73 114 137 137
Gokels	155 202	Rendsburg	Herzogtum Holstein - Amt Rendsburg -- Ksp.vogtei Schenefeld --- Kirchspiel Schenefeld Kanzleigüter - Kanzleigut Hanerau	73 114 152 152 196 196

Orte	Seite[1]	Grundbuchamt	Jurisdiktionsbereiche	Seite[1]
Goosefeld		siehe Marienthal		
Götheby	275	Eckernsförde	Herzogtum Schleswig - Amt Hütten -- Hüttenerharde --- Kirchspiel Kosel	225 247 264 274
Grauel	127	Rendsburg	Herzogtum Holstein - Amt Rendsburg -- Ksp.vogtei Hohenwestedt --- Kirchspiel Hohenwestedt	73 114 125 126
Grevenkrug	87	Rendsburg	Herzogtum Holstein - Amt Bordesholm -- Kirchspiel Bordesholm	73 75 85
Grönwohld	297	Eckernförde	Adelige Güter - Eckernförderharde -- Dänischw. Güterdistrikt --- Gut Grönwohld	284 285 286 297
Groß-Brekendorf	272	Eckernförde	Herzogtum Schleswig - Amt Hütten -- Hüttenerharde --- Kirchspiel Hütten	225 247 264 270
Groß Buchwald	89	Rendsburg	Herzogtum Holstein - Amt Bordesholm -- Kirchspiel Brügge	73 75 89
Großenbornholt	202	Rendsburg	Kanzleigüter - Kanzleigut Hanerau	196 196
Großflintbek	91	Rendsburg	Herzogtum Holstein - Amt Bordesholm -- Kirchspiel Großflintbek	73 75 90
Groß Königsförde	299	Eckernförde	Adelige Güter - Eckernförderharde -- Dänischw. Güterdistrikt --- Gut Groß Königsförde	284 285 286 298

Orte	Seite[1]	Grundbuchamt	Jurisdiktionsbereiche	Seite[1]
Groß Nordsee	185	Kiel	Adelige Güterdistrikte - Kieler Güterdistrikt -- Gut Groß Nordsee	162 172 184
Groß Vollstedt	141 181	Rendsburg	Herzogtum Holstein - Amt Rendsburg -- Ksp.vogtei Nortorf --- Kirchspiel Nortorf Adelige Güterdistrikte - Kieler Güterdistrikt -- Gut Emkendorf	73 114 137 137 162 172 177
Großwaabs	329	Eckernförde	Adelige Güter - Eckernförderharde -- Schwansener Güterdistrikt --- Gut Ludwigsburg	284 285 316 329
Groß Wittensee	267	Eckernförde	Herzogtum Schleswig - Amt Hütten -- Hüttenerharde --- Kirchspiel Bünsdorf	225 247 264 266
Grünholz	324	Eckernförde	Adelige Güter - Eckernförderharde -- Schwansener Güterdistrikt --- Gut Grünholz	284 285 316 324
Grünhorst	299	Eckernförde	Adelige Güter - Eckernförderharde -- Dänischw. Güterdistrikt --- Gut Grünhorst	284 285 286 299
Güby	270	Eckernförde	Herzogtum Schleswig - Amt Hütten -- Hüttenerharde --- Kirchspiel Haddeby	225 247 264 270
Haale	133	Rendsburg	Herzogtum Holstein - Amt Rendsburg -- Ksp.vogtei Jevenstedt --- Kirchspiel Schenefeld	73 114 131 133

Orte	Seite[1]	Grundbuchamt	Jurisdiktionsbereiche	Seite[1]
Haby	280	Eckernförde	Herzogtum Schleswig - Amt Hütten -- Hüttenerharde --- Kirchspiel Sehestedt	225 247 264 280
Hademarschen	203	Rendsburg	Kanzleigüter - Kanzleigut Hanerau	196 196
Hamdorf	260	Rendsburg	Herzogtum Schleswig - Amt Hütten -- Hohnerharde --- Kirchspiel Hohn	225 247 256 257
Hamweddel	132	Rendsburg	Herzogtum Holstein - Amt Rendsburg -- Ksp.vogtei Jevenstedt --- Kirchspiel Jevenstedt	73 114 131 132
Hanerau-Hademarschen		siehe Hanerau und Hademarschen		
Hanerau	203	Rendsburg	Kanzleigüter - Kanzleigut Hanerau	196 196
Harfe	301	Eckernförde	Adelige Güter - Eckernförderharde -- Dänischw. Güterdistrikt --- Gut Hohenlieth	284 285 286 301
Harzhof	300	Eckernförde	Adelige Güter - Eckernförderharde -- Dänischw. Güterdistrikt --- Gut Harzhof	284 285 286 300
Haschendorf	300	Eckernförde	Adelige Güter - Eckernförderharde -- Dänischw. Güterdistrikt --- Gut Hohenhain	284 285 286 300
Haßmoor	181	Rendsburg	Adelige Güterdistrikte - Kieler Güterdistrikt -- Gut Emkendorf	162 172 177

Orte	Seite[1]	Grundbuchamt	Jurisdiktionsbereiche	Seite[1]
Heinkenborstel	127	Rendsburg	Herzogtum Holstein - Amt Rendsburg -- Ksp.vogtei Hohenwestedt --- Kirchspiel Hohenwestedt	73 114 125 126
Hemmelmark	325	Eckernförde	Adelige Güter - Eckernförderharde -- Schwansener Güterdistrikt --- Gut Hemmelmark	284 285 316 325
Höbek	181	Rendsburg	Adelige Güterdistrikte - Kieler Güterdistrikt -- Gut Emkendorf	162 172 177
Hoffnungsthal	300	Eckernförde	Adelige Güter - Eckernförderharde -- Dänischw. Güterdistrikt --- Gut Hoffnungsthal	284 285 286 300
Hohenhain	301	Eckernförde	Adelige Güter - Eckernförderharde -- Dänischw. Güterdistrikt --- Gut Hohenhain	284 285 286 300
Hohenhude	174	Kiel	Adelige Güterdistrikte - Kieler Güterdistrikt -- Gut Annenhof	162 172 172
Hohenlieth	301	Eckernförde	Adelige Güter - Eckernförderharde -- Dänischw. Güterdistrikt --- Gut Hohenlieth	284 285 286 301
Hohenschulen	185	Kiel	Adelige Güterdistrikte - Kieler Güterdistrikt -- Gut Hohenschulen	162 172 185
Hohenstein	326	Eckernförde	Adelige Güter - Eckernförderharde -- Schwansener Güterdistrikt --- Gut Hohenstein	284 285 316 326

Orte	Seite[1]	Grundbuchamt	Jurisdiktionsbereiche	Seite[1]
Hohenwestedt	127 172 222	Rendsburg	Herzogtum Holstein - Amt Rendsburg -- Ksp.vogtei Hohenwestedt --- Kirchspiel Hohenwestedt Adelige Güterdistrikte - Itzehoer Güterdistrikt -- Gut Drage Kloster Itzehoe - Vogtei Hohenwestedt	73 114 125 126 162 163 164 206 222
Hohn	260	Rendsburg	Herzogtum Schleswig - Amt Hütten -- Hohnerharde --- Kirchspiel Hohn	225 247 256 257
Holm	275 333	Eckernförde	Herzogtum Schleswig - Amt Hütten -- Hüttenerharde --- Kirchspiel Kosel Adelige Güter - Eckernförderharde -- Schwansener Güterdistrikt --- Gut Möhlhorst	225 247 264 274 284 285 316 333
Holtdorf	142	Rendsburg	Herzogtum Holstein - Amt Rendsburg -- Ksp.vogtei Nortorf --- Kirchspiel Nortorf	73 114 137 137
Holtsee	300 302	Eckernförde	Adelige Güter - Eckernförderharde -- Dänischw. Güterdistrikt --- Gut Harzhof --- Gut Hohenlieth	284 285 286 300 301
Holzbunge	268	Eckernförde	Herzogtum Schleswig - Amt Hütten -- Hüttenerharde --- Kirchspiel Bünsdorf	225 247 264 266

Orte	Seite[1]	Grundbuchamt	Jurisdiktionsbereiche	Seite[1]
Holzdorf	331	Eckernförde	Adelige Güter - Eckernförderharde -- Schwansener Güterdistrikt --- Gut Maasleben	284 285 316 331
Homfeld	137 224	Neumünster	Herzogtum Holstein - Amt Rendsburg -- Ksp.vogtei Kellinghusen --- Kirchspiel Nortorf Kloster Itzehoe - Vogtei Nortorf	73 114 134 136 206 223
Hörsten	148	Rendsburg	Herzogtum Holstein - Amt Rendsburg -- Ksp.vogtei Raumort --- Kirchspiel Jevenstedt	73 114 145 147
Höxmark	338	Eckernförde	Adelige Güter - Eckernförderharde -- Schwansener Güterdistrikt --- Gut Schönhagen	284 285 316 337
Hütten (bei Nienborstel)	128	Rendsburg	Herzogtum Holstein - Amt Rendsburg -- Ksp.vogtei Hohenwestedt --- Kirchspiel Hohenwestedt	73 114 125 126
Hütten	273	Eckernförde	Herzogtum Schleswig - Amt Hütten -- Hüttenerharde --- Kirchspiel Hütten	225 247 264 270
Innien	142 222	Neumünster	Herzogtum Holstein - Amt Rendsburg -- Ksp.vogtei Nortorf --- Kirchspiel Nortorf Kloster Itzehoe - Vogtei Hennstedt	73 114 137 137 206 222

Orte	Seite[1]	Grundbuchamt	Jurisdiktionsbereiche	Seite[1]
Jahrsdorf	128	Rendsburg	Herzogtum Holstein - Amt Rendsburg -- Ksp.vogtei Hohenwestedt --- Kirchspiel Hohenwestedt	73 114 125 126
Jevenstedt	148	Rendsburg	Herzogtum Holstein - Amt Rendsburg -- Ksp.vogtei Raumort --- Kirchspiel Jevenstedt	73 114 145 147
Kaltenhof	302	Eckernförde	Adelige Güter - Eckernförderharde -- Dänischw. Güterdistrikt --- Gut Kaltenhof	284 285 286 302
Karby	327	Eckernförde	Adelige Güter - Eckernförderharde -- Schwansener Güterdistrikt --- Gut Karlsburg	284 285 316 326
Karlsburg	327	Eckernförde	Adelige Güter - Eckernförderharde -- Schwansener Güterdistrikt --- Gut Karlsburg	284 285 316 326
Kasmark	327	Eckernförde	Adelige Güter - Eckernförderharde -- Schwansener Güterdistrikt --- Gut Kasmark	284 285 316 327
Klausdorf (ab 1933 Altenholz)	303	Eckernförde	Adelige Güter - Eckernförderharde -- Dänischw. Güterdistrikt --- Gut Knoop	284 285 286 303
Kleinflintbek	91	Rendsburg	Herzogtum Holstein - Amt Bordesholm -- Kirchspiel Großflintbek	73 75 90
Klein Königsförde	186	Kiel	Adelige Güterdistrikte - Kieler Güterdistrikt -- Gut Klein Königsförde	162 172 185

Orte	Seite[1]	Grundbuchamt	Jurisdiktionsbereiche	Seite[1]
Klein Nordsee	187	Kiel	Adelige Güterdistrikte - Kieler Güterdistrikt -- Gut Klein Nordsee	162 172 186
Kleinvollstedt	182	Rendsburg	Adelige Güterdistrikte - Kieler Güterdistrikt -- Gut Emkendorf	162 172 177
Kleinwaabs	330	Eckernförde	Adelige Güter - Eckernförderharde -- Schwansener Güterdistrikt --- Gut Ludwigsburg	284 285 316 329
Klein Wittensee	268	Eckernförde	Herzogtum Schleswig - Amt Hütten -- Hüttenerharde --- Kirchspiel Bünsdorf	225 247 264 266
Kluvensiek	187	Rendsburg	Adelige Güterdistrikte - Kieler Güterdistrikt -- Gut Kluvensiek	162 172 187
Knoop	303	Eckernförde	Adelige Güter - Eckernförderharde -- Dänischw. Güterdistrikt --- Gut Knoop	284 285 286 303
Kochendorf	314	Eckernförde	Adelige Güter - Eckernförderharde -- Dänischw. Güterdistrikt --- Gut Windeby	284 285 286 313
Königsförde	299	Eckernförde	Adelige Güter - Eckernförderharde -- Dänischw. Güterdistrikt --- Gut Groß Königsförde	284 285 286 298
Kosel	276	Eckernförde	Herzogtum Schleswig - Amt Hütten -- Hüttenerharde --- Kirchspiel Kosel	225 247 264 274

Orte	Seite[1]	Grundbuchamt	Jurisdiktionsbereiche	Seite[1]
Krieseby	328	Eckernförde	Adelige Güter - Eckernförderharde -- Schwansener Güterdistrikt --- Gut Krieseby	284 285 316 327
Krogaspe	142	Rendsburg	Herzogtum Holstein - Amt Rendsburg -- Ksp.vogtei Nortorf --- Kirchspiel Nortorf	73 114 137 137
Kronsburg	188	Kiel	Adelige Güterdistrikte - Kieler Güterdistrikt -- Gut Kronsburg	162 172 187
Kronshagen	101	Kiel	Herzogtum Holstein - Amt Kronshagen -- Kirchspiel Kiel	73 95 100
Krummenort	263	Rendsburg	Herzogtum Schleswig - Amt Hütten -- Hohnerharde --- Christkirche Rendsburg	225 247 256 263
Krummwisch	185	Kiel	Adelige Güterdistrikte - Kieler Güterdistrikt -- Gut Groß Nordsee	162 172 184
Krusendorf	297	Eckernförde	Adelige Güter - Eckernförderharde -- Dänischw. Güterdistrikt --- Gut Grönwohld	284 285 286 297
Langwedel	224	Rendsburg	Kloster Itzehoe - Vogtei Langwedel	206 224
Lehmbek	269	Eckernförde	Herzogtum Schleswig - Amt Hütten -- Hüttenerharde --- Kirchspiel Bünsdorf	225 247 264 266

Orte	Seite[1]	Grundbuchamt	Jurisdiktionsbereiche	Seite[1]
Lehmkaten	312	Eckernförde	Adelige Güter - Eckernförderharde -- Dänischw. Güterdistrikt --- Gut Uhlenhorst	284 285 286 312
Liesbüttel	204	Rendsburg	Kanzleigüter - Kanzleigut Hanerau	196 196
Lindau	304	Eckernförde	Adelige Güter - Eckernförderharde -- Dänischw. Güterdistrikt --- Gut Lindau	284 285 286 304
Lindhöft	307	Eckernförde	Adelige Güter - Eckernförderharde -- Dänischw. Güterdistrikt --- Gut Noer	284 285 286 305
Lohe	261	Rendsburg	Herzogtum Schleswig - Amt Hütten -- Hohnerharde --- Kirchspiel Hohn	225 247 256 257
Loop	94	Rendsburg	Herzogtum Holstein - Amt Bordesholm -- Kirchspiel Nortorf	73 75 93
Loose	336	Eckernförde	Adelige Güter - Eckernförderharde -- Schwansener Güterdistrikt --- Gut Saxtorf	284 285 316 335
Louisenlund	329	Eckernförde	Adelige Güter - Eckernförderharde -- Schwansener Güterdistrikt --- Gut Louisenlund	284 285 316 328
Ludwigsburg	330	Eckernförde	Adelige Güter - Eckernförderharde -- Schwansener Güterdistrikt --- Gut Ludwigsburg	284 285 316 329

Orte	Seite[1]	Grundbuchamt	Jurisdiktionsbereiche	Seite[1]
Luhnstedt	132	Rendsburg	Herzogtum Holstein - Amt Rendsburg -- Ksp.vogtei Jevenstedt --- Kirchspiel Jevenstedt	73 114 131 132
Lütjenbornholt	204	Rendsburg	Kanzleigüter - Kanzleigut Hanerau	196 196
Lütjenwestedt	155	Rendsburg	Herzogtum Holstein - Amt Rendsburg -- Ksp.vogtei Schenefeld --- Kirchspiel Schenefeld	73 114 152 152
Maasleben	332	Eckernförde	Adelige Güter - Eckernförderharde -- Schwansener Güterdistrikt --- Gut Maasleben	284 285 316 331
Maisborstel	131	Rendsburg	Herzogtum Holstein - Amt Rendsburg -- Ksp.vogtei Hohenwestedt --- Kirchspiel Schenefeld	73 114 125 131
Marienhof	332	Eckernförde	Adelige Güter - Eckernförderharde -- Schwansener Güterdistrikt --- Gut Marienhof	284 285 316 332
Marienthal (ab 1973 Goosefeld)	305	Eckernförde	Adelige Güter - Eckernförderharde -- Dänischw. Güterdistrikt --- Gut Marienthal	284 285 286 305
Marutendorf	189	Kiel	Adelige Güterdistrikte - Kieler Güterdistrikt -- Gut Marutendorf	162 172 188
Meezen	136	Rendsburg	Herzogtum Holstein - Amt Rendsburg -- Ksp.vogtei Kellinghusen --- Kirchspiel Kellinghusen	73 114 134 134

Orte	**Seite[1]**	**Grundbuchamt**	**Jurisdiktionsbereiche**	**Seite[1]**
Melsdorf	192	Kiel	Adelige Güterdistrikte - Kieler Güterdistrikt -- Gut Quarnbek	162 172 191
Mielkendorf	91	Kiel	Herzogtum Holstein - Amt Bordesholm -- Kirchspiel Großflintbek	73 75 90
Missunde	334	Eckernförde	Adelige Güter - Eckernförderharde -- Schwansener Güterdistrikt --- Gut Ornum	284 285 316 334
Möhlhorst	333	Eckernförde	Adelige Güter - Eckernförderharde -- Schwansener Güterdistrikt --- Gut Möhlhorst	284 285 316 333
Mohr	269	Eckernförde	Herzogtum Schleswig - Amt Hütten -- Hüttenerharde --- Kirchspiel Bünsdorf	225 247 264 266
Mohrberg	333	Eckernförde	Adelige Güter - Eckernförderharde -- Schwansener Güterdistrikt --- Gut Mohrberg	284 285 316 333
Molfsee	92	Kiel	Herzogtum Holstein - Amt Bordesholm -- Kirchspiel Großflintbek	73 75 90
Mörel	128	Rendsburg	Herzogtum Holstein - Amt Rendsburg -- Ksp.vogtei Hohenwestedt --- Kirchspiel Hohenwestedt	73 114 125 126
Mühbrook	87	Rendsburg	Herzogtum Holstein - Amt Bordesholm -- Kirchspiel Bordesholm	73 75 85

Orte	Seite[1]	Grundbuchamt	Jurisdiktionsbereiche	Seite[1]
Negenharrie	87	Rendsburg	Herzogtum Holstein - Amt Bordesholm -- Kirchspiel Bordesholm	73 75 85
Neu Büdelsdorf		siehe Büdelsdorf		
Neubülk	305	Eckernförde	Adelige Güter - Eckernförderharde -- Dänischw. Güterdistrikt --- Gut Neubülk	284 285 286 305
Neudorf	290	Eckernförde	Adelige Güter - Eckernförderharde -- Dänischw. Güterdistrikt --- Gut Behrensbrook	284 285 286 289
Neudorf-Bornstein		siehe Bornstein und Neudorf		
Neu Duvenstedt	269	Eckernförde	Herzogtum Schleswig - Amt Hütten -- Hüttenerharde --- Kirchspiel Bünsdorf	225 247 264 266
Neu Nordsee	189	Kiel	Adelige Güterdistrikte - Kieler Güterdistrikt -- Gut Neu Nordsee	162 172 189
Neuwittenbek	308 313	Eckernförde	Adelige Güter - Eckernförderharde -- Dänischw. Güterdistrikt --- Gut Rathmannsdorf --- Gut Warleberg	284 285 286 307 312
Nieby	322	Eckernförde	Adelige Güter - Eckernförderharde -- Schwansener Güterdistrikt --- Gut Damp	284 285 316 318
Nienborstel	129	Rendsburg	Herzogtum Holstein - Amt Rendsburg -- Ksp.vogtei Hohenwestedt --- Kirchspiel Hohenwestedt	73 114 125 126

Orte	Seite[1]	Grundbuchamt	Jurisdiktionsbereiche	Seite[1]
Nienkattbek	133	Rendsburg	Herzogtum Holstein - Amt Rendsburg -- Ksp.vogtei Jevenstedt --- Kirchspiel Jevenstedt	73 114 131 132
Nindorf	129	Rendsburg	Herzogtum Holstein - Amt Rendsburg -- Ksp.vogtei Hohenwestedt --- Kirchspiel Hohenwestedt	73 114 125 126
Noer	307	Eckernförde	Adelige Güter - Eckernförderharde -- Dänischw. Güterdistrikt --- Gut Noer	284 285 286 305
Norby (bei Owschlag)	278	Eckernförde	Herzogtum Schleswig - Amt Hütten -- Hüttenerharde --- Kirchspiel Kropp	225 247 264 277
Norby (bei Rieseby)	337	Eckernförde	Adelige Güter - Eckernförderharde -- Schwansener Güterdistrikt --- Gut Saxtorf	284 285 316 335
Nortorf	143 224	Rendsburg	Herzogtum Holstein - Amt Rendsburg -- Ksp.vogtei Nortorf --- Kirchspiel Nortorf Kloster Itzehoe - Vogtei Nortorf	73 114 137 137 206 223
Nübbel ab 1853	152 264	Rendsburg	Herzogtum Holstein - Amt Rendsburg -- Ksp.vogtei Raumort --- Christkirche Rendsburg Herzogtum Schleswig - Amt Hütten -- Hohnerharde --- Christkirche Rendsburg	73 114 145 152 225 247 256 263

Orte	Seite[1]	Grundbuchamt	Jurisdiktionsbereiche	Seite[1]
Oersdorf	204	Rendsburg	Kanzleigüter - Kanzleigut Hanerau	196 196
Ohe	150	Rendsburg	Herzogtum Holstein - Amt Rendsburg -- Ksp.vogtei Raumort --- Marienkirche Rendsburg	73 114 145 149
Ohrsee	156	Rendsburg	Herzogtum Holstein - Amt Rendsburg -- Ksp.vogtei Schenefeld --- Kirchspiel Schenefeld	73 114 152 152
Oldenhütten	143	Rendsburg	Herzogtum Holstein - Amt Rendsburg -- Ksp.vogtei Nortorf --- Kirchspiel Nortorf	73 114 137 137
Ornum	334	Eckernförde	Adelige Güter - Eckernförderharde -- Schwansener Güterdistrikt --- Gut Ornum	284 285 316 334
Osdorf	289 293 294	Eckernförde	Adelige Güter - Eckernförderharde -- Dänischw. Güterdistrikt --- Gut Augustenhof --- Gut Borghorst --- Gut Borghorster Hütten	284 285 286 289 293 294
Ostenfeld	150	Rendsburg	Herzogtum Holstein - Amt Rendsburg -- Ksp.vogtei Raumort --- Marienkirche Rendsburg	73 114 145 149
Osterby	274	Eckernförde	Herzogtum Schleswig - Amt Hütten -- Hüttenerharde --- Kirchspiel Hütten	225 247 264 270

Orte	Seite[1]	Grundbuchamt	Jurisdiktionsbereiche	Seite[1]
Osterrade	190	Rendsburg	Adelige Güterdistrikte - Kieler Güterdistrikt -- Gut Georgenthal -- Gut Osterrade	162 172 183 190
Osterrönfeld	150	Rendsburg	Herzogtum Holstein - Amt Rendsburg -- Ksp.vogtei Raumort --- Marienkirche Rendsburg	73 114 145 149
Osterstedt	156	Rendsburg	Herzogtum Holstein - Amt Rendsburg -- Ksp.vogtei Schenefeld --- Kirchspiel Schenefeld	73 114 152 152
Ottendorf	101	Kiel	Herzogtum Holstein - Amt Kronshagen -- Kirchspiel Kiel	73 95 100
Owschlag	279	Eckernförde	Herzogtum Schleswig - Amt Hütten -- Hüttenerharde --- Kirchspiel Kropp	225 247 264 277
Padenstedt	113	Neumünster	Herzogtum Holstein - Amt Neumünster -- Kirchspiel Neumünster	73 101 112
Pohlsee	191	Rendsburg	Adelige Güterdistrikte - Kieler Güterdistrikt -- Gut Pohlsee	162 172 190
Pommerby	322	Eckernförde	Adelige Güter - Eckernförderharde -- Schwansener Güterdistrikt --- Gut Damp	284 285 316 318
Prinzenmoor	262	Rendsburg	Herzogtum Schleswig - Amt Hütten -- Hohnerharde --- Kirchspiel Hohn	225 247 256 257

Orte	Seite[1]	Grundbuchamt	Jurisdiktionsbereiche	Seite[1]
Quarnbek	192	Kiel	Adelige Güterdistrikte - Kieler Güterdistrikt -- Gut Quarnbek	162 172 191
Rade (bei Hohenwestedt)	129	Rendsburg	Herzogtum Holstein - Amt Rendsburg --Ksp.vogtei Hohenwestedt --- Kirchspiel Hohenwestedt	73 114 125 126
Rade (bei Rendsburg)	151	Rendsburg	Herzogtum Holstein - Amt Rendsburg -- Ksp.vogtei Raumort --- Marienkirche Rendsburg	73 114 145 149
Rajensdorf	192	Kiel	Adelige Güterdistrikte - Kieler Güterdistrikt -- Gut Quarnbek	162 172 191
Ramsdorf	279	Eckernförde	Herzogtum Schleswig - Amt Hütten -- Hüttenerharde --- Kirchspiel Kropp	225 247 264 277
Rathmannsdorf	308	Eckernförde	Adelige Güter - Eckernförderharde -- Dänischw. Güterdistrikt --- Gut Rathmannsdorf	284 285 286 307
Reesdorf	90	Rendsburg	Herzogtum Holstein - Amt Bordesholm -- Kirchspiel Brügge	73 75 89
Remmels	130	Rendsburg	Herzogtum Holstein - Amt Rendsburg -- Ksp.vogtei Hohenwestedt --- Kirchspiel Hohenwestedt	73 114 125 126
Rendsburg	157	Rendsburg	Herzogtum Holstein - Stadt Rendsburg	73 157

Orte	Seite[1]	Grundbuchamt	Jurisdiktionsbereiche	Seite[1]
Revensdorf	304	Eckernförde	Adelige Güter - Eckernförderharde -- Dänischw. Güterdistrikt --- Gut Lindau	284 285 286 304
Rickert	262	Rendsburg	Herzogtum Schleswig - Amt Hütten -- Hohnerharde --- Kirchspiel Hohn	225 247 256 257
Rieseby	337	Eckernförde	Adelige Güter - Eckernförderharde -- Schwansener Güterdistrikt --- Gut Saxtorf	284 285 316 335
Rodenbek	174	Kiel	Adelige Güterdistrikte - Kieler Güterdistrikt -- Gut Annenhof	162 172 172
Rögen	335	Eckernförde	Adelige Güter - Eckernförderharde -- Schwansener Güterdistrikt --- Gut Rögen	284 285 316 334
Rosenkrantz	309	Eckernförde	Adelige Güter - Eckernförderharde -- Dänischw. Güterdistrikt --- Gut Rosenkrantz	284 285 286 308
Rumohr	92	Kiel	Herzogtum Holstein - Amt Bordesholm -- Kirchspiel Großflintbek	73 75 90
Saxtorf	337	Eckernförde	Adelige Güter - Eckernförderharde -- Schwansener Güterdistrikt --- Gut Saxtorf	284 285 316 335

Schacht-Audorf siehe Audorf und Schacht

Orte	Seite[1]	Grundbuchamt	Jurisdiktionsbereiche	Seite[1]
Schacht	151 188	Rendsburg	Herzogtum Holstein - Amt Rendsburg -- Ksp.vogtei Raumort --- Marienkirche Rendsburg Adelige Güterdistrikte - Kieler Güterdistrikt -- Gut Kronsburg	73 114 145 149 162 172 187
Scharnhagen	287 296	Eckernförde	Adelige Güter - Eckernförderharde -- Dänischw. Güterdistrikt --- Gut Altbülk --- Gut Eckhof	284 285 286 287 295
Schierensee	95 194	Kiel	Herzogtum Holstein - Amt Bordesholm -- Kirchspiel Westensee Adelige Güterdistrikte - Kieler Güterdistrikt -- Gut Schierensee	73 75 95 162 172 193
Schinkel	309	Eckernförde	Adelige Güter - Eckernförderharde -- Dänischw. Güterdistrikt --- Gut Rosenkrantz	284 285 286 308
Schinkelerhütten	309	Eckernförde	Adelige Güter - Eckernförderharde -- Dänischw. Güterdistrikt --- Gut Rosenkrantz	284 285 286 308
Schirnau	309	Eckernförde	Adelige Güter - Eckernförderharde -- Dänischw. Güterdistrikt --- Gut Schirnau	284 285 286 309
Schmalstede	88	Rendsburg	Herzogtum Holstein - Amt Bordesholm -- Kirchspiel Bordesholm	73 75 85

Orte	Seite[1]	Grundbuchamt	Jurisdiktionsbereiche	Seite[1]
Schönbek	88	Rendsburg	Herzogtum Holstein - Amt Bordesholm -- Kirchspiel Bordesholm	73 75 85
Schönhagen	338	Eckernförde	Adelige Güter - Eckernförderharde -- Schwansener Güterdistrikt --- Gut Schönhagen	284 285 316 337
Schönhorst	90	Rendsburg	Herzogtum Holstein - Amt Bordesholm -- Kirchspiel Brügge	73 75 89
Schönwohld	189	Kiel	Adelige Güterdistrikte - Kieler Güterdistrikt -- Gut Marutendorf	162 172 188
Schuby	324	Eckernförde	Adelige Güter - Eckernförderharde -- Schwansener Güterdistrikt --- Gut Grünholz	284 285 316 324
Schülldorf	151	Rendsburg	Herzogtum Holstein - Amt Rendsburg -- Ksp.vogtei Raumort --- Marienkirche Rendsburg	73 114 145 149
Schülp (bei Nortorf)	143 183	Rendsburg	Herzogtum Holstein - Amt Rendsburg -- Ksp.vogtei Nortorf --- Kirchspiel Nortorf Adelige Güterdistrikte - Kieler Güterdistrikt -- Gut Emkendorf	73 114 137 137 162 172 177
Schülp (bei Rendsburg)	149	Rendsburg	Herzogtum Holstein - Amt Rendsburg -- Ksp.vogtei Raumort --- Kirchspiel Jevenstedt	73 114 145 147

Orte	Seite[1]	Grundbuchamt	Jurisdiktionsbereiche	Seite[1]
Schwabe	149	Rendsburg	Herzogtum Holstein - Amt Rendsburg -- Ksp.vogtei Raumort --- Kirchspiel Jevenstedt	73 114 145 147
Schwartenbek	195	Kiel	Adelige Güterdistrikte - Kieler Güterdistrikt -- Gut Schwartenbek	162 172 194
Schwastrum	322	Eckernförde	Adelige Güter - Eckernförderharde -- Schwansener Güterdistrikt --- Gut Damp	284 285 316 318
Schwedeneck	siehe Birkenmoor, Dänisch-Nienhof, Grönwohld, Haschendorf, Hohenhain, Krusendorf, Sprenge, Stohl, Surendorf			
Seedorf	144 183	Rendsburg	Herzogtum Holstein - Amt Rendsburg -- Ksp.vogtei Nortorf --- Kirchspiel Nortorf Adelige Güterdistrikte - Kieler Güterdistrikt -- Gut Emkendorf	73 114 137 137 162 172 177
Seefeld	156	Rendsburg	Herzogtum Holstein - Amt Rendsburg -- Ksp.vogtei Schenefeld --- Kirchspiel Schenefeld	73 114 152 152
Seekamp	310	Kiel	Adelige Güter - Eckernförderharde -- Dänischw. Güterdistrikt --- Gut Seekamp	284 285 286 310
Sehestedt	311	Eckernförde	Adelige Güter - Eckernförderharde -- Dänischw. Güterdistrikt --- Gut Sehestedt	284 285 286 310

Orte	Seite[1]	Grundbuchamt	Jurisdiktionsbereiche	Seite[1]
Sieseby	317 328 332 338	Eckernförde	Adelige Güter - Eckernförderharde -- Schwansener Güterdistrikt --- Gut Bienebek --- Gut Krieseby --- Gut Maasleben --- Gut Staun	284 285 316 316 327 331 338
Söby	332	Eckernförde	Adelige Güter - Eckernförderharde -- Schwansener Güterdistrikt --- Gut Maasleben	284 285 316 331
Sönderby	318	Eckernförde	Adelige Güter - Eckernförderharde -- Schwansener Güterdistrikt --- Gut Büstorf	284 285 316 317
Sophienhamm	262	Rendsburg	Herzogtum Schleswig - Amt Hütten -- Hohnerharde --- Kirchspiel Hohn	225 247 256 257
Sören	94	Rendsburg	Herzogtum Holstein - Amt Bordesholm -- Kirchspiel Nortorf	73 75 93
Sorgwohld	280	Eckernförde	Herzogtum Schleswig - Amt Hütten -- Hüttenerharde --- Kirchspiel Kropp	225 247 264 277
Sprenge (bei Flintbek)	93	Rendsburg	Herzogtum Holstein - Amt Bordesholm -- Kirchspiel Großflintbek	73 75 90

Orte	Seite[1]	Grundbuchamt	Jurisdiktionsbereiche	Seite[1]
Sprenge (Dänischenhagen)	293	Eckernförde	Adelige Güter - Eckernförderharde -- Dänischw. Güterdistrikt --- Gut Birkenmoor	284 285 286 291
Stafstedt	133	Rendsburg	Herzogtum Holstein - Amt Rendsburg -- Ksp.vogtei Jevenstedt --- Kirchspiel Jevenstedt	73 114 131 132
Stampe	193	Kiel	Adelige Güterdistrikte - Kieler Güterdistrikt -- Gut Quarnbek	162 172 191
Staun	338	Eckernförde	Adelige Güter - Eckernförderharde -- Schwansener Güterdistrikt --- Gut Staun	284 285 316 338
Steenfeld	205	Rendsburg	Kanzleigüter - Kanzleigut Hanerau	196 196
Steinfurt	175	Kiel	Adelige Güterdistrikte - Kieler Güterdistrikt -- Gut Blockshagen	162 172 174
Steinrade	311	Eckernförde	Adelige Güter - Eckernförderharde -- Dänischw. Güterdistrikt --- Gut Steinrade	284 285 286 311
Steinsieken	280	Eckernförde	Herzogtum Schleswig - Amt Hütten -- Hüttenerharde --- Kirchspiel Kropp	225 247 264 277
Steinwarf	309 312	Eckernförde	Adelige Güter - Eckernförderharde -- Dänischw. Güterdistrikt --- Gut Schirnau --- Gut Steinrade	284 285 286 309 311

Orte	Seite[1]	Grundbuchamt	Jurisdiktionsbereiche	Seite[1]
Steinwehr	195	Rendsburg	Adelige Güterdistrikte - Kieler Güterdistrikt -- Gut Steinwehr	162 172 195
Stohl	295	Eckernförde	Adelige Güter - Eckernförderharde -- Dänischw. Güterdistrikt --- Gut Dänisch-Nienhof	284 285 286 294
Strande	287 296	Eckernförde	Adelige Güter - Eckernförderharde -- Dänischw. Güterdistrikt --- Gut Altbülk --- Gut Eckhof	284 285 286 287 295
Strohbrück	193	Kiel	Adelige Güterdistrikte - Kieler Güterdistrikt -- Gut Quarnbek	162 172 191
Stubbe	339	Eckernförde	Adelige Güter - Eckernförderharde -- Schwansener Güterdistrikt --- Gut Stubbe	284 285 316 339
Stubbendorf	294	Eckernförde	Adelige Güter - Eckernförderharde -- Dänischw. Güterdistrikt --- Gut Borghorst --- Gut Borghorster Hütten	284 285 286 293 294
Sturenhagen	302	Eckernförde	Adelige Güter - Eckernförderharde -- Dänischw. Güterdistrikt --- Gut Kaltenhof	284 285 286 302
Surendorf	295	Eckernförde	Adelige Güter - Eckernförderharde -- Dänischw. Güterdistrikt --- Gut Dänisch-Nienhof	284 285 286 294
Tackesdorf (Gemeinde seit 1927)		Rendsburg		

Orte	Seite[1]	Grundbuchamt	Jurisdiktionsbereiche	Seite[1]
Tappendorf	130	Rendsburg	Herzogtum Holstein - Amt Rendsburg -- Ksp.vogtei Hohenwestedt --- Kirchspiel Hohenwestedt	73 114 125 126
Techelsdorf	223	Rendsburg	Kloster Itzehoe - Vogtei Meimersdorf	206 223
Thaden	206	Rendsburg	Kanzleigüter - Kanzleigut Hanerau	196 196
Thienbüttel	144	Rendsburg	Herzogtum Holstein - Amt Rendsburg -- Ksp.vogtei Nortorf --- Kirchspiel Nortorf	73 114 137 137
Thumby	332	Eckernförde	Adelige Güter - Eckernförderharde -- Schwansener Güterdistrikt --- Gut Maasleben	284 285 316 331
Timmaspe	144	Rendsburg	Herzogtum Holstein - Amt Rendsburg -- Ksp.vogtei Nortorf --- Kirchspiel Nortorf	73 114 137 137
Todenbüttel	131	Rendsburg	Herzogtum Holstein - Amt Rendsburg -- Ksp.vogtei Hohenwestedt --- Kirchspiel Schenefeld	73 114 125 131
Tüttendorf	313	Eckernförde	Adelige Güter - Eckernförderharde -- Dänischw. Güterdistrikt --- Gut Warleberg	284 285 286 312
Uhlenhorst	312	Eckernförde	Adelige Güter - Eckernförderharde -- Dänischw. Güterdistrikt --- Gut Uhlenhorst	284 285 286 312

Orte	Seite[1]	Grundbuchamt	Jurisdiktionsbereiche	Seite[1]
Vaasbüttel	130	Rendsburg	Herzogtum Holstein	73
			- Amt Rendsburg	114
			-- Ksp.vogtei Hohenwestedt	125
			--- Kirchspiel Hohenwestedt	126
Voorde	93	Rendsburg	Herzogtum Holstein	73
			- Amt Bordesholm	75
			-- Kirchspiel Großflintbek	90
Vorbrügge	136	Rendsburg	Herzogtum Holstein	73
			- Amt Rendsburg	114
			-- Ksp.vogtei Kellinghusen	134
			--- Kirchspiel Kellinghusen	134
Waabs	siehe Großwaabs und Kleinwaabs			
Wakendorf	190	Rendsburg	Adelige Güterdistrikte	162
			- Kieler Güterdistrikt	172
			-- Gut Georgenthal	183
			-- Gut Osterrade	190
Wapelfeld	130	Rendsburg	Herzogtum Holstein	73
			- Amt Rendsburg	114
			-- Ksp.vogtei Hohenwestedt	125
			--- Kirchspiel Hohenwestedt	126
Warder	144	Rendsburg	Herzogtum Holstein	73
	183		- Amt Rendsburg	114
			-- Ksp.vogtei Nortorf	137
			--- Kirchspiel Nortorf	137
			Adelige Güterdistrikte	162
			- Kieler Güterdistrikt	172
			-- Gut Emkendorf	177
Warleberg	313	Eckernförde	Adelige Güter	284
			- Eckernförderharde	285
			-- Dänischw. Güterdistrikt	286
			--- Gut Warleberg	312
Wasbek	113	Neumünster	Herzogtum Holstein	73
			- Amt Neumünster	101
			-- Kirchspiel Neumünster	112

Orte	Seite[1]	Grundbuchamt	Jurisdiktionsbereiche	Seite[1]
Wattenbek	88	Rendsburg	Herzogtum Holstein	73
			- Amt Bordesholm	75
			-- Kirchspiel Bordesholm	85
Wentorf	311	Eckernförde	Adelige Güter	284
			- Eckernförderharde	285
			-- Dänischw. Güterdistrikt	286
			--- Gut Sehestedt	310
Weseby	277	Eckernförde	Herzogtum Schleswig	225
			- Amt Hütten	247
			-- Hüttenerharde	264
			--- Kirchspiel Kosel	274
Westensee	196	Kiel	Adelige Güterdistrikte	162
			- Kieler Güterdistrikt	172
			-- Gut Westensee	195
Westermühlen	262	Rendsburg	Herzogtum Schleswig	225
			- Amt Hütten	247
			-- Hohnerharde	256
			--- Kirchspiel Hohn	257
Westerrönfeld	149	Rendsburg	Herzogtum Holstein	73
			- Amt Rendsburg	114
			-- Ksp.vogtei Raumort	145
			--- Kirchspiel Jevenstedt	147
Windeby	314	Eckernförde	Adelige Güter	284
			- Eckernförderharde	285
			-- Dänischw. Güterdistrikt	286
			--- Gut Windeby	313
Winnemark	327	Eckernförde	Adelige Güter	284
			- Eckernförderharde	285
			-- Schwansener Güterdistrikt	316
			--- Gut Karlsburg	326
Wrohe	177	Kiel	Adelige Güterdistrikte	162
			- Kieler Güterdistrikt	172
			-- Gut Deutsch Nienhof	176

Orte	Seite[1]	Grundbuchamt	Jurisdiktionsbereiche	Seite[1]
Wulfshagen	315	Eckernförde	Adelige Güter - Eckernförderharde -- Dänischw. Güterdistrikt --- Gut Wulfshagen	284 285 286 315
Wulfshagenerhütten	316	Eckernförde	Adelige Güter - Eckernförderharde -- Dänischw. Güterdistrikt --- Gut Wulfshagenerhütten	284 285 286 315
Zimmert	328	Eckernförde	Adelige Güter - Eckernförderharde -- Schwansener Güterdistrikt --- Gut Krieseby	284 285 316 327

[1]Angegeben ist jeweils die **erste** Seite des entsprechenden Abschnitts in Teil III: Quellenverzeichnis

Teil II b: Zuordnung kleinerer Wohnplätze

Wohnplatz	siehe unter:
Aalkate	Rendsburg
Achtkoppel	Gut Rathmannsdorf
Achterkamp	Gut Rathmannsdorf
Ahlsbek	Elsdorf
Ahrenhorst	Lohe
Ahrensberg	Gut Louisenlund
Alandsbek	Gut Stubbe
Altdorf	Steinwarf
Alt Dörphof	Gut Dörphof
Alt Kathenstedt	Emkendorf
Altmühl	Gut Damp
Alt Mühlendorf	Gut Emkendorf
Altmüllervieh	Wakendorf
Amalienburg	Gut Karlsburg
Amalienfeld	Gut Karlsburg
Am Kanal	Groß Nordsee
Apelrade	Bossee
Arpsdorfermoor	Arpsdorf
Aschauermoor	Gut Aschau
Auf dem Fuchsberg	Schönwohld
Auf dem Heisch	Gut Borghorst
Auf der Heide	Bordesholm
Auf Frauendamm	Groß Nordsee
Aukrug	Innien
Bahrenbrook	Kronshagen
Barkhorn	Jevenstedt
Bastenberg	Breiholz
Batz	Thaden
Bauernfeld	Gut Schirnau
Beim Scharpensteen	Oersdorf
Bekkate	Westensee (Hof)
Bekredder	Gut Eckhof
Berme	Hohenwestedt
Bethlehem	Ahlefeld
Binnenholz	Marutendorf
Bisseerteich	Bissee
Blöcken	Norby
Blöckenort	Bargstall
Bockholz	Osdorf; Gut Büchenau
Bocksrüde	Gut Staun

Wohnplatz	siehe unter:
Böhnrüh	Gut Hemmelmark
Boholm	Zimmert
Bökwedel	Damendorf
Bollhusen	Schierensee
Bollhuserteich	Ksp. Westensee
Bönhuserholz	Bönhuse
Börentwedt	Gut Grünholz
Bormhorst	Rumohr
Bösbyfeld	Gut Maasleben
Bosoer	Gut Ludwigsburg
Bramkamp	Schwabe
Brammerau	Brammer
Branden	Höbek
Brandenhorst	Groß Wittensee
Breitenstein	Sturenhagen
Broholm	Kirchspiel Hohn
Brook	Bornstein
Brookhorn	Jevenstedt
Brüggerholz	Brügge
Brüggstor	Sehestedt
Brunnenbek	Altenhof
Buburg	Bohnert
Buchholz	Norby
Buhrhorst	Schülldorf
Buschenrade	Gut Ludwigsburg
Buschkate	Borgstedt
Bussenteich	Gut Damp
Butenkamp	Bovenau
Butterberg	Rendsburg
Charlottenhof	Gut Karlsburg
Clement	Königsförde
Conditorei	Gut Altenhof
Contrescarpe	Gut Knoop
Damm	Damendorf
Dammkate	Kirchspiel Hohn
Dammstedt	Jevenstedt
Deependahl	Hademarschen
Dehnhöft	Klausdorf
Dengelsberg	Ehlersdorf
Depenrehm	Bargstall
Dickendörn	Haßmoor
Diekkamp	Götheby
Diekmissen	Gut Seekamp
Diekshof	Borgstedt

Wohnplatz	siehe unter:
Dingelby	Brodersby
Dingstock	Gut Saxtorf
Dixrade	Bistensee
Dorbek	Fockbek
Dörphofholz	Gut Dörphof
Drasberg	Brodersby
Dreiangel	Bargstall
Dreikronen	Gut Seekamp
Drögenkamp	Neu Büdelsdorf
Duckenteich	Gut Damp
Duten	Rendsburg
Dürwade	Gut Möhlhorst
Eckholz	Gut Warleberg
Eichholz	Gut Ludwigsburg
Eichkate	Klein Königsförde
Eichkoppel	Kronshagen
Eiderhof	Gut Hohenlieth
Eiderkate	Reesdorf
Eiderstederfeld	Eiderstede
Ekbarkshörn	Schinkel
Ekberg	Harfe
Elisendorf	Krusendorf
Ellerbrookskamp	Gut Borghorst
Ellhorn	Loop
Elmenhorst	Hummelfeld
Emers	Winnemark
Enkendorferholz	Deutsch Nienhof
Eulenkrug	Wrohe
Fahrenhorst	Altwittenbek
Fahrredder	Gut Hohenlieth
Falkenburg	Vaasbüttel
Federholz	Gut Klein Nordsee
Fegefeuer	Schönwohld
Feldscheide	Hohenwestedt; Sehestedt
Fellhorst	Hummelfeld
Felmerholz	Felm; Gut Rathmannsdorf
Felmersöhren	Felm
Felsenrade	Groß Wittensee
Feuerkate	Schönhorst
Fingsthoop	Föhrden
Fischerhütte	Steenfeld

Wohnplatz	siehe unter:
Fischerkate	Groß Buchwald; Gut Mohrberg; Gut Seekamp
Fischleger	Gut Damp
Flintbekerholz	Großflintbek
Flur	Gut Knoop
Freidorf	Gut Altbülk; Gut Eckhof; Gut Neubülk
Freienfelde	Gut Staun
Frenrade	Klein Wittensee
Fresenhagen	Gut Kaltenhof
Freudenberg	Brinjahe
Friedrichsfeld	Stubbendorf
Friedrichsgraben	Kirchspiel Hohn
Friedrichshof	Ahlefeld
Frohsein	Gut Windeby
Fromrade	Holtsee
Fuchskuhl	Gut Altenhof
Fuchskuhle	Seekamp
Fuhlenrühe	Schinkel
Gaast	Großwaabs
Glasholz	Gut Ludwigsburg; Gut Maasleben
Glinde	Kronsburg
Goldberg	Gut Borghorst
Goldkuhle	Haschendorf
Goldrade	Neu Nordsee
Göslersgut	Haale
Gräßen	Norby
Gräveskuhl	Sophienhamm
Greensteich	Gut Maasleben
Grevensberg	Groß-Brekendorf; Remmels
Griesenbötel	Schönwohld
Großholz	Gut Stubbe
Großkoppel	Gut Steinrade; Gut Schirnau
Großmoorhaus	Kirchspiel Hohn
Groß Nordseeredder	Groß Nordsee
Groß Wittenseerholz	Groß Wittensee
Grubentor	Gut Saxtorf
Gruhl	Sehestedt
Grünental	Beldorf

Wohnplatz	siehe unter:
Grünenthal	Schülp (b. Nortorf)
Grünjäger	Altenhof
Grünland	Gut Maasleben
Grüntal	Gut Saxtorf
Haberkamp	Gut Damp
Haberkoppel	Gut Karlsburg
Hahnenkamp	Heinkenborstel
Hakelmark	Gut Maasleben
Hakenhöft	Bohnert
Hamburg	Gnutz
Hamdorferheide	Hamdorf
Hamer	Pemeln
Hammer	Groß-Brekendorf
Hanswisch	Beldorf
Harzmoor	Gut Maasleben
Hasenknöll	Krummenort
Hasloh	Bordesholmer Hoffeld
Hasselkamp	Kronshagen
Hasselrott	Gettorf
Hawerott	Bistensee
Heeschenberg	Schierensee
Hegeholz	Gut Damp
Hegekoppel	Sophienhamm
Hegenholz	Gut Hohenlieth
Heidberg	Hohenhude
Heide	Gut Karlsburg
Heidenberg	Kronshagen
Heidhof	Gut Windeby
Heidholm	Gut Warleberg; Melsdorf
Heidkate	Kleinflintbek
Heidloh	Bargstall
Heinhoop	Ellerdorf
Heisch	Gut Seekamp
Helenenhof	Westerrönfeld
Hempenrott	Bornstein
Hempenwisch	Bornstein
Henstedt	Hamweddel
Herwarth	Klausdorf
Hestemaas	Gut Karlsburg
Himbeerredder	Bornstein
Höbek	Ohe
Hochfeld	Rendsburg
Hoffeld	Gut Warleberg
Hofholz	Gut Hohenlieth
Hofholzkaten	Altenhof
Hogelucht	Gut Bossee
Högen	Hohenwestedt
Hoheluft	Bornstein; Gut Maasleben; Rendsburg
Hohenberg	Melsdorf
Hohenheide	Elsdorf
Hohenhüg	Gut Hohenstein
Hohenkamp	Noer
Hohenleuchte	Steinfurt
Hohnby	Gut Saxtorf
Hohnerkoog	Hohn
Holand	Gut Warleberg
Hölken	Bornstein
Höllengruft	Haby
Hollin	Gut Rathmannsdorf
Holm	Strohbrück
Holstentor	Hademarschen
Holzhofkaten	Gut Altenhof
Holzkate	Gut Grünhorst; Schwartenbek
Holzkaten	Gut Lindau
Holzschicht	Gut Damp
Hopfenholz	Gut Saxtorf
Hopfenkrug	Emkendorf
Hörn	Gut Staun
Horst	Bovenau
Hörst	Ahlefeld
Hörsten	Remmels
Höst	Bargstall
Hümarkfeld	Gut Maasleben
Hummelweth	Gut Saxtorf
Hunnenberg	Gut Kaltenhof
Hütte	Gut Hoffnungsthal
Hüttenkratt	Sprengerfeld
Hüttenwohld	Gut Wulfshagenerhütten
Hüxberg	Brodersby
Ihlkate	Steinfurt
Ilkenberg	Altenkattbek
Im Teich	Großflintbek

Wohnplatz	siehe unter:
Inselkate	Gut Altenhof
Jahnsholz	Gut Stubbe
Jettmark	Groß-Brekendorf
Jevenberg	Schülp (Rendsburg)
Jordan	Altenhof
Julianenebene	Hohn
Julienslust	Kronshagen
Jürgensrade	Groß Wittensee
Kaaksburg	Tappendorf
Kahlenberg	Gut Seekamp
Kahlhorst	Kronshagen
Kalskamp	Gut Rathmannsdorf
Kamp	Großwaabs
Kanalkate	Schwartenbek
Karlberg	Gut Dörphof
Karlsprenge	Sprengerfeld
Karrkamp	Quarnbek
Karstenberg	Holtsee
Kasmarkerholz	Gut Kasmark
Katenreihe	Vorbrügge
Katharinenberg	Gut Eckhof
Katzenteich	Gut Warleberg
Katzheide	Nienkattbek
Keller	Bendorf
Kellerkuhl	Groß Wittensee
Kiebitzmoor	Fiefharrie
Kiekut	Altenhof; Ehlersdorf; Gut Seekamp; Gut Schönhagen
Kirchhorst	Groß Wittensee
Kirchredder	Ascheffel
Klein Blumenthal	Blumenthal
Klein-Brekendorf	Groß-Brekendorf
Klein-Felmerholz	Gut Rathmannsdorf
Klein Gammelby	Gammelby
Kleinmoorhaus	Kirchspiel Hohn
Klink	Stampe
Klint	Fockbek
Knakenburg	Neu Büdelsdorf
Knebelshorst	Hamweddel
Knipenberg	Gut Damp
Köhnholz	Bornstein
Kollmoor	Hamweddel

Wohnplatz	siehe unter:
Köllnerfeld	Gut Karlsburg
Kolshorn	Jevenstedt
Kommherut	Gut Saxtorf
Königsbach	Kirchspiel Hohn
Königsberg	Kirchspiel Hohn
Königsförderrade	Schinkel
Königshügel	Kirchspiel Hohn
Königskoppel	Rendsburg
Könsbyfeld	Gut Maasleben
Krähenberg	Karby; Westensee
Krähenwiese	Großflintbek
Kratt	Gut Maasleben; Gut Saxtorf
Kreuzkamp	Gut Damp
Kreuzkoppel	Jevenstedt
Kronsburg	Bornstein
Kronsburgerholz	Kronsburg
Kronsburgerredder	Kronsburg
Kronsfelde	Bredenbek
Kronshörn	Gut Warleberg
Kronsmaas	Gut Hohenlieth
Kronsrott	Fleckeby; Güby; Gut Louisenlund
Kronstrang	Altenhof
Krummland	Noer
Krummlinde	Gut Grünhorst
Krummstöcken	Schinkel
Krupunder	Bornstein
Krusenteich	Gut Damp
Kubitzberg	Klausdorf
Kuhberg	Gut Damp
Kuhholzberg	Birkenmoor
Kuhkoppel	Haschendorf; Steinsieken
Kuhlenbrook	Emkendorf
Kühlendamm	Gut Hanerau
Kühlensitz	Nienkattbek
Kuhlentor	Seekamp
Kummerdiek	Gut Ludwigsburg
Küthmühlen	Georgenthal
Lagenburg	Gut Grünhorst
Lagerholz	Gut Saxtorf
Landwehr	Gut Warleberg; Quarnbek

Wohnplatz	siehe unter:
Langacker	Brodersby; Gut Karlsburg
Langelohe	Felde
Langenberg	Prinzenmoor; Ramsdorf
Langenbrok	Schinkel
Langenfelde	Gut Knoop
Langenis	Westensee (Hof)
Langenhorst	Altwittenbek
Langenkamp	Blickstedt; Hütten; Gut Rathmannsdorf
Langenrade	Ehlersdorf
Langenreihe	Schönwohld
Langesleben	Felde
Langhörn	Osterby
Langhorst	Groß Wittensee
Langkoppel	Bornstein
Langstücken	Ascheffel
Langwedelerfeld	Langwedel
Langwedelerholz	Langwedel
Laschteich	Gut Noer
Legan	Stafstedt
Lehkrug	Damendorf
Lehmberg	Groß-Brekendorf
Lehmkuhl	Gut Grünhorst; Holtsee
Lehmrade	Schinkel
Lehmrott	Noer
Lehmsiek	Haby
Lehmsiekhof	Götheby
Lehmteich	Mielkendorf
Lerchenfeld	Hanerau
Levensau	Altwittenbek
Liethberg	Emkendorf
Liethbergskate	Deutsch Nienhof
Lindental	Bordesholm
Linnbrook	Stafstedt
Lohklint	Breiholz
Lohmühle	Bendorf
Loosau	Gut Saxtorf
Lückenberg	Gut Schönhagen
Luhnvieh	Hörsten
Lust	Haale

Wohnplatz	siehe unter:
Lütgen-Bargholt	Gut Aschau
Manhagen	Schinkel
Mannhagen	Grevenkrug
Margarethenhof	Rendsburg
Marienberg	Schierensee
Marienfelde	Gut Altbülk
Marienhöh	Rendsburg
Marienthal	Gut Karlsburg
Marsch	Gut Kluvensiek; Schuby
Mastbrook	Rendsburg
Maulwurfsberg	Bornstein
Meenland	Remmels
Methorstteich	Haßmoor
Mevenberg	Gut Altenhof
Mierensiek	Gut Hohenlieth
Mittelfeld	Gut Karlsburg
Moholz	Nübbel
Mönkmoor	Gut Maasleben
Moor	Bohnert; Gut Warleberg
Moorbrook	Felde
Moorbrügge	Gut Saxtorf
Moorholz	Basdorf
Moorhörn	Felde
Moorkamp	Krummwisch
Moorkate	Langwedel; Mühbrook; Rendsburg
Moorrägen	Gut Klein Nordsee
Moorsiek	Haby
Mooshörn	Ramsdorf
Moschau	Gut Friedensthal
Moschaushorst	Gut Altenhof
Mückenbusch	Maisborstel
Mühlenberg	Bornstein; Gut Damp
Mühlenteich	Gut Damp
Mührholm	Gut Saxtorf
Muschelkate	Gut Seekamp
Neu-Holtsee	Holtsee
Neuilewitt	Gut Saxtorf
Neu Kathenstedt	Emkendorf
Neuland	Bovenau
Neumöhlhorst	Gut Möhlhorst

Wohnplatz	siehe unter:
Neumühlen	Kleinvollstedt
Neu Mühlendorf	Gut Emkendorf
Neuredder	Gut Eckhof
Neuschicht	Gut Damp
Neuteich	Gut Maasleben
Neutjental	Stafstedt
Neuwerk	Rendsburg
Neuwisch	Kronsburg
Niederlage	Eiderstede
Niekoppel	Groß-Brekendorf; Gut Hohenlieth
Nienbrügge	Schwartenbek
Niendamm	Gettorf
Nienhagen	Stafstedt
Nienjahn	Jahrsdorf
Nienlegan	Stafstedt
Nienwohn	Gut Mohrberg
Nobiskrug	Rendsburg
Nobus	Gut Damp
Nordfeld	Osterby
Nordhagen	Gut Schönhagen
Nordholz	Groß-Brekendorf
Nübbeler Utkiek	Rendsburg
Ochsenhagen	Gut Damp
Ochsenkoppel	Ehlersdorf
Ochsenweide	Bordesholmer Hoffeld
Oha	Sophienhamm
Ohlenjahn	Grauel
Opsebrunnen	Bornstein
Osselberg	Blumenthal
Osterbyholz	Osterby
Osterholzteich	Thaden
Ovendorfer Redder	Groß Buchwald
Padenstedterfeld	Padenstedt
Paggenkrug	Molfsee
Papenau	Remmels
Papenholz	Birkenmoor
Papenkamp	Brammer
Parchentkate	Rendsburg
Pasop	Gut Damp
Petersburg	Jevenstedt
Petsrühe	Gut Damp
Pfennigkrug	Beringstedt

Wohnplatz	siehe unter:
Philippinenruh	Krummwisch
Pilskrug	Gut Birkenmoor
Pinkerühe	Gut Mohrberg
Plirup	Westerrönfeld
Plossenbrook	Gut Warleberg
Pollhorn	Nienkattbek
Pommerbyholz	Gut Damp; Gut Maasleben
Pommerühe	Gut Damp
Posthof	Fockbek
Postkamp	Klausdorf
Profit	Haby
Projensdorf	Klausdorf
Prosteich	Gut Grünholz
Pukholt	Gut Rögen
Rabendorf	Gut Neubülk
Rabenhorst	Schinkel
Rauhenranzel	Felde
Raumkate	Enkendorf
Ravensdamm	Bruchs
Ravenshorst	Bruchs
Rehmskoppel	Gut Damp
Resenitz	Schönwohld
Rethwisch	Groß-Brekendorf
Revkuhl	Gut Damp
Rickelshorn	Steenfeld
Rögen	Bornstein; Gut Hohenlieth
Roggenrade	Gut Warleberg
Rohmühlen	Gut Mohrberg
Röhrtang	Gut Ludwigsburg
Rolfshörn	Gut Aschau
Rolfshörnerhof	Gut Bossee
Rolfshörnermoor	Gut Bossee
Rollholz	Gut Saxtorf
Rossee	Barkelsby
Rotekate	Neu Nordsee
Rotenhahn	Sprenge
Rotenhof	Rendsburg
Rothenstein	Gut Behrensbrook
Ruhleben	Langwedel
Rumohrholz	Rumohr
Saar	Groß-Brekendorf
Sagblock	Bargstall

Wohnplatz	siehe unter:
Saltkuhl	Groß Wittensee
Sandberg	Schinkel
Sande	Eiderstede; Holzbunge
Sandfeld	Felde
Sandhof	Rendsburg
Sandkate	Holtsee
Schachtholm	Hörsten
Schau	Gut Damp
Schefenbrügge	Altenkattbek
Scheideberg	Gut Neubülk
Scheidekate	Gut Schirnau
Scheidekoppel	Gut Seekamp
Scheidekrug	Langwedel
Scherrholz	Sönderby
Schinderkate	Liesbüttel
Schlacksit	Hohenhude
Schlafenkate	Schönhorst
Schlagbaum	Klausdorf; Mohr
Schleife	Rendsburg
Schmeerhörn	Altenhof
Schneiderhoop	Bovenau
Schneiderkate	Annenhof
Schnellmark	Gut Aschau
Schnittelohe	Steenfeld
Schnurrum	Gut Maasleben
Schönhagen	Brodersby
Schönwinkel	Gut Knoop
Schoolbek	Weseby
Schoothorst	Ascheffel
Schornsteinkate	Gut Bossee
Schrödersbek	Bornstein
Schröderseck	Gut Hohenlieth
Schubyfeld	Schuby
Schulendamm	Mohr
Schusterkrug	Gut Seekamp
Schwarzenbock	Melsdorf
Schweinsweide	Gut Damp
Schwonsberg	Gut Karlsburg
See	Gut Maasleben
Seeberg	Schönwohld
Seeholz	Gut Maasleben
Seemühlen	Rendsburg
Seewiese	Klein Nordsee

Wohnplatz	siehe unter:
Sensby	Gut Maasleben; Gut Staun
Silberbergen	Ascheffel
Sinkenthal	Gut Maasleben
Söhren	Maisborstel
Sönnrade	Ascheffel
Sophienlust	Rumohrhütten
Sörenerholz	Sören
Sorgbrück	Lohe
Spann	Damendorf; Liesbüttel
Spannan	Hamweddel; Jevenstedt
Speckenkate	Gut Warleberg
Speckkate	Gut Mohrberg
Sprengerbusch	Sprenge
Sprengerhof	Gut Birkenmoor
Sprengerteich	Sprengerfeld
Springhirsch	Brinjahe
Springwedel	Seedorf
Staffelshoe	Gut Karlsburg
Staunerhütten	Gut Staun
Steckswiese	Gut Saxtorf
Steenertsmoor	Gut Warleberg
Steinberg	Bornstein; Haale
Steinerholz	Gut Staun
Steinkrug	Ekhöft
Stemperühe	Gut Damp
Stillbek	Haby
Stits	Stafstedt
Stobrook	Embüren
Stockmoor	Bornstein
Stöfsandskate	Hamweddel
Stolzbrook	Emkendorf
Straat	Bargstall
Strandberg	Gut Noer
Strande	Gut Altbülk; Gut Eckhof
Stratenbrook	Gut Hohenlieth
Strepel	Osterby
Stromholz	Gut Maasleben
Stubberholz	Gut Stubbe
Stüdten	Nienborstel
Sückenwatt	Ascheffel

Wohnplatz	siehe unter:
Süderheide	Glüsing
Süderholm	Christiansholm
Suhmsberg	Rendsburg
Suhmsheide	Rendsburg
Suhmshof	Rendsburg
Suhrbrook	Hütten
Suhrendorf	Bordesholmer Hoffeld
Sultenberg	Groß-Brekendorf
Sumpf	Gut Maasleben
Sündenkate	Annenhof
Sundsacker	Gut Karlsburg
Tecksrade	Bornstein
Teichkaten	Jevenstedt
Thornsbrook	Stohl
Tilsmaas	Gut Maasleben
Tischlerhaus	Gut Altenhof
Todtenhaus	Gut Kaltenhof
Tökshorst	Mühbrook
Tolsode	Gut Saxtorf
Tolsrüh	Gut Saxtorf
Tonnenberg	Gut Kaltenhof
Tremmelshörn	Gut Warleberg
Trentrade	Bossee
Triangel	Gut Grünhorst
Trollbeck	Groß-Brekendorf
Trömbek	Holtsee
Trotzenburg	Steenfeld
Überland	Kronshagen
Viehdamm	Kronshagen
Vielkieksteich	Bissee
Violenburg	Gut Hohenlieth
Vogelsang	Ascheffel; Gut Damp; Gut Grünholz
Voßberg	Felm; Jevenstedt
Voßbrook	Gut Seekamp
Voßkuhl	Gut Altenhof; Gut Stubbe; Sönderby
Wahrberg	Groß Wittensee
Wall	Norby
Wartenberg	Stafstedt
Wasbekerfeld	Wasbek
Wasserbek	Gut Dänisch-Nienhof
Wehrdamm	Gut Warleberg
Weide	Nienborstel
Weidekate	Gut Damp
Weihholz	Gut Maasleben
Weißenschaaf	Melsdorf
Weizenberg	Haßmoor
Weldorf	Gut Mohrberg
Weljenstraße	Groß-Brekendorf
Wellhorn	Bornstein
Wennebek	Langwedel
Wennhorn	Stafstedt
Westerfeld	Brodersby
Westerheide	Kleinvollstedt
Westerholz	Groß-Brekendorf
Westerschau	Barkelsby
Wettersberg	Todenbüttel
Wicksrade	Schinkel
Wilhelminenhof	Rendsburg
Wilhelmsburg	Hademarschen
Wilhelmshain	Hanerau
Wilhelmsthal	Gut Marienthal
Wilsterberg	Ascheffel
Wisbek	Brinjahe
Wisbrook	Hamweddel
Wittenbergen	Hamdorf
Wittenkamp	Höbek
Wittland	Kronshagen
Wolfskrug	Güby; Gut Louisenlund; Hummelfeld
Wulfsfelde	Felde
Ziegelhof	Gut Knoop
Zimmert	Gut Büchenau
Zweibuchen	Klein Nordsee

Teil II c: Verzeichnis der adeligen Güter

Adeliges Gut	Seite
Altbülk	287
Altenhof	288
Annenhof	172
Aschau	288
Augustenhof	289
Behrensbrook	289
Bienebek	316
Birkenmoor	291
Blockshagen	174
Borghorst	293
Borghorster Hütten	294
Bossee	175
Büchenau	317
Büstorf	317
Damp	318
Dänisch-Nienhof	294
Deutsch Nienhof	176
Dörphof	323
Drage	164
Eckhof	295
Emkendorf	177
Eschelsmark	323
Friedensthal	297
Georgenthal	183
Grönwohld	297
Groß Königsförde	298
Groß Nordsee	184
Grünholz	324
Grünhorst	299
Hanerau	196
Harzhof	300
Hemmelmark	325
Hoffnungsthal	300
Hohenhain	300
Hohenlieth	301

Adeliges Gut	Seite
Hohenschulen	185
Hohenstein	326
Kaltenhof	302
Karlsburg	326
Kasmark	327
Klein Königsförde	185
Klein Nordsee	186
Kluvensiek	187
Knoop	303
Krieseby	327
Kronsburg	187
Lindau	304
Louisenlund	328
Ludwigsburg	329
Maasleben	331
Marienhof	332
Marienthal	305
Marutendorf	188
Möhlhorst	333
Mohrberg	333
Neubülk	305
Neu Nordsee	189
Noer	305
Ornum	334
Osterrade	190
Pohlsee	190
Quarnbek	191
Rathmannsdorf	307
Rögen	334
Rosenkrantz	308
Saxtorf	335
Schierensee	193
Schirnau	309
Schönhagen	337
Schwartenbek	194
Seekamp	310
Sehestedt	310
Staun	338

Adeliges Gut	**Seite**
Steinrade	311
Steinwehr	195
Stubbe	339
Uhlenhorst	312
Warleberg	312
Westensee	195
Windeby	313
Wulfshagen	315
Wulfshagenerhütten	315

Teil III: Quellenverzeichnis

Herzogtum Holstein

LAS 66, 335	Wüste Hufen und andere Wohnstellen	1708-1781
LAS 66, 3709	Approbierte Heuerkontrakte, Fasz. 1–94	1710-1718
LAS 66, 3710.1	Approbierte Heuerkontrakte, Fasz. 1 3–29	1718-1722
LAS 66, 3710.2	Approbierte Heuerkontrakte, Fasz. 30–80	1722-1726
LAS 8.2, 2024	Besetzung, Teilung, Veräußerung von Hufen und Katen	1722-1771
LAS 66, 3710.3	Approbierte Heuerkontrakte, Fasz. 81–109	1726-1727
LAS 66, 3711	Approbierte Heuerkontrakte, Fasz. 1–70	1727-1731
LAS 8.2, 274	Bestand, Besetzung, Vererbung und Veräußerung der Hufen	1730-1774
LAS 66, 3712	Approbierte Heuerkontrakte, Fasz. 71–163	1731-1734
LAS 66, 3713	Approbierte Heuerkontrakte, Fasz. 1–47a	1737-1741
LAS 66, 3714	Approbierte Heuerkontrakte, Fasz. 47b–80	1740-1744
LAS 8.2, 2025	Bondenhufen, Festehufen und leibeigene Untertanen	1749-1774
LAS 8.2, 279	Landvermessungen in den Ämtern	1763-1774
LAS 8.2, 280	Gerechtsame an der Gemeinen Weide	1763
LAS 66, 3287	Bonitierung der Marschländereien	1800-1828
LAS 66, 2329	Fuhrregister	1801-1802
LAS 66, 2330	Fuhrregister	1801-1802
LAS 66, 2325	Fuhrregister	1803-1805
LAS 309, 17507	Ablösung von Leibfesten, Gemeinheitsteilungen	1875-1913
LAS 309, 17513	Ablösung von Leibfesten, Gemeinheitsteilungen	1907-1922
LAS 66, 7348	Kontribution, Pflugzahl, Verhandlungen mit den älteren Landständen	1643-1720
LAS 66, 255a	Renovierte Landesmatrikel; Pflugzahl und Kontributionsregister	1652-1773
LAS 66, 249	Kontribution und Pflugzahl der Ämter und Städte	1664-1686
LAS 66, 335	Wüste Hufen und andere Wohnstellen	1708-1781
LAS 199, 6	Pflugzahlregister	1739
LAS 8.2, 1291	Pflugzahl der Ämter	1775-1776
LAS 66, 336	Landlose Familienstellen auf dem Lande	1787-1818
LAS 66, 3918	Kollateralsteuer, Einzelsachen	1792-1811
LAS 66, 3919	Kollateralsteuer, Einzelsachen	1792-1811
LAS 66, 5308	Halbprozent- und Kollateralsteuer	1796-1848
LAS 66, 5309	Halbprozent- und Kollateralsteuer	1796-1848

LAS 66, 5310	Halbprozent- und Kollateralsteuer	1796-1848
LAS 66, 5311	Halbprozent- und Kollateralsteuer	1796-1848
LAS 66, 5312	Halbprozent- und Kollateralsteuer	1796-1848
LAS 66, 5313	Halbprozent- und Kollateralsteuer	1796-1848
LAS 66, 5314	Halbprozent- und Kollateralsteuer	1796-1848
LAS 66, 5229	Taxation der Bondengüter nach der Bruder- und Schwestertaxe	1797-1806
LAS 66, 1999	Landsteuer-Register	1802-1808
LAS 66, 4302	Haussteuer	1804-1827
LAS 66, 4303	Haussteuer	1804-1827
LAS 66, 4304	Haussteuer	1804-1827
LAS 66, 7291	Haussteuer	1805-1814
LAS 66, 3826	Verzeichnisse der Kollateral-Erbschaftssteuer	1806-1807
LAS 66, 4298	Zwei- und Viertel-Prozent Kapitalsteuer	1809-1817
LAS 66, 4299	Zwei- und Viertel-Prozent Kapitalsteuer	1809-1817
LAS 66, 4246	Halbprozentsteuer	1810-1840
LAS 66, 401-403	Die 1 1/3-Prozent-Steuer vom Wert urbarer Ländereien	1811-1813
LAS 66, 404	Notaten über die Register zur Hebung der 1 1/3-Prozent-Steuer vom Wert urbarer Ländereien	1811-1817
LAS 66, 4297	1 1/3-Prozent-Steuersachen	1818-1837
LAS 66, 4252	Verzeichnis königlicher Grundstücke	1819
LAS 66, 4121	Haussteuer	1819-1840
LAS 66, 4122	Haussteuer	1819-1840
LAS 66, 4547	Haussteuer	1824-1838
LAS 66, 4548	Haussteuer	1824-1838
LAS 66, 4680	Haussteuer	1824-1841
LAS 66, 679.5	Betr. die teilweise Verheuerung von Hufenstellen	1824-1838
LAS 66, 3371	Halbprozent- und Kollateralsteuer	1827-1849
LAS 66, 5315	Halbprozent-Erbschafts- und Übertragungssteuer	1832-1848
LAS 66, 5316	Halbprozent-Erbschafts- und Übertragungssteuer	1832-1848
LAS 66, 974.1	Halbprozent-Steuerlisten	1838
LAS 66, 974.2	Halbprozent-Steuerlisten	1839
LAS 66, 974.3	Halbprozent-Steuerlisten	1840
LAS 66, 974.4	Halbprozent-Steuerlisten	1841
LAS 66, 974.5	Halbprozent-Steuerlisten	1842
LAS 66, 977	Halb- und Vierprozentsteuer	1845-1848
LAS 309, 348	Organisation des Hebungswesens	1868

LAS 309, 428	Erhebung von Einzugsgeldern (Bauernschuld) in den ländlichen Gemeinden	1868-1887
LAS 309, 8555	Gebäudesteuer	1878-1907
LAS 8.2, 123	Aufstellung von Mannzahlregistern	1766-1774
LAS 412, 817	Übersichten über Verehelichte, Geborene und Gestorbene	1860
LAS 412, 819	Übersichten über Verehelichte, Geborene und Gestorbene	1861
LAS 412, 820	Übersichten über Verehelichte, Geborene und Gestorbene	1862
LAS 412, 822	Übersichten über Verehelichte, Geborene und Gestorbene	1863
LAS 412, 824	Übersichten über Verehelichte, Geborene und Gestorbene	1864
LAS 309, 8544	Volkszählungen	1871-1915

Amt Bordesholm

LAS 106, 190	SchuPfPr I., fol. 1-352	1749 ff.
LAS 106, 191	SchuPfPr II., fol. 353-767	1749 ff.
LAS 106, 192	SchuPfPr III., fol. 768-1141	1810 ff.
LAS 106, 193	SchuPfPr IV., fol. 1142-1338	1827 ff.
LAS 106, 194	SchuPfPr V., fol. 1339-1466	1836 ff.
LAS 106, 195	SchuPfPr VI., fol. 1467-1591	1836 ff.
LAS 106, 196	SchuPfPr VII., fol. 1592-1753	1845 ff.
LAS 106, 197	SchuPfPr VIII., fol. 1754-1891	1853 ff.
LAS 106, 198	SchuPfPr IX., fol. 1892-2032	1860 ff.
LAS 106, 199	SchuPfPr X., fol. 2033-3082	1869 ff.
LAS 106, 200	SchuPfPr XI., fol. 3083-3240	1876 ff.
LAS 106, 201	SchuPfPr XII., fol. 3241-3268	1881 ff.
LAS 106, 201a	Register zum SchuPfPr	18.-19. Jh.
LAS 106, 202	SchuPfPr, Nebenbuch 1	1749-1756
LAS 106, 203	SchuPfPr, Nebenbuch 2	1757-1766
LAS 106, 204	SchuPfPr, Nebenbuch 3	1767-1775
LAS 106, 205	SchuPfPr, Nebenbuch 4	1776-1785
LAS 106, 206	SchuPfPr, Nebenbuch 5	1785-1794
LAS 106, 207	SchuPfPr, Nebenbuch 6	1794-1803
LAS 106, 208	SchuPfPr, Nebenbuch 7	1803-1808
LAS 106, 209	SchuPfPr, Nebenbuch 8	1808-1814
LAS 106, 210	SchuPfPr, Nebenbuch 9	1815-1821

LAS 106, 211	SchuPfPr, Nebenbuch 10	1822-1826
LAS 106, 212	SchuPfPr, Nebenbuch 11	1826-1831
LAS 106, 213	SchuPfPr, Nebenbuch 12	1831-1837
LAS 106, 214	SchuPfPr, Nebenbuch 13	1837-1843
LAS 106, 215	SchuPfPr, Nebenbuch 14	1843-1847
LAS 106, 216	SchuPfPr, Nebenbuch 15	1847-1853
LAS 106, 217	SchuPfPr, Nebenbuch 16	1853-1858
LAS 106, 218	SchuPfPr, Nebenbuch 17	1858-1865
LAS 106, 219	SchuPfPr, Nebenbuch 18	1865-1869
LAS 106, 220	SchuPfPr, Nebenbuch 19	1869-1871
LAS 106, 221	SchuPfPr, Nebenbuch 20	1871-1874
LAS 106, 222	SchuPfPr, Nebenbuch 21	1875-1878
LAS 106, 223	SchuPfPr, Nebenbuch 22	1878-1880
LAS 106, 224	SchuPfPr, Nebenbuch 23	1880-1882
LAS 106, 225	SchuPfPr, Nebenbuch 24	1881-1883
LAS 106, 226	SchuPfPr, Nebenbuch 25	1883-1884
LAS 106, 227	Kontraktenbuch	1800-1805
LAS 106, 228	Kontraktenbuch	1805-1810
LAS 106, 229	Kontraktenbuch	1810-1816
LAS 106, 230	Kontraktenbuch	1816-1820
LAS 106, 231	Kontraktenbuch	1820-1824
LAS 106, 232	Kontraktenbuch	1824-1827
LAS 106, 233	Kontraktenbuch	1827-1831
LAS 106, 234	Kontraktenbuch	1831-1836
LAS 106, 235	Kontraktenbuch	1836-1840
LAS 106, 236	Kontraktenbuch	1840-1843
LAS 106, 237	Kontraktenbuch	1843-1846
LAS 106, 238	Kontraktenbuch	1846-1848
LAS 106, 239	Kontraktenbuch	1849-1851
LAS 106, 240	Kontraktenbuch	1851-1853
LAS 106, 241	Kontraktenbuch	1853-1855
LAS 106, 242	Kontraktenbuch	1856-1859
LAS 106, 243	Kontraktenbuch	1859-1862
LAS 106, 244	Kontraktenbuch	1862-1865
LAS 106, 245	Kontraktenbuch	1865-1867
LAS 106, 246	Kontraktenbuch	1868-1869
LAS 106, 247	Kontraktenbuch	1869-1872
LAS 106, 248	Kontraktenbuch I	1872
LAS 106, 249	Kontraktenbuch II	1872
LAS 106, 250	Kontraktenbuch I	1874-1877
LAS 106, 251	Kontraktenbuch II	1875-1876
LAS 106, 252	Kontraktenbuch	1877-1878
LAS 106, 253	Kontraktenbuch	1878-1879
LAS 106, 254	Kontraktenbuch I	1880

LAS 106, 255	Kontraktenbuch II	1880
LAS 106, 256	Kontraktenbuch	1881-1882
LAS 106, 257	Kontraktenbuch	1882-1883
LAS 106, 258	Kontraktenbuch	1883-1884

LAS 106 AR + Jahreszahl	Extrakte der Bordesholmer Amtsrechnung	1568-1579
LAS 106 AR, 1601	Extrakt über Einnahmen und Ausgaben	1601
LAS 106 AR, ...	Geldregister	1606
LAS 106 AR	Geldregister	1607
LAS 106 AR	Bordesholmisches Amtsregister	1615-1616
LAS 106 AR	Bordesholmisches Amtsregister	1616-1617
LAS 106 AR	Bordesholmisches Amtsregister	1617-1618
LAS 106 AR	Bordesholmisches Amtsregister	1618-1619
LAS 106 AR	Bordesholmisches Amtsregister	1619-1620
LAS 106 AR	Bordesholmisches Amtsregister	1620-1621
LAS 106 AR	Bordesholmisches Amtsregister	1621-1622
LAS 106 AR	Bordesholmisches Amtsregister	1622-1623
LAS 106 AR	Bordesholmisches Amtsregister	1623-1624
LAS 106 AR	Bordesholmisches Amtsregister	1624-1625
LAS 106 AR	Bordesholmisches Amtsregister	1625-1626
LAS 106 AR	Bordesholmisches Amtsregister	1626-1627
LAS 106 AR	Bordesholmisches Amtsregister	1627-1628
LAS 106 AR	Bordesholmisches Amtsregister	1628-1629
LAS 106 AR	Bordesholmisches Amtsregister	1629-1630
LAS 106 AR	Bordesholmisches Amtsregister	1630-1631
LAS 106 AR	Bordesholmisches Amtsregister	1631-1632
LAS 106 AR	Bordesholmisches Amtsregister	1632-1633
LAS 106 AR	Bordesholmisches Amtsregister	1633-1634
LAS 106 AR	Bordesholmisches Amtsregister	1634-1635
LAS 106 AR	Bordesholmisches Amtsregister	1635-1636
LAS 106 AR	Bordesholmisches Amtsregister	1636-1637
LAS 106 AR	Bordesholmisches Amtsregister	1637-1638
LAS 106 AR	Bordesholmisches Amtsregister	1638-1639
LAS 106 AR	Bordesholmisches Amtsregister	1639-1640
LAS 106 AR	Bordesholmisches Amtsregister	1640-1641
LAS 106 AR	Bordesholmisches Amtsregister	1641-1642
LAS 106 AR	Bordesholmisches Amtsregister	1642-1643
LAS 106 AR	Bordesholmisches Amtsregister	1643-1644
LAS 106 AR	Bordesholmisches Amtsregister	1644-1645
LAS 106 AR	Bordesholmisches Amtsregister	1645-1646
LAS 106 AR	Bordesholmisches Amtsregister	1646-1647
LAS 106 AR	Bordesholmisches Amtsregister	1647-1648
LAS 106 AR	Bordesholmisches Amtsregister	1648-1649
LAS 106 AR	Bordesholmisches Amtsregister	1649-1650

LAS 106 AR	Bordesholmisches Amtsrechnung	1654-1655
LAS 106 AR	Bordesholmisches Amtsrechnung	1656-1657
LAS 106 AR	Bordesholmisches Amtsrechnung	1660-1661
LAS 106 AR	Bordesholmisches Amtsrechnung	1661-1662
LAS 106 AR	Bordesholmisches Amtsrechnung	1662-1663
LAS 106 AR	Bordesholmisches Amtsrechnung	1663-1664
LAS 106 AR	Bordesholmisches Amtsrechnung	1664-1665
LAS 106 AR	Bordesholmisches Amtsrechnung	1665
LAS 106 AR	Bordesholmisches Amtsrechnung	1665-1666
LAS 106 AR	Bordesholmisches Amtsrechnung	1666-1667
LAS 106 AR	Bordesholmisches Amtsrechnung	1667-1668
LAS 106 AR	Bordesholmisches Amtsrechnung	1668-1669
LAS 106 AR	Bordesholmisches Amtsrechnung	1669-1670
LAS 106 AR	Bordesholmisches Amtsrechnung	1670-1671
LAS 106 AR	Bordesholmisches Amtsrechnung	1671-1672
LAS 106 AR	Bordesholmisches Amtsrechnung	1672-1673
LAS 106 AR	Bordesholmisches Amtsrechnung	1673-1674
LAS 106 AR	Bordesholmisches Amtsrechnung	1674-1675
LAS 106 AR	Bordesholmisches Amtsrechnung	1675-1676
LAS 106 AR	Bordesholmisches Amtsrechnung	1676-1677
LAS 106 AR	Bordesholmisches Amtsrechnung	1677-1678
LAS 106 AR	Bordesholmisches Amtsrechnung	1678-1679
LAS 106 AR	Bordesholmisches Amtsrechnung	1679-1680
LAS 106 AR	Bordesholmisches Amtsrechnung	1680-1681
LAS 106 AR	Bordesholmisches Amtsrechnung	1681-1682
LAS 106 AR	Bordesholmisches Amtsrechnung	1682-1683
LAS 106 AR	Bordesholmisches Amtsrechnung	1683-1684
LAS 106 AR	Bordesholmisches Amtsrechnung	1684
LAS 106 AR	Bordesholmisches Amtsrechnung	1685
LAS 106 AR	Bordesholmisches Amtsrechnung	1686
LAS 106 AR	Bordesholmisches Amtsrechnungen	1687-1690
LAS 106 AR	Bordesholmisches Amtsrechnung	1691
LAS 106 AR	Bordesholmisches Amtsrechnung	1692
LAS 106 AR	Bordesholmisches Amtsrechnung	1693
LAS 106 AR	Bordesholmisches Amtsrechnung	1694
LAS 106 AR	Bordesholmisches Amtsrechnung	1696
LAS 106 AR	Bordesholmisches Amtsrechnung	1698
LAS 106 AR	Bordesholmisches Amtsrechnung	1699
LAS 106 AR	Bordesholmisches Amtsrechnung	1700
LAS 106 AR	Bordesholmisches Amtsrechnung	1700
LAS 106 AR	Bordesholmisches Amtsrechnung	1701
LAS 106 AR	Bordesholmisches Amtsrechnung	1702
LAS 106 AR	Bordesholmisches Amtsrechnung	1703
LAS 106 AR	Bordesholmisches Amtsrechnung	1704
LAS 106 AR	Bordesholmisches Amtsrechnung	1705

LAS 106 AR	Bordesholmisches Amtsrechnung	1706
LAS 106 AR	Bordesholmisches Amtsrechnung	1707
LAS 106 AR	Bordesholmisches Amtsrechnung	1708
LAS 106 AR	Bordesholmisches Amtsrechnung	1709
LAS 106 AR	Bordesholmisches Amtsrechnung	1710
LAS 106 AR	Bordesholmisches Amtsrechnung	1711
LAS 106 AR	Bordesholmisches Amtsrechnung	1712
LAS 106 AR	Bordesholmisches Amtsrechnung	1713
LAS 106 AR	Bordesholmisches Amtsrechnung	1714
LAS 106 AR	Bordesholmisches Amtsrechnung	1715
LAS 106 AR	Bordesholmisches Amtsrechnung	1716
LAS 106 AR	Bordesholmisches Amtsrechnung	1717
LAS 106 AR	Bordesholmisches Amtsrechnung	1718
LAS 106 AR	Bordesholmisches Amtsrechnung	1719
LAS 106 AR	Bordesholmisches Amtsrechnung	1720
LAS 106 AR	Bordesholmisches Amtsrechnung	1721
LAS 106 AR	Bordesholmisches Amtsrechnung	1722
LAS 106 AR	Bordesholmisches Amtsrechnung	1723
LAS 106 AR	Bordesholmisches Amtsrechnung	1724
LAS 106 AR	Bordesholmisches Amtsrechnung	1725
LAS 106 AR	Bordesholmisches Amtsrechnung	1726
LAS 106 AR	Bordesholmisches Amtsrechnung	1727
LAS 106 AR	Bordesholmisches Amtsrechnung	1728
LAS 106 AR	Bordesholmisches Amtsrechnung	1729
LAS 106 AR	Bordesholmisches Amtsrechnung	1730
LAS 106 AR	Bordesholmisches Amtsrechnung	1731
LAS 106 AR	Bordesholmisches Amtsrechnung	1732
LAS 106 AR	Bordesholmisches Amtsrechnung	1733
LAS 106 AR	Bordesholmisches Amtsrechnung	1734
LAS 106 AR	Bordesholmisches Amtsrechnung	1735
LAS 106 AR	Bordesholmisches Amtsrechnung	1736
LAS 106 AR	Bordesholmisches Amtsrechnung	1737
LAS 106 AR	Bordesholmisches Amtsrechnung	1738
LAS 106 AR	Bordesholmisches Amtsrechnung	1739
LAS 106 AR	Bordesholmisches Amtsrechnung	1740
LAS 106 AR	Bordesholmisches Amtsrechnung	1741
LAS 106 AR	Bordesholmisches Amtsrechnung	1742
LAS 106 AR	Bordesholmisches Amtsrechnung	1743
LAS 106 AR	Bordesholmisches Amtsrechnung	1744
LAS 106 AR	Bordesholmisches Amtsrechnung	1745
LAS 106 AR	Bordesholmisches Amtsrechnung	1746
LAS 106 AR	Bordesholmisches Amtsrechnung	1747
LAS 106 AR	Bordesholmisches Amtsrechnung	1748
LAS 106 AR	Bordesholmisches Amtsrechnung	1749
LAS 106 AR	Bordesholmisches Amtsrechnung	1750

LAS 106 AR	Bordesholmisches Amtsrechnung	1751
LAS 106 AR	Bordesholmisches Amtsrechnung	1752
LAS 106 AR	Bordesholmisches Amtsrechnung	1753
LAS 106 AR	Bordesholmisches Amtsrechnung	1754
LAS 106 AR	Bordesholmisches Amtsrechnung	1755
LAS 106 AR	Bordesholmisches Amtsrechnung	1756
LAS 106 AR	Bordesholmisches Amtsrechnung	1757
LAS 106 AR	Bordesholmisches Amtsrechnung	1758
LAS 106 AR	Bordesholmisches Amtsrechnung	1759
LAS 106 AR	Bordesholmisches Amtsrechnung	1760
LAS 106 AR	Bordesholmisches Amtsrechnung	1761
LAS 106 AR	Bordesholmisches Amtsrechnung	1762
LAS 106 AR	Bordesholmisches Amtsrechnung	1763
LAS 106 AR	Bordesholmisches Amtsrechnung	1764
LAS 106 AR	Bordesholmisches Amtsrechnung	1765
LAS 106 AR	Bordesholmisches Amtsrechnung	1766
LAS 106 AR	Bordesholmisches Amtsrechnung	1767
LAS 106 AR	Bordesholmisches Amtsrechnung	1768
LAS 106 AR	Bordesholmisches Amtsrechnung	1769
LAS 106 AR	Bordesholmisches Amtsrechnung	1770
LAS 106 AR	Bordesholmisches Amtsrechnung	1771
LAS 106 AR	Bordesholmisches Amtsrechnung	1772
LAS 106 AR	Bordesholmisches Amtsrechnung	1773
LAS 106 AR	Bordesholmisches Amtsrechnung	1774
LAS 106 AR	Bordesholmisches Amtsrechnung	1775
LAS 106 AR	Bordesholmisches Amtsrechnung	1776
LAS 106 AR	Bordesholmisches Amtsrechnung	1777
LAS 106 AR	Bordesholmisches Amtsrechnung	1778
LAS 106 AR	Bordesholmisches Amtsrechnung	1779
LAS 106 AR	Bordesholmisches Amtsrechnung	1780
LAS 106 AR	Bordesholmisches Amtsrechnung	1781
LAS 106 AR	Bordesholmisches Amtsrechnung	1782
LAS 106 AR	Bordesholmisches Amtsrechnung	1783
LAS 106 AR	Bordesholmisches Amtsrechnung	1784
LAS 106 AR	Bordesholmisches Amtsrechnung	1785
LAS 106 AR	Bordesholmisches Amtsrechnung	1786
LAS 106 AR	Bordesholmisches Amtsrechnung	1787
LAS 106 AR	Bordesholmisches Amtsrechnung	1788
LAS 106 AR	Bordesholmisches Amtsrechnung	1789
LAS 106 AR	Bordesholmisches Amtsrechnung	1790
LAS 106 AR	Bordesholmisches Amtsrechnung	1791
LAS 106 AR	Bordesholmisches Amtsrechnung	1792
LAS 106 AR	Bordesholmisches Amtsrechnung	1793
LAS 106 AR	Bordesholmisches Amtsrechnung	1794
LAS 106 AR	Bordesholmisches Amtsrechnung	1795

LAS 106 AR	Bordesholmisches Amtsrechnung	1796
LAS 106 AR	Bordesholmisches Amtsrechnung	1797
LAS 106 AR	Bordesholmisches Amtsrechnung	1798
LAS 106 AR	Bordesholmisches Amtsrechnung	1799
LAS 106 AR	Bordesholmisches Amtsrechnung	1800
LAS 106 AR	Bordesholmisches Amtsrechnung	1801
LAS 106 AR	Bordesholmisches Amtsrechnung	1802
LAS 106 AR	Bordesholmisches Amtsrechnung	1803
LAS 106 AR	Bordesholmisches Amtsrechnung	1804
LAS 106 AR	Bordesholmisches Amtsrechnung	1805
LAS 106 AR	Bordesholmisches Amtsrechnung	1806
LAS 106 AR	Bordesholmisches Amtsrechnung	1807
LAS 106 AR	Bordesholmisches Amtsrechnung	1808
LAS 106 AR	Bordesholmisches Amtsrechnung	1809
LAS 106 AR	Bordesholmisches Amtsrechnung	1810
LAS 106 AR	Bordesholmisches Amtsrechnung	1811
LAS 106 AR	Bordesholmisches Amtsrechnung	1812
LAS 106 AR	Bordesholmisches Amtsrechnung	1813
LAS 106 AR	Bordesholmisches Amtsrechnung	1814
LAS 106 AR	Bordesholmisches Amtsrechnung	1815
LAS 106 AR	Bordesholmisches Amtsrechnung	1816
LAS 106 AR	Bordesholmisches Amtsrechnung	1817
LAS 106 AR	Bordesholmisches Amtsrechnung	1818
LAS 106 AR	Bordesholmisches Amtsrechnung	1819
LAS 106 AR	Bordesholmisches Amtsrechnung	1820
LAS 106 AR	Bordesholmisches Amtsrechnung	1821
LAS 106 AR	Bordesholmisches Amtsrechnung	1822
LAS 106 AR	Bordesholmisches Amtsrechnung	1823
LAS 106 AR	Bordesholmisches Amtsrechnung	1824
LAS 106 AR	Bordesholmisches Amtsrechnung	1825
LAS 106 AR	Bordesholmisches Amtsrechnung	1826
LAS 106 AR	Bordesholmisches Amtsrechnung	1827
LAS 106 AR	Bordesholmisches Amtsrechnung	1828
LAS 106 AR	Bordesholmisches Amtsrechnung	1829
LAS 106 AR	Bordesholmisches Amtsrechnung	1830
LAS 106 AR	Bordesholmisches Amtsrechnung	1831
LAS 106 AR	Bordesholmisches Amtsrechnung	1832
LAS 106 AR	Bordesholmisches Amtsrechnung	1833
LAS 106 AR	Bordesholmisches Amtsrechnung	1834
LAS 106 AR	Bordesholmisches Amtsrechnung	1835
LAS 106 AR	Bordesholmisches Amtsrechnung	1836
LAS 106 AR	Bordesholmisches Amtsrechnung	1837
LAS 106 AR	Bordesholmisches Amtsrechnung	1838
LAS 106 AR	Bordesholmisches Amtsrechnung	1839
LAS 106 AR	Bordesholmisches Amtsrechnung	1840

LAS 106 AR	Bordesholmisches Amtsrechnung	1841
LAS 106 AR	Bordesholmisches Amtsrechnung	1842
LAS 106 AR	Bordesholmisches Amtsrechnung	1843
LAS 106 AR	Bordesholmisches Amtsrechnung	1844
LAS 106 AR	Bordesholmisches Amtsrechnung	1845
LAS 106 AR	Bordesholmisches Amtsrechnung	1847
LAS 106 AR	Bordesholmisches Amtsrechnung	1848
LAS 106 AR	Bordesholmisches Amtsrechnung	1849
LAS 106 AR	Bordesholmisches Amtsrechnung	1850
LAS 106 AR	Bordesholmisches Amtsrechnung	1851
LAS 106 AR	Bordesholmisches Amtsrechnung	1852
LAS 106 AR	Bordesholmisches Amtsrechnung	1853-1854
LAS 106 AR	Bordesholmisches Amtsrechnung	1854-1855
LAS 106 AR	Bordesholmisches Amtsrechnung	1855-1856
LAS 106 AR	Bordesholmisches Amtsrechnung	1856-1857
LAS 106 AR	Bordesholmisches Amtsrechnung	1857-1858
LAS 106 AR	Bordesholmisches Amtsrechnung	1858-1859
LAS 106 AR	Bordesholmisches Amtsrechnung	1859-1860
LAS 106 AR	Bordesholmisches Amtsrechnung	1860-1861
LAS 106 AR	Bordesholmisches Amtsrechnung	1861-1862
LAS 106 AR	Bordesholmisches Amtsrechnung	1862-1863
LAS 106 AR	Bordesholmisches Amtsrechnung	1863-1864
LAS 106 AR	Bordesholmisches Amtsrechnung	1864-1865
LAS 106 AR	Bordesholmisches Amtsrechnung	1865-1866
LAS 106 AR	Bordesholmisches Amtsrechnung	1866-1867
LAS 106 AR	Bordesholmisches Amtsrechnung	1867
LAS 106 AR	Bordesholmisches Restanten-Register	1672-1682
LAS 106 AR	Extrakt Bordesholmischer Restanten	1683-1687
LAS 106, 157	Hausteilungs- und Kontraktenprotokoll	1728-1742
LAS 106, 158	Hausteilungs- und Kontraktenprotokoll	1743-1749
LAS 106, 159	Hausteilungs- und Kontraktenprotokoll	1749-1761
LAS 106, 160	Hausteilungs- und Kontraktenprotokoll	1761-1769
LAS 106, 161	Hausteilungs- und Kontraktenprotokoll	1770-1777
LAS 106, 162	Hausteilungs- und Kontraktenprotokoll	1778-1785
LAS 106, 163	Hausteilungs- und Kontraktenprotokoll	1785-1788
LAS 106, 164	Hausteilungs- und Kontraktenprotokoll	1788-1792
LAS 106, 165	Hausteilungs- und Kontraktenprotokoll	1792-1794
LAS 106, 166	Hausteilungs- und Kontraktenprotokoll	1795-1799
LAS 106, 168	Obligationenbuch	1722-1786
LAS 106, 167	Kauf- und Hausbriefe	1744-1749
LAS 7, 6402	Entwichene und abgewanderte Leibeigene	1608-1706

LAS 7, 6398	Entwichene und abgewanderte Leibeigene	1612-1703
LAS 7, 3854	Ländliche Besitzverhältnisse	1618-1712
LAS 7, 3863	Wüste Hufen und Katen	1631-1708
LAS 7, 3866	Allgemeine und verschiedene Festesachen	1631-1711
LAS 66, 5800	Tabellen wegen des am 1. April 1774 gezählten Hornviehs	1774
LAS 80, 1769	Erbpachten	1797-1869
LAS 66, 7869	Landveräußerungen	1797-1817
LAS 80, 2222	Auseinandersetzung bei Landveräußerungen	1807-1851
LAS 66, 7920	Landüberlassung	1818-1845
LAS 66, 7870	Landveräußerungen	1818-1821
LAS 66, 7871	Landveräußerungen	1822-1826
LAS 66, 7872	Landveräußerungen	1827-1830
LAS 66, 7873	Landveräußerungen	1832-1835
LAS 66, 7874	Landveräußerungen	1837-1840
LAS 80, 2285	Landaufteilungen	1838-1868
LAS 66, 7875	Landveräußerungen	1841
LAS 66, 7876	Landveräußerungen	1842
LAS 66, 7877	Landveräußerungen	1843
LAS 66, 7878	Landveräußerungen	1844
LAS 66, 7879	Landveräußerungen	1845
LAS 66, 7880	Landveräußerungen	1846
LAS 66, 7881	Landveräußerungen	1847
LAS 66, 7882	Landveräußerungen	1848
LAS 80, 2247	Landumsätze	1850-1855
LAS 80, 2202	Auseinandersetzung bei Landveräußerungen	1851-1868
LAS 106, 795	Landwesenssachen	1851
LAS 106, 794	Landwesenssachen	1853
LAS 106, 793	Landwesenssachen	1855
LAS 80, 2263	Landumsätze	1855-1861
LAS 106, 792	Landwesenssachen	1856
LAS 106, 791	Landwesenssachen	1857
LAS 106, 790	Landwesenssachen	1858
LAS 106, 789	Landwesenssachen	1859
LAS 106, 788	Landwesenssachen	1860
LAS 106, 796	Landwesenssachen	1861
LAS 106, 797	Landwesenssachen	1862
LAS 309, 14708	Auseinandersetzungsinstrumente, Band I	1878
LAS 309, 14709	Auseinandersetzungsinstrumente, Band II	1882
LAS 309, 14710	Auseinandersetzungsinstrumente, Band III	1887
LAS 309, 14711	Auseinandersetzungsinstrumente, Band IV	1889
LAS 309, 14712	Auseinandersetzungsinstrumente, Band V	1897
LAS 309, 14713	Auseinandersetzungsinstrumente, Band VI	1907-1912
LAS 309, 14714	Auseinandersetzungsinstrumente, Band VII	1912-1928

LAS 7, 3870	Kontributionsregister	1662-1665
LAS 7, 3871	Amtsregister über die Restitutionssteuer	1693
LAS 7, 3872	Prinzessinnensteuer-Register	1699
LAS 8.1, 472	Hebungssachen	1728-1773
LAS 106, 1423	Erdbuch	1765-1768
LAS 66, 5965	Landsteuer-Register	1803
LAS 66, 7136	Mannzahl- und Schatzprotokolle	1810-1815
LAS 66, 7113	Halbprozentsteuer-Verzeichnisse von Erbschaften und Immobilienübertragungen	1810-1811
LAS 66, 5933	Landsteuer-Register	1813
LAS 66, 4125	Hebungs- und Rechnungssachen	1818-1831
LAS 66, 5321	Hebungsregister über die extraordinäre Haussteuer	1825-1848
LAS 66, 3922	Hebungsextrakte	1835
LAS 66, 6500	Hebungsextrakte	1835-1837
LAS 66, 936	Halbprozent-Steuerfälle von Erbschaften, Verkäufen und Auktionen	1838
LAS 66, 2574.2	Hebungsextrakte über Gefälle und Intraden	1839-1840
LAS 66, 2569.2	Hebungsextrakte über Gefälle und Intraden	1840-1841
LAS 66, 949	Halbprozent-Steuerlisten	1840
LAS 66, 952	Halbprozent- und Vierprozent-Steuerlisten	1840
LAS 66, 951	Halbprozent- und Vierprozent-Steuerlisten	1841
LAS 106, 184	Erbschafts-Steuerlisten	1841-1843
LAS 66, 944	Halbprozent- und Kollateralsteuerlisten	1842
LAS 66, 6129	Verzeichnisse der Halbprozent-Steuerfälle und der Vierprozentsteuerfälle	1842-1845
LAS 66, 6151	Verzeichnisse der Halbprozent-Steuerfälle und der Vierprozentsteuerfälle	1843
LAS 106, 185	Erbschafts-Steuerlisten	1844-1846
LAS 66, 945.3	Verzeichnisse der Halbprozent-Steuerfälle und der Vierprozentsteuerfälle	1844
LAS 106, 750	Betr. die Beitreibung rückständiger Abgaben und Gefälle	1846
LAS 106, 710	Betr. die Beitreibung rückständiger Abgaben und Gefälle	1851
LAS 106, 711	Betr. die Beitreibung rückständiger Abgaben und Gefälle	1853
LAS 106, 712	Betr. die Beitreibung rückständiger Abgaben und Gefälle	1854-1855
LAS 106, 719	Acta betr. die Ab- und Zugangsliste zum Haussteuer-Register	1855-1856
LAS 106, 715	Betr. die Beitreibung rückständiger Abgaben und Gefälle	1858
LAS 106, 704	Beitreibung rückständiger Grundabgaben	1860
LAS 106, 716	Restantenuntersuchung	1860-1861

LAS 106, 724	Restantenuntersuchung	1861-1862
LAS 309, 2483	verschiedene Abgaben	1869-1871
LAS 309, 2496	verschiedene Abgaben	1869-1871
LAS 309, 2497	verschiedene Abgaben	1869-1871
LAS 309, 2545	verschiedene Abgaben	1869-1872

LAS 106, 180	Akten und Protokolle zu Vormundschaftssachen	1770-1799
LAS 106, 172	Vormundschaftsprotokoll	1795-1808
LAS 106, 173	Vormundschaftsprotokoll	1809-1822
LAS 106, 174	Vormundschaftsprotokoll	1822-1832
LAS 106, 175	Vormundschaftsprotokoll	1832-1840
LAS 106, 176	Vormundschaftsprotokoll	1841-1851
LAS 106, 177	Vormundschaftsprotokoll	1852-1868
LAS 106, 178	Vormundschaftsprotokoll	1868-1880
LAS 106, 181	Vormundschaftsverzeichnisse	1803-1826
LAS 106, 182	Vormundschaftsverzeichnisse	1827-1837
LAS 106, 183	Vormundschaftsverzeichnisse	1838-1846
LAS 7, 3882	Brand- und Brandgildesachen	1615-1711
LAS 400.5, 1055	Brandversicherungsregister	1776
LAS 412, 280	Volkszählungslisten	1803
LAS 415, 5411	Volkszähllisten	1835
LAS 415, 5434	Volkszähllisten	1840
LAS 415, 5435	Volkszähllisten	1840
LAS 415, 5463	Volkszähllisten	1845
LAS 415, 5501	Volkszähllisten	1855

Kirchspiel Bordesholm

LAS 412, 521	Volkszählungslisten	1860
LAS 412, 921	Volkszählungslisten	1864

Bordesholm

- Auf der Heide **- Lindental**

LAS 106, 1459	Auseinandersetzungsinstrumente	1790-1856
LAS 309, 14705	Reallastenablösung, Band I	1876-1885
LAS 309 Geb. St., 163	Gebäudesteuer	1867
LAS 321.4, 10	Reallastenablösung	1869-1876
LAS 321.4, 83	Reallastenablösung	1874-1888

LAS 321.4, 41	Auseinandersetzungsinstrument	1875-1877
LAS 309 Flur (13), 12B	Flurbuch	1877
LAS 324.13, 130	Mutterrolle	1878 ff.
LAS 324.13, 131	Mutterrolle	1878 ff.

Bordesholmer Hoffeld

- Hasloh **- Ochsenweide** **- Suhrendorf**

LAS 106, 1436	Erdbuch	1774-1882
LAS 66, 578	Landwesenssachen mit Karte	1783-1840
LAS 321.4, 53	Auseinandersetzungsinstrument	1844-1885
LAS 321.4, 41	Auseinandersetzungsinstrument	1875-1877
LAS 321.4, 4	Reallastenablösung	1875-1876
LAS 321.4, 6	Reallastenablösung	1877-1882
LAS 309 Flur (13), 44B	Flurbuch	1877
LAS 324.13, 164	Mutterrolle	1878 ff.

Eiderstede

- Eiderstederfeld **- Niederlage** **- Sande**

LAS 106, 1430	Erdbuch	1773-1877
LAS 66, 7885	Landwesenssachen	1785-1820
LAS 106, 1460	Auseinandersetzungsinstrumente	1818-1862
LAS 309 Geb. St., 170	Gebäudesteuer	1867
LAS 321.4, 45	Auseinandersetzungsinstrument	1877
LAS 309 Flur (13), 26B	Flurbuch	1877
LAS 324.13, 142	Mutterrolle	1878 ff.
LAS 324.13, 143	Mutterrolle	1878 ff.
LAS 324.13, 144	Mutterrolle	1878 ff.
LAS 309, 14764	Reallastenablösung, Band I	1879-1882
LAS 321.4, 34	Reallastenablösung	1879-1882
LAS 415, 1409	Karte	1766
LAS 415, 1410	Karte	1766

Fiefharrie

- Kiebitzmoor

LAS 106, 1432	Erdbuch	1769-1865
LAS 66, 7894	Landwesenssachen mit Karte	1783-1844
LAS 66, 634	Setzung und Landverteilung	1797-1798
LAS 66, 7789	Aufhebung der Festequalität	1812-1813
LAS 66, 5388	Aufteilung der Feldgemeinschaft und Aufhebung der Festequalität	1840-1841
LAS 309 Geb. St., 172	Gebäudesteuer	1867
LAS 324.13, 149	Mutterrolle	1878 ff.

LAS 309, 14749	Reallastenablösung, Band I	1879-1880
LAS 415, 1407	Karte	1766

Grevenkrug
- Mannhagen

LAS 106, 1433	Erdbuch	1772-1882
LAS 66, 637	Setzung und Landverteilung	1774-1795
LAS 66, 7896	Landwesenssachen mit Karte	1784-1840
LAS 321.4, 49	Auseinandersetzungsinstrument	1834-1870
LAS 309 Geb. St., 175	Gebäudesteuer	1867
LAS 309 Flur (13), 33B	Flurbuch	1877
LAS 324.13, 155	Mutterrolle	1878 ff.
LAS 309, 14751	Reallastenablösung, Band I	1879-1880
LAS 321.4, 27	Reallastenablösung	1879-1880
LAS 415, 1407	Karte	1767

Mühbrook
- Hohenhorst **- Moorkate** **- Tökshorst**

LAS 106, 1442	Erdbuch	1774-1875
LAS 66, 7898	Landwesenssachen mit Karte	1780-1840
LAS 321.4, 57	Auseinandersetzungsinstrument	1835-1873
LAS 309 Geb. St., 182	Gebäudesteuer	1867
LAS 309 Flur (13), 69B	Flurbuch	1877
LAS 324.13, 172	Mutterrolle	1878 ff.
LAS 309, 14752	Reallastenablösung, Band I	1879-1882
LAS 321.4, 33	Reallastenablösung	1879-1880
LAS 415, 1879	Karte	1766

Negenharrie

LAS 66, 7894	Landwesenssachen mit Karte	1783-1844
LAS 66, 7789	Aufhebung der Festequalität	1812-1813
LAS 106, 1443	Erdbuch	1813-1877
LAS 321.4, 58	Auseinandersetzungsinstrument	1822-1872
LAS 309 Geb. St., 183	Gebäudesteuer	1867
LAS 324.13, 173	Mutterrolle	1878 ff.
LAS 309, 14744	Reallastenablösung, Band I	1879-1880
LAS 321.4, 24	Reallastenablösung	1879-1880
LAS 415, 1408	Karte	1766
LAS 415, 1409	Karte	1766

Schmalstede

LAS 66, 7896	Landwesenssachen mit Karte	1784-1840
LAS 66, 624	Setzung und Landausweisung	1793-1795
LAS 321.4, 63	Auseinandersetzungsinstrument	1832-1870
LAS 309 Geb. St., 190	Gebäudesteuer	1867
LAS 309 Flur (13), 92B	Flurbuch	1877
LAS 324.13, 195	Mutterrolle	1878 ff.
LAS 309, 14746	Reallastenablösung, Band I	1879-1880
LAS 321.4, 28	Reallastenablösung	1879-1880
LAS 415, 1413	Karte	1765

Schönbek

LAS 106, 1447	Erdbuch	1772-1877
LAS 66, 7900	Landwesenssachen	1781-1838
LAS 321.4, 64	Auseinandersetzungsinstrument	1819-1863
LAS 309 Geb. St., 191	Gebäudesteuer	1867
LAS 309 Flur (13), 93B	Flurbuch	1877
LAS 324.13, 196	Mutterrolle	1878 ff.
LAS 309, 14717	Reallastenablösung, Band I	1878-1882
LAS 321.4, 13	Reallastenablösung	1878-1880
LAS 415, 1414	Karte	1767

Wattenbek

LAS 106, 1450	Erdbuch	1773-1876
LAS 66, 633	Setzung und Landverteilung	1790
LAS 66, 5396	Aufteilung der Gemeinheit	1800-1839
LAS 321.4, 70	Auseinandersetzungsinstrument	1819-1879
LAS 66, 5387	Überlassung eines Landstücks	1841
LAS 309 Geb. St., 195	Gebäudesteuer	1867
LAS 309 Flur (13), 111B	Flurbuch	1877
LAS 324.13, 214	Mutterrolle	1878 ff.
LAS 324.13, 215	Mutterrolle	1878 ff.
LAS 309, 14748	Reallastenablösung, Band I	1879-1880
LAS 321.4, 30	Reallastenablösung	1879-1880
LAS 415, 1606	Karte	1766

Kirchspiel Brügge

LAS 412, 522	Volkszählungslisten	1860
LAS 412, 922	Volkszählungslisten	1864

Bissee
- Bisseerteich **- Vielkieksteich**

LAS 106, 1424	Erdbuch	1773-1868
LAS 66, 7883	Landwesenssachen mit Karte	1775-1832
LAS 321.4, 37	Auseinandersetzungsinstrument	1866-1872
LAS 309 Geb. St., 164	Gebäudesteuer	1867
LAS 321.4, 35	Reallastenablösung	1874-1880
LAS 324.13, 125	Mutterrolle	1878 ff.
LAS 309, 3513	Reallastenablösung, Band I	1880
LAS 415, 1496	Karte	1765

Brügge
- Brüggerholz

LAS 106, 1428	Erdbuch	1773-1875
LAS 66, 7884	Landwesenssachen	1777-1825
LAS 106, 1461	Auseinandersetzungsinstrumente	1813-1856
LAS 321.4, 42	Auseinandersetzungsinstrument	1866-1873
LAS 309 Geb. St., 176	Gebäudesteuer	1867
LAS 324.13, 138	Mutterrolle	1878 ff.
LAS 309, 14754	Reallastenablösung, Band I	1879-1882
LAS 321.4, 26	Reallastenablösung	1879-1880
LAS 415, 1031	Karte	1766

Groß Buchwald
- Fischerkate **- Ovendorfer Redder**

LAS 66, 635	Setzung und Landverteilung	1774-1797
LAS 66, 7885	Landwesenssachen	1785-1820
LAS 66, 7788	Aufhebung der Festequalität	1809-1813
LAS 321.4, 43	Auseinandersetzungsinstrument	1839-1871
LAS 309 Geb. St., 168	Gebäudesteuer	1867
LAS 324.13, 156	Mutterrolle	1878 ff.
LAS 309, 14769	Reallastenablösung, Band I	1880
LAS 321.4, 36	Reallastenablösung	1880
LAS 415, 1401	Karte	1765
LAS 415, 1494	Karte	1765

Reesdorf
- Eiderkate

LAS 106, 1444	Erdbuch	1773-1876
LAS 66, 7894	Landwesenssachen mit Karte	1783-1844
LAS 321.4, 59	Auseinandersetzungsinstrument	1821-1857
LAS 309 Geb. St., 184	Gebäudesteuer	1867
LAS 324.13, 192	Mutterrolle	1878 ff.
LAS 309, 14760	Reallastenablösung, Band I	1879-1880
LAS 321.4, 17	Reallastenablösung	1879-1880
LAS 415, 1072	Karte	o. J.

Schönhorst
- Feuerkate **- Schlafenkate**

LAS 8.1, 478	Meierhof Schönhorst	1738
LAS 321.4, 65	Auseinandersetzungsinstrument	1843-1876
LAS 309 Geb. St., 618	Gebäudesteuer	1867
LAS 309, 14703	Reallastenablösung, Band I	1876-1881
LAS 324.13, 197	Mutterrolle	1878 ff.
LAS 321.4, 8	Reallastenablösung	1875-1885
LAS 415, 1415	Karte	1786

Kirchspiel Großflintbek

LAS 412, 523	Volkszählungslisten	1860
LAS 412, 923	Volkszählungslisten	1864

Böhnhusen
- Böhnhusenerholz

LAS 106, 1426	Erdbuch	1772-1876
LAS 321.4, 39	Auseinandersetzungsinstrument	1840-1872
LAS 309 Geb. St., 166	Gebäudesteuer	1867
LAS 324.13, 127	Mutterrolle	1878 ff.
LAS 309, 14756	Reallastenablösung, Band I	1879-1882
LAS 321.4, 19	Reallastenablösung	1879-1882
LAS 415, 1493	Karte	1766

Großflintbek
- Flintbekerholz **- Im Teich** **- Krähenwiese**

LAS 7, 3855	Privilegierte Hufen	1626-1709
LAS 106, 1434	Erdbuch	1772-1877
LAS 66, 7890	Landwesenssachen mit Karte	1780-1832
LAS 66, 7891	Landwesenssachen mit Karte	1816-1837
LAS 321.4, 47	Auseinandersetzungsinstrument	1829-1869
LAS 309 Geb. St., 173	Gebäudesteuer	1867
LAS 324.13, 160	Mutterrolle	1878 ff.
LAS 324.13, 161	Mutterrolle	1878 ff.
LAS 309, 14742	Reallastenablösung, Band I	1879-1882
LAS 309, 14753	Reallastenablösung, Band I	1879-1882
LAS 321.4, 31	Reallastenablösung	1880-1884
LAS 415, 1406	Karte	1766

Kleinflintbek
- Heidkate

LAS 106, 1437	Erdbuch	1774-1873
LAS 66, 7892	Landwesenssachen mit 4 Karten	1800-1833
LAS 66, 716	Erdbuch und Setzungsregister	1833
LAS 321.4, 48	Auseinandersetzungsinstrument	1851-1867
LAS 309 Geb. St., 174	Gebäudesteuer	1867
LAS 324.13, 167	Mutterrolle	1878 ff.
LAS 309, 14742	Reallastenablösung, Band I	1879-1882
LAS 309, 14753	Reallastenablösung, Band I	1879-1882
LAS 321.4, 22	Reallastenablösung	1879-1883

Mielkendorf
- Lehmteich

LAS 106, 1440	Erdbuch	1771-1871
LAS 66, 7896	Landwesenssachen mit Karte	1784-1840
LAS 321.4, 55	Auseinandersetzungsinstrument	1829-1872
LAS 309 Geb. St., 180	Gebäudesteuer	1867
LAS 309 Flur (13), 64B	Flurbuch	1877
LAS 309, 14759	Reallastenablösung, Band I	1879-1880
LAS 321.4, 14	Reallastenablösung	1875-1880
LAS 415, 1878	Karte	1765

Molfsee
- Paggenkrug

LAS 8.1, 484	Die Rusmanshufe	1723
LAS 106, 1441	Erdbuch	1770-1877
LAS 66, 7897	Landwesenssachen mit Karte	1783-1840
LAS 321.4, 56	Auseinandersetzungsinstrument	1819-1883
LAS 66, 718	Erdbuch und Setzungsregister	1840
LAS 309 Geb. St., 181	Gebäudesteuer	1867
LAS 309, 14696	Reallastenablösung, Band I	1875-1889
LAS 321.4, 23	Reallastenablösung	1879-1882
LAS 415, 1879	Karte	1765

Rumohr
- Bormhorst **- Rumohrholz**

LAS 106, 1445	Erdbuch	1768-1878
LAS 66, 7899	Landwesenssachen mit Karte	1773-1839
LAS 66, 719	Erdbuch und Hebungsregister	1823-1836
LAS 321.4, 60	Auseinandersetzungsinstrument	1840-1868
LAS 309 Geb. St., 186	Gebäudesteuer	1867
LAS 309 Flur (13), 86B	Flurbuch	1877
LAS 309, 14745	Reallastenablösung, Band I	1879-1880
LAS 321.4, 16	Reallastenablösung	1880-1884
LAS 415, 1411	Karte	1765

Rumohrhütten
- Sophienlust

LAS 8.1, 475	Meierhof Rumohrhütten	1724-1737
LAS 66, 719	Vermessungsprotokoll	1765
LAS 321.4, 61	Auseinandersetzungsinstrument	1840-1842
LAS 309 Geb. St., 187	Gebäudesteuer	1867
LAS 309, 14704	Reallastenablösung, Band I	1876
LAS 309 Flur (13), 87B	Flurbuch	1877
LAS 321.4, 9	Reallastenablösung	1875-1877

Schulenhof

LAS 66, 5394	Ablösung der Festequalität	1789-1816

Sprenge

- Rotenhahn **- Sprengerbusch**

LAS 321.4, 68	Auseinandersetzungsinstrument	1834-1871
LAS 309 Geb. St., 1414	Gebäudesteuer	1867
LAS 324.1, 166	Mutterrolle	1874 ff.
LAS 321.4, 41	Auseinandersetzungsinstrument	1875-1877
LAS 309, 14700	Reallastenablösung, Band I	1876-1878
LAS 309 Flur (13), 103B	Flurbuch	1877
LAS 321.4, 4	Reallastenablösung	1875-1876

Sprengerfeld

- Hüttenkratt **- Karlsprenge** **- Sprengerteich**

LAS 8.1, 478	Hof Karlsprenge	1757
LAS 106, 1427	Erdbuch	1769-1872

Voorde

LAS 106, 1449	Erdbuch	1770-1877
LAS 66, 636	Setzung und Landverteilung	1788-1798
LAS 66, 6026	Aufhebung der Festequalität und Feldverteilung	1803-1811
LAS 321.4, 69	Auseinandersetzungsinstrument	1834-1870
LAS 309 Geb. St., 194	Gebäudesteuer	1867
LAS 309, 14699	Reallastenablösung, Band I	1875-1880
LAS 324.13, 213	Mutterrolle	1878 ff.
LAS 321.4, 5	Reallastenablösung	1870-1880
LAS 321.4, 12	Reallastenablösung	1878-1884
LAS 415, 1414	Karte	1771

Kirchspiel Nortorf

(siehe vor allem Seite 137)

Blumenthal

- Klein Blumenthal **- Osselberg**

LAS 66, 6598	Landwesenssachen	1781-1791
LAS 66, 7896	Landwesenssachen mit Karte	1784-1840
LAS 106, 1425	Erdbuch	1811-1875
LAS 321.4, 38	Auseinandersetzungsinstrument	1821-1866
LAS 309 Geb. St., 165	Gebäudesteuer	1867
LAS 309 Flur (13), 7B	Flurbuch	1877

LAS 309, 14750	Reallastenablösung, Band I	1879-1882
LAS 321.4, 32	Reallastenablösung	1880-1884
LAS 415, 1495	Karte	o. J.

Dätgen

LAS 66, 7887	Landwesenssachen	1775-1843
LAS 106, 1429	Erdbuch	1812-1876
LAS 66, 714	Erdbuch	1835
LAS 309 Geb. St., 169	Gebäudesteuer	1867
LAS 321.4, 44	Auseinandersetzungsinstrument	1868-1872
LAS 309 Flur (13), 19B	Flurbuch	1877
LAS 324.13, 139	Mutterrolle	1878 ff.
LAS 309, 14757	Reallastenablösung, Band I	1879-1880
LAS 321.4, 25	Reallastenablösung	1880
LAS 415, 1404	Karte	1766

Loop
- Ellhorn

LAS 106, 1439	Erdbuch	1774-1875
LAS 66, 7895	Landwesenssachen mit Karte	1783-1839
LAS 321.4, 54	Auseinandersetzungsinstrument	1829-1872
LAS 309 Geb. St., 179	Gebäudesteuer	1867
LAS 309 Flur (13), 59B	Flurbuch	1877
LAS 324.13, 171	Mutterrolle	1878 ff.
LAS 309, 14758	Reallastenablösung, Band I	1879-1880
LAS 321.4, 21	Reallastenablösung	1879-1880
LAS 415, 1410	Karte	1766

Sören
- Sörenerholz

LAS 106, 1448	Erdbuch	1772-1873
LAS 66, 7901	Landwesenssachen mit Karte	1783-1843
LAS 66, 6536	Erdbuch und Setzungsregister	1835
LAS 321.4, 67	Auseinandersetzungsinstrument	1837-1872
LAS 309 Geb. St., 193	Gebäudesteuer	1867
LAS 309 Flur (13), 102B	Flurbuch	1877
LAS 324.13, 199	Mutterrolle	1878 ff.
LAS 309, 14747	Reallastenablösung, Band I	1879-1881
LAS 321.4, 29	Reallastenablösung	1879-1883
LAS 415, 1415	Karte	1767

Kirchspiel Westensee

LAS 412, 524	Volkszählungslisten	1860
LAS 412, 924	Volkszählungslisten	1864

Bollhuserteich (Stellen)

LAS 106, 1427	Erdbuch	1769-1872
LAS 321.4, 40	Auseinandersetzungsinstrument	1848-1872

Schierensee
- Marienberg

LAS 106, 1446	Erdbuch	1768-1877
LAS 66, 5395	Extrakt aus dem Vermessungsprotokoll	1768
LAS 66, 7894	Landwesenssachen mit Karte	1783-1844
LAS 66, 6596	Landwesenssachen	1789-1792
LAS 321.4, 62	Auseinandersetzungsinstrument	1819-1875
LAS 309 Geb. St., 189	Gebäudesteuer	1867
LAS 309 Flur (13), 89B	Flurbuch	1877
LAS 309 Flur (13), 118B	Flurbuch	1877
LAS 309, 14716	Reallastenablösung, Band I	1878-1880
LAS 321.4, 11	Reallastenablösung	1874-1883
LAS 415, 1412	Karte	1765

Amt Kronshagen

LAS 106, 342	SchuPfPr I	1768 ff.
LAS 106, 343	SchuPfPr II	1829 ff.
LAS 106, 344	SchuPfPr (Nebenbuch A)	1768-1785
LAS 106, 345	SchuPfPr (Nebenbuch B)	1785-1798
LAS 106, 346	SchuPfPr (Nebenbuch C)	1798-1824
LAS 106, 347	SchuPfPr (Nebenbuch D)	1824-1843
LAS 106, 348	SchuPfPr (Nebenbuch E)	1843-1849
LAS 106, 349	SchuPfPr (Nebenbuch)	1849-1856
LAS 106, 350	SchuPfPr (Nebenbuch)	1856-1867
LAS 106, 351	SchuPfPr (Nebenbuch A)	1866-1871
LAS 106, 352	SchuPfPr (Nebenbuch B)	1871-1875
LAS 106, 353	SchuPfPr (Nebenbuch C)	1875-1882
LAS 106, 354	SchuPfPr (Nebenbuch D)	1882-1885

LAS 106, 1421	Beilagen zum SchuPfPr	1791-1835
LAS 106, 355	Kontraktenbuch	1768-1791
LAS 106, 356	Kontraktenbuch	1792-1804
LAS 106, 357	Kontraktenbuch	1804-1832
LAS 106, 358	Kontraktenbuch	1832-1851
LAS 106, 359	Kontraktenbuch	1851-1861
LAS 106, 360	Kontraktenbuch A	1861-1871
LAS 106, 361	Kontraktenbuch B	1871-1876
LAS 106, 362	Kontraktenbuch C	1876-1882
LAS 106, 363	Kontraktenbuch D	1882-1885
LAS 106, 1462	Alphabetisches Eigentümerverzeichnis zum SchuPfPr, Buchstabe A-K (Band I)	o. J.
LAS 106, 1463	Alphabetisches Eigentümerverzeichnis zum SchuPfPr, Buchstabe L-Z (Band II)	o. J.
LAS 106 AR, 1768 (Jahr)	Kronshagener Amtsrechnung	1768
LAS 106 AR, ...	Kronshagener Amtsrechnung	1769
LAS 106 AR	Kronshagener Amtsrechnung	1770
LAS 106 AR	Kronshagener Amtsrechnung	1771
LAS 106 AR	Kronshagener Amtsrechnung	1772
LAS 106 AR	Kronshagener Amtsrechnung	1773
LAS 106 AR	Kronshagener Amtsrechnung	1774
LAS 106 AR	Kronshagener Amtsrechnung	1775
LAS 106 AR	Kronshagener Amtsrechnung	1776
LAS 106 AR	Kronshagener Amtsrechnung	1777
LAS 106 AR	Kronshagener Amtsrechnung	1778
LAS 106 AR	Kronshagener Amtsrechnung	1779
LAS 106 AR	Kronshagener Amtsrechnung	1780
LAS 106 AR	Kronshagener Amtsrechnung	1781
LAS 106 AR	Kronshagener Amtsrechnung	1782
LAS 106 AR	Kronshagener Amtsrechnung	1783
LAS 106 AR	Kronshagener Amtsrechnung	1784
LAS 106 AR	Kronshagener Amtsrechnung	1785
LAS 106 AR	Kronshagener Amtsrechnung	1786
LAS 106 AR	Kronshagener Amtsrechnung	1787
LAS 106 AR	Kronshagener Amtsrechnung	1788
LAS 106 AR	Kronshagener Amtsrechnung	1789
LAS 106 AR	Kronshagener Amtsrechnung	1790
LAS 106 AR	Kronshagener Amtsrechnung	1791
LAS 106 AR	Kronshagener Amtsrechnung	1792
LAS 106 AR	Kronshagener Amtsrechnung	1793
LAS 106 AR	Kronshagener Amtsrechnung	1794
LAS 106 AR	Kronshagener Amtsrechnung	1795

LAS 106 AR	Kronshagener Amtsrechnung	1796
LAS 106 AR	Kronshagener Amtsrechnung	1797
LAS 106 AR	Kronshagener Amtsrechnung	1798
LAS 106 AR	Kronshagener Amtsrechnung	1799
LAS 106 AR	Kronshagener Amtsrechnung	1800
LAS 106 AR	Kronshagener Amtsrechnung	1801
LAS 106 AR	Kronshagener Amtsrechnung	1802
LAS 106 AR	Kronshagener Amtsrechnung	1803
LAS 106 AR	Kronshagener Amtsrechnung	1804
LAS 106 AR	Kronshagener Amtsrechnung	1805
LAS 106 AR	Kronshagener Amtsrechnung	1806
LAS 106 AR	Kronshagener Amtsrechnung	1807
LAS 106 AR	Kronshagener Amtsrechnung	1808
LAS 106 AR	Kronshagener Amtsrechnung	1809
LAS 106 AR	Kronshagener Amtsrechnung	1810
LAS 106 AR	Kronshagener Amtsrechnung	1811
LAS 106 AR	Kronshagener Amtsrechnung	1812
LAS 106 AR	Kronshagener Amtsrechnung	1813
LAS 106 AR	Kronshagener Amtsrechnung	1814
LAS 106 AR	Kronshagener Amtsrechnung	1815
LAS 106 AR	Kronshagener Amtsrechnung	1816
LAS 106 AR	Kronshagener Amtsrechnung	1817
LAS 106 AR	Kronshagener Amtsrechnung	1818
LAS 106 AR	Kronshagener Amtsrechnung	1819
LAS 106 AR	Kronshagener Amtsrechnung	1820
LAS 106 AR	Kronshagener Amtsrechnung	1821
LAS 106 AR	Kronshagener Amtsrechnung	1822
LAS 106 AR	Kronshagener Amtsrechnung	1823
LAS 106 AR	Kronshagener Amtsrechnung	1824
LAS 106 AR	Kronshagener Amtsrechnung	1825
LAS 106 AR	Kronshagener Amtsrechnung	1826
LAS 106 AR	Kronshagener Amtsrechnung	1827
LAS 106 AR	Kronshagener Amtsrechnung	1828
LAS 106 AR	Kronshagener Amtsrechnung	1829
LAS 106 AR	Kronshagener Amtsrechnung	1830
LAS 106 AR	Kronshagener Amtsrechnung	1831
LAS 106 AR	Kronshagener Amtsrechnung	1832
LAS 106 AR	Kronshagener Amtsrechnung	1833
LAS 106 AR	Kronshagener Amtsrechnung	1834
LAS 106 AR	Kronshagener Amtsrechnung	1835
LAS 106 AR	Kronshagener Amtsrechnung	1836
LAS 106 AR	Kronshagener Amtsrechnung	1837
LAS 106 AR	Kronshagener Amtsrechnung	1838
LAS 106 AR	Kronshagener Amtsrechnung	1839
LAS 106 AR	Kronshagener Amtsrechnung	1840

LAS 106 AR	Kronshagener Amtsrechnung	1841
LAS 106 AR	Kronshagener Amtsrechnung	1842
LAS 106 AR	Kronshagener Amtsrechnung	1843
LAS 106 AR	Kronshagener Amtsrechnung	1844
LAS 106 AR	Kronshagener Amtsrechnung	1845
LAS 106 AR	Kronshagener Amtsrechnung	1846
LAS 106 AR	Kronshagener Amtsrechnung	1847
LAS 106 AR	Kronshagener Amtsrechnung	1848
LAS 106 AR	Kronshagener Amtsrechnung	1849
LAS 106 AR	Kronshagener Amtsrechnung	1850
LAS 106 AR	Kronshagener Amtsrechnung	1851
LAS 106 AR	Kronshagener Amtsrechnung	1852
LAS 106 AR	Kronshagener Amtsrechnung	1853
LAS 106 AR	Kronshagener Amtsrechnung	1853-1854
LAS 106 AR	Kronshagener Amtsrechnung	1854-1855
LAS 106 AR	Kronshagener Amtsrechnung	1855-1856
LAS 106 AR	Kronshagener Amtsrechnung	1856-1857
LAS 106 AR	Kronshagener Amtsrechnung	1857-1858
LAS 106 AR	Kronshagener Amtsrechnung	1858-1859
LAS 106 AR	Kronshagener Amtsrechnung	1859-1860
LAS 106 AR	Kronshagener Amtsrechnung	1860-1861
LAS 106 AR	Kronshagener Amtsrechnung	1861-1862
LAS 106 AR	Kronshagener Amtsrechnung	1862-1863
LAS 106 AR	Kronshagener Amtsrechnung	1863-1864
LAS 106 AR	Kronshagener Amtsrechnung	1864-1865
LAS 106 AR	Kronshagener Amtsrechnung	1865-1866
LAS 106 AR	Kronshagener Amtsrechnung	1866-1867
LAS 106 AR	Kronshagener Amtsrechnung	1867
LAS 106, 1364	Häuer-, Erbteilungsverträge, Inventarien, Testamente	1716-1782
LAS 8.1, 558	Viehregister, Geld- und Kornrechnungen	1760-1762
LAS 8.1, 559	Holzausweisungs-, Vieh- und Dienstregister	1761-1763
LAS 8.1, 560	Viehregister, Geld- und Kornrechnungen	1762-1763
LAS 8.1, 561	Administrationsrechnung des Gutes	1766-1767
LAS 8.1, 562	Administrationsrechnung des Gutes	1767-1768
LAS 106, 1238	Häusliche Verfassung der Untertanen	1740-1788
LAS 106, 1225	Dienste der Untertanen	1766-1774
LAS 8.2, 193	Erbpachtstellen	1768-1778
LAS 66, 5800	Tabellen wegen des am 1. April 1774 gezählten Hornviehs	1774
LAS 66, 4482	Erbpachtstellen; Verkoppelung	1776-1848
LAS 66, 4829	Pachtstücke und Konzessionen	1779-1847
LAS 66, 7902	Landveräußerungen	1805-1848

LAS 80, 1774	Erbpachten	1814-1866
LAS 66, 7920	Landüberlassung	1818-1845
LAS 80, 2203	Auseinandersetzung bei Landveräußerungen	1834-1867
LAS 66, 6205	Landabtretungen	1837-1846
LAS 80, 1775	Verpachtungen	1845-1868
LAS 80, 2269	Landumsätze	1848-1858
LAS 80, 2287	Landaufteilungen	1852-1854
LAS 80, 2264	Landumsätze	1855-1866
LAS 106, 1361	Hebungsjournale	1771-1831
LAS 106, 1202	Viertelprozent-Steuerhebungen	1800-1809
LAS 106, 1204	Grund- und Benutzungssteuer	1802-1813
LAS 66, 7113	Halbprozentsteuer-Verzeichnisse von Erbschaften und Immobilienübertragungen	1810-1811
LAS 106, 1211	Steuer- und Ausgabensachen	1820-1841
LAS 66, 3926	Hebungsextrakte	1835
LAS 66, 6504	Hebungsextrakte	1835-1837
LAS 66, 936	Halbprozent-Steuerfälle von Erbschaften, Verkäufen und Auktionen	1838
LAS 66, 2567.4	Hebungsextrakte über die Gefälle und Intraden	1839-1840
LAS 66, 2572.3	Hebungsextrakte über die Gefälle und Intraden	1840-1841
LAS 66, 949	Halbprozent-Steuerlisten	1840
LAS 66, 952	Halbprozent- und Vierprozent-Steuerlisten	1840
LAS 66, 951	Halbprozent- und Vierprozent-Steuerlisten	1841
LAS 66, 944	Halbprozent- und Kollateralsteuerlisten	1842
LAS 945.4	Halbprozent- und Kollateralsteuerlisten	1844
LAS 66, 721	Erdbuch	1845
LAS 66, 722	Erdbuch	1845
LAS 66, 723	Erdbuch	1845
LAS 66, 724	Erdbuch	1845
LAS 66, 725	Erdbuch	1845
LAS 56, 398	Steuer und Hebungen	1852-1863
LAS 106, 685	Restantenbeitreibungen	1851
LAS 106, 684	Restantenbeitreibungen	1852
LAS 106, 683	Restantenbeitreibungen	1853
LAS 106, 682	Restantenbeitreibungen	1854
LAS 106, 681	Restantenbeitreibungen	1855
LAS 106, 680	Die Abhaltung einer Restantenuntersuchung	1856
LAS 106, 679	Die Abhaltung einer Restantenuntersuchung	1857
LAS 106, 678	Die Abhaltung einer Restantenuntersuchung	1858
LAS 106, 677	Die Abhaltung einer Restantenuntersuchung	1859
LAS 106, 676	Die Abhaltung einer Restantenuntersuchung	1860
LAS 106, 675	Die Abhaltung einer Restantenuntersuchung	1861

LAS 106, 674	Die Abhaltung einer Restantenuntersuchung	1862
LAS 106, 673	Die Abhaltung einer Restantenuntersuchung	1863
LAS 106, 672	Die Abhaltung einer Restantenuntersuchung	1864
LAS 106, 671	Die Abhaltung einer Restantenuntersuchung	1865
LAS 106, 686	Die Abhaltung einer Restantenuntersuchung	1866
LAS 106, 687	Die Abhaltung einer Restantenuntersuchung	1867
LAS 309, 2480	verschiedene Abgaben	1869-1871
LAS 106, 369	Vormünderbuch	1772-1831
LAS 106, 370	Vormünderbuch	1786-1791
LAS 106, 371	Vormünderbuch, Vol. I	1831 ff.
LAS 106, 372	Vormünderbuch, Vol. Ia	1843 ff.
LAS 106, 373	Vormünderbuch, Vol. II	1852 ff.
LAS 106, 376	Vormundschaftliche Setzungs- und Überlassungsvergleiche	1789-1804
LAS 106, 377	Vormundschaftliche Setzungs- und Überlassungsvergleiche	1817-1828
LAS 106, 1457	Repertorium der Testaments- und Erbvertragssachen	1866-1869
LAS 106, 1458	Repertorium der Testaments- und Erbvertragssachen	1866-1869
LAS 106, 1114	Brandwesenssachen mit Gildesachen	1635-1766
LAS 400.5, 1075	Brandversicherungsregister	1776
LAS 106, 1115	Brandsachen	1766-1791
LAS 106, 1116	Brandsachen	1790-1799
LAS 106, 1117	Brandsachen	1800-1825
LAS 106, 1366	Mannzahlregister	1801-1803
LAS 412, 283	Volkszählungslisten	1803
LAS 415, 5411	Volkszähllisten	1835
LAS 415, 5435	Volkszähllisten	1840
LAS 415, 5463	Volkszähllisten	1845
LAS 415, 5501	Volkszähllisten	1855

Kirchspiel Kiel

LAS 412, 530	Volkszählungslisten	1860
LAS 412, 930	Volkszählungslisten	1864

Kronshagen

- Bahrenbrook	**- Eichkoppel**	**- Hasselkamp**
- Heidenberg	**- Julienslust**	**- Kahlhorst**
- Überland	**- Viehdamm**	**- Wittland**

LAS 309 Geb. St., 567	Gebäudesteuer	1867
LAS 309 Geb. St., 569	Gebäudesteuer	1867
LAS 309 Geb. St., 573	Gebäudesteuer	1867
LAS 309 Flur (13), 56B	Flurbuch	1877
LAS 309, 14722	Reallastenablösung, Band I	1879-1892

Ottendorf

LAS 309 Geb. St., 572	Gebäudesteuer	1867
LAS 309, 3511	Reallastenablösung, Band I	1873-1880
LAS 309 Flur (13), 78B	Flurbuch	1877

Amt Neumünster

LAS 105, 62	SchPfPr	1737-1770
LAS 105, 58	SchPfPr, Tom. I	1770 ff.
LAS 105, 59	SchPfPr, Tom. II	1790 ff.
LAS 105, 60	SchPfPr, Tom. II (Fortsetzung)	1863 ff.

LAS 105 AR, 1606 (Jahr)	Geld- und Kornregister	1606
LAS 106 AR, ...	Amtsregister zum Kiel	1610-1611
LAS 106 AR	Amtsregister zum Kiel	1611-1612
LAS 106 AR	Amtsregister zum Kiel	1612-1613
LAS 106 AR	Amtsregister zum Kiel	1613-1614
LAS 106 AR	Amtsregister zum Kiel	1614-1615
LAS 106 AR	Amtsregister zum Kiel	1615-1616
LAS 106 AR	Amtsregister zum Kiel	1616-1617
LAS 106 AR	Amtsregister zum Kiel	1617-1618
LAS 106 AR	Amtsregister zum Kiel	1618-1619
LAS 106 AR	Amtsregister zum Kiel	1619-1620
LAS 106 AR	Amtsregister zum Kiel	1620-1621
LAS 106 AR	Amtsregister zum Kiel	1621-1622
LAS 106 AR	Amtsregister zum Kiel	1622-1623
LAS 106 AR	Amtsregister zum Kiel	1623-1624
LAS 106 AR	Amtsregister zum Kiel	1629-1630
LAS 106 AR	Amtsregister zum Kiel	1630-1631
LAS 106 AR	Kielische Amtsrechnung	1631-1632
LAS 106 AR	Kielische Amtsrechnung	1632-1633

LAS 106 AR	Kielische Amtsrechnung	1633-1634
LAS 106 AR	Kielische Amtsrechnung	1634-1635
LAS 106 AR	Kielische Amtsrechnung	1635-1636
LAS 106 AR	Kielische Amtsrechnung	1636-1637
LAS 106 AR	Kielische Amtsrechnung	1637-1638
LAS 106 AR	Kielische Amtsrechnung	1638-1639
LAS 106 AR	Kielische Amtsrechnung	1639-1640
LAS 106 AR	Kielische Amtsrechnung	1640-1641
LAS 106 AR	Kielische Amtsrechnung	1641-1642
LAS 106 AR	Kielische Amtsrechnung	1642-1643
LAS 106 AR	Kielische Amtsrechnung	1643-1644
LAS 106 AR	Kielische Amtsrechnung	1644-1645
LAS 106 AR	Kielische Amtsrechnung	1645-1646
LAS 106 AR	Kielische Amtsrechnung	1646-1647
LAS 106 AR	Kielische Amtsrechnung	1647-1648
LAS 106 AR	Kielische Amtsrechnung	1648-1649
LAS 106 AR	Kielische Amtsrechnung	1649-1650
LAS 106 AR	Kielische Amtsrechnung	1650-1651
LAS 106 AR	Kielische Amtsrechnung	1651-1652
LAS 106 AR	Kielische Amtsrechnung	1652-1653
LAS 106 AR	Kielische Amtsrechnung	1653-1654
LAS 106 AR	Kielische Amtsrechnung	1654-1655
LAS 106 AR	Kielische Amtsrechnung	1655-1656
LAS 106 AR	Kielische Amtsrechnung	1656-1657
LAS 106 AR	Kielische Amtsrechnung	1657-1658
LAS 106 AR	Kielische Amtsrechnung	1658-1659
LAS 106 AR	Kielische Amtsrechnung	1659-1660
LAS 106 AR	Kielische Amtsrechnung	1667-1668
LAS 106 AR	Kielische Amtsrechnung	1668-1669
LAS 106 AR	Kielische Amtsrechnung	1670
LAS 106 AR	Kielische Amtsrechnung	1671
LAS 106 AR	Kielische Amtsrechnung	1672
LAS 106 AR	Kielische Amtsrechnung	1673
LAS 106 AR	Kielische Amtsrechnung	1674
LAS 106 AR	Kielische Amtsrechnung	1674-1675
LAS 106 AR	Kielische Amtsrechnung	1675
LAS 106 AR	Kielische Amtsrechnung	1675-1676
LAS 106 AR	Kielische Amtsrechnung	1676-1677
LAS 106 AR	Kielische Amtsrechnung	1678
LAS 106 AR	Kielische Amtsrechnung	1679
LAS 106 AR	Kielische Amtsrechnung	1681-1682
LAS 106 AR	Kielische Amtsrechnung	1682-1683
LAS 106 AR	Kielische Amtsrechnung	1683-1684
LAS 106 AR	Kielische Amtsrechnung	1685
LAS 106 AR	Kielische Amtsrechnung	1686

LAS 106 AR	Kielische Amtsrechnung	1687
LAS 106 AR	Kielische Amtsrechnung	1688
LAS 106 AR	Kielische Amtsrechnung	1689
LAS 106 AR	Kielische Amtsrechnung	1690
LAS 106 AR	Kielische Amtsrechnung	1691
LAS 106 AR	Kielische Amtsrechnung	1692
LAS 106 AR	Kielische Amtsrechnung	1693
LAS 106 AR	Kielische Amtsrechnung	1694
LAS 106 AR	Kielische Amtsrechnung	1695
LAS 105 AR	Amtsrechnung	1696
LAS 105 AR	Amtsrechnung	1697
LAS 105 AR	Amtsrechnung	1698
LAS 105 AR	Amtsrechnung	1699
LAS 105 AR	Amtsrechnung	1700
LAS 105 AR	Amtsrechnung	1701
LAS 105 AR	Amtsrechnung	1702
LAS 105 AR	Amtsrechnung	1703
LAS 105 AR	Amtsrechnung	1704
LAS 105 AR	Amtsrechnung	1705
LAS 105 AR	Amtsrechnung	1706
LAS 105 AR	Amtsrechnung	1707
LAS 105 AR	Amtsrechnung	1708
LAS 105 AR	Amtsrechnung	1709
LAS 105 AR	Amtsrechnung	1710
LAS 105 AR	Amtsrechnung	1711
LAS 105 AR	Amtsrechnung	1712
LAS 105 AR	Amtsrechnung	1713
LAS 105 AR	Amtsrechnung	1714
LAS 105 AR	Amtsrechnung	1715
LAS 105 AR	Amtsrechnung	1716
LAS 105 AR	Amtsrechnung	1717
LAS 105 AR	Amtsrechnung	1718
LAS 105 AR	Amtsrechnung	1719
LAS 105 AR	Amtsrechnung	1720
LAS 105 AR	Amtsrechnung	1721
LAS 105 AR	Amtsrechnung	1722
LAS 105 AR	Amtsrechnung	1723
LAS 105 AR	Amtsrechnung	1724
LAS 105 AR	Amtsrechnung	1725
LAS 105 AR	Amtsrechnung	1726
LAS 105 AR	Amtsrechnung	1727
LAS 105 AR	Amtsrechnung	1728
LAS 105 AR	Amtsrechnung	1729
LAS 105 AR	Amtsrechnung	1730
LAS 105 AR	Amtsrechnung	1731

LAS 105 AR	Amtsrechnung	1732
LAS 105 AR	Amtsrechnung	1733
LAS 105 AR	Amtsrechnung	1734
LAS 105 AR	Amtsrechnung	1735
LAS 105 AR	Amtsrechnung	1736
LAS 105 AR	Amtsrechnung	1737
LAS 105 AR	Amtsrechnung	1738
LAS 105 AR	Amtsrechnung	1739
LAS 105 AR	Amtsrechnung	1740
LAS 105 AR	Amtsrechnung	1741
LAS 105 AR	Amtsrechnung	1742
LAS 105 AR	Amtsrechnung	1743
LAS 105 AR	Amtsrechnung	1744
LAS 105 AR	Amtsrechnung	1745
LAS 105 AR	Amtsrechnung	1746
LAS 105 AR	Amtsrechnung	1747
LAS 105 AR	Amtsrechnung	1748
LAS 105 AR	Amtsrechnung	1749
LAS 105 AR	Amtsrechnung	1750
LAS 105 AR	Amtsrechnung	1751
LAS 105 AR	Amtsrechnung	1752
LAS 105 AR	Amtsrechnung	1753
LAS 105 AR	Amtsrechnung	1754
LAS 105 AR	Amtsrechnung	1755
LAS 105 AR	Amtsrechnung	1756
LAS 105 AR	Amtsrechnung	1757
LAS 105 AR	Amtsrechnung	1758
LAS 105 AR	Amtsrechnung	1759
LAS 105 AR	Amtsrechnung	1760
LAS 105 AR	Amtsrechnung	1761
LAS 105 AR	Amtsrechnung	1762
LAS 105 AR	Amtsrechnung	1763
LAS 105 AR	Amtsrechnung	1764
LAS 105 AR	Amtsrechnung	1765
LAS 105 AR	Amtsrechnung	1766
LAS 105 AR	Amtsrechnung	1767
LAS 105 AR	Amtsrechnung	1768
LAS 105 AR	Amtsrechnung	1769
LAS 105 AR	Amtsrechnung	1770
LAS 105 AR	Amtsrechnung	1771
LAS 105 AR	Amtsrechnung	1772
LAS 105 AR	Amtsrechnung	1773
LAS 105 AR	Amtsrechnung	1774
LAS 105 AR	Amtsrechnung	1775
LAS 105 AR	Amtsrechnung	1776

LAS 105 AR	Amtsrechnung	1777
LAS 105 AR	Amtsrechnung	1778
LAS 105 AR	Amtsrechnung	1779
LAS 105 AR	Amtsrechnung	1780
LAS 105 AR	Amtsrechnung	1781
LAS 105 AR	Amtsrechnung	1782
LAS 105 AR	Amtsrechnung	1783
LAS 105 AR	Amtsrechnung	1784
LAS 105 AR	Amtsrechnung	1785
LAS 105 AR	Amtsrechnung	1786
LAS 105 AR	Amtsrechnung	1787
LAS 105 AR	Amtsrechnung	1788
LAS 105 AR	Amtsrechnung	1789
LAS 105 AR	Amtsrechnung	1790
LAS 105 AR	Amtsrechnung	1791
LAS 105 AR	Amtsrechnung	1792
LAS 105 AR	Amtsrechnung	1793
LAS 105 AR	Amtsrechnung	1794
LAS 105 AR	Amtsrechnung	1795
LAS 105 AR	Amtsrechnung	1796
LAS 105 AR	Amtsrechnung	1797
LAS 105 AR	Amtsrechnung	1798
LAS 105 AR	Amtsrechnung	1799
LAS 105 AR	Amtsrechnung	1800
LAS 105 AR	Amtsrechnung	1801
LAS 105 AR	Amtsrechnung	1802
LAS 105 AR	Amtsrechnung	1803
LAS 105 AR	Amtsrechnung	1804
LAS 105 AR	Amtsrechnung	1805
LAS 105 AR	Amtsrechnung	1806
LAS 105 AR	Amtsrechnung	1807
LAS 105 AR	Amtsrechnung	1808
LAS 105 AR	Amtsrechnung	1809
LAS 105 AR	Amtsrechnung	1810
LAS 105 AR	Amtsrechnung	1811
LAS 105 AR	Amtsrechnung	1812
LAS 105 AR	Amtsrechnung	1813
LAS 105 AR	Amtsrechnung	1814
LAS 105 AR	Amtsrechnung	1815
LAS 105 AR	Amtsrechnung	1816
LAS 105 AR	Amtsrechnung	1817
LAS 105 AR	Amtsrechnung	1818
LAS 105 AR	Amtsrechnung	1819
LAS 105 AR	Amtsrechnung	1820
LAS 105 AR	Amtsrechnung	1821

LAS 105 AR	Amtsrechnung	1822
LAS 105 AR	Amtsrechnung	1823
LAS 105 AR	Amtsrechnung	1824
LAS 105 AR	Amtsrechnung	1825
LAS 105 AR	Amtsrechnung	1826
LAS 105 AR	Amtsrechnung	1827
LAS 105 AR	Amtsrechnung	1828
LAS 105 AR	Amtsrechnung	1829
LAS 105 AR	Amtsrechnung	1830
LAS 105 AR	Amtsrechnung	1831
LAS 105 AR	Amtsrechnung	1832
LAS 105 AR	Amtsrechnung	1833
LAS 105 AR	Amtsrechnung	1834
LAS 105 AR	Amtsrechnung	1835
LAS 105 AR	Amtsrechnung	1836
LAS 105 AR	Amtsrechnung	1837
LAS 105 AR	Amtsrechnung	1838
LAS 105 AR	Amtsrechnung	1839
LAS 105 AR	Amtsrechnung	1840
LAS 105 AR	Amtsrechnung	1841
LAS 105 AR	Amtsrechnung	1842
LAS 105 AR	Amtsrechnung	1843
LAS 105 AR	Amtsrechnung	1844
LAS 105 AR	Amtsrechnung	1845
LAS 105 AR	Amtsrechnung	1846
LAS 105 AR	Amtsrechnung	1847
LAS 105 AR	Amtsrechnung	1848
LAS 105 AR	Amtsrechnung	1849
LAS 105 AR	Amtsrechnung	1850
LAS 105 AR	Amtsrechnung	1851
LAS 105 AR	Amtsrechnung	1852
LAS 105 AR	Amtsrechnung	1853
LAS 105 AR	Amtsrechnung	1854
LAS 105 AR	Amtsrechnung	1855
LAS 105 AR	Amtsrechnung	1856
LAS 105 AR	Amtsrechnung	1857
LAS 105 AR	Amtsrechnung	1858
LAS 105 AR	Amtsrechnung	1859
LAS 105 AR	Amtsrechnung	1860
LAS 105 AR	Amtsrechnung	1861
LAS 105 AR	Amtsrechnung	1862
LAS 105 AR	Amtsrechnung	1863
LAS 105 AR	Amtsrechnung	1864
LAS 105 AR	Amtsrechnung	1865
LAS 105 AR	Amtsrechnung	1866

LAS 105 AR	Amtsrechnung	1867
LAS 105, 63	Kontraktenprotokoll	1670-1704
LAS 105, 64	Kontraktenprotokoll	1705-1723
LAS 105, 65	Kontraktenprotokoll	1723-1737
LAS 105, 66	Kontraktenprotokoll	1737-1754
LAS 105, 67	Kontraktenprotokoll	1754-1760
LAS 105, 68	Kontraktenprotokoll	1760-1764
LAS 105, 69	Kontraktenprotokoll	1764-1771
LAS 105, 70	Kontraktenprotokoll	1772-1775
LAS 105, 71	Kontraktenprotokoll	1775-1782
LAS 105, 72	Kontraktenprotokoll	1783-1786
LAS 105, 73	Kontraktenprotokoll	1787-1791
LAS 105, 74	Kontraktenprotokoll	1791-1795
LAS 105, 75	Kontraktenprotokoll	1795-1798
LAS 105, 76	Kontraktenprotokoll	1798-1800
LAS 105, 77	Kontraktenprotokoll	1800
LAS 105, 78	Kontraktenprotokoll	1801
LAS 105, 79	Kontraktenprotokoll	1802
LAS 105, 80	Kontraktenprotokoll	1803
LAS 105, 81	Kontraktenprotokoll	1804
LAS 105, 82	Kontraktenprotokoll	1805
LAS 105, 83	Kontraktenprotokoll	1806
LAS 105, 84	Kontraktenprotokoll	1807
LAS 105, 85	Kontraktenprotokoll	1808
LAS 105, 86	Kontraktenprotokoll	1809
LAS 105, 87	Kontraktenprotokoll	1810
LAS 105, 88	Kontraktenprotokoll	1811
LAS 105, 89	Kontraktenprotokoll	1812
LAS 105, 90	Kontraktenprotokoll	1813
LAS 105, 91	Kontraktenprotokoll	1814
LAS 105, 92	Kontraktenprotokoll	1815
LAS 105, 93	Kontraktenprotokoll	1816
LAS 105, 94	Kontraktenprotokoll	1817
LAS 105, 95	Kontraktenprotokoll	1818
LAS 105, 96	Kontraktenprotokoll	1819
LAS 105, 97	Kontraktenprotokoll	1820
LAS 105, 98	Kontraktenprotokoll	1821
LAS 105, 99	Kontraktenprotokoll	1822
LAS 105, 100	Kontraktenprotokoll	1823
LAS 105, 101	Kontraktenprotokoll	1824
LAS 105, 102	Kontraktenprotokoll	1825
LAS 105, 103	Kontraktenprotokoll	1826
LAS 105, 104	Kontraktenprotokoll	1827
LAS 105, 105	Kontraktenprotokoll	1828

LAS 105, 106	Kontraktenprotokoll	1829
LAS 105, 107	Kontraktenprotokoll	1830
LAS 105, 108	Kontraktenprotokoll	1831
LAS 105, 109	Kontraktenprotokoll	1832
LAS 105, 110	Kontraktenprotokoll	1833
LAS 105, 111	Kontraktenprotokoll	1834
LAS 105, 112	Kontraktenprotokoll	1835
LAS 105, 113	Kontraktenprotokoll	1836
LAS 105, 114	Kontraktenprotokoll	1837
LAS 105, 115	Kontraktenprotokoll	1838
LAS 105, 116	Kontraktenprotokoll	1839
LAS 105, 117	Kontraktenprotokoll	1840
LAS 105, 118	Kontraktenprotokoll	1841
LAS 105, 119	Kontraktenprotokoll	1842
LAS 105, 120	Kontraktenprotokoll	1843
LAS 105, 121	Kontraktenprotokoll	1844
LAS 105, 122	Kontraktenprotokoll	1845
LAS 105, 123	Kontraktenprotokoll	1846
LAS 105, 124	Kontraktenprotokoll	1847
LAS 105, 125	Kontraktenprotokoll	1848
LAS 105, 126	Kontraktenprotokoll	1849
LAS 105, 127	Kontraktenprotokoll	1850
LAS 105, 128	Kontraktenprotokoll	1851
LAS 105, 129	Kontraktenprotokoll	1852
LAS 105, 130	Kontraktenprotokoll	1853
LAS 105, 131	Kontraktenprotokoll, Nebenbuch I	1854-1855
LAS 105, 132	Kontraktenprotokoll, Nebenbuch II	1855-1861
LAS 105, 133	Kontraktenprotokoll, Nebenbuch III	1856-1857
LAS 105, 134	Kontraktenprotokoll, Nebenbuch IV	1856-1860
LAS 105, 135	Kontraktenprotokoll, Nebenbuch V	1857-1858
LAS 105, 136	Kontraktenprotokoll, Nebenbuch VI	1859
LAS 105, 137	Kontraktenprotokoll, Nebenbuch VII	1860-1875
LAS 105, 138	Kontraktenprotokoll, Nebenbuch VIII	1860
LAS 105, 139	Kontraktenprotokoll, Nebenbuch IX	1860-1862
LAS 105, 140	Kontraktenprotokoll, Nebenbuch X	1861
LAS 105, 141	Kontraktenprotokoll, Nebenbuch XI	1862
LAS 105, 142	Kontraktenprotokoll, Nebenbuch XII	1863-1865
LAS 105, 143	Kontraktenprotokoll, Nebenbuch XIII	1863
LAS 105, 144	Kontraktenprotokoll, Nebenbuch XIV	1864
LAS 105, 145	Kontraktenprotokoll, Nebenbuch XV	1864-1871
LAS 105, 146	Kontraktenprotokoll, Nebenbuch XVI	1865
LAS 105, 147	Kontraktenprotokoll, Nebenbuch XVII	1865-1868
LAS 105, 148	Kontraktenprotokoll, Nebenbuch XVIII	1865-1866
LAS 105, 149	Kontraktenprotokoll, Nebenbuch XIX	1867-1868
LAS 105, 150	Kontraktenprotokoll, Nebenbuch XX	1868-1869

LAS 105, 151	Kontraktenprotokoll, Nebenbuch XXI	1868-1870
LAS 105, 152	Kontraktenprotokoll, Nebenbuch XXII	1870-1872
LAS 105, 153	Kontraktenprotokoll, Nebenbuch XXIII	1871-1876
LAS 105, 154	Kontraktenprotokoll, Nebenbuch XXIV	1871-1874
LAS 105, 155	Kontraktenprotokoll, Nebenbuch XXV	1872-1873
LAS 105, 156	Kontraktenprotokoll, Nebenbuch XXVI	1873-1874
LAS 105, 157	Kontraktenprotokoll, Nebenbuch XXVII	1874-1875
LAS 105, 158	Kontraktenprotokoll, Nebenbuch XXVIII	1875
LAS 105, 159	Kontraktenprotokoll, Nebenbuch XXIX	1876-1880
LAS 105, 160	Kontraktenprotokoll, Nebenbuch XXX	1876-1877
LAS 105, 161a	Kontraktenprotokoll, Nebenbuch XXXI	1876-1878
LAS 105, 161b	Kontraktenprotokoll, Nebenbuch XXXI	1878-1881
LAS 105, 162	Kontraktenprotokoll, Nebenbuch XXXII	1877-1880
LAS 105, 163	Kontraktenprotokoll, Nebenbuch XXXIII	1880-1882
LAS 105, 164	Kontraktenprotokoll, Nebenbuch XXXIV	1881-1885
LAS 105, 165	Kontraktenprotokoll, Nebenbuch XXXV	1881-1884
LAS 105, 166	Kontraktenprotokoll, Nebenbuch XXXVI	1882
LAS 105, 167	Kontraktenprotokoll, Nebenbuch XXXVII	1883-1885
LAS 105, 168	Kontraktenprotokoll, Nebenbuch XXXVIII	1884-1885
LAS 105, 169	Kontraktenprotokoll, Nebenbuch XXXIX	1885-1886
LAS 105, 170	Kontraktenprotokoll, Nebenbuch XXXX	1884-1886

LAS 105, 415	Von Festen und Festegeldern	1641-1836
LAS 105, 225	Von neuen Anbauern	1683-1806
LAS 105, 237	Alimentation und Veränderung von Hufen und Stellen	1695-1786
LAS 7, 3879	Inventarium der Untertanen, deren Gebäude und Aussaat, imgleichen Inventierung und Taxierung von Pferden, Vieh, Schafen und Schweinen	1709
LAS 8.2, 664	Hufen, Katen, Ländereien	1721-1778
LAS 105, 11	Betr. Hufen, Altenteile etc.	1722-1725
LAS 8.2, 656	Fuhr- und Dienstregister	1732-1767
LAS 8.2, 665	Gemeine Weiden	1735-1776
LAS 8.2, 675	Feldregister	1737
LAS 105, 431	Insten-Register	1749-1775
LAS 8.2, 667	Altenteile	1750-1763
LAS 105, 434	Verzeichnis über unvermögende Insten	1752-1767
LAS 8.2, 642	Insten- oder Verbittelsgelder	1754-1776
LAS 105, 51	Erdbuch	1765
LAS 105, 17	Vermessung der Fleckensländereien	1770/71
LAS 66, 5800	Tabellen wegen des am 1. April 1774 gezählten Hornviehs	1774
LAS 105, 432	Insten-Register	1775-1784
LAS 80, 1776	Erbpachten	1777-1866

LAS 105, 433	Insten-Register	1787-1797
LAS 105, 238	Alimentation und Veränderung von Hufen und Stellen	1787-1796
LAS 105, 239	Alimentation und Veränderung von Hufen und Stellen	1797-1810
LAS 105, 435	Insten-Register	1799-1807
LAS 80, 2220	Auseinandersetzung bei Landveräußerungen	1801-1830
LAS 80, 1751	Konfirmation von Landüberlassungen	1804-1868
LAS 105, 227	Von neuen Anbauern	1810-1825
LAS 80, 1777	Erbpachten	1817-1867
LAS 105, 228	Von neuen Anbauern	1830-1839
LAS 80, 2219	Auseinandersetzung bei Landveräußerungen	1831-1840
LAS 105, 236	Alimentation und Veränderung von Hufen und Stellen	1837-1861
LAS 105, 229	Von neuen Anbauern	1838-1840
LAS 66, 7921	Landveräußerungen	1838-1842
LAS 66, 7925	Landüberlassungen	1840-1844
LAS 105, 230	Von neuen Anbauern	1841-1844
LAS 80, 2256	Auseinandersetzung bei Landveräußerungen	1841-1849
LAS 66, 7922	Landveräußerungen	1842-1843
LAS 66, 7923	Landveräußerungen	1844-1847
LAS 105, 231	Von neuen Anbauern	1845
LAS 66, 5124	Landveräußerungen	1845-1848
LAS 66, 7926	Landüberlassungen	1845-1847
LAS 80, 2208	Auseinandersetzung bei Landveräußerungen	1846-1854
LAS 66, 7924	Landveräußerungen	1847-1848
LAS 66, 7927	Landüberlassungen	1847-1848
LAS 80, 2318	Landumsätze	1847-1856
LAS 51, 602	Landumsätze	1848-1850
LAS 80, 2289	Landaufteilungen	1848-1852
LAS 51, 1109	Landüberlassungen	1848-1852
LAS 51, 1112	Landüberlassungen	1849-1851
LAS 80, 2316	Landumsätze	1851-1852
LAS 80, 2317	Landumsätze	1851-1854
LAS 80, 2290	Landaufteilungen	1852-1856
LAS 80, 2201	Auseinandersetzung bei Landveräußerungen	1854-1858
LAS 80, 2291	Landaufteilungen	1856-1858
LAS 80, 2319	Landumsätze	1856-1858
LAS 80, 2292	Landaufteilungen	1857-1861
LAS 80, 2226	Auseinandersetzung bei Landveräußerungen	1858-1861
LAS 80, 2386	Landumsätze	1859-1862
LAS 80, 2295	Landaufteilungen	1859-1868
LAS 105, 232	Von neuen Anbauern	1860
LAS 105, 233	Von neuen Anbauern	1861
LAS 80, 2294	Landaufteilungen	1861-1867

LAS 56, 404	Landaufteilungen	1861-1863
LAS 80, 2215	Auseinandersetzung bei Landveräußerungen	1861-1863
LAS 105, 234	Von neuen Anbauern	1862
LAS 80, 2243	Auseinandersetzung bei Landveräußerungen	1863-1868
LAS 105, 20	Verzeichnis der Hufen	1863
LAS 105, 235	Von neuen Anbauern	1863-1867
LAS 309, 14708	Auseinandersetzungsinstrumente, Band I	1878
LAS 309, 14709	Auseinandersetzungsinstrumente, Band II	1882
LAS 309, 14710	Auseinandersetzungsinstrumente, Band III	1887
LAS 309, 14711	Auseinandersetzungsinstrumente, Band IV	1889
LAS 309, 14712	Auseinandersetzungsinstrumente, Band V	1897
LAS 309, 14713	Auseinandersetzungsinstrumente, Band VI	1907-1912
LAS 309, 14714	Auseinandersetzungsinstrumente, Band VII	1912-1928
LAS 105, 1287	Vier Kontributionsregister	1691-1692
LAS 105, 50	Erdbuch, Teil I	1709
LAS 105, 49	Erdbuch, Teil II	1709
LAS 66, 4129	Hebungs- und Rechnungssachen	1817-1837
LAS 66, 3927	Hebungsextrakte	1835-1836
LAS 66, 6505	Hebungsextrakte	1835-1837
LAS 66, 2567.5	Hebungsextrakte über die Gefälle und Intraden	1839
LAS 66, 2569.4	Hebungsextrakte über die Gefälle und Intraden	1840-1841
LAS 66, 5432	Instengelder	1841
LAS 66, 945.36	Halbprozent- und Kollateralsteuerlisten	1844
LAS 309, 2495	verschiedene Abgaben	1869-1877
LAS 321.26, 2	Besitzveränderungen, Steuerangelegenheiten	1869-1871
LAS 105, 1275	Vormünderbuch, I. Band	1791-1815
LAS 105, 1276	Vormünderbuch, II. Band	1815-1853
LAS 105, 1358	Vormünderbuch	1853 ff.
LAS 105, 1359	Vormünderbuch	1863 ff.
LAS 105, 1238	Testamente	1826-1853
LAS 105, 1237	Testamente	1843-1867
LAS 105, 558	Gilderollen	1606-1841
LAS 7, 3882	Brand- und Brandgildesachen	1615-1711
LAS 400.5, 1076	Brandversicherungsregister	1776
LAS 8.2, 654	Mannzahlregister	1766-1777
LAS 105, 469	Mannzahl-Register	1765-1788
LAS 105, 470	Mannzahl-Register	1794-1804

LAS 412, 279	Volkszählungslisten	1803
LAS 415, 5411	Volkszähllisten	1835
LAS 415, 5435	Volkszähllisten	1840
LAS 415, 5464	Volkszähllisten	1845
LAS 415, 5502	Volkszähllisten	1855
LAS 412, 519	Volkszählungslisten	1860
LAS 412, 919	Volkszählungslisten	1864

Kirchspiel Neumünster

LAS 105 AR, 1695	Fleckens- und Kirchspielsrechnung	1695
LAS 7, 3877	Bauernverzeichnis	1594
LAS 105, 9a	Erdbuch	1606
LAS 7, 3873	Feste- und Erbregister	1685
LAS 7, 3874	Erb- und Namenregister aller Hufen	1694
LAS 7, 3878	Kontributionsrechnungen	1690-1693
LAS 7, 3875	Kontributionsrechnung	1694

Arpsdorf
- Arpsdorfermoor

LAS 66, 580	Setzung	1780-1835
LAS 66, 7929	Setzung	1790-1796
LAS 66, 7930	Abhandlung der Festequalität	1830-1838
LAS 66, 7784	Aufhebung der Festequalität	1836-1837
LAS 66, 727	Erdbuch	1838
LAS 66, 5437	Rückständige Abgaben	1845
LAS 309 Geb. St., 629	Gebäudesteuer	1867
LAS 309, 3513	Reallastenablösung, Band I	1874-1884
LAS 324.13, 124	Mutterrolle	1878 ff.
LAS 415, 1417	Karte	1767
LAS 415, 1418	Karte	1767

Ehndorf

LAS 66, 580	Setzung	1780-1835
LAS 66, 7929	Setzung	1790-1796
LAS 66, 732	Setzungsregister und Erdbuch	1835
LAS 66, 5413	Urbarmachung der überlassenen Gemeinheitsländereien	1839-1841
LAS 309 Geb. St., 635	Gebäudesteuer	1867
LAS 309 Flur (13), 25B	Flurbuch	1877

LAS 324.13, 141	Mutterrolle	1878 ff.
LAS 415, 1431	Karte	1767-1791
LAS 415, 1432	Karte	1767-1791
LAS 415, 1433	Karte	1767-1791

Padenstedt
- Padenstedterfeld

LAS 66, 7929	Setzung	1790-1796
LAS 66, 7932	Abhandlung der Festequalität	1798-1839
LAS 66, 7948	Landveräußerungen, Landüberlassungen	1803-1816
LAS 66, 739	Setzungs-, Vermessungs- und Verteilungs-Register und Erdbuch	1837-1838
LAS 309 Geb. St., 644	Gebäudesteuer	1867
LAS 309 Flur (13), 80B	Flurbuch	1877
LAS 324.13, 191	Mutterrolle	1878 ff.
LAS 309, 14734	Reallastenablösung, Band I	1879-1884
LAS 415, 1506	Karte	1766
LAS 415, 1507	Karte	1766

Wasbek
- Wasbekerfeld

LAS 66, 580	Setzung	1780-1835
LAS 66, 5398	Verteilungspläne	1789-1790
LAS 66, 7929	Setzung	1790-1796
LAS 66, 7949	Aufhebung der Festequalität	1800-1840
LAS 66, 7950	Landveräußerungen, Landüberlassungen	1804-1841
LAS 66, 741	Setzungsregister und Erdbuch	1838
LAS 66, 5413	Urbarmachung der überlassenen Gemeinheitsländereien	1839-1841
LAS 66, 5411	Regulierung der Nutzung der reservierten Gemeinheit	1840-1847
LAS 309 Geb. St., 646	Gebäudesteuer	1867
LAS 309 Flur (13), 112B	Flurbuch	1877
LAS 324.13, 216	Mutterrolle	1878 ff.
LAS 324.13, 217	Mutterrolle	1878 ff.
LAS 324.13, 218	Mutterrolle	1878 ff.
LAS 309, 14733	Reallastenablösung, Band I	1879-1885
LAS 415, 1512	Karte	1767
LAS 415, 1514	Karte	1767

Amt Rendsburg

LAS 104 AR, 1538 (Jahr)	Amtsregister	1538
LAS 104 AR, ...	Amtsregister	1540
LAS 104 AR	Amtsregister	1541
LAS 104 AR	Amtsregister	1565
LAS 104 AR	Amtsregister	1585
LAS 104 AR	Amtsregister	1586
LAS 104 AR	Amtsregister	1589
LAS 104 AR	Amtsregister	1590-1591
LAS 104 AR	Amtsregister	1591-1592
LAS 104 AR	Amtsregister	1592
LAS 104 AR	Amtsregister	1594
LAS 104 AR	Amtsregister	1595
LAS 104 AR	Amtsregister	1596
LAS 104 AR	Amtsregister	1597
LAS 104 AR	Amtsregister	1598
LAS 104 AR	Amtsregister	1600
LAS 104 AR	Amtsregister	1601
LAS 104 AR	Amtsregister	1602
LAS 104 AR	Amtsregister	1603
LAS 104 AR	Amtsregister	1604
LAS 104 AR	Amtsregister	1605
LAS 104 AR	Amtsregister	1606-1607
LAS 104 AR	Amtsregister	1607-1608
LAS 104 AR	Amtsregister	1608
LAS 104 AR	Amtsregister	1609
LAS 104 AR	Amtsregister	1610
LAS 104 AR	Amtsregister	1611
LAS 104 AR	Amtsregister	1612
LAS 104 AR	Amtsregister	1613
LAS 104 AR	Amtsregister	1614
LAS 104 AR	Amtsregister	1615
LAS 104 AR	Amtsregister	1616
LAS 104 AR	Amtsregister	1617
LAS 104 AR	Amtsregister	1618-1619
LAS 104 AR	Amtsregister	1619
LAS 104 AR	Amtsregister	1620
LAS 104 AR	Amtsregister	1620-1621
LAS 104 AR	Amtsregister	1622
LAS 104 AR	Amtsregister	1623
LAS 104 AR	Amtsregister	1624
LAS 104 AR	Amtsregister	1625-1626
LAS 104 AR	Amtsregister	1626-1627
LAS 104 AR	Amtsregister	1627-1628

LAS 104 AR	Amtsregister	1630-1631
LAS 104 AR	Amtsregister	1631-1632
LAS 104 AR	Amtsregister	1632-1633
LAS 104 AR	Amtsregister	1633-1634
LAS 104 AR	Amtsregister	1634-1635
LAS 104 AR	Amtsregister	1635-1636
LAS 104 AR	Amtsregister	1636-1637
LAS 104 AR	Amtsregister	1637-1638
LAS 104 AR	Amtsregister	1638-1639
LAS 104 AR	Amtsregister	1639-1640
LAS 104 AR	Amtsregister	1640-1641
LAS 104 AR	Amtsregister	1641-1642
LAS 104 AR	Amtsregister	1642-1643
LAS 104 AR	Amtsregister	1643-1644
LAS 104 AR	Amtsregister	1644-1645
LAS 104 AR	Amtsregister	1645-1646
LAS 104 AR	Amtsregister	1646-1647
LAS 104 AR	Amtsregister	1647-1648
LAS 104 AR	Amtsregister	1648-1649
LAS 104 AR	Amtsregister	1649-1650
LAS 104 AR	Amtsregister	1650-1651
LAS 104 AR	Amtsregister	1651-1652
LAS 104 AR	Amtsregister	1652-1653
LAS 104 AR	Amtsregister	1653-1654
LAS 104 AR	Amtsregister	1654-1655
LAS 104 AR	Amtsregister	1655-1656
LAS 104 AR	Amtsregister	1656-1657
LAS 104 AR	Amtsregister	1657-1658
LAS 104 AR	Amtsregister	1658-1659
LAS 104 AR	Amtsregister	1659-1660
LAS 104 AR	Amtsregister	1660-1661
LAS 104 AR	Amtsregister	1661-1662
LAS 104 AR	Amtsregister	1662-1663
LAS 104 AR	Amtsregister	1663-1664
LAS 104 AR	Amtsregister	1664-1665
LAS 104 AR	Amtsregister	1665-1666
LAS 104 AR	Amtsregister	1666-1667
LAS 104 AR	Amtsregister	1667-1668
LAS 104 AR	Amtsregister	1668-1669
LAS 104 AR	Amtsregister	1669-1670
LAS 104 AR	Amtsregister	1670-1671
LAS 104 AR	Amtsregister	1671-1672
LAS 104 AR	Amtsrechnung	1672
LAS 104 AR	Amtsrechnung	1673
LAS 104 AR	Amtsrechnung	1674-1675

LAS 104 AR	Amtsrechnung	1675-1676
LAS 104 AR	Amtsrechnung	1676-1677
LAS 104 AR	Amtsrechnung	1677-1678
LAS 104 AR	Amtsrechnung	1678-1679
LAS 104 AR	Amtsrechnung	1679-1680
LAS 104 AR	Amtsrechnung	1680-1681
LAS 104 AR	Amtsrechnung	1681-1682
LAS 104 AR	Amtsrechnung	1682-1683
LAS 104 AR	Amtsrechnung	1683-1684
LAS 104 AR	Amtsrechnung	1684-1685
LAS 104 AR	Amtsrechnung	1686-1687
LAS 104 AR	Amtsrechnung	1687-1688
LAS 104 AR	Amtsrechnung	1688-1689
LAS 104 AR	Amtsrechnung	1689-1690
LAS 104 AR	Amtsrechnung	1690-1691
LAS 104 AR	Amtsrechnung	1691-1692
LAS 104 AR	Amtsrechnung	1692-1693
LAS 104 AR	Amtsrechnung	1693-1695
LAS 104 AR	Amtsrechnung	1695-1696
LAS 104 AR	Amtsrechnung	1696-1697
LAS 104 AR	Amtsrechnung	1697-1698
LAS 104 AR	Amtsrechnung	1698-1699
LAS 104 AR	Amtsrechnung	1699-1700
LAS 104 AR	Amtsrechnung	1700-1701
LAS 104 AR	Amtsrechnung	1701-1702
LAS 104 AR	Amtsrechnung	1703
LAS 104 AR	Amtsrechnung	1703-1704
LAS 104 AR	Amtsrechnung	1704
LAS 104 AR	Amtsrechnung	1705
LAS 104 AR	Amtsrechnung	1706
LAS 104 AR	Amtsrechnung	1707-1708
LAS 104 AR	Amtsrechnung	1709
LAS 104 AR	Amtsrechnung	1710
LAS 104 AR	Amtsrechnung	1711
LAS 104 AR	Amtsrechnung	1712-1713
LAS 104 AR	Amtsrechnung	1714-1715
LAS 104 AR	Amtsrechnung	1715
LAS 104 AR	Amtsrechnung	1716
LAS 104 AR	Amtsrechnung	1717
LAS 104 AR	Amtsrechnung	1718
LAS 104 AR	Amtsrechnung	1719
LAS 104 AR	Amtsrechnung	1720
LAS 104 AR	Amtsrechnung	1721
LAS 104 AR	Amtsrechnung	1722
LAS 104 AR	Amtsrechnung	1723

LAS 104 AR	Amtsrechnung	1724
LAS 104 AR	Amtsrechnung	1725
LAS 104 AR	Amtsrechnung	1726
LAS 104 AR	Amtsrechnung	1727
LAS 104 AR	Amtsrechnung	1728
LAS 104 AR	Amtsrechnung	1729
LAS 104 AR	Amtsrechnung	1730
LAS 104 AR	Amtsrechnung	1731
LAS 104 AR	Amtsrechnung	1732
LAS 104 AR	Amtsrechnung	1733
LAS 104 AR	Amtsrechnung	1734
LAS 104 AR	Amtsrechnung	1735
LAS 104 AR	Amtsrechnung	1736
LAS 104 AR	Amtsrechnung	1737
LAS 104 AR	Amtsrechnung	1738
LAS 104 AR	Amtsrechnung	1739
LAS 104 AR	Amtsrechnung	1740
LAS 104 AR	Amtsrechnung	1741
LAS 104 AR	Amtsrechnung	1742
LAS 104 AR	Amtsrechnung	1743
LAS 104 AR	Amtsrechnung	1744
LAS 104 AR	Amtsrechnung	1745
LAS 104 AR	Amtsrechnung	1746
LAS 104 AR	Amtsrechnung	1747
LAS 104 AR	Amtsrechnung	1748
LAS 104 AR	Amtsrechnung	1749
LAS 104 AR	Amtsrechnung	1750
LAS 104 AR	Amtsrechnung	1751
LAS 104 AR	Amtsrechnung	1752
LAS 104 AR	Amtsrechnung	1753
LAS 104 AR	Amtsrechnung	1754
LAS 104 AR	Amtsrechnung	1755
LAS 104 AR	Amtsrechnung	1756
LAS 104 AR	Amtsrechnung	1757
LAS 104 AR	Amtsrechnung	1758
LAS 104 AR	Amtsrechnung	1759
LAS 104 AR	Amtsrechnung	1760
LAS 104 AR	Amtsrechnung	1761
LAS 104 AR	Amtsrechnung	1762
LAS 104 AR	Amtsrechnung	1763
LAS 104 AR	Amtsrechnung	1764
LAS 104 AR	Amtsrechnung	1765
LAS 104 AR	Amtsrechnung	1766
LAS 104 AR	Amtsrechnung	1767
LAS 104 AR	Amtsrechnung	1768

LAS 104 AR	Amtsrechnung	1769
LAS 104 AR	Amtsrechnung	1770
LAS 104 AR	Amtsrechnung	1771
LAS 104 AR	Amtsrechnung	1772
LAS 104 AR	Amtsrechnung	1773
LAS 104 AR	Amtsrechnung	1774
LAS 104 AR	Amtsrechnung	1775
LAS 104 AR	Amtsrechnung	1776
LAS 104 AR	Amtsrechnung	1777
LAS 104 AR	Amtsrechnung	1778
LAS 104 AR	Amtsrechnung	1779
LAS 104 AR	Amtsrechnung	1780
LAS 104 AR	Amtsrechnung	1781
LAS 104 AR	Amtsrechnung	1782
LAS 104 AR	Amtsrechnung	1783
LAS 104 AR	Amtsrechnung	1784
LAS 104 AR	Amtsrechnung	1785
LAS 104 AR	Amtsrechnung	1786
LAS 104 AR	Amtsrechnung	1787
LAS 104 AR	Amtsrechnung	1788
LAS 104 AR	Amtsrechnung	1789
LAS 104 AR	Amtsrechnung	1790
LAS 104 AR	Amtsrechnung	1791
LAS 104 AR	Amtsrechnung	1792
LAS 104 AR	Amtsrechnung	1793
LAS 104 AR	Amtsrechnung	1794
LAS 104 AR	Amtsrechnung	1795
LAS 104 AR	Amtsrechnung	1796
LAS 104 AR	Amtsrechnung	1797
LAS 104 AR	Amtsrechnung	1798
LAS 104 AR	Amtsrechnung	1799
LAS 104 AR	Amtsrechnung	1800
LAS 104 AR	Amtsrechnung	1801
LAS 104 AR	Amtsrechnung	1802
LAS 104 AR	Amtsrechnung	1803
LAS 104 AR	Amtsrechnung	1804
LAS 104 AR	Amtsrechnung	1805
LAS 104 AR	Amtsrechnung	1806
LAS 104 AR	Amtsrechnung	1807
LAS 104 AR	Amtsrechnung	1808
LAS 104 AR	Amtsrechnung	1809
LAS 104 AR	Amtsrechnung	1810
LAS 104 AR	Amtsrechnung	1811
LAS 104 AR	Amtsrechnung	1812
LAS 104 AR	Amtsrechnung	1813

LAS 104 AR	Amtsrechnung	1814
LAS 104 AR	Amtsrechnung	1815
LAS 104 AR	Amtsrechnung	1816
LAS 104 AR	Amtsrechnung	1817
LAS 104 AR	Amtsrechnung	1818
LAS 104 AR	Amtsrechnung	1819
LAS 104 AR	Amtsrechnung	1820
LAS 104 AR	Amtsrechnung	1821
LAS 104 AR	Amtsrechnung	1822
LAS 104 AR	Amtsrechnung	1823
LAS 104 AR	Amtsrechnung	1824
LAS 104 AR	Amtsrechnung	1825
LAS 104 AR	Amtsrechnung	1826
LAS 104 AR	Amtsrechnung	1827
LAS 104 AR	Amtsrechnung	1828
LAS 104 AR	Amtsrechnung	1829
LAS 104 AR	Amtsrechnung	1830
LAS 104 AR	Amtsrechnung	1831
LAS 104 AR	Amtsrechnung	1832
LAS 104 AR	Amtsrechnung	1833
LAS 104 AR	Amtsrechnung	1834
LAS 104 AR	Amtsrechnung	1835
LAS 104 AR	Amtsrechnung	1836
LAS 104 AR	Amtsrechnung	1837
LAS 104 AR	Amtsrechnung	1838
LAS 104 AR	Amtsrechnung	1839
LAS 104 AR	Amtsrechnung	1840
LAS 104 AR	Amtsrechnung	1841
LAS 104 AR	Amtsrechnung	1842
LAS 104 AR	Amtsrechnung	1843
LAS 104 AR	Amtsrechnung	1844
LAS 104 AR	Amtsrechnung	1845
LAS 104 AR	Amtsrechnung	1846
LAS 104 AR	Amtsrechnung	1847
LAS 104 AR	Amtsrechnung	1848
LAS 104 AR	Amtsrechnung	1849
LAS 104 AR	Amtsrechnung	1850
LAS 104 AR	Amtsrechnung	1851
LAS 104 AR	Amtsrechnung	1852
LAS 104 AR	Amtsrechnung	1853
LAS 104 AR	Amtsrechnung	1854
LAS 104 AR	Amtsrechnung	1855
LAS 104 AR	Amtsrechnung	1856
LAS 104 AR	Amtsrechnung	1857
LAS 104 AR	Amtsrechnung	1858

LAS 104 AR	Amtsrechnung	1859
LAS 104 AR	Amtsrechnung	1860
LAS 104 AR	Amtsrechnung	1861
LAS 104 AR	Amtsrechnung	1862
LAS 104 AR	Amtsrechnung	1863
LAS 104 AR	Amtsrechnung	1864
LAS 104 AR	Amtsrechnung	1865
LAS 104 AR	Amtsrechnung	1866
LAS 104 AR	Amtsrechnung	1867
LAS 104, 677	Hauptbuch	1698
LAS 104, 678	Hauptbuch	1720
LAS 104, 679	Hauptbuch	1742
LAS 104, 680	Hauptbuch	1786
LAS 104, 681	Hauptbuch	1826
LAS 104, 682	Hauptbuch	1847
LAS 104, 683	Hauptbuch	1865-1866
LAS 104, 162	Ländliche Besitzverhältnisse	1544-1860
LAS 65.1, 1243	Wüste Hufen	1646
LAS 104, 165	Wüste Hufen	1670-1744
LAS 104, 167	Hufen- und Katenregister	1670-1694
LAS 104 AR, 1670-82	Fuhrenregister	1670-1682
LAS 104, 169	Katen betr.	1670-1865
LAS 104, 166	Gemeinheitsländereien	1675-1862
LAS 104, 168	Katenverzeichnisse	1680-1696
LAS 104, 161a	Verschiedene herrschaftliche Pachtstücke	1691-1766
LAS 104, 231	Korn- und Pferdeausfuhr	1699
LAS 80, 2225	Auseinandersetzung bei Landveräußerungen	1751-1819
LAS 66, 5744	Die Einkoppelung	1770-1771
LAS 80, 2306	Landaufteilungen	1773-1868
LAS 66, 5796	Tabellen wegen des am 1. April 1774 gezählten Hornviehs	1774
LAS 80, 1776	Erbpachten	1777-1866
LAS 80, 5641	Landaufteilungen	1778-1854
LAS 66, 4530	Erbpachten und Konfirmationen	1783-1846
LAS 66, 8070	Landüberlassungen, Aufteilung der Gemeinheitsgründe sowie Feldregulierungen	1785-1833
LAS 66, 8080	Landveräußerungen	1786-1805
LAS 66, 478	Landveräußerungen	1795-1800
LAS 66, 4529	Erbpachten und Konfirmationen	1795-1841
LAS 66, 479	Landveräußerungen	1801-1804
LAS 66, 8081	Landveräußerungen	1806-1812
LAS 80, 1794	Verpachtungen	1808-1863

LAS 66, 8082	Landveräußerungen	1813-1819
LAS 66, 8077	Verteilung der Holzabfindungs- und Gemeinheitsgründe	1815-1832
LAS 80, 1777	Erbpachten	1817-1867
LAS 80, 2232	Auseinandersetzung bei Landveräußerungen	1820-1829
LAS 66, 8083	Landveräußerungen	1820-1823
LAS 80, 1795	Verpachtungen	1823-1862
LAS 66, 8084	Landveräußerungen	1824-1828
LAS 66, 8085	Landveräußerungen	1828
LAS 66, 8086	Landveräußerungen	1829-1832
LAS 80, 2207	Auseinandersetzung bei Landveräußerungen	1830-1840
LAS 66, 8087	Landveräußerungen	1833-1834
LAS 66, 8088	Landveräußerungen	1834-1835
LAS 66, 8089	Landveräußerungen	1835-1836
LAS 66, 8090	Landveräußerungen	1836-1838
LAS 66, 8091	Landveräußerungen	1838-1839
LAS 66, 8092	Landveräußerungen	1839-1841
LAS 66, 8079	Landüberlassungen und Aufteilung der Gemeinheitsgründe	1840-1848
LAS 66, 8093	Landveräußerungen	1841-1842
LAS 80, 2249	Auseinandersetzung bei Landveräußerungen	1841-1849
LAS 66, 8094	Landveräußerungen	1843-1844
LAS 80, 2305	Landaufteilungen	1844-1862
LAS 66, 8095	Landveräußerungen	1845-1846
LAS 66, 8096	Landveräußerungen	1846-1847
LAS 66, 8097	Landveräußerungen	1847-1848
LAS 80, 2352	Landumsätze	1847-1860
LAS 51, 605	Landumsätze	1848-1851
LAS 80, 2242	Landumsätze	1848-1849
LAS 80, 2344	Landumsätze	1848-1853
LAS 80, 2346	Landumsätze	1848-1854
LAS 80, 2347	Landumsätze	1848-1855
LAS 80, 2388	Landaufteilungen	1848-1859
LAS 51, 603	Landumsätze	1849-1850
LAS 51, 604	Landumsätze	1849-1851
LAS 80, 2213	Auseinandersetzung bei Landveräußerungen	1850-1854
LAS 80, 2342	Landumsätze	1851-1852
LAS 80, 2343	Landumsätze	1852
LAS 80, 2345	Landumsätze	1852-1853
LAS 80, 2351	Landumsätze	1852-1859
LAS 80, 2354	Landumsätze	1853-1868
LAS 80, 2348	Landumsätze	1854-1856
LAS 80, 2252	Auseinandersetzung bei Landveräußerungen	1854-1857
LAS 80, 2349	Landumsätze	1855-1857
LAS 80, 2350	Landumsätze	1855-1858

LAS 80, 2274	Landumsätze	1857-1859
LAS 80, 2277	Landumsätze	1857-1868
LAS 80, 2353	Landumsätze	1858-1861
LAS 80, 2355	Landumsätze	1858-1868
LAS 80, 2251	Auseinandersetzung bei Landveräußerungen	1858-1862
LAS 80, 5586	Landaufteilungen	1859-1869
LAS 80, 2210	Auseinandersetzung bei Landveräußerungen	1862-1865
LAS 80, 2278	Landaufteilungen	1863-1867
LAS 104, 1172	Bericht über den Stand der Feldaufteilung	1864
LAS 309, 3246	Landveräußerungen und Abgaberegulierungen	1866-1874
LAS 309, 16229	Landumsätze, Vol. I	1867-1869
LAS 309, 3555	Ablösung der Hand- und Spanndienste	1869-1880
LAS 309, 16230	Landumsätze, Vol. II	1869-1871
LAS 309, 16231	Landumsätze, Vol. III	1871-1872
LAS 309, 16232	Landumsätze, Vol. IV	1872-1874
LAS 309, 16233	Landumsätze, Vol. V	1874-1875
LAS 309, 16234	Landumsätze, Vol. VI	1875-1876
LAS 309, 16235	Landumsätze, Vol. VII	1877-1878
LAS 309, 15159	Auseinandersetzungsinstrumente, Band I	1878
LAS 309, 15160	Auseinandersetzungsinstrumente, Band II	1881
LAS 309, 15161	Auseinandersetzungsinstrumente, Band III	1890
LAS 309, 15162	Auseinandersetzungsinstrumente, Band IV	1892
LAS 309, 15163	Auseinandersetzungsinstrumente, Band V	1894
LAS 309, 15164	Auseinandersetzungsinstrumente, Band VI	1896
LAS 309, 15165	Auseinandersetzungsinstrumente, Band VII	1899
LAS 309, 15166	Auseinandersetzungsinstrumente, Band VIII	1903
LAS 309, 15167	Auseinandersetzungsinstrumente, Band IX	1911

LAS 143, 96	Pflugzahl	1633-1711
LAS 66, 251	Kontribution und Pflugzahl	1656-1684
LAS 104, 131	Verschiedene Abgabensachen a us älterer Zeit	1676-1720
LAS 104, 136	Pflugzahl	1679-1854
LAS 104, 134	Restanten	1680-1843
LAS 104, 138	Errichtung eines neuen Erdbuchs	1682
LAS 104, 133	Kontribution betreffende Akten aus älterer Zeit	1683-1699
LAS 104 AR, 1684-1701	Notate zur Kontributions- und Herrengefälle-Rechnung	1684-1701
LAS 56, 396	Pflugzahl	1745-1863
LAS 66, 185	Kopf- und Rangsteuerrechnungen	1763
LAS 104, 132	Verschiedene Abgabensachen (auch Kontribution)	1786-1868
LAS 66, 6558	Restantenverzeichnisse	1795-1798

LAS 66, 186	Kopf- und Rangsteuerrechnungen	1800
LAS 66, 5942	Landsteuerregister	1803
LAS 66, 7119	Halbprozentsteuer-Verzeichnisse	1810-1811
LAS 66, 7151-7153	Mannzahl- und Schatzprotokolle	1810-1812
LAS 66, 7154-7155	Mannzahl- und Schatzprotokolle	1812-1815
LAS 66, 5959	Landsteuerregister	1813-1845
LAS 66, 2654	Hebungs-Extrakte über die Kopf- und Rangsteuer	1824
LAS 66, 4035	Hebungs-Extrakte über die Kopf- und Rangsteuer	1825
LAS 66, 4014	Hebungsextrakte	1825-1827
LAS 66, 4036	Hebungs-Extrakte über die Kopf- und Rangsteuer	1826
LAS 66, 4037	Hebungs-Extrakte über die Kopf- und Rangsteuer	1827
LAS 66, 5322	Hebungsregister über die extraordinäre Haussteuer	1828-1848
LAS 66, 4038	Hebungs-Extrakte über die Kopf- und Rangsteuer	1828
LAS 66, 4015	Hebungsextrakte	1828-1830
LAS 66, 4039	Hebungs-Extrakte über die Kopf- und Rangsteuer	1829
LAS 66, 4040	Hebungs-Extrakte über die Kopf- und Rangsteuer	1830
LAS 66, 4041	Hebungs-Extrakte über die Kopf- und Rangsteuer	1831
LAS 104, 1106	Steuer- und Hebungssachen	1831
LAS 66, 4016	Hebungsextrakte	1831-1833
LAS 66, 4042	Hebungs-Extrakte über die Kopf- und Rangsteuer	1832
LAS 66, 4045	Hebungs-Extrakte über die Kopf- und Rangsteuer	1833-1838
LAS 66, 4017	Hebungsextrakte	1834-1836
LAS 66, 4718	Pflugzahlregister (Kontributionsregister)	1836-1841
LAS 66, 4018	Hebungsextrakte	1837-1838
LAS 66, 973.2	Halbprozent-Steuerlisten	1839
LAS 66, 6167	Verzeichnisse der Halbprozent-Steuerfälle und Vierprozent-Steuerfälle	1839
LAS 66, 949	Halbprozent-Steuerlisten	1840
LAS 66, 951-952	Halbprozent- und Vierprozent-Steuerlisten	1840-1841
LAS 66, 944	Halbprozent- und Kollateralsteuerlisten	1842
LAS 66, 6160	Verzeichnisse der Halbprozent-Steuerfälle und Vierprozent-Steuerfälle	1843
LAS 66, 187	Kopf- und Rangsteuerrechnungen	1845
LAS 56, 399	Kontribution	1847-1863

LAS 104, 1553	Halbprozent-, Kollateral-, Auktionssteuer	1866-1867
LAS 104, 1554	Haus-, Rang-, Nahrungssteuer	1866
LAS 104, 1556	Restanten	1866
LAS 104, 1551	Zugangs- und Abgangslisten für die Einkommensteuer	1867
LAS 104, 675	Hebungsregister	1868
LAS 309, 2531	verschiedene Abgaben	1869-1872
LAS 309, 2532	verschiedene Abgaben	1869-1872
LAS 309, 2533	verschiedene Abgaben	1869-1872
LAS 309, 2535	verschiedene Abgaben	1869-1879
LAS 309, 2536	verschiedene Abgaben	1869-1879
LAS 309, 2537	verschiedene Abgaben	1869-1879
LAS 309, 2538	verschiedene Abgaben	1869-1879
LAS 309, 2539	verschiedene Abgaben	1869-1879
LAS 309, 2540	verschiedene Abgaben	1869-1879
LAS 309, 2541	verschiedene Abgaben	1869-1879
LAS 309, 2542	verschiedene Abgaben	1869-1879
LAS 309, 2543	verschiedene Abgaben	1869-1879
LAS 309, 2544	verschiedene Abgaben	1869-1879
LAS 104, 1328	Nachlassregelungen	1811-1856
LAS 104, 362	Brandgilden und Gilderollen	1735-1737
LAS 400.5, 1092	Brandversicherungsregister, Band 1	1785
LAS 400.5, 1093	Brandversicherungsregister, Band 2	1785
LAS 400.5, 1094	Brandversicherungsregister, Band 1	1795
LAS 400.5, 1095	Brandversicherungsregister, Band 1	1805
LAS 400.5, 1096	Brandversicherungsregister, Band 2	1805
LAS 400.5, 1097	Brandversicherungsregister, Band 1	1815
LAS 400.5, 1098	Brandversicherungsregister, Band 2	1815
LAS 412, 270	Volkszählungslisten	1803
LAS 415, 5412	Volkszähllisten	1835
LAS 415, 5436	Volkszähllisten	1840
LAS 415, 5465	Volkszähllisten	1845
LAS 104, 1099	Volkszählungen	1845-1867
LAS 415, 5532	Volkszähllisten	1855
LAS 399.90, 38	Auszüge aus den Amtsrechnungen	1538-1842
LAS 399.90, 27	Auszüge aus der Amtsrechnung	1585
LAS 399.90, 66	Bauernbuch des Amtes Rendsburg, Band 1	o. J.
LAS 399.90, 67	Bauernbuch des Amtes Rendsburg, Band 2	o. J.
LAS 399.90, 62	Zusammenstellung aus Dienstgeldregistern	1540-1700

LAS 399.90, 28	Zusammenstellungen aus den Grundhäuer- und Verbittelsgeldregistern 1722-1731, dem Dienst-Verbittelsgeldregister 1667, den Roggenrestanten 1669 und 1685 und den Amtsrechnungen 1589-1600	1667-1600
LAS 399.90, 21	Zusammenstellung der Hufenbesitzer nach den Kontributionsregistern ab 1743	1743 ff.

Kirchspielvogtei Hohenwestedt

LAS 104, 694.2	SchuPfPr	1630-1772
LAS 104, 694.1	SchuPr	1642
LAS 104, 1384	SchuPfPr, Band I	1776 ff.
LAS 104, 1385	SchuPfPr, Suppl. Band I	1835 ff.
LAS 104, 1386	SchuPfPr, Suppl. Band II	1883 ff.
LAS 104, 1387	Register zu 1385 und 1386	19. Jh.
LAS 104, 1388	Kontraktenbuch	1622-1776
LAS 104, 1389	Kontraktenbuch I	1776-1788
LAS 104, 1390	Kontraktenbuch II	1788-1795
LAS 104, 1391	Kontraktenbuch III	1795-1801
LAS 104, 1392	Kontraktenbuch IV	1801-1806
LAS 104, 1393	Kontraktenbuch V	1806-1810
LAS 104, 1394	Kontraktenbuch VI	1810-1815
LAS 104, 1395	Kontraktenbuch VII	1815-1818
LAS 104, 1396	Kontraktenbuch VIII	1819-1822
LAS 104, 1397	Kontraktenbuch IX	1822-1825
LAS 104, 1398	Kontraktenbuch X	1824-1828
LAS 104, 1399	Kontraktenbuch XI	1827-1830
LAS 104, 1400	Kontraktenbuch XII	1830-1833
LAS 104, 1401	Kontraktenbuch XIII	1833-1836
LAS 104, 1402	Kontraktenbuch XIV	1835-1838
LAS 104, 1403	Kontraktenbuch XV	1838-1841
LAS 104, 1404	Kontraktenbuch XVI	1841-1843
LAS 104, 1405	Kontraktenbuch XVII	1843-1846
LAS 104, 1406	Kontraktenbuch XVIII	1846-1848
LAS 104, 1407	Kontraktenbuch XIX	1848-1851
LAS 104, 1408	Kontraktenbuch XX	1851-1853
LAS 104, 1409	Kontraktenbuch XXI	1853-1854
LAS 104, 1410	Kontraktenbuch XXII	1854-1858
LAS 104, 1411	Kontraktenbuch XXIII	1858-1861
LAS 104, 1412	Kontraktenbuch XXIV	1862-1866
LAS 104, 1413	Kontraktenbuch XXV	1867-1871
LAS 104, 1414	Kontraktenbuch XXVI	1868-1872

LAS 104, 1415	Kontraktenbuch XXVII	1871-1874
LAS 104, 1416	Kontraktenbuch XXVIII	1873-1877
LAS 104, 1417	Kontraktenbuch XXIX	1877-1880
LAS 104, 1418	Kontraktenbuch XXX	1880-1882
LAS 104, 1419	Kontraktenbuch XXXI	1882-1883
LAS 104, 1420	Kontraktenbuch XXXII	1883-1884
LAS 104, 1421	Kontraktenbuch XXXIII	1884-1886
LAS 410, 2067	Erdbuch	1725
LAS 104, 1591	Kaufverträge	1738-1865
LAS 104, 719	Kaufverträge	1767-1866
LAS 104, 766	Überlassungskontrakte	1771-1866
LAS 104, 765	Flurnamen	1775-1842
LAS 104, 769	Entlaufene Leibeigene	1786-1799
LAS 104, 767	Abschiedssachen	1786-1804
LAS 104, 751	Ländliche Besitzverhältnisse	1790-1863
LAS 104, 716	Erbteilungsverträge, Setzungskontrakte	1795-1857
LAS 104, 170	Neue Anbauer-Familien-Stellen	1799-1858
LAS 104, 1592	Steuersachen	1767-1858
LAS 104, 724	Berechnung der Grund- und Benutzungssteuer	1813
LAS 104, 1590	Nachlasssachen, Testamente, Eheverträge	1783-1864
LAS 412, 274	Volkszählungslisten	1803
LAS 412, 514	Volkszählungslisten	1860
LAS 412, 914	Volkszählungslisten	1864

Kirchspiel Hohenwestedt

LAS 104, 694.1	Schuldprotokoll	1642
LAS 104, 769	Entlaufene Leibeigene	1786-1799
LAS 104, 751	Ländliche Besitzverhältnisse in verschiedenen Gemeinden	1790-1863
LAS 104, 170	Neue Anbauer-Familien-Stellen	1799-1858
LAS 321.28, 4	Reallastenablösungen	1869-1883
LAS 412, 273	Volkszählungslisten	1803
LAS 412, 513	Volkszählungslisten	1860
LAS 412, 913	Volkszählungslisten	1864

Barlohe

LAS 66, 801	Erdbuch	1863-1864

Dörpstedt

LAS 66, 801	Erdbuch	1863-1864
LAS 309 Geb. St., 1732	Gebäudesteuer	1867

Glüsing
- Süderheide

LAS 104, 1607	Dorfschaftssachen	1635-1870
LAS 309 Geb. St., 961	Gebäudesteuer	1867
LAS 309, 15090	Ablösung der Reallasten, Band I	1874
LAS 324.22, 92	Mutterrolle	1874 ff.
LAS 309 Flur (13), 42	Flurbuch	1877

Grauel
- Ohlenjahn

LAS 104, 224	Betr. den Hof Ohlenjahn	1669-1863
LAS 66, 5555	Gemeinheit	1774-1790
LAS 309 Geb. St., 964	Gebäudesteuer	1867
LAS 324.22, 65	Mutterrolle	1874 ff.
LAS 309, 15110	Ablösung der Reallasten, Band I	1875
LAS 309 Flur (13), 45	Flurbuch	1877

Heinkenborstel
- Hahnenkamp

LAS 104, 811	Einkoppelungssachen	1764-1868
LAS 309 Geb. St., 967	Gebäudesteuer	1867
LAS 324.22, 82	Mutterrolle	1874 ff.
LAS 309, 15132	Ablösung der Reallasten, Band I	1875-1879
LAS 309 Flur (13), 57	Flurbuch	1877

Hohenwestedt
- Berme **- Feldscheide** **- Högen**

LAS 127.2, 363	Landaufteilung	1754-1876
LAS 104, 1606	Verkoppelung	1773-1855
LAS 66, 5558	Beschwerden der Kätner wegen Übergehung bei der Einkoppelung	1773-1781
LAS 66, 7387	Halbprozent-Vermögenssteuer des verstorbenen Hans Detlef Krug zu Hohenwestedt	1836-1837

LAS 309 Geb. St., 968	Gebäudesteuer	1867
LAS 123, 1793	Die Vereinigung der veschiedenen Jurisdiktionen zu einer Gemeinde	1869
LAS 324.22, 89	Mutterrolle	1874 ff.
LAS 324.22, 90	Mutterrolle	1874 ff.
LAS 324.22, 91	Mutterrolle	1874 ff.
LAS 309, 15100	Ablösung der Reallasten, Band I	1875-1878
LAS 309 Flur (13), 63	Flurbuch	1877
LAS 399.90, 34	Abschrift des Sterberegisters	1737-1763

Hütten

LAS 66, 801	Erdbuch	1863-1864
LAS 324.1, 83	Mutterrolle	1874 ff.
LAS 324.1, 84	Mutterrolle	1874 ff.
LAS 320.3, 131	Reallasten-Ablösung	1876-1886

Jahrsdorf
- Nienjahn

LAS 25, 190	Das Dorf Jahrsdorf	18. Jh.
LAS 129.1, 347	Erdbuch	1792-1832
LAS 66, 808	Verteilungsregister und Erdbuch	1860-1874
LAS 309 Geb. St., 974	Gebäudesteuer	1867
LAS 324.22, 101	Mutterrolle	1874 ff.
LAS 123, 1823	Reallastenablösung	1875-1876
LAS 309, 15105	Ablösung der Reallasten, Band I	1875
LAS 309 Flur (13), 69	Flurbuch	1877

Mörel

LAS 104, 830	Einkoppelungssachen	1765-1858
LAS 104, 831	Vermessungsregister	1776
LAS 104, 832	Vermessungsregister	1787
LAS 309 Geb. St., 983	Gebäudesteuer	1867
LAS 324.22, 114	Mutterrolle	1874 ff.
LAS 324.22, 115	Mutterrolle	1874 ff.
LAS 309, 15108	Ablösung der Reallasten, Band I	1875
LAS 309 Flur (13), 89	Flurbuch	1877

Nienborstel
- Stüdten **- Weide**

LAS 104, 833	Einkoppelungssachen	1773-1826
LAS 104, 228	Waldvogtshof	1830-1858
LAS 66, 801	Erdbuch	1863-1864
LAS 309 Geb. St., 984	Gebäudesteuer	1867
LAS 324.22, 117	Mutterrolle	1874 ff.
LAS 324.22, 118	Mutterrolle	1874 ff.
LAS 309, 15152	Ablösung der Reallasten, Band I	1876-1880
LAS 309 Flur (13), 90	Flurbuch	1877

Nindorf

LAS 104, 834	Einkoppelungssachen	1764-1843
LAS 66, 5555	Gemeinheit	1774-1790
LAS 104, 760	Ländliche Besitzverhältnisse	1821-1867
LAS 104, 197	Einkoppelung	1843
LAS 309 Geb. St., 987	Gebäudesteuer	1867
LAS 324.22, 121	Mutterrolle	1874 ff.
LAS 309, 15135	Ablösung der Reallasten, Band I	1875
LAS 309 Flur (13), 93	Flurbuch	1877

Rade (bei Hohenwestedt)

LAS 123, 2102	Betr. die Einwohner	17.-19. Jh.
LAS 123, 2088	Betr. die Weidegerechtigkeit	1736
LAS 123, 2089	Betr. unerlaubte Weideaufteilung	1758
LAS 123, 2092	Aufhebung der Feldgemeinschaft	1763-1778
LAS 104, 844	Einkoppelungssachen	1765-1859
LAS 104, 845	Vermessungs- und Verteilungsregister	1773-1859
LAS 66, 813	Setzungsregister und Erdbuch	1865
LAS 309 Geb. St., 998	Gebäudesteuer	1867
LAS 324.22, 139	Mutterrolle	1874 ff.
LAS 123, 2100	Reallastenablösung	1874-1879
LAS 309, 15143	Ablösung der Reallasten, Band I	1875
LAS 309 Flur (13), 111	Flurbuch	1877
LAS 415, 1540	Karte	1778

Remmels

- Grevensberg **- Hörsten** **- Meenland**
- Papenau

LAS 66, 5555	Gemeinheit	1774-1790
LAS 309 Geb. St., 999	Gebäudesteuer	1867
LAS 324.22, 141	Mutterrolle	1874 ff.
LAS 309, 15107	Ablösung der Reallasten, Band I	1875
LAS 309 Flur (13), 113	Flurbuch	1877

Tappendorf

- Kaaksburg

LAS 104, 858	Einkoppelungssachen	1766-1863
LAS 104, 859	Vermessungs- und Verteilungsregister	1775
LAS 104, 762	Ländliche Besitzverhältnisse	1817-1831
LAS 309 Geb. St., 1009	Gebäudesteuer	1867
LAS 324.22, 161	Mutterrolle	1874 ff.
LAS 309, 15098	Ablösung der Reallasten, Band I	1875
LAS 309 Flur (13), 129	Flurbuch	1877

Vaasbüttel

- Falkenburg

LAS 104, 226	Hof zu Vaasbüttel	1681-1688
LAS 104, 212	Einkoppelung, mit Verteilungsregister	1770-1778
LAS 309 Geb. St., 1015	Gebäudesteuer	1867
LAS 324.22, 93	Mutterrolle	1874 ff.
LAS 309, 15099	Ablösung der Reallasten, Band I	1875

Wapelfeld

LAS 104, 1608	Landwesenssachen	1773-1881
LAS 104, 763	Ländliche Besitzverhältnisse	1776-1822
LAS 104, 1221	Aufteilung von Gemeinheitsland	1859-1864
LAS 309 Geb. St., 1019	Gebäudesteuer	1867
LAS 309, 15106	Ablösung der Reallasten, Band I	1875
LAS 309 Flur (13), 138	Flurbuch	1877

Kirchspiel Schenefeld

(siehe vor allem Seite 152)

Maisborstel

- Mückenbusch **- Söhren**

LAS 309 Geb. St., 981	Gebäudesteuer	1867
LAS 324.22, 168	Mutterrolle	1874 ff.
LAS 309, 15153	Ablösung der Reallasten, Band I	1876
LAS 309 Flur (13), 87	Flurbuch	1877

Todenbüttel

- Wettersberg

LAS 104, 227	Betr. den Wackerbartschen Hof	1611-1685
LAS 104, 1218	Feldaufteilung	1766-1866
LAS 127.2, 308	Vermessung	1785-1839
LAS 104, 1517	Vermessungs- und Verteilungsregister über die Holzgründe und Gemeinheiten	1798
LAS 104, 1518	Verteilungsregister der Stöcken'schen Hufe	1800
LAS 66, 816	Vermessungs- und Verteilungsregister über die Rest-Gemeinheit	1866
LAS 309 Geb. St., 1012	Gebäudesteuer	1867
LAS 324.22, 166	Mutterrolle	1874 ff.
LAS 324.22, 167	Mutterrolle	1874 ff.
LAS 309, 15138	Ablösung der Reallasten, Band I	1875-1880
LAS 309 Flur (13), 133	Flurbuch	1877
LAS „Andere Archive“		
H III 294, 1	*Vermess- und Veteilungsregister*	*1798*
H III 294, 9	*Gesindebücher*	*1843-1874*

Kirchspielvogtei Jevenstedt

LAS 321.30, 27	Auseinandersetzungsinstrumente	1869-1884
LAS 321.30, 25	Verzeichnis der Hufen und Steuertonnenzahl	1873-1879
LAS 321.30, 55	Ablösung von Reallasten	1879-1885
LAS 321.30, 11	Deputanten und Tagelöhner	1882
LAS 412, 272	Volkszählungslisten	1803
LAS 412, 511	Volkszählungslisten	1860
LAS 412, 911	Volkszählungslisten	1864

Kirchspiel Jevenstedt

LAS 104, 171	Neue Anbauer-Familien-Stellen	1696-1863
LAS 104, 1208	Einkoppelungssachen	1833-1834

Altenkattbek

- Ilkenberg **- Schefenbrügge**

LAS 104, 192	Einkoppelung	1839-1840
LAS 309 Geb. St., 945	Gebäudesteuer	1867
LAS 324.22, 5	Mutterrolle	1874 ff.
LAS 309, 15116	Ablösung der Reallasten, Band I	1875
LAS 309 Flur (13), 4	Flurbuch	1877

Brinjahe

- Freudenberg **- Springhirsch** **- Wisbek**

LAS 309 Geb. St., 955	Gebäudesteuer	1867
LAS 324.22, 32	Mutterrolle	1874 ff.
LAS 309, 15114	Ablösung der Reallasten, Band I	1875
LAS 309 Flur (13), 25	Flurbuch	1877

Embühren

- Stobrook

LAS 104, 188	Einkoppelung	1823
LAS 309 Geb. St., 960	Gebäudesteuer	1867
LAS 324.22, 45	Mutterrolle	1874 ff.
LAS 309, 15137	Ablösung der Reallasten, Band I	1875-1880
LAS 309 Flur (13), 36	Flurbuch	1877

Hamweddel

- Henstedt **- Knebelshorst** **- Kollmoor**
- Spannan **- Stöfsandskate** **- Wisbrook**

LAS 104, 189	Einkoppelung	1835
LAS 309 Geb. St., 966a	Gebäudesteuer	1867
LAS 324.22, 73	Mutterrolle	1874 ff.
LAS 309, 15118	Ablösung der Reallasten, Band I	1875
LAS 309 Flur (13), 54	Flurbuch	1877

Luhnstedt

LAS 104, 757	Ländliche Besitzverhältnisse	1728-1855
LAS 104, 825	Einkoppelungssachen	1753-1841
LAS 104, 826	Vermessungs- und Verteilungsregister	1789

LAS 104, 826a	Vermessungsregister	1791
LAS 104, 195	Einkoppelung, mit Verteilungsregister	1837-1843
LAS 104, 827	Verteilungsregister	1840-1843
LAS 309 Geb. St., 980	Gebäudesteuer	1867
LAS 324.22, 110	Mutterrolle	1874 ff.
LAS 309, 15134	Ablösung der Reallasten, Band I	1875
LAS 309 Flur (13), 86	Flurbuch	1877

Nienkattbek

- Katzheide **- Kühlensitz** **- Pollhorn**

LAS 104, 193	Einkoppelung	1836-1856
LAS 309 Geb. St., 986	Gebäudesteuer	1867
LAS 324.22, 120	Mutterrolle	1874 ff.
LAS 309, 15131	Ablösung der Reallasten, Band I	1875-1880
LAS 309 Flur (13), 92	Flurbuch	1877

Stafstedt

- Legan **- Linnbrook** **- Neutjental**
- Nienhagen **- Nienlegan** **- Stits**
- Wartenberg **- Wennhorn**

LAS 104, 857a	Vermessungs- und Verteilungsregister	1774-1834
LAS 309 Geb. St., 1008	Gebäudesteuer	1867
LAS 324.22, 155	Mutterrolle	1874 ff.
LAS 324.22, 156	Mutterrolle	1874 ff.
LAS 309, 15151	Ablösung der Reallasten, Band I	1876-1880
LAS 309 Flur (13), 126	Flurbuch	1877

Kirchspiel Schenefeld

(siehe vor allem Seite 152)

Haale

- Göslersgut **- Lust** **- Steinberg**

LAS 25, 203	Das Dorf Haale	18. Jh.
LAS 25, 373	Erdbuch	o. J.
LAS 66, 7539	Das herrschaftliche Vorwerk	1698-1724
LAS 65.1, 1252	Vorwerk Haale	1703
LAS 66, 7565	Niederlegung des Vorwerkes	1773-1775
LAS 66, 5555	Gemeinheit mit Vermessungs- und Bonitierungsregister	1774-1790
LAS 402 A 1, 351	Karte	1776
LAS 66, 805	Vermessungsregister und Erdbuch mit Karte	1793-1794
LAS 309 Geb. St., 966	Gebäudesteuer	1867

LAS 324.22, 69	Mutterrolle	1874 ff.
LAS 324.22, 70	Mutterrolle	1874 ff.
LAS 309, 15141	Ablösung der Reallasten, Band I	1875
LAS 309 Flur (13), 51	Flurbuch	1877
LAS 309, 15142	Ablösung der Reallasten, Band I	1886-1894
LAS 415, 1541	Karte	1793-1794

Todenbüttel

LAS 104, 227	Betr. den Wackerbartschen Hof	1611-1685
LAS 104, 1218	Feldaufteilung	1766-1866
LAS 127.2, 308	Vermessung	1785-1839
LAS 104, 1517	Vermessungs- und Verteilungsregister über die Holzgründe und Gemeinheiten	1798
LAS 104, 1518	Verteilungsregister der Stöcken'schen Hufe	1800
LAS 66, 816	Vermessungs- und Verteilungsregister über die Rest-Gemeinheit	1866
LAS 309 Geb. St., 948	Gebäudesteuer	1867
LAS 324.22, 166	Mutterrolle	1874 ff.
LAS 324.22, 167	Mutterrolle	1874 ff.
LAS 309, 15138	Ablösung der Reallasten, Band I	1875-1880
LAS 309 Flur (13), 133	Flurbuch	1877

Kirchspielvogtei Kellinghusen

LAS 412, 517	Volkszählungslisten	1860
LAS 412, 917	Volkszählungslisten	1864

Kirchspiel Kellinghusen

LAS 104, 694.1	Schuldprotokoll	1642
LAS 104, 1353	SchuPfPr, Band I	1776 ff.
LAS 104, 1354	SchuPfPr, Band II	1853 ff.
LAS 104, 1355	Register zu 1353 und 1354	19. Jh.
LAS 104, 1356	Kontraktenbuch	1626-1776
LAS 104, 1357	Kontraktenbuch I	1776-1791
LAS 104, 1358	Kontraktenbuch II	1791-1795
LAS 104, 1359	Kontraktenbuch III	1796-1801
LAS 104, 1360	Kontraktenbuch IV	1801-1805
LAS 104, 1361	Kontraktenbuch V	1805-1807
LAS 104, 1362	Kontraktenbuch VI	1808-1815

LAS 104, 1363	Kontraktenbuch VII	1814-1817
LAS 104, 1364	Kontraktenbuch VIII	1817-1819
LAS 104, 1365	Kontraktenbuch IX	1819-1822
LAS 104, 1366	Kontraktenbuch X	1822-1826
LAS 104, 1367	Kontraktenbuch XI	1826-1829
LAS 104, 1368	Kontraktenbuch XII	1829-1833
LAS 104, 1369	Kontraktenbuch XIII	1833-1837
LAS 104, 1370	Kontraktenbuch XIV	1837-1839
LAS 104, 1371	Kontraktenbuch XV	1839-1842
LAS 104, 1372	Kontraktenbuch XVI	1842-1845
LAS 104, 1373	Kontraktenbuch XVII	1845-1848
LAS 104, 1374	Kontraktenbuch XVIII	1848-1851
LAS 104, 1375	Kontraktenbuch XIX	1851-1854
LAS 104, 1376	Kontraktenbuch XX	1854-1857
LAS 104, 1377	Kontraktenbuch XXI	1857-1862
LAS 104, 1378	Kontraktenbuch XXII	1862-1871
LAS 104, 1379	Kontraktenbuch XXIII	1870-1874
LAS 104, 1380	Kontraktenbuch XXIV	1874-1878
LAS 104, 1381	Kontraktenbuch XXV	1878-1882
LAS 104, 1382	Kontraktenbuch XXVI	1882-1885
LAS 104, 1579	Kaufverträge	1817-1839
LAS 104, 1580	Kaufverträge	1840-1856
LAS 104, 1581	Kaufverträge	1857-1866
LAS 104, 752	Beschreibung der Untertanen Häuser, Kohlhöfe, Ländereien etc,	1724-1725
LAS 104, 920	Grenzsachen, Gemeinheitsaufteilungen, Erbauung von Katen etc.	1739-1867
LAS 321.28, 4	Reallastenablösungen	1869-1883
LAS 104, 1571	Nachlasssachen	1810-1825
LAS 104, 1572	Nachlasssachen	1826-1829
LAS 104, 1573	Nachlasssachen	1830-1833
LAS 104, 1574	Nachlasssachen	1834-1839
LAS 104, 1575	Nachlasssachen	1840-1844
LAS 104, 1576	Nachlasssachen	1845-1859
LAS 104, 1577	Nachlasssachen	1860-1863
LAS 104, 1578	Nachlasssachen	1864-1866
LAS 412, 277	Volkszählungslisten	1803
LAS 415, 5412	Volkszähllisten	1835
LAS 415, 5436	Volkszähllisten	1840
LAS 415, 5465	Volkszähllisten	1845
LAS 415, 5532	Volkszähllisten	1855

LAS 412, 504	Volkszählregister	1860
LAS 412, 904	Volkszählregister	1864
LAS 399.90, 11	Zusammenstellung über Höfebesitzer im Kirchspiel Kellinghusen	o. J.
LAS 399.90, 49	Auszüge aus „Ausführliche Beschreibung des Kirchspiels Kellinghusen“	o. J.

Meezen

LAS 104, 1383	SchPfPr	1776 ff.
LAS 104, 828	Einkoppelungssachen	1772-1862
LAS 104, 829	Vermessungsregister	1782
LAS 104, 759	Ländliche Besitzverhältnisse	1835-1867
LAS 309 Geb. St., 982	Gebäudesteuer	1867
LAS 324.22, 113	Mutterrolle	1874 ff.
LAS 309, 15109	Ablösung der Reallasten, Band I	1875-1878
LAS 309 Flur (13), 88	Flurbuch	1877
LAS 399.90, 24	Ausgabe- und Einnahmebuch der Familie Fölster	1817-1834

Vorbrügge
- Katenreihe

LAS 104, 214	Einkoppelung	1778-1845
LAS 309 Geb. St., 1017	Gebäudesteuer	1867

Kirchspiel Nortorf

(siehe vor allem Seite 137)

Bargfeld

LAS 104, 1512	SchPfPr	19. Jh.
LAS 104, 772	Einkoppelungssachen	1769-1866
LAS 104, 176	Einkoppelung und Vermessung, mit Erdbuch	1772-1859
LAS 66, 800	Vermessungsregister	1858-1859
LAS 309 Geb. St., 946	Gebäudesteuer	1867
LAS 324.22, 6	Mutterrolle	1874 ff.
LAS 309, 15119	Ablösung der Reallasten, Band I	1875
LAS 309 Flur (13), 6	Flurbuch	1877

Homfeld

LAS 104, 1512	SchPfPr	19. Jh.
LAS 309 Geb. St., 971	Gebäudesteuer	1867
LAS 309 Geb. St., 972	Gebäudesteuer	1867
LAS 309, 15089	Ablösung der Reallasten, Band I	1874
LAS 324.22, 97	Mutterrolle	1874 ff.
LAS 309 Flur (13), 68	Flurbuch	1877

Kirchspielvogtei Nortorf

Kirchspiel Hohenwestedt

(siehe vor allem Seite 126)

Bucken

LAS 25, 200	Das Dorf Bucken	18. Jh.
LAS 104, 796	Erdbuch	1787-1788
LAS 309 Geb. St., 973	Gebäudesteuer	1867
LAS 415, 1539	Karte	1787

Kirchspiel Nortorf

LAS 694.1	Schuldprotokoll	1642
LAS 104, 1468	SchPfPr, Vol. I, fol. 1-413	1776 ff.
LAS 104, 1469	SchPfPr, I, Suppl.-Bd. fol. 414-898	1835 ff.
LAS 104, 1470	SchPfPr, II, Suppl.-Bd. fol. 899 ff.	1876 ff.
LAS 104, 1471	Register zu Nr. 1468 und 1469	19. Jh.
LAS 104, 1472	Register zu Nr. 1468 bis 1470	19. Jh.
LAS 104, 1565	Beilagen zum SchPfPr	1775-1819
LAS 104, 1566	Beilagen zum SchPfPr	1820-1829
LAS 104, 1567	Beilagen zum SchPfPr	1830-1839
LAS 104, 1568	Beilagen zum SchPfPr	1840-1854
LAS 104, 1569	Beilagen zum SchPfPr	1855-1868
LAS 104, 1570	Beilagen zum SchPfPr	1864-1867
LAS 104, 1475	Kontraktenbuch I	1776-1789
LAS 104, 1476	Kontraktenbuch II	1789-1796
LAS 104, 1477	Kontraktenbuch III	1795-1801
LAS 104, 1478	Kontraktenbuch IV	1802-1807
LAS 104, 1479	Kontraktenbuch V	1807-1811

LAS 104, 1480	Kontraktenbuch VI	1811-1817
LAS 104, 1481	Kontraktenbuch VII	1817-1819
LAS 104, 1482	Kontraktenbuch VIII	1819-1822
LAS 104, 1483	Kontraktenbuch IX	1821-1823
LAS 104, 1484	Kontraktenbuch X	1822-1825
LAS 104, 1485	Kontraktenbuch XI	1824-1827
LAS 104, 1486	Kontraktenbuch XII	1827-1829
LAS 104, 1487	Kontraktenbuch XIII	1829-1832
LAS 104, 1488	Kontraktenbuch XIV	1832-1835
LAS 104, 1489	Kontraktenbuch XV	1835-1839
LAS 104, 1490	Kontraktenbuch XVI	1839-1841
LAS 104, 1491	Kontraktenbuch XVII	1841-1843
LAS 104, 1492	Kontraktenbuch XVIII	1843-1847
LAS 104, 1493	Kontraktenbuch XIX	1846-1848
LAS 104, 1494	Kontraktenbuch XX	1848-1849
LAS 104, 1495	Kontraktenbuch XXI	1850-1851
LAS 104, 1496	Kontraktenbuch XXII	1851-1852
LAS 104, 1497	Kontraktenbuch XXIII	1852-1853
LAS 104, 1498	Kontraktenbuch XXIV	1853-1855
LAS 104, 1499	Kontraktenbuch XXV	1855-1857
LAS 104, 1500	Kontraktenbuch XXVI	1857-1861
LAS 104, 1501	Kontraktenbuch XXVII	1861-1864
LAS 104, 1502	Kontraktenbuch XXVIII	1864-1868
LAS 104, 1503	Kontraktenbuch XXIX	1868-1871
LAS 104, 1504	Kontraktenbuch XXX	1871-1873
LAS 104, 1505	Kontraktenbuch XXXI	1873-1874
LAS 104, 1506	Kontraktenbuch XXXII	1874-1876
LAS 104, 1507	Kontraktenbuch XXXIII	1876-1879
LAS 104, 1508	Kontraktenbuch XXXIV	1879-1881
LAS 104, 1509	Kontraktenbuch XXXV	1881-1883
LAS 104, 1510	Kontraktenbuch XXXVI	1883-1884
LAS 104, 1511	Kontraktenbuch XXXVII	1884-1885
LAS 104, 1473	Protokollum alter Hauszerten und anderer Kontrakte	1640-1776
LAS 104, 1474	Register zu 1473	1935
LAS 66, 810	Erdbuch	1666
LAS 410, 2066	Erdbuch	1725
LAS 104, 172	Neue Anbauer-Familien-Stellen	1761-1861
LAS 104, 720	Kaufkontrakte	1775-1804
LAS 8.2, 641	An die Amtskasse zu zahlende Heuerroggengelder	1776
LAS 66, 373	Neue Setzung	1781-1806
LAS 104, 717	Erbteilungsverträge, Setzungskontrakte	1783-1804
LAS 309, 3496	Lieferung des Pflichtroggens	1868-1877

LAS 321.28, 4	Reallastenablösungen	1869-1883
LAS 104, 1513	Vormünderprotokoll	1836-1868
LAS 412, 524	Volkszählungslisten	1860
LAS 412, 924	Volkszählungslisten	1864

Bargstedt

LAS 104, 773	Einkoppelungssachen	1776-1867
LAS 104, 774	Erdbücher	1779-1866
LAS 104, 775	Verteilungsregister	1790-1793
LAS 104, 1525	Anfertigung eines neuen Erdbuchs, Aufteilung der Gemeinheiten	1835-1846
LAS 309 Geb. St., 947	Gebäudesteuer	1867
LAS 324.22, 8	Mutterrolle	1874 ff.
LAS 324.22, 9	Mutterrolle	1874 ff.
LAS 309, 15111	Ablösung der Reallasten, Band I	1875-1887
LAS 309 Flur (13), 8	Flurbuch	1877

Bokel

LAS 104, 779	Einkoppelungssachen	1775-1866
LAS 104, 780	Erdbuch	1789
LAS 104, 781	Vermessungsregister	1833
LAS 104, 782	Verteilungsregister	1835
LAS 104, 783	Verteilungsregister	1837
LAS 309 Geb. St., 950	Gebäudesteuer	1867
LAS 324.22, 18	Mutterrolle	1874 ff.
LAS 309, 15126	Ablösung der Reallasten, Band I	1875-1879
LAS 309 Flur (13), 15	Flurbuch	1877
LAS „Andere Archive" H III 19, 349	*Reallastenablösung*	*1875-1877*

Böken

LAS 104, 785	Einkoppelungsakten	1779-1849
LAS 104, 786	Erdbuch und Vermessungsregister	1780
LAS 399.90, 37	Auszüge aus dem Erdbuch	1780
LAS 399.90, 26	Auszüge aus dem Erdbuch	1787
LAS 104, 178	Einkoppelung und Vermessung	1840-1851
LAS 66, 8073	Gemeinheitsgründe mit Karten	1840-1848
LAS 104, 787	Erdbuch	1843
LAS 309 Geb. St., 951	Gebäudesteuer	1867

LAS 324.22, 17	Mutterrolle	1874 ff.
LAS 309, 15140	Ablösung der Reallasten, Band I	1875
LAS 309 Flur (13), 14	Flurbuch	1877
LAS 324.13, 133	Mutterrolle	1878 ff.

Borgdorf

LAS 104, 788	Erdbuch	1785
LAS 309 Geb. St., 952	Gebäudesteuer	1867
LAS 309, 15094	Ablösung der Reallasten, Band I	1874
LAS 324.22, 22	Mutterrolle	1874 ff.
LAS 324.22, 23	Mutterrolle	1874 ff.
LAS 309 Flur (13), 19	Flurbuch	1877

Brammer
- Brammerau **- Papenkamp**

LAS 104, 790	Einkoppelungssachen	1777-1869
LAS 104, 181	Einkoppelung und Vermessung	1793-1835
LAS 104, 791	Erdbuch	1798
LAS 104, 792	Erdbuch	1798
LAS 104, 793	Erdbuch	1822
LAS 104, 794	Verteilungsregister	1833-1834
LAS 309 Geb. St., 953	Gebäudesteuer	1867
LAS 104, 795	Verteilungsregister	1869
LAS 324.22, 27	Mutterrolle	1874 ff.
LAS 309, 15129	Ablösung der Reallasten, Band I	1875
LAS 309 Flur (13), 22	Flurbuch	1877

Bünzen

LAS 104, 798	Einkoppelungssachen	1772-1869
LAS 104, 185	Einkoppelung	1777-1866
LAS 104, 799	Erdbuch	1779
LAS 104, 800	Erdbuch	1847
LAS 66, 802	Erdbuch	1847
LAS 309 Geb. St., 957	Gebäudesteuer	1867
LAS 324.22, 33	Mutterrolle	1874 ff.
LAS 309, 15121	Ablösung der Reallasten, Band I	1875
LAS 309 Flur (13), 28	Flurbuch	1877

Eisendorf

LAS 104, 801	Einkoppelungssachen	1771-1849
LAS 66, 8075	Gemeinheitsgründe	1771-1815

LAS 104, 802	Erdbuch	1784
LAS 104, 186	Einkoppelung	1837-1838
LAS 309 Geb. St., 958	Gebäudesteuer	1867
LAS 309, 15097	Ablösung der Reallasten, Band I	1874
LAS 324.22, 41	Mutterrolle	1874 ff.
LAS 309 Flur (13), 32	Flurbuch	1877

Ellerdorf

- Heinhoop

LAS 25, 196	Das Dorf Ellerdorf	18. Jh.
LAS 66, 8075	Gemeinheitsgründe	1771-1815
LAS 104, 803	Verteilungsregister	1776
LAS 104, 187	Einkoppelung	1784-1841
LAS 104, 804	Erdbuch	1787
LAS 66, 803	Setzungsregister und Erdbuch	1838-1839
LAS 309 Geb. St., 959	Gebäudesteuer	1867
LAS 324.22, 42	Mutterrolle	1874 ff.
LAS 309, 15125	Ablösung der Reallasten, Band I	1875
LAS 309 Flur (13), 34	Flurbuch	1877
LAS 415, 1540	Karte	1787

Gnutz

- Hamburg

LAS 66, 806	Erdbuch	1786
LAS 66, 807	Erdbuch	1832-1837
LAS 66, 808	Erdbuch	1846-1847
LAS 309 Geb. St., 962	Gebäudesteuer	1867
LAS 324.22, 61	Mutterrolle	1874 ff.
LAS 324.22, 62	Mutterrolle	1874 ff.
LAS 309, 15088	Ablösung der Reallasten, Band I	1874-1887
LAS 309 Flur (13), 43	Flurbuch	1877

Groß Vollstedt

LAS 66, 8075	Gemeinheitsgründe	1771-1815
LAS 104, 865	Einkoppelungssachen	1771-1870
LAS 104, 866	Vermessungsregister	1787
LAS 104, 213	Einkoppelung	1809-1835
LAS 104, 867	Vermessungsregister	1819
LAS 104, 868	Aufteilungsprotokoll über das Gemeinheitsland Grotenheide	1831-1833
LAS 309 Geb. St., 1016	Gebäudesteuer	1867
LAS 324.22, 68	Mutterrolle	1874 ff.

LAS 309, 15087	Ablösung der Reallasten, Band I	1874
LAS 309 Flur (13), 50	Flurbuch	1877
LAS 415, 1532	Feldrisse	o. J.
LAS 415, 1533	Feldrisse	o. J.
LAS 415, 1534	Feldrisse	o. J.
LAS 415, 1538	Karte	1787

Holtdorf

LAS 104, 813	Einkoppelungssachen	1774-1858
LAS 104, 814	Vermessungsprotokoll	1780
LAS 104, 815	Erdbuch	1803
LAS 104, 816	Verteilungsregister	1832
LAS 104, 1187	Vermessung und Bonitierung der Feldmark, Erdbuch 1858	1853-1858
LAS 104, 817	Vermessungsregister	1854
LAS 104, 818	Erdbuch	1858
LAS 66, 807	Setzungsregister und Erdbuch	1858
LAS 309 Geb. St., 970	Gebäudesteuer	1867
LAS 324.22, 95	Mutterrolle	1874 ff.
LAS 309, 15133	Ablösung der Reallasten, Band I	1875-1884
LAS 309 Flur (13), 66	Flurbuch	1877

Innien
- Aukrug

LAS 104, 820	Verteilungsregister	1773
LAS 104, 819	Einkoppelungssachen	1774
LAS 104, 821	Erdbuch	1789
LAS 309 Geb. St., 973	Gebäudesteuer	1867
LAS 324.22, 99	Mutterrolle	1874 ff.
LAS 324.22, 100	Mutterrolle	1874 ff.
LAS 309, 15139	Ablösung der Reallasten, Band I	1875
LAS 309 Flur (13), 71	Flurbuch	1877
LAS 399.90, 33	Abschrift des Taufregisters	1890-1948

Krogaspe

LAS 25, 198	Das Dorf Krogaspe	18. Jh.
LAS 104, 823	Einkoppelungssachen	1765-1863
LAS 104, 194	Einkoppelung	1825-1826
LAS 309 Geb. St., 977	Gebäudesteuer	1867
LAS 309, 15124	Ablösung der Reallasten, Band I	1875-1879
LAS 309 Flur (13), 79	Flurbuch	1877

LAS 415, 1540	Karte	1787
LAS 415, 1535	Karte	o. J.
LAS 415, 1536	Karte	o. J.
LAS 415, 1537	Karte	o. J.

Nortorf

LAS 309 Geb. St., 32	Gebäudesteuer	1867
LAS 309, 15092	Ablösung der Reallasten, Band I	1874-1879
LAS 324.22, 122	Mutterrolle	1874 ff.
LAS 324.22, 123	Mutterrolle	1874 ff.
LAS 324.22, 124	Mutterrolle	1874 ff.
LAS 324.22, 125	Mutterrolle	1874 ff.
LAS 309 Flur (13), 94	Flurbuch	1877
LAS 412, 512	Volkszählungslisten	1860
LAS 412, 912	Volkszählungslisten	1864

Oldenhütten

LAS 104, 223a	Konfirmation des von dem Herzog Johann dem Älteren über den Hof Oldenhütten erteilten landesherrlichen Bescheid auf den Bauervogt Timm Harders u. a.	1561-1828
LAS 104, 223	Streit zwischen dem Hauptmann Hans Wittmak und Timm Harders wegen des Guts Oldenhütten	1646-1649
LAS 104, 839	Einkoppelungssachen	1776-1857
LAS 104, 840	Erdbuch	1788
LAS 309 Geb. St., 992	Gebäudesteuer	1867
LAS 324.22, 132	Mutterrolle	1874 ff.
LAS 309, 15145	Ablösung der Reallasten, Band I	1876
LAS 309 Flur (13), 102	Flurbuch	1877

Schülp (b. Nortorf)

LAS 104, 848	Einkoppelungssachen	1778-1855
LAS 66, 815a	Erdbuch	1782
LAS 104, 849	Vermessungsregister	1782-1810
LAS 104, 850	Erdbuch	1810
LAS 309 Geb. St., 1002	Gebäudesteuer	1867
LAS 324.22, 153	Mutterrolle	1874 ff.
LAS 309, 15091	Ablösung der Reallasten, Band I	1874-1879
LAS 309 Flur (13), 121	Flurbuch	1877

Seedorf

LAS 25, 199	Das Dorf Seedorf	18. Jh.
LAS 104, 852	Einkoppelungssachen	1773-1829
LAS 104, 853	Erdbuch	1787-1788
LAS 104, 854	Vermessungsprotokoll	1828
LAS 309 Geb. St., 952	Gebäudesteuer	1867
LAS 324.22, 22	Mutterrolle	1874 ff.
LAS 324.22, 23	Mutterrolle	1874 ff.
LAS 309 Flur (13), 19	Flurbuch	1877
LAS 415, 1539	Karte	1787

Thienbüttel

LAS 66, 817	Erdbuch	1779
LAS 309 Geb. St., 1010	Gebäudesteuer	1867
LAS 324.22, 126	Mutterrolle	1874 ff.
LAS 309, 15112	Ablösung der Reallasten, Band I	1875
LAS 309 Flur (13), 131	Flurbuch	1877

Timmaspe

LAS 104, 863	Einkoppelungssachen	1774-1841
LAS 104, 210	Einkoppelung, mit Verteilungsregister	1784-1840
LAS 104, 1559	Restanten	1819
LAS 104, 1558	Erdbuch und Verteilungsregister	1832-1838
LAS 104, 1561	Nachlaß-Inventar des ¾-Hufners Hans Hinrich Brockstedt	1861
LAS 309 Geb. St., 1011	Gebäudesteuer	1867
LAS 324.22, 164	Mutterrolle	1874 ff.
LAS 324.22, 165	Mutterrolle	1874 ff.
LAS 309, 15130	Ablösung der Reallasten, Band I	1875-1879
LAS 309 Flur (13), 132	Flurbuch	1877

Warder

LAS 104, 215	Einkoppelung	1803
LAS 104, 871	Einkoppelungssachen	1803
LAS 309 Geb. St., 1020	Gebäudesteuer	1867
LAS 324.22, 174	Mutterrolle	1874 ff.
LAS 309, 15136	Ablösung der Reallasten, Band I	1875
LAS 309 Flur (13), 139	Flurbuch	1877

Kirchspielvogtei Raumort

LAS 104, 694.2	SchPfPr	1630-1772
LAS 104, 694.34	Register zum SchPfPr	18. Jh.
LAS 104, 694.35	Register zum SchPfPr	19. Jh.
LAS 104, 694.36	SchPfPr	1776-1885
LAS 104, 694.37	SchPfPr, I. Supplementband	1833-1885
LAS 104, 694.38	Kontraktenprotokoll mit Register	1621-1767
LAS 104, 694.39	Kontraktenprotokoll der „Schleswiger Dörfer“	1772-1790
LAS 104, 694.40	Kontraktenprotokoll, Band 1	1776-1789
LAS 104, 694.41	Kontraktenprotokoll, Band 2, mit Register	1789-1795
LAS 104, 694.42	Kontraktenprotokoll, Band 3, mit Register	1796-1799
LAS 104, 694.43	Kontraktenprotokoll, Band 4, mit Register	1800-1805
LAS 104, 694.44	Kontraktenprotokoll, Band 5, mit Register	1805-1809
LAS 104, 694.45	Kontraktenprotokoll, Band 6, mit Register	1809-1810
LAS 104, 694.46	Kontraktenprotokoll, Band 7, mit Register	1810-1815
LAS 104, 694.47	Kontraktenprotokoll, Band 8, mit Register	1815-1819
LAS 104, 694.48	Kontraktenprotokoll, Band 9, mit Register	1819-1823
LAS 104, 694.49	Kontraktenprotokoll, Band 10, mit Register	1823-1825
LAS 104, 694.50	Kontraktenprotokoll, Band 11, mit Register	1825-1828
LAS 104, 694.51	Kontraktenprotokoll, Band 12, mit Register	1828-1832
LAS 104, 694.52	Kontraktenprotokoll, Band 13, mit Register	1832-1835
LAS 104, 694.53	Kontraktenprotokoll, Band 14, mit Register	1835-1839
LAS 104, 694.54	Kontraktenprotokoll, Band 15, mit Register	1839-1841
LAS 104, 694.55	Kontraktenprotokoll, Band 16, mit Register	1841-1844
LAS 104, 694.56	Kontrakten-(Nebenbuch), Band 17, mit Register	1844-1846
LAS 104, 694.57	Kontrakten-(Nebenbuch), Band 18, mit Register	1846-1848
LAS 104, 694.58	Kontrakten-(Nebenbuch), Band 19, mit Register	1848-1850
LAS 104, 694.59	Kontrakten-(Nebenbuch), Band 20, mit Register	1850-1852
LAS 104, 694.60	Kontrakten-(Nebenbuch), Band 21, mit Register	1852-1853
LAS 104, 694.61	Kontrakten-(Nebenbuch), Band 22, mit Register	1853-1857
LAS 104, 694.62	Kontrakten-(Nebenbuch), Band 23, mit Register	1857-1862
LAS 104, 694.63	Kontrakten-(Nebenbuch), Band 24, mit Register	1862-1866
LAS 104, 694.64	Kontrakten-(Nebenbuch), Band 25, mit Register	1866-1871

LAS 104, 694.65	Kontrakten-(Nebenbuch), Band 26, mit Register	1871-1873
LAS 104, 694.66	Kontrakten-(Nebenbuch), Band 27, mit Register	1873-1877
LAS 104, 694.67	Kontrakten-(Nebenbuch), Band 28, mit Register	1878-1882
LAS 104, 694.68	Kontrakten-(Nebenbuch), Band 29, mit Register	1882-1884
LAS 104, 694.69	Konzept-Kontrakte mit chronologischem Verzeichnis	1800-1806
LAS 104, 694.70	Konzept-Kontrakte (Fragment)	1822
LAS 104, 694.71	Konzept-Kontrakte mit chronologischem Verzeichnis	1824-1828
LAS 104, 694.72	Konzept-Kontrakte mit chronologischem Verzeichnis	1826-1836
LAS 104, 694.73	Konzept-Kontrakte mit chronologischem Verzeichnis	1836-1840
LAS 104, 694.74	Konzept-Kontrakte mit chronologischem Verzeichnis	1840-1844
LAS 104, 694.75	Depositenbuch mit Register	1835-1867
LAS 104, 171	Neue Anbauer-Familien-Stellen	1696-1863
LAS 104, 6	Landbeschreibung und Extrakt aus der Landesbeschreibung des Kirchspiels	1725
LAS 104, 722b	Kauf- und Überlassungsverträge	1844-1847
LAS 66, 8349	Spezialregister über die Kontribution, Reichs- und Kreisgelder	1674-1675
LAS 321.30, 27	Auseinandersetzungsinstrumente	1869-1884
LAS 321.30, 25	Verzeichnis der Hufen und Steuertonnenzahl	1873-1879
LAS 321.30, 55	Ablösung von Reallasten	1879-1885
LAS 321.30, 11	Deputanten und Tagelöhner	1882
LAS 104, 694.80	Vormundschaftsregister	1854-1869
LAS 412, 271	Volkszählungslisten	1803
LAS 412, 510	Volkszählungslisten	1860
LAS 412, 910	Volkszählungslisten	1864

Kirchspiel Jevenstedt

LAS 104, 694.3	Schuldprotokoll	1642
LAS 104, 694.11	Register zum SchPfPr	18./19. Jh.
LAS 104, 694.12	Register zum SchPfPr	18./19. Jh.
LAS 104, 694.13	SchPfPr Band I	1761-1884
LAS 104, 694.14	SchPfPr Band II	1858-1885
LAS 104, 694.4	Kontraktenbuch	1695-1776
LAS 104, 694.5	Kontraktenbuch	1776-1791
LAS 104, 694.6	Kontraktenbuch	1792-1797
LAS 104, 694.7	Kontraktenbuch	1797-1801
LAS 104, 694.8	Kontraktenbuch	1812-1819
LAS 104, 694.9	Kontraktenbuch	1816-1839
LAS 104, 694.10	Kontraktenbuch	1821
LAS 104, 694.15	Kontraktenbuch mit Register Band 4	1801-1807
LAS 104, 694.16	Kontraktenbuch mit Register Band 5	1807-1812
LAS 104, 694.17	Kontraktenbuch mit Register Band 7	1817-1821
LAS 104, 694.18	Kontraktenbuch mit Register Band 8	1821-1823
LAS 104, 694.19	Kontraktenbuch mit Register Band 9	1823-1825
LAS 104, 694.20	Kontraktenbuch mit Register Band 10	1825-1828
LAS 104, 694.21	Kontraktenbuch mit Register Band 11	1828-1830
LAS 104, 694.22	Kontraktenbuch mit Register Band 12	1830-1833
LAS 104, 694.23	Kontraktenbuch mit Register Band 13	1833-1837
LAS 104, 694.24	Kontraktenbuch mit Register Band 14	1837-1838
LAS 104, 694.25	Kontraktenbuch mit Register Band 15	1838-1842
LAS 104, 694.26	Kontraktenbuch mit Register Band 16	1843-1846
LAS 104, 694.27	Kontraktenbuch mit Register Band 17	1846-1850
LAS 104, 694.28	Kontraktenbuch mit Register Band 18	1850-1854
LAS 104, 694.29	Kontraktenbuch mit Register Band 19	1854-1857
LAS 104, 694.30	Kontraktenbuch mit Register Band 20	1857-1865
LAS 104, 694.31	Kontraktenbuch mit Register Band 21	1865-1873
LAS 104, 694.32	Kontraktenbuch mit Register Band 22	1874-1882
LAS 104, 694.33	Kontraktenbuch mit Register Band 23	1882-1885
LAS 104, 694.75	Depositenbuch mit Register	1835-1867
LAS 104, 722b	Kauf- und Überlassungsverträge	1844-1847
LAS 104, 694.78	Vormundschaftsregister	1830-1850
LAS 104, 694.80	Vormundschaftsregister	1854-1869

Breiholz

- Bastenberg **- Lohklint**

LAS 104, 217	Verordnung zwischen den Hufnern und Kätnern Hut und Weide betreffend	1677
LAS 66, 380	Gemeinheit	1772-1844
LAS 104, 182	Einkoppelung und Vermessung	1792-1846
LAS 309 Geb. St., 954	Gebäudesteuer	1867
LAS 309, 2547	verschiedene Abgaben	1871-1872
LAS 324.22, 29	Mutterrolle	1874 ff.
LAS 324.22, 30	Mutterrolle	1874 ff.
LAS 324.22, 31	Mutterrolle	1874 ff.
LAS 309, 15154	Ablösung der Reallasten, Band I	1876-1879
LAS 309 Flur (13), 24	Flurbuch	1877
LAS 309, 15155	Ablösung der Reallasten, Band II	1879-1895

Hörsten

- Luhnvie **- Schachtholm**

LAS 143, 103	SchuPfPr	1797-1885
LAS 143, 64	Nebenbuch zum SchuPfPr, Band 1	1868-1883
LAS 143, 105	Nebenbuch zum SchuPfPr, Band 2	1882-1885
LAS 309 Geb. St., 20	Gebäudesteuer	1867
LAS 324.22, 98	Mutterrolle	1874 ff.
LAS 309 Flur (13), 61	Flurbuch	1877

Jevenstedt

- Barkhorn **- Brookhorn** **- Dammstedt**
- Kolshorn **- Kreuzkoppel** **- Petersburg**
- Spannan **- Teichkaten** **- Voßberg**

LAS 66, 8070	Plan zur Aufhebung der Feldgemeinschaft	1801
LAS 104, 191	Einkoppelung, mit Verteilungsregister	1834-1841
LAS 66, 809	Setzungsregister und Erdbuch	1863-1865
LAS 309 Geb. St., 975	Gebäudesteuer	1867
LAS 324.22, 102	Mutterrolle	1874 ff.
LAS 324.22, 103	Mutterrolle	1874 ff.
LAS 309, 15127	Ablösung der Reallasten, Band I	1875-1879
LAS 309 Flur (13), 70	Flurbuch	1877
LAS 309 Flur (13), 120	Flurbuch	1877
LAS 309, 15128	Ablösung der Reallasten, Band II	1879-1882

Schülp (bei Rendsburg)
- Jevenberg

LAS 66, 8070	Gemeinheit	1790-1805
LAS 104, 208	Einkoppelung, mit Erdbuch	1839-1842
LAS 309 Geb. St., 1003	Gebäudesteuer	1867
LAS 324.22, 152	Mutterrolle	1874 ff.
LAS 309, 15102	Ablösung der Reallasten, Band I	1874
LAS 309 Flur (13), 120	Flurbuch	1877

Schwabe
- Bramkamp

LAS 309 Geb. St., 1005	Gebäudesteuer	1867
LAS 324.22, 154	Mutterrolle	1874 ff.
LAS 309, 15146	Ablösung der Reallasten, Band I	1876
LAS 309 Flur (13), 122	Flurbuch	1877

Westerrönfeld
- Helenenhof **- Plirup**

LAS 65.1, 1251	Dorf Westerrönfeld	1693
LAS 104, 1222	Aufteilung von Gemeinheitsländereien	1838-1863
LAS 309 Geb. St., 1022	Gebäudesteuer	1867
LAS 324.22, 179	Mutterrolle	1874 ff.
LAS 324.22, 180	Mutterrolle	1874 ff.
LAS 324.22, 181	Mutterrolle	1874 ff.
LAS 309, 15123	Ablösung der Reallasten, Band I	1875-1881
LAS 309 Flur (13), 142	Flurbuch	1877
LAS „Andere Archive“ H III 19, 349	*Reallastenablösung*	*1875-1877*

Kirchspiel Marienkirche Rendsburg

LAS 104, 722a	Kauf- und Überlassungsverträge	1748-1750
LAS 104, 1521	Kauf- und Überlassungsverträge	1852
LAS 104, 1522	Kauf- und Überlassungsverträge	1853
LAS 104, 1523	Kauf- und Überlassungsverträge	1854-1856

Audorf

LAS 66, 5556	Gemeinheit	1798-1807
LAS 309 Geb. St., 20	Gebäudesteuer	1867
LAS 309 Geb. St., 1000	Gebäudesteuer	1867
LAS 324.22, 146	Mutterrolle	1874 ff.
LAS 324.22, 147	Mutterrolle	1874 ff.
LAS 309, 15120	Ablösung der Reallasten, Band I	1875
LAS 309 Flur (13), 116	Flurbuch	1877

Ohe

- Höbek

LAS 104, 199	Einkoppelung	1806
LAS 309 Geb. St., 989	Gebäudesteuer	1867
LAS 324.22, 151	Mutterrolle	1874 ff.
LAS 309, 15117	Ablösung der Reallasten, Band I	1875
LAS 309 Flur (13), 98	Flurbuch	1877
LAS „Andere Archive“ H III 19, 350	*Reallastenablösung*	*1877-1879*

Ostenfeld

LAS 309 Geb. St., 993	Gebäudesteuer	1867
LAS 324.22, 133	Mutterrolle	1874 ff.
LAS 309, 15113	Ablösung der Reallasten, Band I	1875
LAS 309 Flur (13), 103	Flurbuch	1877
LAS „Andere Archive“ H III 19, 350	*Reallastenablösung*	*1877-1879*

Osterrönfeld

LAS 143, 103	SchuPfPr	1797-1885
LAS 143, 64	Nebenbuch zum SchuPfPr, Band 1	1868-1883
LAS 143, 105	Nebenbuch zum SchuPfPr, Band 2	1882-1885
LAS 104, 201	Einkoppelung	1833
LAS 104, 1205	Aufteilung der Gemeinheiten	1847-1866
LAS 309 Geb. St., 20	Gebäudesteuer	1867
LAS 324.22, 134	Mutterrolle	1874 ff.

LAS 324.22, 135	Mutterrolle	1874 ff.
LAS 309, 15093	Ablösung der Reallasten, Band I	1874
LAS 309 Flur (13), 105	Flurbuch	1877
LAS „Andere Archive“ H III 19, 349	*Reallastenablösung*	*1875-1877*

Rade (bei Rendsburg)

LAS 309 Geb. St., 20	Gebäudesteuer	1867
LAS 309 Geb. St., 997	Gebäudesteuer	1867
LAS 324.22, 140	Mutterrolle	1874 ff.
LAS 309, 15103	Ablösung der Reallasten, Band I	1875
LAS 309 Flur (13), 112	Flurbuch	1877

Schacht

LAS 104, 205	Einkoppelung	1794
LAS 66, 5556	Gemeinheit	1798-1807
LAS 309 Geb. St., 20	Gebäudesteuer	1867
LAS 309 Geb. St., 1000	Gebäudesteuer	1867
LAS 324.22, 146	Mutterrolle	1874 ff.
LAS 324.22, 147	Mutterrolle	1874 ff.
LAS 309, 15120	Ablösung der Reallasten, Band I	1875
LAS 309 Flur (13), 116	Flurbuch	1877

Schülldorf
- Buhrhorst

LAS 66, 377	Gemeinheit	1772-1808
LAS 104, 1516	Erdbuch	1806
LAS 309 Geb. St., 1004	Gebäudesteuer	1867
LAS 324.22, 150	Mutterrolle	1874 ff.
LAS 309, 15122	Ablösung der Reallasten, Band I	1875-1878
LAS 309 Flur (13), 119	Flurbuch	1877
LAS „Andere Archive“ H III 19, 349	*Reallastenablösung*	*1875-1877*

Kirchspiel Christkirche Rendsburg

Fockbek (bis 1853)

LAS 66, 6115	Landveräußerungen	1805-1844

Nübbel (bis 1853)
- Moholz

LAS 25, 196	Das Dorf Nübbel	18. Jh.
LAS 104, 1515	Protokoll der Aufteilung der Ländereien	1804

Kirchspielvogtei Schenefeld

Kirchspiel Schenefeld

LAS 104, 694.2	SchuPfPr	1630-1772
LAS 104, 694.76	SchuPr, 1. Teil	1647-1668
LAS 104, 694.77	SchuPr, 2. Teil	1647-1668
LAS 104, 1423	SchuPfPr, Band I	1776 ff.
LAS 104, 1424	SchuPfPr, Suppl. Band I	1834 ff.
LAS 104, 1425	SchuPfPr, Suppl. Band II	1869 ff.
LAS 104, 1426	Register zu 1423 und 1424	19. Jh.
LAS 104, 1427	Register zu 1423 bis 1425	nach 1869
LAS 127.2, 319	Kontraktenprotokoll	1767-1779
LAS 127.2, 369	Kauf- und Überlassungskontrakte, Ausweisungen, Vergleiche	1790
LAS 127.2, 364	Kontrakte, Loskündigungen, Vergleiche	1793-1797
LAS 104, 1428	Kontraktenbuch	1660-1776
LAS 104, 1429	Kontraktenbuch I	1776-1788
LAS 104, 1430	Kontraktenbuch II	1788-1794
LAS 104, 1431	Kontraktenbuch III	1794-1799
LAS 104, 1432	Kontraktenbuch IV	1799-1804
LAS 104, 1433	Kontraktenbuch V	1804-1807
LAS 104, 1434	Kontraktenbuch VI	1807-1811
LAS 104, 1435	Kontraktenbuch VII	1811-1815
LAS 104, 1436	Kontraktenbuch VIII	1815-1818
LAS 104, 1437	Kontraktenbuch IX	1818-1821
LAS 104, 1438	Kontraktenbuch X	1821-1823
LAS 104, 1439	Kontraktenbuch XI	1822-1826
LAS 104, 1440	Kontraktenbuch XII	1826-1829
LAS 104, 1441	Kontraktenbuch XIII	1829-1832

LAS 104, 1442	Kontraktenbuch XIV	1832-1835
LAS 104, 1443	Kontraktenbuch XV	1834-1837
LAS 104, 1444	Kontraktenbuch XVI	1837-1841
LAS 104, 1445	Kontraktenbuch XVII	1840-1842
LAS 104, 1446	Kontraktenbuch XVIII	1841-1844
LAS 104, 1447	Kontraktenbuch XIX	1844-1846
LAS 104, 1448	Kontraktenbuch XX	1846-1849
LAS 104, 1449	Kontraktenbuch XXI	1849-1851
LAS 104, 1450	Kontraktenbuch XXII	1851-1853
LAS 104, 1451	Kontraktenbuch XXIII	1853-1855
LAS 104, 1452	Kontraktenbuch XXIV	1855-1856
LAS 104, 1453	Kontraktenbuch XXV	1856-1858
LAS 104, 1454	Kontraktenbuch XXVI	1858-1861
LAS 104, 1455	Kontraktenbuch XXVII	1861-1863
LAS 104, 1456	Kontraktenbuch XXVIII	1863-1865
LAS 104, 1457	Kontraktenbuch XXIX	1866-1867
LAS 104, 1458	Kontraktenbuch XXX	1868-1870
LAS 104, 1459	Kontraktenbuch XXXI	1870-1873
LAS 104, 1460	Kontraktenbuch XXXII	1873-1875
LAS 104, 1461	Kontraktenbuch XXXIII	1875-1878
LAS 104, 1462	Kontraktenbuch XXXIV	1878-1880
LAS 104, 1463	Kontraktenbuch XXXV	1880-1882
LAS 104, 1464	Kontraktenbuch XXXVI	1882-1884
LAS 104, 1465	Kontraktenbuch XXXVII	1884-1885
LAS 104, 1466	Obligationenbuch I	1870-1877
LAS 104, 1467	Obligationenbuch II	1878-1884
LAS 104, 728	Hauptbuch	1784
LAS 104, 729	Hauptbuch	1785
LAS 104, 730	Hauptbuch	1786
LAS 104, 731	Hauptbuch	1787
LAS 104, 732	Hauptbuch	1789
LAS 104, 733	Hauptbuch	1791
LAS 104, 734	Hauptbuch	1792
LAS 104, 735	Hauptbuch	1794
LAS 104, 736	Hauptbuch	1796
LAS 104, 737	Hauptbuch	1804
LAS 104, 738	Hauptbuch	1805
LAS 104, 739	Hauptbuch	1809
LAS 104, 740	Hauptbuch	1810
LAS 104, 741	Hauptbuch	1811
LAS 104, 742	Hauptbuch	1812
LAS 104, 743	Hauptbuch	1813
LAS 104, 744	Hauptbuch	1819

LAS 104, 745	Hauptbuch	1823
LAS 104, 746	Hauptbuch	1846-1847
LAS 104, 747	Hauptbuch	1848
LAS 104, 748	Hauptbuch	1849
LAS 104, 749	Hauptbuch	1867-1868
LAS 104, 847	Generales Vermessungsprotokoll	1737-1739
LAS 104, 701	Grenzbeschreibung	1739
LAS 104, 705-706	Grenze zum Gut Hanerau	1746-1841
LAS 104, 1617	Landwesenssachen	1760-1831
LAS 104, 1613	Kaufverträge	1769-1866
LAS 66, 7586	Die Aufteilung der Gemeinheit	1776-1811
LAS 104, 753	Ländliche Besitzverhältnisse	1778-1866
LAS 104, 703	Grenze zu den Gütern Drage und Mehlbek	1779-1792
LAS 104, 727a	Protokoll über die urbaren Ländereien	1802-1803
LAS 104, 721	Kaufverträge	1806-1866
LAS 104, 173	Neue Anbauer-Familien-Stellen	1826-1858
LAS 104, 207	Erneuerung der sämtlichen Dorfkarten	1839-1841
LAS 410, 2069	Erdbuch	1725
LAS 66, 7369	Die neue Setzung	1734-1840
LAS 66, 7370	Setzung mit Skizze	1745-1805
LAS 104, 1610	Extrakt aus dem Ästimations-Protokoll und Hebungsregister	1750
LAS 104, 1213	Betr. Vermessung und Ästimation und daraus gefolgertes Recht an den Gemeinheiten	1751-1769
LAS 104, 673	Erdbuch	1774
LAS 104, 1614	Steuersachen	1834-1871
LAS 104, 768	Register über die 1856/57 geschehene Vermessung der haussteuerpflichtigen Gebäude	1857-1858
LAS 104, 727	Veränderungen der Pflugzahl jedes einzelnen Dorfes seit der Ästimation von 1739	1859
LAS 104, 718	Erbteilungsverträge, Setzungskontrakte	1861-1865
LAS 104, 694.79	Vormundschaftsregister	1830
LAS 104, 1612	Nachlasssachen	1769-1837
LAS 104, 722	Testamente	1793-1863
LAS 104, 1514	Testamente	18./19. Jh.
LAS 104, 1609	Volkszahl-Register	1803
LAS 415, 5412	Volkszähllisten	1835
LAS 415, 5436	Volkszähllisten	1840

LAS 415, 5465	Volkszähllisten	1845
LAS 415, 5532	Volkszähllisten	1855
KrA-K-Schenefeld, 2599	*Kaufverträge, Überlassungen*	*1761-1864*
KrA-K-Schenefeld, 2603	*Grasgelder, Grundheuer*	*1769-1803*
KrA-K-Schenefeld, 2601	*Erbschaften, Landverkäufe etc.*	*1792-1846*
KrA-K-Schenefeld, 2602	*Vermessungsregister*	*1797*
KrA-K-Schenefeld, 2630	*Extrakte aus den Notaten über die Kopf- und Rangsteuerrechnung*	*1845*

Beringstedt

- Pfennigkrug

LAS 104, 1422	SchPfPr	1776 ff.
LAS 127.2, 331	Verkoppelung	1773-1829
LAS 104, 776	Einkoppelungssachen	1779-1785
LAS 104, 777	Vermessungsregister	1780-1784
LAS 127.2, 353	Landaufteilung und Vermessung	1780-1866
LAS 309 Geb. St., 948	Gebäudesteuer	1867
LAS 324.22, 14	Mutterrolle	1874 ff.
LAS 324.22, 15	Mutterrolle	1874 ff.
LAS 309 Flur (13), 11	Flurbuch	1877
LAS 309, 15169	Ablösung der Reallasten, Band I	1878

Gokels

LAS 104, 809	Einkoppelungssachen	1782-1844
LAS 309 Geb. St., 963	Gebäudesteuer	1867
LAS 324.22, 63	Mutterrolle	1874 ff.
LAS 309 Flur (13), 44	Flurbuch	1877
LAS 309, 15175	Ablösung der Reallasten, Band I	1879

Lütjenwestedt

LAS 104, 1422	SchPfPr	1776 ff.
LAS 25, 204	Das Dorf Lütjenwestedt	18. Jh.
LAS 104, 196	Die Gemeinheitsgründe und ihre Einkoppelung	1775-1879
LAS 104, 758	Gemeinheitsländereien	1848-1858
LAS 309 Geb. St., 979	Gebäudesteuer	1867
LAS 324.22, 111	Mutterrolle	1874 ff.
LAS 324.22, 112	Mutterrolle	1874 ff.
LAS 324.22, 160	Mutterrolle	1874 ff.
LAS 309, 15184	Ablösung der Reallasten, Band I	1876-1879
LAS 309 Flur (13), 85	Flurbuch	1877

Ohrsee

LAS 104, 836	Einkoppelungssachen	1779-1830
LAS 104, 837	Vermessungs- und Verteilungsregister	1779-1781
LAS 104, 1223	Übersicht über die Verteilung des Grundbesitzes	1863
LAS 309 Geb. St., 990	Gebäudesteuer	1867
LAS 324.22, 64	Mutterrolle	1874 ff.
LAS 309, 15180	Ablösung der Reallasten, Band I	1876-1879
LAS 309 Flur (13), 99	Flurbuch	1877

Osterstedt

LAS 104, 1422	SchPfPr	1776 ff.
LAS 104, 841	Einkoppelungssachen	1778-1861
LAS 127.2, 361	Einkoppelung und Landverteilung	1833
LAS 104, 1206	Aufteilung von Gemeinplätzen und Moor	1843-1862
LAS 66, 812	Setzungsregister und Erdbuch	1861
LAS 309 Geb. St., 994	Gebäudesteuer	1867
LAS 324.22, 136	Mutterrolle	1874 ff.
LAS 309 Flur (13), 106	Flurbuch	1877
LAS 309, 15174	Ablösung der Reallasten, Band I	1879

Seefeld

LAS 104, 855	Einkoppelungssachen	1781-1855
LAS 104, 856	Vermessungs- und Verteilungsregister	1781-1783
LAS 309 Geb. St., 1006	Gebäudesteuer	1867
LAS 324.22, 143	Mutterrolle	1874 ff.
LAS 309, 15181	Ablösung der Reallasten, Band I	1875
LAS 309 Flur (13), 123	Flurbuch	1877

Städte

LAS 309, 16262	Landumsätze	1868-1871
LAS 309, 16263	Landumsätze, Vol. III	1874-1876

Büdelsdorf

- Drögenkamp	**- Knakenburg**	**- Kortenfohr**

LAS 65.1, 1251	Dorf Büdelsdorf	1693
LAS 104, 755	Landwesenssachen	1765-1847
LAS 66, 374	Dorfschaft	1793-1803
LAS 104, 184	Einkoppelung und Vermessung	1793-1794
LAS 79, 633	Abgaben und Leistungen und deren Ablösung	1853-1859
LAS 309 Geb. St., 1917	Gebäudesteuer	1867
LAS 309 Flur (13), 27	Flurbuch	1877

Nortorf (siehe Kirchspielvogtei Nortorf, Kirchspiel Nortorf, S. 137 und Kloster Itzehoe, Vogtei Nortorf, S. 223)

Rendsburg

- Aalkate	**- Butterberg**	**- Duten**
- Hochfeld	**- Hoheluft**	**- Königskoppel**
- Margarethenhof	**- Marienhöh**	**- Mastbrook**
- Moorkate	**- Neuwerk**	**- Nobiskrug**
- Nübbeler Utkiek	**- Parchentkate**	**- Rotenhof**
- Sandhof	**- Schleife**	**- Seemühlen**
- Suhmsberg	**- Suhmsheide**	**- Suhmshof**
- Wilhelminenhof		

LAS 143, 3	SchuPfPr, Band 1	1698-1885
LAS 143, 4	SchuPfPr, Band 2	1698-1885
LAS 143, 5	SchuPfPr, Band 3	1698-1885
LAS 143, 6	SchuPfPr, Band 4	1698-1885
LAS 143, 7	SchuPfPr, Band 5	1698-1885
LAS 143, 8	SchuPfPr, Nebenband 1	1829-1885
LAS 143, 9	SchuPfPr, Nebenband 2	1872-1885
LAS 143, 65	Abschrift des Nebenbands vom SchuPfPr	1839-1852
LAS 143, 66	Abschrift des Nebenbands vom SchuPfPr	1839-1852
LAS 143, 11	Kontraktenprotokoll	1698-1713
LAS 143, 12	Kontraktenprotokoll, Nr. 204-300	1715-1717
LAS 143, 13	Kontraktenprotokoll, Nr. 551-599	1732-1739
LAS 143, 14	Kontraktenprotokoll, Nr. 600-671	1739-1746
LAS 143, 15	Kontraktenprotokoll, Nr. 672-734	1746-1752

LAS 143, 16	Kontraktenprotokoll, Nr. 735-784	1753-1758
LAS 143, 17	Kontraktenprotokoll, Nr. 797-846	1758-1762
LAS 143, 18	Nebenbuch zum SchuPfPr, Nr. 847-900	1762-1765
LAS 143, 19	Nebenbuch zum SchuPfPr, Nr. 901-920	1765-1768
LAS 143, 20	Nebenbuch zum SchuPfPr, Nr. 921-933	1768-1773
LAS 143, 21	Nebenbuch zum SchuPfPr, Nr. 933-1000 und Nr. 1-267	1773-1784
LAS 143, 22	Nebenbuch zum SchuPfPr, Nr. 269-375	1784-1785
LAS 143, 23	Nebenbuch zum SchuPfPr, Nr. 376-614	1785-1788
LAS 143, 24	Nebenbuch zum SchuPfPr, Nr. 615-814	1788-1790
LAS 143, 25	Nebenbuch zum SchuPfPr, Nr. 816-1078	1790-1793
LAS 143, 26	Nebenbuch zum SchuPfPr, Nr. 1079-1269	1793-1795
LAS 143, 27	Nebenbuch zum SchuPfPr, Nr. 1287-1596	1796-1799
LAS 143, 28	Nebenbuch zum SchuPfPr, Nr. 1597-1915	1799-1802
LAS 143, 29	Nebenbuch zum SchuPfPr, Nr. 1917-2264	1802-1805
LAS 143, 30	Nebenbuch zum SchuPfPr, Nr. 2265-2565	1805-1807
LAS 143, 31	Nebenbuch zum SchuPfPr, Nr. 2566-2866	1807-1810
LAS 143, 32	Nebenbuch zum SchuPfPr, Nr. 2867-3200	1810-1813
LAS 143, 33	Nebenbuch zum SchuPfPr, Nr. 3208-3477	1813-1816
LAS 143, 34	Nebenbuch zum SchuPfPr, Nr. 3478-3760	1817-1819
LAS 143, 35	Nebenbuch zum SchuPfPr, Nr. 3761-4039	1819-1821
LAS 143, 36	Nebenbuch zum SchuPfPr, Nr. 4040-4345	1821-1824
LAS 143, 37	Nebenbuch zum SchuPfPr, Nr. 4346-4652	1824-1827
LAS 143, 38	Nebenbuch zum SchuPfPr, Nr. 4653-4940	1827-1829
LAS 143, 39	Nebenbuch zum SchuPfPr, Nr. 4941-5260	1829-1832
LAS 143, 40	Nebenbuch zum SchuPfPr, Nr. 5261-5574	1832-1834
LAS 143, 41	Nebenbuch zum SchuPfPr, Nr. 5575-5882	1834-1837
LAS 143, 42	Nebenbuch zum SchuPfPr, Nr. 5883-6090	1837-1839
LAS 143, 43	Nebenbuch zum SchuPfPr, Nr. 6091-6423	1839-1841
LAS 143, 44	Nebenbuch zum SchuPfPr, Nr. 6424-6792	1841-1843
LAS 143, 45	Nebenbuch zum SchuPfPr, Nr. 6793-7189	1843-1846
LAS 143, 46	Nebenbuch zum SchuPfPr, Nr. 7190-7597	1846-1848
LAS 143, 47	Nebenbuch zum SchuPfPr, Nr. 7598-7943	1848-1850
LAS 143, 104	Nebenbuch zum SchuPfPr, Nr. 7944-8156	1850
LAS 143, 48	Nebenbuch zum SchuPfPr, Band 1	1851-1852
LAS 143, 49	Nebenbuch zum SchuPfPr, Band 2	1852-1853
LAS 143, 50	Nebenbuch zum SchuPfPr, Band 3	1853-1855
LAS 143, 51	Nebenbuch zum SchuPfPr, Band 4	1855-1857
LAS 143, 52	Nebenbuch zum SchuPfPr, Band 5	1857-1860
LAS 143, 53	Nebenbuch zum SchuPfPr, Band 6	1860-1862
LAS 143, 54	Nebenbuch zum SchuPfPr, Band 7	1862-1865
LAS 143, 55	Nebenbuch zum SchuPfPr, Band 8	1865-1868
LAS 143, 56	Nebenbuch zum SchuPfPr, Band 9	1867-1869
LAS 143, 57	Nebenbuch zum SchuPfPr, Band 10	1869-1871
LAS 143, 58	Nebenbuch zum SchuPfPr, Band 11	1871-1873

LAS 143, 59	Nebenbuch zum SchuPfPr, Band 12	1873-1876
LAS 143, 60	Nebenbuch zum SchuPfPr, Band 13	1876-1880
LAS 143, 61	Nebenbuch zum SchuPfPr, Band 14	1880-1882
LAS 143, 62	Nebenbuch zum SchuPfPr, Band 15	1882-1884
LAS 143, 63	Nebenbuch zum SchuPfPr, Band 16	1884-1885
LAS 143, 117	Einnahmen und Ausgaben	1644-1645
LAS 143, 118	Einnahmen und Ausgaben	1645-1646
LAS 104, 157	Vorwerk Rendsburg	1619-1859
LAS 66, 7539	Das herrschaftliche Vorwerk	1698-1724
LAS 66, 7565	Niederlegung des Vorwerkes	1773-1775
LAS 104, 1168a	Nachrichten über die ersten Besitzer der Parzellen des Vorwerkes	1774-1840
LAS 66, 6111	Aufteilung der Stadtländereien	1811
LAS 66, 5680	Generaltabellen des 1771 geborgenen und vorrätigen Getreides	1771
LAS 66, 5801	Tabellen wegen des am 1. April 1774 gezählten Hornviehs	1774
LAS 143, 96	Pflugzahl	1633-1711
LAS 104, 1100	Kriegssteuerregister	1711-1721
LAS 66, 7080	Pflugzahl; darin Häuserverzeichnisse mit den Namen der Besitzer	1727-1730
LAS 66, 5320	Haussteuer	1803-1848
LAS 66, 7473	Landsteuerregister	1813
LAS 66, 3979	Kopf- und Rangsteuerlisten	1817
LAS 66, 3980	Kopf- und Rangsteuerlisten	1818
LAS 66, 3981	Kopf- und Rangsteuerlisten	1819
LAS 66, 3982	Kopf- und Rangsteuerlisten	1820
LAS 66, 3983	Kopf- und Rangsteuerlisten	1821
LAS 66, 3984	Kopf- und Rangsteuerlisten	1822
LAS 66, 3985	Kopf- und Rangsteuerlisten	1823
LAS 66, 3986	Kopf- und Rangsteuerlisten	1824
LAS 66, 3987	Kopf- und Rangsteuerlisten	1825
LAS 66, 3988	Kopf- und Rangsteuerlisten	1826
LAS 66, 3989	Kopf- und Rangsteuerlisten	1827
LAS 66, 3990	Kopf- und Rangsteuerlisten	1828
LAS 66, 3992	Kopf- und Rangsteuerlisten	1829
LAS 66, 3993	Kopf- und Rangsteuerlisten	1830
LAS 66, 3994	Kopf- und Rangsteuerlisten	1831
LAS 66, 3995	Kopf- und Rangsteuerlisten	1832
LAS 66, 3996	Kopf- und Rangsteuerlisten	1833
LAS 66, 3997	Kopf- und Rangsteuerlisten	1834

LAS 66, 3998	Kopf- und Rangsteuerlisten	1835
LAS 66, 3999	Kopf- und Rangsteuerlisten	1836
LAS 66, 4000	Kopf- und Rangsteuerlisten	1837
LAS 66, 941	Halbprozent-Steuerlisten	1838-1839
LAS 66, 964a	Halbprozent- und Kollateralsteuerlisten	1840
LAS 66, 940	Halbprozent-Steuerlisten	1841
LAS 66, 943	Halbprozent- und Kollateralsteuerlisten	1842
LAS 66, 939.1	Halbprozent- und Kollateralsteuerlisten	1843
LAS 66, 959	Halbprozent- und Kollateralsteuerlisten	1844
LAS 66, 964	Halbprozent- und Kollateralsteuerlisten	1846
LAS 309, 2315	Grundsteuer	1868-1881
LAS 309, 2316	Grundsteuer	1868-1878
LAS 309 Geb. St., 19	Gebäudesteuer	1867
LAS 309 Geb. St., 20	Gebäudesteuer	1867
LAS 309 Geb. St., 21	Gebäudesteuer	1867
LAS 309, 15085	Ablösung der Reallasten, Band I	1873-18785
LAS 324.22, 592	Mutterrolle	1874 ff.
LAS 324.22, 593	Mutterrolle	1874 ff.
LAS 324.22, 594	Mutterrolle	1874 ff.
LAS 324.22, 595	Mutterrolle	1874 ff.
LAS 324.22, 596	Mutterrolle	1874 ff.
LAS 324.22, 597	Mutterrolle	1874 ff.
LAS 324.22, 598	Mutterrolle	1874 ff.
LAS 324.22, 599	Mutterrolle	1874 ff.
LAS 324.22, 600	Mutterrolle	1874 ff.
LAS 324.22, 601	Mutterrolle	1874 ff.
LAS 324.22, 602	Mutterrolle	1874 ff.
LAS 324.22, 603	Mutterrolle	1874 ff.
LAS 309 Flur (13), 114	Flurbuch	1877
LAS 143, 71	Gebäudesteuerrolle	1897-1909
LAS 143, 67	Vormundschafts- und Pflegschaftsprotokolle	1748-1825
LAS 143, 106	Vormundschaftsregister	1852-1870
LAS 143, 107	Vormundschaftsregister	1850
LAS 143, 108	Vormundschaftsregister	1851
LAS 143, 109	Vormundschaftsregister	1852
LAS 143, 110	Vormundschaftsregister	1853
LAS 143, 111	Vormundschaftsregister	1855
LAS 143, 112	Vormundschaftsregister	1856
LAS 143, 113	Vormundschaftsregister	1860
LAS 143, 114	Vormundschaftsregister	1861
LAS 143, 115	Vormundschaftsregister	1862
LAS 143, 116	Vormundschaftsregister	1863
LAS 400.5, 892	Brandversicherungsregister	1797

LAS 412, 465	Volkszählungslisten	1803
LAS 415, 5408	Volkszähllisten	1835
LAS 415, 5409	Volkszähllisten	1835
LAS 415, 5462	Volkszähllisten	1845
LAS 415, 5499	Volkszähllisten	1855
LAS 412, 811	Volkszählungslisten	1860
LAS 412, 1204a	Volkszählungslisten	1864
LAS 415, 1534	Grundriss von dem Vorwerk	1772
LAS „Andere Archive“		
H III 51, 5a	*Erhebung der Pflugsteuer*	*1573*
H III 51, 14	*Kontribution*	*1611*
H III 51, 51a	*Erhebung der Pflugsteuer*	*1661*
H III 51, 68a	*Erhebung der Pflugsteuer*	*1671*
H III 51, 76	*Pflugsteuer und Restanten*	*1694*
H III 51, 79a	*Abführung der Kontribution*	*1700*
H III 51, 90	*Kontribution*	*1743-1744*
H III 51, 93	*Hebungsregister der Prinzessinsteuer*	*1753*
H III 51, 103	*Kontribution*	*1777-1797*
H III 51, 110	*Schatz*	*1601-1612*
H III 51, 111	*Schatz*	*1613-1625*
H III 51, 112	*Schatz*	*1627-1630*
H III 51, 113	*Schatzregister*	*1721-1722*
H III 51, 114	*Schatzregister*	*1723-1724*
H III 51, 115	*Schatzregister*	*1725-1726*
H III 51, 116	*Schatzregister*	*1728*
H III 51, 117	*Schatzregister*	*1730-1733*
H III 51, 118	*Schatzregister*	*1733-1735*
H III 51, 119	*Schatzregister*	*1736-1737*
H III 51, 120	*Schatzregister*	*1738-1739*
H III 51, 121	*Schatzregister*	*1739-1741*
H III 51, 122	*Schatzregister*	*1741-1743*
H III 51, 123	*Schatzregister*	*1743-1746*
H III 51, 124	*Schatzregister*	*1746-1748*
H III 51, 125	*Schatzregister*	*1748-1751*
H III 51, 126	*Schatzregister*	*1751-1753*
H III 51, 127	*Erhebung einer Schatzung*	*1752-1753*
H III 51, 128	*Schatzregister*	*1754-1756*
H III 51, 129	*Schatzregister*	*1757-1758*
H III 51, 130	*Schatzregister*	*1757-1760*
H III 51, 131	*Schatzregister*	*1762-1772*
H III 51, 132	*Schatzregister*	*1766*
H III 51, 133	*Schatzregister*	*1768*

H III 51, 103b	*Erhebung einer Schatzung*	*1783*
H III 51, 134	*Schatzung*	*1835-1851*
H III 51, 135	*Schatzregister*	*1836-1846*
H III 51, 136	*Schatzregister*	*1837*
H III 51, 137	*Schatzregister*	*1850*
H III 415/10, 1	*Verzeichnis der Häuser mit Besitzernamen*	*1721*
H III 415/31, 1	*Immobilienverzeichnis*	*1765*
H III 415/10, 2	*Namen der Hauseigentümer mit Hausnummern*	*1769*
H III 415/10, 3	*Verzeichnis sämtlicher Häuser*	*1775*
H III 415/10, 4	*Kopfzahlregister*	*1796*
H III 415/10, 5	*Einteilung der Wohnhäuser und Namensverzeichnis der Einwohner*	*1803*
H III 415/10, 6	*Volkszahlregister*	*1803*
H III 415/10, 7	*Liste der wahlberechtigten Angesessenen*	*1834*
H III 415/10, 8	*Einwohnerverzeichnis*	*1837*
H III 415/10, 10	*Liste der Wahlberechtigten*	*1850*
H III 415/10, 13	*Einwohnerverzeichnis*	*1867*

Adelige Güterdistrikte

LAS 199, 6	Pflugzahlregister (Güter, Klöster)	1739
LAS 66, 5239-5240	Pflugzahl der adeligen Güter und Meierhöfe	1784-1822
LAS 199, 9	Ansetzung der unter die Zahl der adeligen Güter aufgenommenen vormaligen Meierhöfe zu einer verhältnismäßigen Pflugzahl	1808-1817
LAS 66, 679.3	Landumsätze	1809-1817
LAS 66, 942.1-942.3	Halbprozent-Steuerlisten	1838-1840
LAS 66, 942.4-942.5	Halbprozent-Steuerlisten	1841-1842
LAS 66, 948.1 -948.2	Halbprozent-Steuerlisten	1843
LAS 66, 6135	Verzeichnisse der Halbprozent-Steuerfälle	1844
LAS 66, 7343	Halbprozent-Steuerlisten	1846-1847
LAS 309, 7288	Besitzwechsel der adeligen Güter	1868
LAS 309, 17377	Zerteilung von Grundstücken und Gründung neuer Ansiedelungen, sowie Eingehen solcher Stellen. Erbbaurecht	1868-1907
LAS 309, 16264	Landumsätze	1869-1877
LAS 309, 17376	Regelung der Besitzverhältnisse der in Zeitpacht befindlichen bäuerlichen Grundstücke auf den holsteinischen adeligen Gütern	1873-1921

Itzehoer Adeliger Güterdistrikt

LAS 50b, 402	SchuPfPr des Landgerichts, Nebenbuch Bd. 1, pag. 1-1567	1796-1807
LAS 50b, 403	SchuPfPr des Landgerichts, Nebenbuch Bd. 2, pag. 1568-2520	1807-1811
LAS 50b, 404	SchuPfPr des Landgerichts, Nebenbuch Bd. 3, pag. 2521-3378	1811-1812
LAS 50b, 405	SchuPfPr des Landgerichts, Nebenbuch Bd. 4, pag. 3379-4513	1812-1814
LAS 50b, 406	SchuPfPr des Landgerichts, Nebenbuch Bd. 5, pag. 4514-5664	1814-1817
LAS 50b, 407	SchuPfPr des Landgerichts, Nebenbuch Bd. 6, pag. 5665-6664	1817-1821
LAS 50b, 408	SchuPfPr des Landgerichts, Nebenbuch Bd. 7, pag. 6665-8088	1821-1827
LAS 50b, 409	SchuPfPr des Landgerichts, Nebenbuch Bd. 8, pag. 8089-9030	1827-1830
LAS 50b, 410	SchuPfPr des Landgerichts, Nebenbuch Bd. 9, pag. 9031-10130	1830-1833
LAS 50b, 411	SchuPfPr des Landgerichts, Nebenbuch Bd. 10, pag. 10131-11181	1833-1839
LAS 50b, 412	SchuPfPr des Landgerichts, Nebenbuch Bd. 11, pag. 11182-12230	1839-1844
LAS 50b, 413	SchuPfPr des Landgerichts, Nebenbuch Bd. 12, pag. 12231-13096	1844-1851
LAS 50b, 414	SchuPfPr des Landgerichts, Nebenbuch Bd. 13, pag. 13097-14021	1851-1857
LAS 50b, 415	SchuPfPr des Landgerichts, Nebenbuch Bd. 14, pag. 14022-14947	1857-1861
LAS 50b, 416	SchuPfPr des Landgerichts, Nebenbuch Bd. 15, pag. 14948-15907	1861-1867
LAS 50b, 417	SchuPfPr des Landgerichts, Nebenbuch Bd. 16, pag. 15908-16886	1867-1871
LAS 50b, 418	SchuPfPr des Landgerichts, Nebenbuch Bd. 17, pag. 16887-17900	1871-1875
LAS 50b, 419	SchuPfPr des Landgerichts, Nebenbuch Bd. 18, pag. 17901-18625	1875-1879
LAS 50b, 420	SchuPfPr des Landgerichts, Nebenbuch Bd. 19, pag. 18626-19390	1879-1885
LAS 50b, 421	SchuPfPr des Landgerichts, Nebenbuch Bd. 20, pag. 19391-19492	1885-1886
LAS 66, 5932	Landsteuerregister	1803
LAS 66, 5324	Haussteuer	1803-1844

LAS 152, 17-19	Steuerregulierung	1803-1804
LAS 152, 20	Steuerregister	1804
LAS 66, 7160-7163	Mannzahl- und Schatzprotokolle	1810-1815
LAS 152, 50	Mannzahl- und Schatzprotokoll	1811-1813
LAS 66, 5930	Landsteuerregister	1813
LAS 152, 51	Mannzahl- und Schatzprotokoll	1814
LAS 415, 5415	Volkszähllisten	1835
LAS 415, 5440	Volkszähllisten	1840
LAS 415, 5472	Volkszähllisten	1845

Gut Drage

LAS 127.2, 403	SchuPfPr	1703-1810
LAS 127.2, 404	SchuPfPr, Bd. I	1810-1889
LAS 127.2, 405	SchuPfPr, Bd. II	1810-1884
LAS 127.2, 406	SchuPfPr, Bd. III	1810-1884
LAS 127.2, 380	SchuPfPr, Bd. IV	1848-1884
LAS 127.2, 428	SchuPfPr	1885
LAS 127.2, 407	Extrakt aus dem SchuPfPr, Bd. I	1820-1860
LAS 127.2, 408	Extrakt aus dem SchuPfPr, Bd. II	1823-1860
LAS 127.2, 409	Extrakt aus dem SchuPfPr, Bd. III	1803-1860
LAS 50b, 401	SchuPfPr des Landgerichts	1814-1886

Nebenbücher siehe Itzehoer Güterdistrikt, S. 163

Findbuch zu „LAS Abt. 50b Brügmann“ enthält alphabetisches Namensregister von allen Eintragungen im SchuPfPr.

LAS 127.2, 378	Auktionsprotokolle	1815-1821
LAS 127.2, 374	Auktionsprotokolle	1821-1829
LAS 127.2, 422	Auktionsprotokolle	1839-1848
LAS 127.2, 390	Auktionsprotokolle	1847-1856
LAS 127.2, 26	Gerichtsprotokolle	1729-1730
LAS 127.2, 27	Gerichtsprotokolle	1731-1732
LAS 127.2, 456	Gerichtsprotokolle	1752-1763
LAS 127.2, 323	Gerichtsprotokoll	1772
LAS 127.2, 396	Gerichtsprotokolle	1810-1814
LAS 127.2, 417	Gerichtsprotokolle	1810-1815
LAS 127.2, 418	Gerichtsprotokolle	1815-1820
LAS 127.2, 419	Gerichtsprotokolle	1820-1825
LAS 127.2, 420	Gerichtsprotokolle	1825-1832
LAS 127.2, 376	Gerichtsprotokolle	1832-1837
LAS 127.2, 387	Gerichtsprotokolle	1837-1841

LAS 127.2, 379	Gerichtsprotokolle	1841-1845
LAS 127.2, 373	Gerichtsprotokolle	1845-1849
LAS 127.2, 375	Gerichtsprotokolle	1849-1857
LAS 127.2, 385	Gerichtsprotokolle	1857-1867
LAS 127.2, 28	Drage'sches Recht und Ding	1760
LAS 127.2, 29	Drage'sches Recht und Ding	1765
LAS 127.2, 30	Drage'sches Recht und Ding	1774
LAS 127.2, 31	Drage'sches Recht und Ding	1776
LAS 127.2, 358	Kauf- und Häuerkontrakte	1667-1719
LAS 127.2, 25	Kontrakte, Obligationen, Vergleiche, Testamente	1685-1798
LAS 127.2, 368	Häuerkontrakte	1727-1742
LAS 127.2, 318	Kaufkontrakte	1729-1731
LAS 127.2, 348	Kaufbriefe, Erbpachtskontrakte	1741-1789
LAS 127.2, 320	Kaufkontrakte	1745-1747
LAS 127.2, 356	Pacht-, Kauf- und andere Kontrakte	1743-1780
LAS 127.2, 367	Kaufkontrakte	1753-1763
LAS 127.2, 17	Kaufkontrakte	1794-1795
LAS 127.2, 327	Kaufkontrakte	1799-1805
LAS 127.2, 321	Kaufkontrakte	1800-1802
LAS 127.2, 410	Kontraktenprotokoll	1716-1771
LAS 127.2, 411	Kontraktenprotokoll	1771-1791
LAS 127.2, 412	Kontraktenprotokoll	1791-1801
LAS 127.2, 382	Kontraktenprotokoll	1802-1810
LAS 127.2, 413	Kontraktenprotokoll	1810-1818
LAS 127.2, 414	Kontraktenprotokoll	1818-1827
LAS 127.2, 381	Kontraktenprotokoll	1824-1835
LAS 127.2, 384	Kontraktenprotokoll	1829-1835
LAS 127.2, 383	Kontraktenprotokoll	1835-1840
LAS 127.2, 386	Kontraktenprotokoll	1840-1844
LAS 127.2, 389	Kontraktenprotokoll	1844-1858
LAS 127.2, 388	Kontraktenprotokoll	1850-1855
LAS 127.2, 371	Obligationsprotokoll	1850-1863
LAS 127.2, 401	Kontraktenprotokoll	1855-1858
LAS 127.2, 415	Kontraktenprotokoll	1858-1863
LAS 127.2, 402	Kontraktenprotokoll	1863-1870
LAS 127.2, 400	Kontraktenprotokoll	1869-1874
LAS 127.2, 399	Kontraktenprotokoll	1873-1874
LAS 127.2, 397	Kontraktenprotokoll	1876-1880
LAS 127.2, 398	Kontraktenprotokoll	1878-1883

LAS 127.2, 20	Gutsrechnung	1668-1669
LAS 127.2, 21	Beilagen zur Gutsrechnung	1668-1669
LAS 127.2, 22	Beilagen zur Gutsrechnung	1693-1694
LAS 127.2, 84	Gutsrechnung mit Beilagen	1729-1730
LAS 127.2, 85	Gutsrechnung mit Beilagen	1729
LAS 127.2, 86	Gutsrechnung mit Beilagen	1730
LAS 127.2, 87	Gutsrechnung mit Beilagen	1731
LAS 127.2, 239	Administrationsrechnung	1759
LAS 127.2, 267	Administrationsrechnung mit Beilagen	1764
LAS 127.2, 88	Administrationsrechnung mit Beilagen	1778-1779
LAS 127.2, 89	Administrationsrechnung mit Beilagen	1779-1780
LAS 127.2, 90	Administrationsrechnung mit Beilagen	1780
LAS 127.2, 91	Administrationsrechnung mit Beilagen	1781
LAS 127.2, 92	Administrationsrechnung mit Beilagen	1782
LAS 127.2, 93	Administrationsrechnung mit Beilagen	1783
LAS 127.2, 94	Administrationsrechnung mit Beilagen	1784
LAS 127.2, 95	Administrationsrechnung mit Beilagen	1785
LAS 127.2, 96	Administrationsrechnung mit Beilagen	1786
LAS 127.2, 97	Administrationsrechnung mit Beilagen	1787
LAS 127.2, 98	Administrationsrechnung mit Beilagen	1788
LAS 127.2, 99	Administrationsrechnung mit Beilagen	1789
LAS 127.2, 100	Administrationsrechnung mit Beilagen	1790
LAS 127.2, 101	Administrationsrechnung mit Beilagen	1791
LAS 127.2, 102	Administrationsrechnung mit Beilagen	1792
LAS 127.2, 103	Administrationsrechnung mit Beilagen	1793
LAS 127.2, 104	Administrationsrechnung mit Beilagen	1794
LAS 127.2, 105	Administrationsrechnung mit Beilagen	1795
LAS 127.2, 106	Administrationsrechnung mit Beilagen	1796
LAS 127.2, 107	Administrationsrechnung mit Beilagen	1797
LAS 127.2, 108	Administrationsrechnung mit Beilagen	1798
LAS 127.2, 109	Administrationsrechnung mit Beilagen	1799
LAS 127.2, 110	Administrationsrechnung mit Beilagen	1800
LAS 127.2, 111	Administrationsrechnung mit Beilagen	1801
LAS 127.2, 112	Administrationsrechnung mit Beilagen	1802
LAS 127.2, 113	Administrationsrechnung mit Beilagen	1803
LAS 127.2, 114	Administrationsrechnung mit Beilagen	1804
LAS 127.2, 115	Administrationsrechnung mit Beilagen	1805
LAS 127.2, 116	Administrationsrechnung mit Beilagen	1806
LAS 127.2, 117	Administrationsrechnung mit Beilagen	1807
LAS 127.2, 118	Administrationsrechnung mit Beilagen	1808
LAS 127.2, 119	Administrationsrechnung mit Beilagen	1809
LAS 127.2, 120	Administrationsrechnung mit Beilagen	1810
LAS 127.2, 121	Administrationsrechnung mit Beilagen	1811
LAS 127.2, 122	Administrationsrechnung mit Beilagen	1812

LAS 127.2, 123	Administrationsrechnung mit Beilagen	1813
LAS 127.2, 124	Administrationsrechnung mit Beilagen	1814
LAS 127.2, 125	Administrationsrechnung mit Beilagen	1815
LAS 127.2, 126	Administrationsrechnung mit Beilagen	1816
LAS 127.2, 127	Administrationsrechnung mit Beilagen	1817
LAS 127.2, 128	Administrationsrechnung mit Beilagen	1818
LAS 127.2, 129	Administrationsrechnung mit Beilagen	1819
LAS 127.2, 130	Administrationsrechnung mit Beilagen	1820
LAS 127.2, 131	Administrationsrechnung mit Beilagen	1821
LAS 127.2, 132	Administrationsrechnung mit Beilagen	1822
LAS 127.2, 133	Administrationsrechnung mit Beilagen	1823
LAS 127.2, 134	Administrationsrechnung mit Beilagen	1824
LAS 127.2, 135	Administrationsrechnung mit Beilagen	1825
LAS 127.2, 136	Administrationsrechnung mit Beilagen	1826
LAS 127.2, 137	Administrationsrechnung mit Beilagen	1827
LAS 127.2, 138	Administrationsrechnung mit Beilagen	1828
LAS 127.2, 139	Administrationsrechnung mit Beilagen	1829
LAS 127.2, 140	Administrationsrechnung mit Beilagen	1830
LAS 127.2, 141	Administrationsrechnung mit Beilagen	1831
LAS 127.2, 142	Administrationsrechnung mit Beilagen	1832
LAS 127.2, 143	Administrationsrechnung mit Beilagen	1833
LAS 127.2, 144	Administrationsrechnung mit Beilagen	1834
LAS 127.2, 145	Administrationsrechnung mit Beilagen	1835
LAS 127.2, 146	Administrationsrechnung mit Beilagen	1836
LAS 127.2, 147	Administrationsrechnung mit Beilagen	1837
LAS 127.2, 148	Administrationsrechnung mit Beilagen	1838
LAS 127.2, 149	Administrationsrechnung mit Beilagen	1839
LAS 127.2, 150	Administrationsrechnung mit Beilagen	1840
LAS 127.2, 151	Administrationsrechnung mit Beilagen	1841
LAS 127.2, 152	Administrationsrechnung mit Beilagen	1842
LAS 127.2, 153	Administrationsrechnung mit Beilagen	1843
LAS 127.2, 154	Administrationsrechnung mit Beilagen	1844
LAS 127.2, 155	Administrationsrechnung mit Beilagen	1845
LAS 127.2, 247	Geldregister	1731-1732
LAS 127.2, 241	Geldregister	1733
LAS 127.2, 294	Geldrechnung	1734
LAS 127.2, 242	Geldrechnung mit Beilagen	1734-1735
LAS 127.2, 292	Geldrechnung	1735
LAS 127.2, 227	Geldrechnung	1737-1738
LAS 127.2, 234	Geldrechnung mit Beilagen	1738-1739
LAS 127.2, 287	Geldrechnung mit Beilagen	1739-1740
LAS 127.2, 293	Geldrechnung mit Beilagen	1740-1741
LAS 127.2, 237	Geldrechnung mit Beilagen	1741-1742
LAS 127.2, 226	Geldrechnung	1743

LAS 127.2, 240	Geldrechnung	1748
LAS 127.2, 272	Geldrechnung mit Beilagen	1748-1749
LAS 127.2, 225	Geldrechnung	1755
LAS 127.2, 238	Geldrechnung	1756
LAS 127.2, 270	Geldrechnung	1757
LAS 127.2, 224	Geldrechnung	1758
LAS 127.2, 261	Geldrechnung	1760
LAS 127.2, 250	Geldrechnung	1761
LAS 127.2, 220	Geldrechnung	1763
LAS 127.2, 288	Geldrechnung	1765
LAS 127.2, 285	Geldrechnung	1766
LAS 127.2, 276	Geldrechnung mit Beilagen	1769
LAS 127.2, 248	Geldrechnung	1771
LAS 127.2, 278	Geldrechnung	1772
LAS 127.2, 262	Geldrechnung	1776
LAS 127.2, 223	Geldrechnung	1777
LAS 127.2, 277	Hauptbuch	1779-1780
LAS 127.2, 263	Hauptbuch	1780-1781
LAS 127.2, 256	Hauptbuch	1781
LAS 127.2, 246	Hauptbuch	1782
LAS 127.2, 279	Hauptbuch	1784
LAS 127.2, 221	Hauptbuch	1792
LAS 127.2, 260	Hauptbuch	1794
LAS 127.2, 282	Hauptbuch	1795
LAS 127.2, 291	Hauptbuch	1796
LAS 127.2, 290	Hauptbuch	1797
LAS 127.2, 266	Hauptbuch	1798
LAS 127.2, 253	Hauptbuch	1799
LAS 127.2, 284	Hauptbuch	1800
LAS 127.2, 222	Hauptbuch	1801
LAS 127.2, 229	Hauptbuch	1802
LAS 127.2, 281	Hauptbuch	1803
LAS 127.2, 254	Hauptbuch	1804
LAS 127.2, 273	Hauptbuch	1805
LAS 127.2, 249	Hauptbuch	1806
LAS 127.2, 230	Hauptbuch	1807
LAS 127.2, 257	Hauptbuch	1808-1809
LAS 127.2, 280	Hauptbuch	1810
LAS 127.2, 268	Hauptbuch	1811
LAS 127.2, 296	Hauptbuch	1812
LAS 127.2, 243	Hauptbuch	1813
LAS 127.2, 289	Hauptbuch	1814
LAS 127.2, 264	Hauptbuch	1815
LAS 127.2, 259	Hauptbuch	1816

LAS 127.2, 236	Hauptbuch	1817
LAS 127.2, 274	Hauptbuch	1818
LAS 127.2, 252	Hauptbuch	1819
LAS 127.2, 265	Hauptbuch	1820
LAS 127.2, 275	Hauptbuch	1821
LAS 127.2, 161	Hauptbuch	1822
LAS 127.2, 245	Hauptbuch	1822
LAS 127.2, 209	Hauptbuch	1823
LAS 127.2, 176	Hauptbuch	1824
LAS 127.2, 168	Hauptbuch	1825
LAS 127.2, 197	Hauptbuch	1826
LAS 127.2, 214	Hauptbuch	1827
LAS 127.2, 174	Hauptbuch	1828
LAS 127.2, 196	Hauptbuch	1829
LAS 127.2, 194	Hauptbuch	1830
LAS 127.2, 192	Hauptbuch	1831
LAS 127.2, 200	Hauptbuch	1832
LAS 127.2, 198	Hauptbuch	1833
LAS 127.2, 208	Hauptbuch	1834
LAS 127.2, 172	Hauptbuch	1835
LAS 127.2, 195	Hauptbuch	1837
LAS 127.2, 164	Hauptbuch	1839
LAS 127.2, 163	Hauptbuch	1840
LAS 127.2, 171	Hauptbuch	1841
LAS 127.2, 199	Hauptbuch	1842
LAS 127.2, 177	Hauptbuch	1844
LAS 127.2, 178	Hauptbuch	1845
LAS 127.2, 169	Hauptbuch	1846
LAS 127.2, 216	Hauptbuchbeilage (Kontribuentenliste)	1847
LAS 127.2, 210	Hauptbuch	1847
LAS 127.2, 170	Hauptbuch	1848
LAS 127.2, 175	Hauptbuch	1849
LAS 127.2, 202	Hauptbuch	1850
LAS 127.2, 193	Hauptbuch	1851
LAS 127.2, 205	Hauptbuch	1852
LAS 127.2, 203	Hauptbuch	1853
LAS 127.2, 204	Hauptbuch	1854
LAS 127.2, 233	Hauptbuch	1855
LAS 127.2, 211	Hauptbuch	1856
LAS 127.2, 207	Hauptbuch	1857
LAS 127.2, 231	Hauptbuch	1859-1860
LAS 127.2, 173	Hauptbuch	1860
LAS 127.2, 217	Hauptbuch	1861-1862
LAS 127.2, 215	Hauptbuch	1862-1863
LAS 127.2, 232	Hauptbuch	1862-1863

LAS 127.2, 201	Hauptbuch	1864-1865
LAS 127.2, 213	Hauptbuch	1865-1866
LAS 127.2, 212	Hauptbuch	1866-1867
LAS 127.2, 206	Hauptbuch	1867
LAS 127.2, 258	Hauptbuch	1867

LAS 66, 6984	Inventarisierung des Rantzauischen Gutes	1727-1731
LAS 127.2, 298	Designation wegen des Hofdienstes	1729-1733
LAS 127.2, 487	Übernahme des Gutes	1762
LAS 66, 5659	Ankauf für den König	1765-1780
LAS 66, 5797	Tabellen wegen des am 1. April 1774 gezählten Hornviehs	1774
LAS 127.2, 446	Vermessungsprotokoll über sämtliche Drager Ländereien	1778-1779
LAS 127.2, 13	Beschreibung und Anschlag	1779
LAS 104, 703	Grenze zum Kirchspiel Schenefeld	1779-1792
LAS 66, 5660	Ankauf für den König	1780
LAS 66, 7777	Die Niederlegung des Gutes	1784-1787
LAS 127.2, 467	Kaufbrief für Johanna Sanftenberg über die Parzelle Nr. 20	1788
LAS 127.2, 464	Verkauf, Teilung, Einfriedigung	1792-1857
LAS 66, 4535	Erbpachten und Konfirmationen	1793-1840
LAS 127.2, 17	Verkauf verschiedener Parzellen	1794-1795
LAS 127.2, 303	Fuhrregister	1798-1800
LAS 66, 7326	Gut Drage, darunter Verzeichnis der Untergehörigen	1799-1802
LAS 66, 7912	Landveräußerungen	1800-1839
LAS 80, 2214	Auseinandersetzung bei Landveräußerungen	1808-1860
LAS 415, 5915	Topographie des Gutes	1820
LAS 80, 1771	Erbpachten	1826-1868
LAS 127.2, 447	Landumsätze	1832-1862
LAS 66, 7913	Landveräußerungen	1839-1847
LAS 66, 5032	Zeitpachten	1820-1845
LAS 66, 6196	Landveräußerungen	1841-1847
LAS 66, 7862	Die Verhältnisse der Gemeinheiten	1846-1847
LAS 127.2, 304	Fuhrregister	1846-1848
LAS 127.2, 453	Fuhrwesen	1846-1856
LAS 56, 416	Landaufteilungen	1846-1863
LAS 103, 74c	Aufteilung von Gemeinheiten	1847-1853
LAS 80, 2234	Landumsätze	1848-1857
LAS 80, 2261	Landumsätze	1857-1860
LAS 103, 74b	Gesuche um Landveräußerungserlaubnis	1860-1888
LAS 80, 2235	Landumsätze	1861-1868
LAS 309, 3590	Die von den Eingesessenen zu beschaffende Roggenlieferung	1868-1880

LAS 127.2, 305	Fuhrregister	1872-1873
LAS 127.2, 297	Extrakt einiger Kontributionsregister	1678-1742
LAS 127.2, 23	Auszug aus den Hebungslisten	1709-1721
LAS 127.2, 218	Kontributions- und Steuerliste	1732-1733
LAS 127.2, 357	Pacht- und Hebungsregister	1767-1768
LAS 127.2, 354	Erbteilungs- und Steuersachen	1778-1791
LAS 127.2, 441	Hebungswesen	1810-1854
LAS 66, 4031	Hebungsextrakte	1825-1835
LAS 127.2, 442	Steuern und Abgaben	1830-1865
LAS 66, 4032	Hebungsextrakte	1836-1838
LAS 127.2, 306	Berechnung der Grund- und Benutzungssteuer	1844
LAS 127.2, 182	Steuerlisten und Administrationsrechnungen	1845-1846
LAS 127.2, 181	Steuerlisten und Administrationsrechnungen	1847
LAS 127.2, 186	Steuerlisten und Administrationsrechnungen	1848
LAS 127.2, 185	Steuerlisten und Administrationsrechnungen	1849
LAS 127.2, 184	Steuerlisten und Administrationsrechnungen	1850
LAS 127.2, 183	Steuerlisten und Administrationsrechnungen	1851
LAS 127.2, 188	Steuerlisten und Administrationsrechnungen	1852
LAS 127.2, 189	Steuerlisten und Administrationsrechnungen	1853
LAS 127.2, 190	Steuerlisten und Administrationsrechnungen	1853-1854
LAS 127.2, 191	Steuerlisten und Administrationsrechnungen	1854-1855
LAS 127.2, 179	Steuerlisten und Administrationsrechnungen	1858-1859
LAS 127.2, 187	Steuerlisten und Administrationsrechnungen	1860-1861
LAS 309, 2621	verschiedene Abgaben, Erbpacht	1869-1871
LAS 309, 2631	verschiedene Abgaben, Erbpacht	1870-1872
LAS 127.2, 300	Repartitionslisten	1872-1878
LAS 309, 2534	verschiedene Abgaben	1869-1870
LAS 309, 2546	verschiedene Abgaben	1870-1871
LAS 127.2, 372	Vormünderbuch	1850
LAS 103, 211a	Brandversicherungswesen	1841-1866
LAS 127.2, 477	Verzeichnis der Gutsuntertanen	1731
LAS 412, 414	Volkszählregister	1803
LAS 415, 5415	Volkszähllisten	1835
LAS 415, 5440	Volkszähllisten	1840
LAS 415, 5472	Volkszähllisten	1845
LAS 415, 5539	Volkszähllisten	1855
LAS 412, 727	Volkszählregister	1860
LAS 412, 1127	Volkszählregister	1864

Hohenwestedt (siehe auch S. 126)

LAS 127.2, 363	Landaufteilung	1754-1876
LAS 66, 5558	Beschwerden der Kätner wegen Übergehung bei der Einkoppelung	1773-1781
LAS 123, 1793	Die Vereinigung der veschiedenen Jurisdiktionen zu einer Gemeinde	1869

Kieler Adeliger Güterdistrikt

LAS 7, 6402	Entwichene und abgewanderte Leibeigene	1608-1706
LAS 7, 6398	Entwichene und abgewanderte Leibeigene	1612-1703
LAS 126.1, 20	Höfe, Hufen und Katen der Güter	1801-1803
LAS 126.1, 21	Verzeichnis der Hufen und Pflugzahl der Güter	1802-1807
LAS 152, 15	Steuerregulierung	1803-1804
LAS 152, 16	Steuerregister	1804
LAS 126.1, 16	Kapital-, Grund- und Haussteuer von 1809	1809-1810
LAS 126.1, 17	Einkünftesteuer von 1810	1810-1811
LAS 126.1, 22	Verzeichnisse der Steuertonnen Landes	1813-1814
LAS 152, 46	Mannzahl- und Steuerregister	1811
LAS 152, 49	Mannzahl- und Schatzprotokoll	1811
LAS 152, 47	Mannzahl- und Schatzprotokoll	1812-1813
LAS 152, 48	Mannzahl- und Schatzprotokoll	1814
LAS 415, 5417	Volkszähllisten	1835
LAS 415, 5418	Volkszähllisten	1835
LAS 415, 5442	Volkszähllisten	1840
LAS 415, 5473	Volkszähllisten	1845
LAS 415, 5474	Volkszähllisten	1845
LAS 415, 5541	Volkszähllisten	1855

Gut Annenhof

LAS 7, 6311	Annenhof	1640-1712
LAS 415, 605	Mannzahlregister	1773-1813
LAS 415, 606	Inventar; Vermessungsprotokolle	1779-1803
LAS 126.22, 3	Vormünderbuch	1806-1871
LAS 126.22, 1	Kontraktenbuch	1827-1873
LAS 126.22, 2	Kontraktenbuch	1874-1877
LAS 309 Flur (13), 5	Flurbuch	1877

Verpachtungen, Verheuerungen und Verkäufe siehe maschinenschriftliches Findbuch *LAS „Andere Archive" H III 185.*

LAS 412, 378	Volkszählungslisten	1803
LAS 412, 685	Volkszählungslisten	1860
LAS 412, 1085	Volkszählungslisten	1864
LAS „Andere Archive"		
H III 185, 465	*Schuldenverzeichnis der Untergehörigen*	*1775*
H III 185, 429	*Rechnung*	*1812-1813*
H III 185, 430	*Rechnung*	*1813-1814*
H III 185, 431	*Rechnung*	*1814-1815*
H III 185, 432	*Rechnung*	*1816*
H III 185, 433	*Rechnung*	*1817*
H III 185, 434	*Rechnung*	*1818-1819*
H III 185, 435	*Rechnung*	*1819-1823*
H III 185, 436	*Arbeitsregister und Extrakte aus der Geldrechnung*	*1823-1825*
H III 185, 437	*Rechnungsbeilagen und Arbeitslisten*	*1825-1826*
H III 185, 438	*Rechnung*	*1826-1827*
H III 185, 439	*Rechnung*	*1828*
H III 185, 440	*Rechnung*	*1829-1830*
H III 185, 441	*Rechnung*	*1831-1832*
H III 185, 442	*Rechnung*	*1832-1833*
H III 185, 443	*Rechnung*	*1833-1834*
H III 185, 445	*Rechnung*	*1834-1835*
H III 185, 446	*Rechnung*	*1835-1836*
H III 185, 447	*Rechnung*	*1836-1837*
H III 185, 448	*Rechnung*	*1837-1838*
H III 185, 449	*Rechnung*	*1838-1839*
H III 185, 450	*Rechnung*	*1839-1840*
H III 185, 451	*Rechnung*	*1841-1842*
H III 185, 452	*Rechnung*	*1842-1843*
H III 185, 424	*Heu- und Kornernteverzeichnis*	*1771-1789*
H III 185, 425	*Arbeitsliste der Tagelöhner*	*1786*
H III 185, 427	*Ernteregister*	*1792-1800*
H III 185, 148	*Haussteuerregister*	*1857-1858*
H III 185, 201	*Pferde- und Hornviehverzeichnisse*	*1772-1786*
H III 185, 202	*Verzeichnis der Pferde, der Schweine und des Hornviehs*	*1775-1791*

Annenhof

- Schneiderkate	**- Sündenkate**	
LAS 309 Geb. St., 575	Gebäudesteuer	1867
LAS 309 Flur (13), 5B	Flurbuch	1877

Hohenhude

- Heidberg	**- Schlacksit**	
LAS 309 Geb. St., 593	Gebäudesteuer	1867
LAS 309 Flur (13), 62	Flurbuch	1877

Rodenbek

LAS 309 Geb. St., 614	Gebäudesteuer	1867

Gut Blockshagen

LAS 7, 6324	Blockshagen	1604-1713
LAS 7, 6311	Blockshagen	1640-1712
LAS 415, 605	Mannzahlregister; Verzeichnis der leibeigenen Untertanen	1773-1813
LAS 415, 606	Inventar; Vermessungsprotokolle	1779-1803
LAS 126.22, 3	Vormünderbuch	1806-1871
LAS 126.22, 1	Kontraktenbuch	1827-1873
LAS 126.22, 2	Kontraktenbuch	1874-1877

Verpachtungen, Verheuerungen und Verkäufe siehe maschinenschriftliches Findbuch *LAS „Andere Archive" H III 185.*

LAS 412, 379	Volkszählungslisten	1803
LAS 412, 686	Volkszählungslisten	1860
LAS 412, 1086	Volkszählungslisten	1864

LAS „Andere Archive"

H III 185, 456	*Balance über die Korneinnahmen und -ausgaben*	*1789-1790*
H III 185, 457	*Ernteregister*	*1791-1802*
H III 185, 458	*Kornrechnungen*	*1791-1803*
H III 185, 459	*Viehregister*	*1792-1802*
H III 185, 462	*Rechnungen*	*1793-1803*
H III 185, 463	*Lohn- und Arbeitslisten*	*1797-1803*
H III 185, 148	*Haussteuerregister*	*1857-1858*

Blockshagen

LAS 309 Geb. St., 576	Gebäudesteuer	1867
LAS 309 Flur (13), 6B	Flurbuch	1877

Steinfurt

- Hohenleuchte **- Ihlkate**

LAS 309 Geb. St., 623	Gebäudesteuer	1867

Gut Bossee

LAS 7, 6216	Bossee	1645-1705
LAS 126.18, 5	SchuPfPr	1833-1884
LAS 126.18, 6	SchuPfPr (Nebenbuch)	1808-1888
LAS 126.18, 11	Kaufkontrakte	1809-1814
LAS 126.18, 7	Kontraktenbuch, Vol. I	1825-1833
LAS 126.18, 8	Kontraktenbuch, Vol. II	1829-1839
LAS 126.18, 9	Kontraktenbuch, Vol. III	1835-1866
LAS 126.18, 1	Geldregister über Einnahmen und Ausgaben	1764-1773
LAS 126.18, 1 a	Gerichtsprotokoll	1790-1820
LAS 126.18, 1 b	Gerichtsprotokoll	1820-1832
LAS 126.18, 2	Gerichtsprotokoll	1832-1842
LAS 126.18, 3	Gerichtsprotokoll	1842-1854
LAS 126.18, 4	Gerichtsprotokoll	1854-1867
LAS 126.18, 10	Vormünderbuch	1815-1866
LAS 126.18, 13	Nachlassregulierungen	1847-1867
LAS 412, 380	Volkszählungslisten	1803
LAS 412, 687	Volkszählungslisten	1860
LAS 412, 1087	Volkszählungslisten	1864

Bossee

- Apelrade **- Trentrade**

LAS 309 Geb. St., 577	Gebäudesteuer	1867
LAS 309 Flur (13), 20	Flurbuch	1877

Bruchs

- Ravensdamm **- Ravenshorst**

LAS 25, 143	Das Dorf Ravenshorst	18. Jh.
LAS 168, 1565	Ravenshorst	1717-1763
LAS 309 Geb. St., 577	Gebäudesteuer	1867
LAS 320.3, 114	Reallasten-Ablösung	1875-1876
LAS 309 Flur (13), 26	Flurbuch	1877
LAS 415, 1647	Karte [Ravenshorst]	1771

Rolfshörn (Meierhof)

- Rolfshörnerholz **- Rolfshörnermoor** **- Schornsteinkate**

Schönhagen (Meierhof)

- Hogelucht

LAS 309 Geb. St., 577	Gebäudesteuer	1867

Gut Deutsch Nienhof

LAS 126.20, 3	SchuPfPr	1815-1884
LAS 126.20, 4	SchuPfPr (Nebenbuch)	1813-1881
LAS 126.20, 5	Kontraktenbuch	1815-1841
LAS 126.20, 6	Kontraktenbuch	1834-1867
LAS 126.20, 9	Gerichtsprotokoll	1808-1812
LAS 126.20, 10	Gerichtsprotokoll	1813-1828
LAS 126.20, 1	Gerichtsprotokoll	1829-1844
LAS 126.20, 2	Gerichtsprotokoll	1844-1867
LAS 126.20, 11	Tagesregister der Einnahme des Fräuleinschatzes	1565
LAS 15, 376	Ansetzung des Gutes	1633-1737
LAS 15, 375	Rechnungssachen	1810
LAS 415, 721	Pachtsachen, Vermessungsregister, Karten und vieles mehr	18. Jh.
LAS 415, 724	Pachtkontrakte, Reallastenablösungen	1811-1921
LAS 126.20, 7	Vormünderbuch	1813-1867
LAS 126.20, 8	Nachlass-, Vormundschaftssachen	1844-1867
LAS 412, 381	Volkszählungslisten	1803
LAS 412, 689	Volkszählungslisten	1860
LAS 412, 1089	Volkszählungslisten	1864

Deutsch Nienhof

- Enkendorferholz **- Liethbergskate**

LAS 309 Geb. St., 583	Gebäudesteuer	1867
LAS 324.22, 36	Mutterrolle	1874 ff.
LAS 309 Flur (13), 30	Flurbuch	1877

Ekhöft

- Steinkrug

LAS 324.22, 37	Mutterrolle	1874 ff.

Josephinenhof (Meierhof)

LAS 324.22, 38	Mutterrolle	1874 ff.
LAS 309 Flur (13), 72	Flurbuch	1877

Wrohe

- Eulenkrug

LAS 324.22, 39	Mutterrolle	1874 ff.
LAS 309 Flur (13), 144	Flurbuch	1877

Gut Emkendorf

- Alt Mühlendorf **- Neu Mühlendorf**

LAS 7, 6236	Emkendorf	1667-1711
LAS 126.19, 5	SchuPfPr	1825-1884
LAS 126.19, 6	Kopiebuch zum SchuPfPr I	1831-1867
LAS 126.19, 12	Originalkontrakte, Beilagen zum SchuPfPr, Nachlasssachen	1815-1856
LAS 126.19, 13	Originalkontrakte, Beilagen zum SchuPfPr, Nachlasssachen	1857-1867
LAS 126.19, 15	Kontraktenprotokoll	1779-1830
LAS 126.19, 7	Kontraktenprotokoll II	1840-1868
LAS 126.19, 8	Kontraktenprotokoll III	1868-1883
LAS 126.25, 6	Depositenbuch	1836-1853

LAS 126.19, 1	Gerichtsprotokoll	1806-1814
LAS 126.19, 2	Gerichtsprotokoll	1814-1836
LAS 126.19, 3	Gerichtsprotokoll	1837-1860
LAS 126.19, 4	Gerichtsprotokoll	1860-1867
LAS 126.19, 16	Kontributions- und Rossdienstquittungen	1683-1702
LAS 126.19, 9	Vormünderbuch	1804-1867
LAS 412, 383	Volkszählungslisten	1803
LAS 412, 691	Volkszählungslisten	1860
LAS 412, 1091	Volkszählungslisten	1864
LAS 415, 2525	Gemarkungspläne	1809-1811
LAS 415, 2526	Karte	19. Jh.
LAS „Andere Archive“		
H III 19, 353	*Kornrechnungen*	*1726*
H III 19, 354	*Kornrechnungen*	*1729-1735*
H III 19, 494	*Kornrechnungen*	*1782-1788*
H III 19, 355	*Kornrechnungen*	*1790-1793*
H III 19, 356	*Kornrechnungen*	*1796-1812*
H III 19, 357	*Kornrechnungen*	*1819-1895*
H III 19, 358	*Geldrechnung*	*1771-1781*
H III 19, 359	*Geldrechnung*	*1787-1793*
H III 19, 360	*Geldrechnung*	*1796-1800*
H III 19, 361	*Geldrechnung*	*1801-1806*
H III 19, 362	*Geldrechnung*	*1807-1817*
H III 19, 363	*Extrakte aus der Gutsrechnung*	*1812-1820*
H III 19, 364	*Berechnung der Geldausgaben*	*1821-1823*
H III 19, 365	*Geldrechnungen*	*1828-1840*
H III 19, 366	*Geldrechnungen*	*1841-1853*
H III 19, 367	*Geldrechnung*	*1854-1855*
H III 19, 368	*Geldrechnung*	*1855-1856*
H III 19, 369	*Geldrechnung*	*1857-1858*
H III 19, 370	*Geldrechnung*	*1858-1859*
H III 19, 371	*Geldrechnung*	*1859-1860*
H III 19, 372	*Geldrechnung*	*1860-1861*
H III 19, 373	*Geldrechnung*	*1861-1862*
H III 19, 374	*Geldrechnung*	*1862-1863*
H III 19, 375	*Geldrechnung*	*1864-1865*
H III 19, 376	*Geldrechnung*	*1865-1866*
H III 19, 377	*Geldrechnung*	*1867-1868*
H III 19, 378	*Geldrechnung*	*1869-1870*

H III 19, 379	*Geldrechnung*	*1870-1871*
H III 19, 380	*Geldrechnung*	*1871-1872*
H III 19, 381	*Geldrechnung*	*1872-1874*
H III 19, 382	*Geldrechnungen*	*1884-1899*
H III 19, 383	*Geldrechnungen*	*1885-1900*
H III 19, 115	*Verordnung über Aufhebung der Leibeigenschaft*	*1716-1805*
H III 19, 185	*Inventare des Meierhofes Alt-Mühlendorf*	*1734-1771*
H III 19, 130	*Inventar*	*1753-1868*
H III 19, 124	*Erneuerung abgelaufener und gekündigter Pachtverträge*	*1764-1871*
H III 19, 187	*Verkauf und Vererbpachtung von Ländereien des Meierhofes Alt-Mühlendorf*	*1771*
H III 19, 3a	*Inventarium*	*1786*
H III 19, 59	*Hand- und Spanndienste und Lohnfuhren*	*1787-1900*
H III 19, 118a	*Vermessungsinstrument*	*1790-1803*
H III 19, 123	*Pacht- und Hebungsregister*	*1815-1898*
H III 19, 120	*Pachtkontrakte*	*1819-1837*
H III 19, 140	*Vermessung*	*1827-1829*
H III 19, 139	*Erdbuch*	*1828*
H III 19, 121	*Bonitierung der Ländereien*	*1849-1861*
H III 19, 436	*Mannzahl- und Schatzprotokoll*	*1789-1803*
H III 19, 439	*Land- und Haussteuerregister*	*1813-1835*
H III 19, 445	*Einkommensteuer-Veranlagung*	*1848-1901*
H III 19, 448	*Hauptbuch über sämtliche von den Gutsuntergehörigen erhobenen Steuern*	*1867*
H III 19, 449	*Klassensteuer Zu- und Abgangslisten*	*1871-1873*
H III 19, 450	*Grundsteuerveranlagung und Auszüge aus der Grundsteuer-Mutterrolle*	*1874-1881*
H III 19, 27	*Brandgildekataster*	*1823-1867*

Nachlass und Vormundschaftssachen sind im Findbuch *LAS „Andere Archive" H III 19* in alphabetischer Reihenfolge zu finden (Seite 62-65).

Bokelholm (Meierhof)

LAS 324.22, 46	Mutterrolle	1874 ff.
LAS 309 Flur (13), 16	Flurbuch	1877
LAS 415, 2534	Karte	1777
LAS 415, 2535	Karte der Ländereien	o. J.

LAS „Andere Archive“		
H III 19, 130	*Inventar*	*1753-1868*
H III 19, 152	*Verpachtung der Instenstellen*	*1849-1890*
H III 19, 153	*Ablösung der Reallasten*	*1874*

Borgdorf

LAS 309 Geb. St., 600	Gebäudesteuer	1867
LAS 309 Flur (13), 19	Flurbuch	1877
LAS 415, 2536	Karte von der Feldmark	1784
LAS 415, 2537	Gemarkungskarte	1872-1873
LAS „Andere Archive“		
H III 19, 155	*Betr. die Katenstellen*	*1735-1854*
H III 19, 191	*Einkoppelung der Ländereien mit Erdbuch*	*1773-1829*
H III 19, 202	*Verkoppelung der Gemeinschaftsländereien*	*1773-1913*
H III 19, 346	*Reallastenablösung*	*1874-1883*

Eisendorf

LAS 324.22, 41	Mutterrolle	1874 ff.
LAS 309 Geb. St., 600	Gebäudesteuer	1867
LAS „Andere Archive“		
H III 19, 202	*Verkoppelung der Gemeinschaftsländereien*	*1773-1913*
H III 19, 160	*Inventare der Hufenstelle*	*1779*
H III 19, 161	*Erbpachtskontrakt der Kätnerstelle*	*1800*
H III 19, 163	*Aufteilungsregister der Feldmark*	*1838*
H III 19, 348	*Reallastenablösung*	*1874-1877*

Emkendorf

- Alt Kathenstedt **- Hopfenkrug** **- Kuhlenbrook**
- Liethberg **- Neu Kathenstedt** **- Stolzbrook**

LAS 309 Geb. St., 586	Gebäudesteuer	1867
LAS 324.22, 47	Mutterrolle	1874 ff.
LAS 309 Flur (13), 37	Flurbuch	1877
LAS „Andere Archive“		
H III 19, 183	*Pachtkontrakte über die Landstellen zu Kathenstedt*	*1850*
H III 19, 184	*Extrakte aus dem Erdbuch von Kathenstedt*	*1878*

Groß Vollstedt

LAS 126.19, 11	Einkoppelung	1794-1797
LAS 324.22, 48	Mutterrolle	1874 ff.
LAS „Andere Archive"		
H III 19, 202	*Verkoppelung der Gemeinschaftsländereien*	*1773-1913*
H III 19, 200	*Inventare der Hufner*	*1792-1867*
H III 19, 203	*Vermessungs- und Verteilungsregister*	*1798-1862*
H III 19, 491	*Zeitpachtkontrakt mit den Hufnern*	*1809*
H III 19, 204	*Erdbuch*	*1830*
H III 19, 205	*Instenkontrakte*	*1831-1898*

Haßmoor
- Dickendörn **- Methorstteich** **- Weizenberg**

LAS 309 Geb. St., 592	Gebäudesteuer	1867
LAS 324.22, 49	Mutterrolle	1874 ff.
LAS 324.22, 79	Mutterrolle	1874 ff.
LAS 415, 2538	Karte von den Ackerländereien	1789
LAS „Andere Archive"		
H III 19, 118a	*Vermessungsinstrument*	*1790-1803*
H III 19, 176	*Bonitierungsinstrument*	*1801*
H III 19, 165	*Pachtkontrakte der Hufner*	*1805-1893*
H III 19, 158	*Pachtkontrakte über Instenstellen zu Dickendörn*	*1809-1896*
H III 19, 181	*Pachtkontrakte der Insten [Methorstteich]*	*1819-1892*
H III 19, 166	*Pachtkontrakte der Insten*	*1831-1900*
H III 19, 222	*Kontrakte der Halb- und Viertelhufner zu Weizenberg*	*1831-1894*

Höbek
- Branden **- Wittenkamp**

LAS 309 Geb. St., 592	Gebäudesteuer	1867
LAS 324.22, 80	Mutterrolle	1874 ff.
LAS 309 Flur (13), 59	Flurbuch	1877
LAS 415, 2539	Karte von den Ackerländereien	1789
LAS „Andere Archive"		
H III 19, 118a	*Vermessungsinstrument*	*1790-1803*
H III 19, 177	*Hufeninventare*	*1801*

H III 19, 179	*Pachtkontrakte der Hufner*	*1831-1893*
H III 19, 180	*Pachtkontrakte der Insten*	*1831-1897*
H III 19, 225	*Hufeninventare von Wittenkamp*	*1801-1886*
H III 19, 226	*Hufner- und Instenkontrakte der Stellen zu Wittenkamp*	*1809-1886*

Höbek (Meierhof)

LAS 309 Geb. St., 989	Gebäudesteuer	1867
LAS 324.22, 81	Mutterrolle	1874 ff.
LAS 309 Flur (13), 60	Flurbuch	1877
LAS „Andere Archive"		
H III 19, 171	*Dienstregister*	*1733*
H III 19, 118a	*Vermessungsinstrument*	*1790-1803*
H III 19, 176	*Bonitierungsinstrument*	*1801*

Kleinvollstedt

- Neumühlen **- Westerheide**

LAS 309 Geb. St., 626	Gebäudesteuer	1867
LAS 324.22, 50	Mutterrolle	1874 ff.
LAS 324.22, 51	Mutterrolle	1874 ff.
LAS 309 Flur (13), 74	Flurbuch	1877
LAS 415, 2544	Karte von den Ackerländereien	1789
LAS „Andere Archive"		
H III 19, 209	*Instenkontrakte*	*1735-1898*
H III 19, 208	*Vermessungsprotokoll*	*1789-1803*
H III 19, 200	*Inventare der Hufner*	*1792-1867*
H III 19, 491	*Zeitpachtkontrakt mit den Hufnern*	*1809*
H III 19, 210	*Hufnerkontrakte*	*1809-1899*
H III 19, 211	*Erdbuch*	*1816-1830*
H III 19, 224	*Hufner- und Instenkontrakte der auf der Westerheide gelegenen Stellen*	*1834-1838*
H III 19, 347	*Reallastenablösung [Neumühlen]*	*1874-1875*

Schülp (bei Nortorf)
- Grünenthal

LAS 309 Geb. St., 1002	Gebäudesteuer	1867
LAS 324.22, 153	Mutterrolle	1874 ff.
LAS 309, 15091	Ablösung der Reallasten, Band I	1874-1879
LAS 309 Flur (13), 121	Flurbuch	1877
LAS „Andere Archive"		
H III 19, 202	*Verkoppelung der Gemeinschaftsländereien*	*1773-1913*
H III 19, 346	*Reallastenablösung*	*1874-1883*

Seedorf
- Springwedel

LAS 309 Geb. St., 600	Gebäudesteuer	1867
LAS 309 Flur (13), 19	Flurbuch	1877
LAS 415, 2537	Gemarkungskarte	1872-1873
LAS „Andere Archive"		
H III 19, 191	*Einkoppelung der Ländereien mit Erdbuch*	*1773-1829*
H III 19, 346	*Reallastenablösung*	*1874-1883*

Warder

LAS 309 Geb. St., 600	Gebäudesteuer	1867
LAS 415, 2548	Karte von den Moor- und Gemeinheitsländereien	1803
LAS „Andere Archive"		
H III 19, 217	*Verkoppelung der Ländereien*	*1802*
H III 19, 219	*Vermessungs- und Bonitierungsregister der Acker- und Gemeinheitsländereien*	*1804*

Gut Georgenthal

LAS 126.3, 1	Gerichtsprotokoll	1820-1867
LAS 126.3, 2	Kontraktenbuch	1824-1830
LAS 126.3, 3	Kontraktenbuch	1830-1864
LAS 126.3, 5	Kaufverträge	1833-1834

LAS 126.3, 13	Steuersachen	1810-1851
LAS 126.3, 12	Pacht und Steuern der Untertanen	1857-1886
LAS 126.3, 14	Steuersachen	1867
LAS 412, 692	Volkszählungslisten	1860
LAS 412, 1092	Volkszählungslisten	1864

Bovenau
- Butenkamp

LAS 309 Geb. St., 590	Gebäudesteuer	1867
LAS 324.22, 22	Mutterrolle	1874 ff.
LAS 309 Flur (13), 21	Flurbuch	1877

Georgenthal
- Küthmühlen

LAS 309 Geb. St., 590	Gebäudesteuer	1867
LAS 309 Flur (13), 41	Flurbuch	1877

Wakendorf

LAS 309 Geb. St., 590	Gebäudesteuer	1867

Gut Groß Nordsee

LAS 7, 6310	Groß Nordsee	1641-1712
LAS 126.12, 1	SchuPfPr	1845-1884
LAS 126.12, 2	SchuPfPr (Nebenbuch)	1845-1884
LAS 126.12, 3	Kontraktenbuch	1805-1867
LAS 126.12, 4	Vormünderbuch	1801-1866
LAS 126.12, 5	Vormünderbuch (Nebenbuch)	1813-1828
LAS 412, 391	Volkszählungslisten	1803
LAS 412, 700	Volkszählungslisten	1860
LAS 412, 1100	Volkszählungslisten	1864
LAS 126.12, 6	Repertorium des Gutsarchivs	19. Jh.

Groß Nordsee

- Am Kanal	**- Auf Frauendamm**	**- Groß Nordseeredder**
LAS 309 Geb. St., 601	Gebäudesteuer	1867
LAS 309 Flur (13), 49	Flurbuch	1877

Krummwisch

- Moorkamp	**- Philippinenruh**	
LAS 309 Geb. St., 601	Gebäudesteuer	1867

Möglin (Meierhof)

Gut Hohenschulen

LAS 126.23, 1	SchuPfPr	1825-1886
LAS 126.23, 2	SchuPfPr (Nebenbuch)	1817-1885
LAS 126.23, 3	Kontraktenbuch	1829-1853
LAS 126.25, 6	Depositenbuch	1836-1853
LAS 126.25, 5	Gerichtsprotokoll	1847-1866
LAS 412, 385	Volkszählungslisten	1803
LAS 412, 694	Volkszählungslisten	1860
LAS 412, 1094	Volkszählungslisten	1864

Achterwehr

LAS 309 Geb. St., 574	Gebäudesteuer	1867

Hohenschulen

LAS 309 Geb. St., 594	Gebäudesteuer	1867
LAS 309 Flur (13), 45B	Flurbuch	1877

Gut Klein Königsförde

LAS 126.8, 1	Gerichtsprotokolle	1807-1867
LAS 126.8, 2	Vormünderprotokoll	1820-1865
LAS 412, 387	Volkszählungslisten	1803
LAS 412, 696	Volkszählungslisten	1860
LAS 412, 1096	Volkszählungslisten	1864

Klein Königsförde
- Eichkate

LAS 309 Geb. St., 595	Gebäudesteuer	1867

Gut Klein Nordsee

- Felderholz **- Moorrägen** (Hof)

LAS 7, 6311	Klein Nordsee	1640-1712
LAS 126.24, 2	SchuPfPr, Vol. I	1819-1886
LAS 126.24, 3	SchuPfPr, Vol. II	1868-1886
LAS 126.24, 4	SchuPfPr (Nebenbuch)	1800-1880
LAS 126.24, 5	Kopienbuch	1807-1885
LAS 126.24, 6	Kontraktenprotokoll	1828-1854
LAS 126.24, 6a	Gerichtsprotokoll	1808-1823
LAS 126.24, 7	Gerichtsprotokoll	1824-1833
LAS 126.24, 8	Gerichtsprotokoll	1834-1844
LAS 126.24, 9	Gerichtsprotokoll	1844-1855
LAS 126.24, 10	Gerichtsprotokoll	1855-1867
LAS 126.24, 11	Vormünderbuch	1807-1868
LAS 412, 392	Volkszählungslisten	1803
LAS 412, 701	Volkszählungslisten	1860
LAS 412, 1101	Volkszählungslisten	1864

Brandsbek

LAS 309 Geb. St., 578	Gebäudesteuer	1867

Felde
- Langelohe **- Langesleben** **- Moorbrook**
- Moorhörn **- Rauhenranzel** **- Sandfeld**
- Wulfsfelde

LAS 126.24, 1	SchuPfPr	1806-1847
LAS 309 Geb. St., 588	Gebäudesteuer	1867
LAS 309 Flur (13), 29B	Flurbuch	1877

Klein Nordsee

- Seewiese **- Zweibuchen**

LAS 309 Geb. St., 602	Gebäudesteuer	1867

Gut Kluvensiek

- Marsch (Hof)

LAS 126.5, 1	Gerichtsprotokolle	1820-1860
LAS 126.5, 2	Kontraktenbuch	1819-1830
LAS 126.5, 3	Kontraktenbuch	1845-1865
LAS 66, 6196	Landveräußerungen	1841-1847
LAS 412, 386	Volkszählungslisten	1803
LAS 412, 695	Volkszählungslisten	1860
LAS 412, 1095	Volkszählungslisten	1864

Ehlersdorf

- Dengelsberg **- Kiekut** **- Langenrade**

LAS 309 Geb. St., 581	Gebäudesteuer	1867
LAS 309 Geb. St., 624	Gebäudesteuer	1867

Kluvensiek

LAS 309 Geb. St., 581	Gebäudesteuer	1867
LAS 309 Flur (13), 75	Flurbuch	1877

Gut Kronsburg

LAS 7, 6310	Kronsburg	1641-1712
LAS 126.9, 2	SchuPfPr	1807-1884
LAS 126.9, 4	SchuPfPr (Nebenbuch)	1852-1884
LAS 126.9, 3	Kopiebuch der Bauer- und Landstellen (Kontrakte)	1807-1852
LAS 126.9, 1	Gerichtsprotokolle	1807-1841
LAS 126.25, 6	Depositenbuch	1836-1853

LAS 412, 388	Volkszählungslisten	1803
LAS 412, 697	Volkszählungslisten	1860
LAS 412, 1097	Volkszählungslisten	1864

Audorf

LAS 309 Geb. St., 582	Gebäudesteuer	1867
LAS 324.22, 146	Mutterrolle	1874 ff.
LAS 324.22, 147	Mutterrolle	1874 ff.
LAS 309, 15120	Ablösung der Reallasten, Band I	1875
LAS 309 Flur (13), 116	Flurbuch	1877

Bredenbek
- Kronsfelde

LAS 309 Geb. St., 582	Gebäudesteuer	1867
LAS 309 Flur (13), 23	Flurbuch	1877

Bredenmoor (Meierhof)

LAS 309 Geb. St., 582	Gebäudesteuer	1867
LAS 309 Flur (13), 23	Flurbuch	1877

Kronsburg
- Glinde **- Kronsburgerholz** **- Kronsburgerredder**
- Neuwisch

LAS 309 Geb. St., 582	Gebäudesteuer	1867
LAS 309 Flur (13), 80	Flurbuch	1877

Schacht

LAS 309 Geb. St., 582	Gebäudesteuer	1867
LAS 309 Flur (13), 116	Flurbuch	1877

Gut Marutendorf

LAS 7, 6324	Marutendorf	1604-1713
LAS 7, 6311	Marutendorf	1640-1712
LAS 126.25, 1	SchuPfPr	1852-1886
LAS 126.25, 2	SchuPfPr (Nebenbuch)	1852-1876

LAS 126.25, 3	Kontraktenprotokoll	1819-1848
LAS 126.25, 4	Gerichtsprotokoll	1808-1846
LAS 126.25, 5	Gerichtsprotokoll	1847-1866
LAS 126.25, 6	Depositenbuch	1836-1853
LAS 309 Flur (13), 60B	Flurbuch	1877
LAS 412, 390	Volkszählungslisten	1803
LAS 412, 699	Volkszählungslisten	1860
LAS 412, 1099	Volkszählungslisten	1864

Marutendorf

- Binnenholz

LAS 309 Geb. St., 597	Gebäudesteuer	1867

Schönwohld

- Auf dem Fuchsberg **- Fegefeuer** **- Griesenbötel**
- Langenreihe **- Resenitz** **- Seeberg**

LAS 309 Geb. St., 619	Gebäudesteuer	1867
LAS 309 Flur (13), 28B	Flurbuch [Fegefeuer]	1877

Gut Neu Nordsee

LAS 126.6, 28	Gerichtsprotokoll	1842-1863
LAS 126.6, 8	Staatliche Steuern verschiedener Art, Kontributionen, Abgaben	1800-1867
LAS 126.6, 5	Kontrakte mit Tagelöhnern, Handwerkern und anderen Untergehörigen	1827-1863
LAS 126.6, 6	Bauernschläge	1835
LAS 126.6, 10	Die adlige Brandgilde und Versicherungen bei ihr	1821-1884
LAS 412, 393	Volkszählungslisten	1803
LAS 412, 702	Volkszählungslisten	1860
LAS 412, 1102	Volkszählungslisten	1864

Neu Nordsee

- Goldrade **- Rotekate**

LAS 309 Geb. St., 603	Gebäudesteuer	1867
LAS 309 Flur (13), 76B	Flurbuch	1877

Gut Osterrade

LAS 126.7, 1	Gerichtsprotokolle	1809-1846
LAS 126.7, 2	Gerichtsprotokolle	1847-1865
LAS 126.7, 6	Kontraktenbuch für die Untergehörigen	1837-1860
LAS 309 Geb. St., 605	Gebäudesteuer	1867
LAS 309 Flur (13), 104	Flurbuch	1877
LAS 412, 395	Volkszählungslisten	1803
LAS 412, 704	Volkszählungslisten	1860
LAS 412, 1104	Volkszählungslisten	1864

Bovenau

- Horst **- Neuland** **- Schneiderhoop**

LAS 309 Geb. St., 605	Gebäudesteuer	1867

Osterrade

Wakendorf

- Altmüllervieh

LAS 309 Geb. St., 605	Gebäudesteuer	1867

Gut Pohlsee

LAS 7, 6322	Pohlsee	1694
LAS 126.21, 1a	Gerichtsprotokoll	1813-1823
LAS 126.21, 1	Gerichtsprotokoll	1824-1831
LAS 126.21, 2	Gerichtsprotokoll	1831-1846
LAS 126.21, 3	Gerichtsprotokoll	1847-1867
LAS 126.21, 4	Kontraktenbuch	1813-1827
LAS 126.21, 5	Kontraktenbuch	1828-1835
LAS 126.21, 6	Kontraktenbuch (Häuerkontrakte)	1834-1859
LAS 126.21, 7	Kontraktenbuch	1833-1867
LAS 126.21, 8	Vormundschaftsprotokoll	1808-1867
LAS 412, 705	Volkszählungslisten	1860
LAS 412, 1105	Volkszählungslisten	1864

Blocksdorf

LAS 309 Geb. St., 606	Gebäudesteuer	1867
LAS 324.22, 35	Mutterrolle	1874 ff.
LAS 309 Flur (13), 13	Flurbuch	1877

Enkendorf
- Raumkate

LAS 309 Geb. St., 606	Gebäudesteuer	1867
LAS 324.22, 35	Mutterrolle	1874 ff.
LAS 309 Flur (13), 13	Flurbuch	1877

Pohlsee

LAS 309 Geb. St., 606	Gebäudesteuer	1867
LAS 324.22, 40	Mutterrolle	1874 ff.
LAS 309 Flur (13), 108	Flurbuch	1877

Gut Quarnbek

LAS 7, 6324	Quarnbek	1604-1713
LAS 126.11, 3	SchuPfPr	1864-1886
LAS 126.11, 3 a	SchuPfPr (Nebenbuch)	1864-1885
LAS 126.11, 4	Kontraktenbuch I	1827
LAS 126.11, 5	Kontraktenbuch II	1827
LAS 126.11, 6	Kontraktenbuch III	1828
LAS 126.11, 7	Kontraktenbuch IV	1865
LAS 126.11, 8	Kontraktenbuch V	1867
LAS 126.11, 9	Gerichtsprotokoll	1830-1842
LAS 126.11, 10	Gerichtsprotokoll	1842-1859
LAS 126.11, 11	Gerichtsprotokoll	1859-1861
LAS 126.11, 12	Gerichtsprotokoll	1861-1865
LAS 126.11, 13	Gerichtsprotokoll	1865-1867
LAS 126.11, 14	Gerichtsjournal	1865-1867
LAS 415, 838	Einnahmen und Ausgaben	1812-1819
LAS 126.11, 15	Vormünderbuch	1821-1864
LAS 126.11, 16	Vormünderbuch (Nebenbuch)	1824 ff.

LAS 412, 397	Volkszählungslisten	1803
LAS 412, 707	Volkszählungslisten	1860
LAS 412, 1107	Volkszählungslisten	1864

LAS „Andere Archive"		
H III 192, 872	*Rechnungsbuch*	*1813-1815*

Dorotheenthal (Meierhof)

LAS 324.1, 38	Mutterrolle	1874 ff.
LAS 324.1, 39	Mutterrolle	1874 ff.
LAS 309 Flur (13), 22B	Flurbuch	1877

LAS „Andere Archive"		
H III 192, 919	*Messtischblatt*	*1879*

Flemhude

LAS 309 Geb. St., 589	Gebäudesteuer	1867
LAS 309 Flur (13), 31	Flurbuch	1877

Melsdorf

- Heidholm **- Hohenberg** **- Schwarzenbock**
- Weißenschaaf

LAS 309 Geb. St., 598	Gebäudesteuer	1867
LAS 309 Flur (13), 62B	Flurbuch	1877

Mettenhof (Meierhof)

LAS 309 Flur (13), 63B	Flurbuch	1877

Quarnbek

- Karrkamp **- Landwehr**

LAS 309 Geb. St., 609	Gebäudesteuer	1867
LAS 309 Flur (13), 82B	Flurbuch	1877

Rajensdorf

LAS 309 Geb. St., 610	Gebäudesteuer	1867
LAS 309 Flur (13), 83B	Flurbuch	1877

Stampe
- Klink

LAS 309 Geb. St., 622	Gebäudesteuer	1867
LAS 309 Flur (13), 104B	Flurbuch	1877

Strohbrück
- Holm

LAS 309 Geb. St., 625	Gebäudesteuer	1867
LAS 309 Flur (13), 105B	Flurbuch	1877

Gut Schierensee

LAS 7, 6311	Schierensee	1640-1712
LAS 415, 607	Korn- und Geldrechnungen	1767-1775
LAS 415, 608	Korn- und Geldrechnungen	1775-1776
LAS 415, 606	Inventar; Vermessungsprotokolle	1779-1803
LAS 126.22, 1	Kontraktenbuch	1827-1873
LAS 126.22, 2	Kontraktenbuch	1874-1877
LAS 126.22, 3	Vormünderbuch	1806-1871

Verpachtungen, Verheuerungen und Verkäufe siehe maschinenschriftliches Findbuch *LAS „Andere Archive“ H III 185.*

LAS 415, 605	Mannzahlregister	1773-1813
LAS 412, 401	Volkszählungslisten	1803
LAS 412, 712	Volkszählungslisten	1860
LAS 412, 1112	Volkszählungslisten	1864

LAS „Andere Archive“

H III 185, 363	*Verzeichnis über die Heu- und Kornernte*	*1752*
H III 185, 365	*Korn- und Geldrechnung*	*1768*
H III 185, 366	*Korn- und Geldrechnung*	*1769*
H III 185, 367	*Korn- und Geldrechnung*	*1769-1770*
H III 185, 368	*Korn- und Geldrechnung*	*1770*
H III 185, 375	*Korn- und Geldrechnung*	*1775-1785*
H III 185, 381	*Rechnung*	*1780*
H III 185, 382	*Rechnung*	*1781*
H III 185, 385	*Rechnung*	*1783*
H III 185, 386	*Rechnung*	*1784*
H III 185, 390	*Rechnung*	*1786*

H III 185, 391	*Rechnung*	*1786-1787*
H III 185, 392	*Rechnung*	*1787-1788*
H III 185, 393	*Rechnung*	*1788-1789*
H III 185, 394	*Rechnung*	*1789-1790*
H III 185, 396	*Rechnung*	*1791-1792*
H III 185, 397	*Rechnung*	*1792-1793*
H III 185, 399	*Rechnung*	*1793-1794*
H III 185, 401	*Rechnung*	*1794-1795*
H III 185, 402	*Rechnung*	*1795-1796*
H III 185, 403	*Rechnung*	*1796-1797*
H III 185, 404	*Rechnung*	*1797-1798*
H III 185, 405	*Rechnung*	*1798-1799*
H III 185, 406	*Rechnung*	*1799-1800*
H III 185, 407	*Rechnung*	*1800-1801*
H III 185, 409	*Rechnung*	*1801-1802*
H III 185, 410	*Rechnung*	*1802-1803*
H III 185, 411	*Rechnung*	*1803-1804*
H III 185, 412	*Rechnung*	*1804-1805*
H III 185, 413	*Rechnung*	*1805-1806*
H III 185, 414	*Rechnung*	*1806-1807*
H III 185, 416	*Rechnung*	*1807-1808*
H III 185, 417	*Rechnung*	*1808-1809*
H III 185, 418	*Rechnung*	*1809-1810*
H III 185, 419	*Rechnung*	*1810-1811*
H III 185, 421	*Rechnung*	*1811-1812*
H III 185, 148	*Haussteuerregister*	*1857-1858*

Schierensee

- Bollhusen **- Heeschenberg**

LAS 309 Geb. St., 617	Gebäudesteuer	1867
LAS 309 Flur (13), 89B	Flurbuch	1877
LAS 309 Flur (13), 118B	Flurbuch	1877

Gut Schwartenbek

LAS 126.27, 1	Gerichtsprotokoll	1832-1866
LAS 412, 403	Volkszählungslisten	1803
LAS 412, 715	Volkszählungslisten	1860
LAS 412, 1115	Volkszählungslisten	1864

Schwartenbek

- Holzkate **- Kanalkate** **- Nienbrügge**

LAS 309 Geb. St., 621	Gebäudesteuer	1867
LAS 309 Flur (13), 100B	Flurbuch	1877

Gut Steinwehr

LAS 126.10, 1	Gerichtsprotokolle	1820-1865
LAS 126.10, 2	Kontraktenbuch	1823-1828
LAS 126.10, 3	Kontraktenbuch	1829-1865
LAS 66, 6196	Landveräußerungen	1841-1847
LAS 309 Flur (13), 128	Flurbuch	1877
LAS 412, 716	Volkszählungslisten	1860
LAS 412, 1116	Volkszählungslisten	1864

Ehlersdorf

- Ochsenkoppel

LAS 309 Geb. St., 581	Gebäudesteuer	1867
LAS 309 Geb. St., 624	Gebäudesteuer	1867

Steinwehr

LAS 309 Geb. St., 624	Gebäudesteuer	1867

Gut Westensee

LAS 126.17, 6	SchuPfPr	1814 ff.
LAS 126.17, 7	SchuPfPr (Nebenbuch)	1772-1884
LAS 126.17, 8	Kontraktenbuch	1789-1865
LAS 126.17, 3 a	Gerichtsprotokoll	1806-1824
LAS 126.17, 4	Gerichtsprotokoll	1825-1844
LAS 126.17, 5	Gerichtsprotokoll	1844-1867
LAS 126.17, 3	Reallasten-Ablösungssachen, Pachtkontrakte	1819-1900
LAS 126.17, 10	Vormundschaftsprotokoll	1815-1867

LAS 412, 405	Volkszählungslisten	1803
LAS 412, 717	Volkszählungslisten	1860
LAS 412, 1117	Volkszählungslisten	1864

Westensee
- Krähenberg

LAS 309 Geb. St., 627	Gebäudesteuer	1867

Westensee (Hof)
- Bekkate **- Langenis**

LAS 309 Flur (13), 141	Flurbuch	1877

Kanzleigüter

LAS 66, 5932	Landsteuerregister	1803
LAS 66, 5931	Landsteuerregister	1813
LAS 66, 948.1 -948.2	Halbprozent-Steuerlisten	1843
LAS 66, 6135	Verzeichnisse der Halbprozent-Steuerfälle	1844

Gut Hanerau

LAS 50b, 422	SchuPfPr des Obergerichts	1801-1886
LAS 50b, 424	SchuPfPr des Obergerichts, Nebenbuch Bd. 1	1801-1886
LAS 50b, 425	SchuPfPr des Obergerichts, Nebenbuch Bd. 2	1829-1886
LAS 50b, 426	SchuPfPr des Obergerichts, Nebenbuch Bd. 3	1856-1886

Findbuch zu „Abt. 50b Brügmann“ enthält alphabetisches Namensregister von allen Eintragungen im SchuPfPr.

LAS 129.1, 8	SchuPfPr	1728 ff.
LAS 129.1, 9	SchuPfPr	1805 ff.
LAS 129.1, 10	SchuPfPr	1815 ff.
LAS 129.1, 11	SchuPfPr	1822 ff.
LAS 129.1, 12	SchuPfPr	1871 ff.
LAS 129.1, 13	Register zu Nr. 8-12	19. Jh.

LAS 129.1, 14	Kontraktenprotokoll I	vor 1760
LAS 129.1, 15	Kontraktenprotokoll II	1760-1776

LAS 129.1, 16	Kontraktenprotokoll III	1776-1788
LAS 129.1, 17	Kontraktenprotokoll IV	1788-1799
LAS 129.1, 18	Kontraktenprotokoll V	1799-1803
LAS 129.1, 19	Kontraktenprotokoll VI	1803-1808
LAS 129.1, 20	Kontraktenprotokoll VII	1808-1813
LAS 129.1, 21	Kontraktenprotokoll VIII	1813-1818
LAS 129.1, 22	Kontraktenprotokoll IX	1818-1822
LAS 129.1, 23	Kontraktenprotokoll X	1822-1826
LAS 129.1, 24	Kontraktenprotokoll XI	1826-1830
LAS 129.1, 25	Kontraktenprotokoll XII	1830-1833
LAS 129.1, 26	Kontraktenprotokoll XIII	1833-1836
LAS 129.1, 27	Kontraktenprotokoll XIV	1836-1839
LAS 129.1, 28	Kontraktenprotokoll XV	1839-1841
LAS 129.1, 29	Kontraktenprotokoll XVI	1841-1844
LAS 129.1, 30	Kontraktenprotokoll XVII	1844-1846
LAS 129.1, 31	Kontraktenprotokoll XVIII	1846-1849
LAS 129.1, 32	Kontraktenprotokoll XIX	1849-1852
LAS 129.1, 33	Kontraktenprotokoll XX	1852-1853
LAS 129.1, 34	Kontraktenprotokoll XXI	1853-1855
LAS 129.1, 35	Kontraktenprotokoll XXII	1855-1856
LAS 129.1, 36	Kontraktenprotokoll XXIII	1856-1857
LAS 129.1, 37	Kontraktenprotokoll XXIV	1857-1859
LAS 129.1, 38	Kontraktenprotokoll XXV	1859-1860
LAS 129.1, 39	Kontraktenprotokoll XXVI	1860-1862
LAS 129.1, 40	Kontraktenprotokoll XXVII	1862-1864
LAS 129.1, 41	Kontraktenprotokoll XXVIII	1864-1866
LAS 129.1, 42	Kontraktenprotokoll XXIX	1866-1869
LAS 129.1, 43	Kontraktenprotokoll XXX	1869-1872
LAS 129.1, 44	Kontraktenprotokoll XXXI	1872-1875
LAS 129.1, 45	Kontraktenprotokoll XXXII	1875-1878
LAS 129.1, 46	Kontraktenprotokoll XXXIII	1878-1881
LAS 129.1, 47	Kontraktenprotokoll XXXIV	1881-1883
LAS 129.1, 47a	Kontraktenprotokoll XXXV	1883-1886
LAS 129.1, 49	Gerichtsprotokoll	1803-1807
LAS 129.1, 50	Gerichtsprotokoll	1807-1809
LAS 129.1, 51	Gerichtsprotokoll	1809-1811
LAS 129.1, 52	Gerichtsprotokoll	1811-1813
LAS 129.1, 53	Gerichtsprotokoll	1813-1816
LAS 129.1, 54	Gerichtsprotokoll	1816-1818
LAS 129.1, 55	Gerichtsprotokoll	1818-1820
LAS 129.1, 56	Gerichtsprotokoll	1820-1821
LAS 129.1, 57	Gerichtsprotokoll	1821-1825
LAS 129.1, 58	Gerichtsprotokoll	1825-1829
LAS 129.1, 59	Gerichtsprotokoll	1829-1832

LAS 129.1, 60	Gerichtsprotokoll	1833-1835
LAS 129.1, 61	Gerichtsprotokoll	1835-1839
LAS 129.1, 62	Gerichtsprotokoll	1839-1841
LAS 129.1, 63	Gerichtsprotokoll	1841-1843
LAS 129.1, 64	Gerichtsprotokoll	1843-1845
LAS 129.1, 65	Gerichtsprotokoll	1845-1847
LAS 129.1, 66	Gerichtsprotokoll	1847-1849
LAS 129.1, 67	Gerichtsprotokoll	1849-1852
LAS 129.1, 68	Gerichtsprotokoll	1852-1854
LAS 129.1, 69	Gerichtsprotokoll	1854-1856
LAS 129.1, 70	Gerichtsprotokoll	1856-1858
LAS 129.1, 71	Gerichtsprotokoll	1858-1861
LAS 129.1, 72	Gerichtsprotokoll	1861-1863
LAS 129.1, 73	Gerichtsprotokoll	1863-1866
LAS 129.1, 48	Obligationenbuch	1870-1883

Gutsrechnungen:

LAS 129.1, 79	Register und Extrakt	1614
LAS 129.1, 80	Register und Extrakt	1615
LAS 129.1, 81	Register und Extrakt	1616
LAS 129.1, 82	Register und Extrakt	1617
LAS 129.1, 83	Register und Extrakt	1618
LAS 129.1, 84	Register und Extrakt	1619
LAS 129.1, 85	Register und Extrakt	1620-1621
LAS 129.1, 86	Register und Extrakt	1622
LAS 129.1, 87	Register und Extrakt	1623
LAS 129.1, 88	Register und Extrakt	1624-1625
LAS 129.1, 89	Register und Extrakt	1625-1626
LAS 129.1, 90	Register und Extrakt	1629-1630
LAS 129.1, 91	Register und Extrakt	1632
LAS 129.1, 92	Register und Extrakt	1633
LAS 129.1, 93	Register und Extrakt	1634
LAS 129.1, 94	Register und Extrakt	1635
LAS 129.1, 95	Register und Extrakt	1636
LAS 129.1, 96	Register und Extrakt	1637
LAS 129.1, 97	Register und Extrakt	1638
LAS 129.1, 98	Register und Extrakt	1639
LAS 129.1, 99	Register und Extrakt	1640
LAS 129.1, 100	Register und Extrakt	1641
LAS 129.1, 101	Register und Extrakt	1642
LAS 129.1, 102	Register und Extrakt	1647
LAS 129.1, 103	Register und Extrakt	1648
LAS 129.1, 104	Register und Extrakt	1649
LAS 129.1, 105	Register und Extrakt	1650

LAS 129.1, 106	Register und Extrakt	1651
LAS 129.1, 107	Register und Extrakt	1652
LAS 129.1, 108	Register und Extrakt	1653
LAS 129.1, 109	Register und Extrakt	1654
LAS 129.1, 110	Register und Extrakt	1655
LAS 129.1, 111	Register und Extrakt	1656
LAS 129.1, 112	Register und Extrakt	1657
LAS 129.1, 113	Register und Extrakt	1660
LAS 129.1, 114	Register und Extrakt	1662
LAS 129.1, 115	Register und Extrakt	1663-1664
LAS 129.1, 479	Administrationsrechnungen	1663
LAS 129.1, 480	Administrationsrechnungen	1777
LAS 129.1, 481	Administrationsrechnungen	1778
LAS 129.1, 482	Administrationsrechnungen	1779
LAS 129.1, 483	Administrationsrechnungen	1780
LAS 129.1, 484	Administrationsrechnungen	1787
LAS 129.1, 485	Administrationsrechnungen	1789
LAS 129.1, 486	Administrationsrechnungen (mit Mannzahlregister)	1790
LAS 129.1, 487	Administrationsrechnungen	1791
LAS 129.1, 833	Administrationsrechnungen	1793
LAS 129.1, 488	Gutsrechnung	1800
LAS 129.1, 489	Gutsrechnung	1803
LAS 129.1, 490	Gutsrechnung	1804
LAS 129.1, 491	Gutsrechnung	1810
LAS 129.1, 492	Gutsrechnung	1820
LAS 129.1, 493	Gutsrechnung (mit Mannzahlregister)	1830
LAS 129.1, 494	Gutsrechnung (mit Mannzahlregister)	1840
LAS 129.1, 495	Gutsrechnung	1850
LAS 129.1, 496	Gutsrechnung	1860
LAS 129.1, 497	Gutsrechnung	1861
LAS 129.1, 498	Gutsrechnung	1862
LAS 129.1, 499	Gutsrechnung	1863
LAS 129.1, 500	Gutsrechnung	1864
LAS 129.1, 501	Gutsrechnung	1865
LAS 129.1, 502	Gutsrechnung	1867

LAS 129.1, 403	Umwandlung des Amtes Hanerau zu einem Allodialgut; Kaufbriefe	1699-1731
LAS 66, 5737	Niederlegung des Gutes, Setzung der Untertanen, Extrakte der Gutsrechnung, Bauernlisten	1705-1800
LAS 104, 705-706	Grenze zum Kirchspiel Schenefeld	1746-1841
LAS 129.1, 338	Schätzung der Dorfländereien	1773-1788

LAS 66, 5796	Tabellen wegen des am 1. April 1774 gezählten Hornviehs	1774
LAS 104, 245	Ankauf des Guts	1776-1777
LAS 129.1, 217	Niederlegung des Gutes, Auflösung der Haushaltung, Verpachtung der Hofländereien, Verkauf einzelner Häuser etc.	1777-1785
LAS 129.1, 249	Haupthof und Ländereien desselben	1778-1894
LAS 129.1, 408	Ablösung der Hofdienste	1778-1788
LAS 129.1, 339	Die auf Dorfschaftsgründen erbauten Katen	1779-1872
LAS 66, 6555	Gut Hanerau	1784-1798
LAS 129.1, 346	Erneuertes Erdbuch über sämtliche Grundstücke	1790
LAS 66, 5785	Verkauf des Gutes, Inventarium mit Untertanen-Verzeichnis	1795-1799
LAS 129.1, 218	Zergliederung, Zu- und Abgänge einzelner Parzellen des Stammhofes	1799-1828
LAS 129.1, 348	Register sämtlicher Hof- und Parzellenländereien	1803
LAS 129.1, 351	Register sämtlicher Grundstücke	1803
LAS 415, 5915	Topographie des Gutes	1820
LAS 129.1, 506	Protokoll über Kauf-, Tausch-, Überlassungs-, Hinterlassungs- und Erbteilungskontrakte	1831-1832
LAS 129.1, 2	Verlassenschaften	1840-1867
LAS 129.1, 349	Erdbuch mit den Ländereien	1860-1876
LAS 129.1, 3	Landesabtretung	1867
LAS 129.1, 458	Kassabuch der steuerlichen Hebungen	1848
LAS 129.1, 459	Kassabuch der steuerlichen Hebungen	1860
LAS 129.1, 460	Kassabuch der steuerlichen Hebungen	1870
LAS 129.1, 461	Kassabuch der steuerlichen Hebungen	1880-1884
LAS 129.1, 462	Kassabuch der steuerlichen Hebungen	1885-1891
LAS 129.1, 463	Kassabuch der steuerlichen Hebungen	1891-1896
LAS 129.1, 464	Kassabuch der steuerlichen Hebungen	1899-1902
LAS 129.1, 465	Hauptbuch für Hebungen	1850
LAS 129.1, 466	Hauptbuch für Hebungen	1860
LAS 129.1, 467	Hauptbuch für Hebungen	1870
LAS 129.1, 468	Hauptbuch für Hebungen	1880-1884
LAS 129.1, 469	Hauptbuch für Hebungen	1885-1891
LAS 129.1, 470	Hauptbuch für Hebungen	1891-1900
LAS 129.1, 444	Kopfsteuer	1763-1851
LAS 129.1, 440	Dezimationsgelder und Viertelprozent-Steuer	1779-1787
LAS 129.1, 439	Zahlung von Verbittelsgeldern	1787-1859

LAS 129.1, 414	Verzeichnis dessen, was die Untertanen jährlich an die Gutskasse zu entrichten haben	1788
LAS 152, 21	Steuerregulierung	1803-1804
LAS 129.1, 442	Land- und Benutzungssteuer	1804-1825
LAS 129.1, 443	Gebäudesteuer	1804-1911
LAS 129.1, 421	Ablösung der Reallasten	1809-1839
LAS 129.1, 417	Restantenlisten	1815-1867
LAS 129.1, 660	Repartierungslisten, Pflugzahlregister	1828-1880
LAS 129.1, 445	Hauptbuch der Kopfsteuer	1845
LAS 129.1, 446	Hauptbuch der Kopfsteuer	1848
LAS 129.1, 447	Rangsteuer	1848-1853
LAS 129.1, 476	Klassensteuer	1872-1892
LAS 129.1, 505	Eheverträge, Testamente, Erbschafts- und Nachlasssachen	1720-1891
LAS 129.1, 1	Testamente	1874-1887
LAS 129.1, 717	Die adelige Brandgilde	1711-1884
LAS 129.1, 713	Brandversicherungsverzeichnisse der Gebäude	1813-1904
LAS 129.1, 437	Viehzählungen und Ernteerträge	1878-1893
LAS 412, 439	Volkszählregister	1803
LAS 415, 5419	Volkszähllisten	1835
LAS 415, 5444	Volkszähllisten	1840
LAS 415, 5525	Volkszähllisten	1845
LAS 415, 5543	Volkszähllisten	1855
LAS 412, 765	Volkszählregister	1860
LAS 412, 1166	Volkszählregister	1864
LAS 309, 17702	Die Kommunalverfassung für das Gut Hanerau	1869-1889
LAS 402.A.38, 145	Karte von dem Gute Hanerau	1814
LAS 415, 1822	Gesamtkarte über das Gebiet des Gutes	o. J.
LAS 402 A.38, 2	Messtischblätter	1878-1880
LAS 402.A.38, 13	Auszug aus der Grundsteuer-Gemarkungskarte	1879

Beldorf

- Grünental **- Hanswisch**

LAS 25, 191	Das Dorf Beldorf	18. Jh.
LAS 129.1, 379	Vermessungsregister über die uneingefriedigten Ackerländereien und Verteilung der Gemeinheitsländereien	1775-1832
LAS 129.1, 354	Erdbuch	1787
LAS 129.1, 355	Erdbuch	1787-1875
LAS 309 Geb. St., 543	Gebäudesteuer	1867
LAS 324.22, 10	Mutterrolle	1874 ff.
LAS 324.22, 11	Mutterrolle	1874 ff.
LAS 309 Flur (13), 9	Flurbuch	1877
LAS 402.A.38, 58	Karte	1775
LAS 402.A.38, 144	Karte der Ländereien nach der Verteilung	1787
LAS 402.A.38, 146	Karte über die Gemeinheitsgründe	1831
LAS 402.A.38, 147-156	10 Blätter der Katasterkarte	1879

Bendorf

- Keller **- Lohmühle**

LAS 25, 182	Das Dorf Bendorf	18. Jh.
LAS 25, 373	Erdbuch	o. J.
LAS 129.1, 380	Verteilung der Gemeinheitsländereien	1780-1837
LAS 129.1, 356	Erdbuch	1787
LAS 129.1, 357	Erdbuch	1787-1877
LAS 309 Geb. St., 544	Gebäudesteuer	1867
LAS 324.22, 12	Mutterrolle	1874 ff.
LAS 309 Flur (13), 10	Flurbuch	1877
LAS 402.A.38, 6	Karte	1787
LAS 402.A.38, 7	Karte	1837

Gokels

LAS 129.1, 263	Feldaufteilung	1783-1785
LAS 309 Geb. St., 963	Gebäudesteuer	1867

Großenbornholt

LAS 25, 185	Das Dorf Großenbornholt	18. Jh.
LAS 25, 373	Erdbuch	o. J.
LAS 129.1, 382	Verteilung der Gemeinheitsländereien	1787-1894
LAS 129.1, 360	Erdbuch	1790

LAS 129.1, 361	Erdbuch	1790-1874
LAS 309 Geb. St., 547	Gebäudesteuer	1867
LAS 309 Flur (13), 47	Flurbuch	1877
LAS 402.A.38, 10	Karte der Ländereien	1787
LAS 402.A.38, 9	Karte der Bauervogtskoppel	1812
LAS 402.A.38, 8	Karte der Gemeinheitsländereien	1826

Hademarschen

- Deependahl **- Holstentor** **- Wilhelmsburg**

LAS 25, 373	Erdbuch	o. J.
LAS 129.1, 384	Verteilung der Gemeinheitsländereien	1780-1786
LAS 129.1, 364	Erdbuch	1787-1877
LAS 129.1, 345	Pflugzahlregister	1787-1841
LAS 129.1, 261	Verkauf der „langen Wohnung", deren Weiterverkauf und die Regulierung der Pflugzahl sowie der zu leistenden Abgaben	1788-1851
LAS 309 Geb. St., 545	Gebäudesteuer	1867
LAS 324.22, 74	Mutterrolle	1874 ff.
LAS 324.22, 75	Mutterrolle	1874 ff.
LAS 324.22, 76	Mutterrolle	1874 ff.
LAS 309 Flur (13), 52	Flurbuch	1877
LAS 402.A.38, 136	Karte der Ländereien nach der Verteilung	1787

Hanerau (Hof)

LAS 129.1, 347	Erdbuch	1792-1832
LAS 309 Geb. St., 963	Gebäudesteuer	1867
LAS 402.A.38, 11	Karte der Ländereien	1777
LAS 402.A.38, 12	Karte der Vorwerksländereien nach der Verteilung	1789

Hanerau

- Lerchenfeld **- Wilhelmshain**

LAS 309 Geb. St., 546	Gebäudesteuer	1867
LAS 324.22, 77	Mutterrolle	1874 ff.
LAS 324.22, 78	Mutterrolle	1874 ff.
LAS 309 Flur (13), 55	Flurbuch	1877

Liesbüttel

- Schinderkate **- Spann**

LAS 25, 373	Erdbuch	o. J.
LAS 129.1, 385	Verteilung der Gemeinheitsländereien	1781-1786
LAS 129.1, 365	Erdbuch	1787
LAS 129.1, 366	Erdbuch	1787-1854
LAS 129.1, 367	Erdbuch	1787-1876
LAS 309 Geb. St., 548	Gebäudesteuer	1867
LAS 324.22, 158	Mutterrolle	1874 ff.
LAS 309 Flur (13), 82	Flurbuch	1877
LAS 402.A.38, 25	Karte der Ländereien	1787
LAS 402.A.38, 136	Karte der Ländereien nach der Verteilung	1787

Lütjenbornholt

LAS 25, 186	Das Dorf Lütjenbornholt	18. Jh.
LAS 25, 373	Erdbuch	o. J.
LAS 129.1, 383	Verteilung der Gemeinheitsländereien	1780-1831
LAS 129.1, 362	Erdbuch	1790
LAS 129.1, 363	Erdbuch	1790-1877
LAS 309 Geb. St., 549	Gebäudesteuer	1867
LAS 309 Flur (13), 84	Flurbuch	1877
LAS 402.A.38, 26	Karte der Ländereien	1787
LAS 402.A.38, 137	Karte der Ländereien nach der Verteilung	1787
LAS 402.A.38, 27	Karte der 1821 verteilten Gemeinheiten	1821
LAS 402.A.38, 28	Karte der 1837 verteilten Gemeinheiten	1837

Oersdorf

- Beim Scharpensteen

LAS 25, 183	Das Dorf Oersdorf	18. Jh.
LAS 25, 373	Erdbuch	o. J.
LAS 129.1, 386	Verteilung der Gemeinheitsländereien	1780-1858
LAS 129.1, 368	Erdbuch	1787
LAS 129.1, 369	Erdbuch	1787-1877
LAS 402.A.38, 30	Verteilung einiger Gemeinheitsplätze	1858
LAS 309 Geb. St., 550	Gebäudesteuer	1867
LAS 324.22, 13	Mutterrolle	1874 ff.
LAS 309 Flur (13), 97	Flurbuch	1877
LAS 402.A.38, 138	Karte der Ländereien nach der Verteilung	1787
LAS 402.A.38, 56	Karte der Gemeinheiten	1804
LAS 402.A.38, 29	Karte der Gemeinheitsaufteilung	1826

Oldenbüttel (Meierhof)
- Kühlendamm

LAS 25, 180	Das Dorf Oldenbüttel	18. Jh.
LAS 129.1, 253	Die beiden Meierhöfe	1635-1794
LAS 129.1, 251	Taxation der herrschaftlichen Pachtstücke	1788
LAS 129.1, 347	Erdbuch	1792-1832
LAS 309 Geb. St., 551	Gebäudesteuer	1867
LAS 309 Flur (13), 101	Flurbuch	1877
LAS 402.A.38, 31	Bruchstück einer Karte	o. J.
LAS 402.A.38, 139	Karte von der Verteilung der 3. Parzelle	1794

Pemeln
- Hamer

LAS 25, 189	Das Dorf Pemeln	18. Jh.
LAS 25, 373	Erdbuch	o. J.
LAS 129.1, 387	Verteilung der Gemeinheitsländereien	1784-1786
LAS 129.1, 370	Erdbuch	1787-1804
LAS 129.1, 371	Erdbuch	1787-1866
LAS 309 Geb. St., 552	Gebäudesteuer	1867
LAS 324.22, 159	Mutterrolle	1874 ff.
LAS 309 Flur (13), 107	Flurbuch	1877
LAS 402.A.38, 32	Karte der Ländereien	1787
LAS 402.A.38, 33	Karte der Ländereien nach der Verteilung	1787
LAS 402.A.38, 136	Karte der Ländereien nach der Verteilung	1787

Steenfeld
- Fischerhütte **- Rickelshorn** **- Schnittelohe**
- Trotzenburg

LAS 25, 187	Das Dorf Steenfeld	18. Jh.
LAS 25, 373	Erdbuch	o. J.
LAS 129.1, 388	Verteilung der Gemeinheitsländereien	1780-1786
LAS 129.1, 372	Erdbuch	1787-1822
LAS 129.1, 373	Erdbuch	1787-1876
LAS 309 Geb. St., 553	Gebäudesteuer	1867
LAS 324.22, 157	Mutterrolle	1874 ff.
LAS 309 Flur (13), 127	Flurbuch	1877
LAS 402.A.38, 34	Karte der Ländereien nach der Verteilung	1787

Thaden

- Batz **- Osterholzteich**

LAS 25, 192	Das Dorf Thaden	18. Jh.
LAS 25, 373	Erdbuch	o. J.
LAS 129.1, 389	Verteilung der Gemeinheitsländereien	1778-1858
LAS 129.1, 374	Erdbuch	1787-1802
LAS 129.1, 375	Erdbuch	1787-1877
LAS 309 Geb. St., 554	Gebäudesteuer	1867
LAS 324.22, 162	Mutterrolle	1874 ff.
LAS 324.22, 163	Mutterrolle	1874 ff.
LAS 309 Flur (13), 130	Flurbuch	1877
LAS 402.A.38, 35	Karte der Ländereien nach der Verteilung	1787
LAS 402.A.38, 36	Karte über die Gemeinheitsgründe	1830

Kloster Itzehoe

LAS 123, 5490	SchuPfPr mit Register nach Vornamen	1609-1631
LAS 123, 5491	SchuPfPr mit Register nach Vornamen	1631-1653
LAS 123, 5492	SchuPfPr mit Register nach Vornamen	1653-1667
LAS 123, 5493	SchuPfPr der Itzehoer Dingstätte	1667-1798
LAS 123, 5494	SchuPfPr der Itzehoer Dingstätte	1766-1800
LAS 123, 5495	SchuPfPr der Hennstedter Dingstätte	1667-1798
LAS 123, 5496	Indices zu den Nummern 5493-5495	1667-1800
LAS 123, 1	Inventierungs-, Schuldschreib- und Lösungsprotokoll	1680-1714
LAS 123, 2	SchuPfPr I	1800-1884
LAS 123, 3	SchuPfPr II	1800-1884
LAS 123, 4	SchuPfPr III	1800-1884
LAS 123, 5	SchuPfPr IV	1800-1884
LAS 123, 6	SchuPfPr V	1800-1884
LAS 123, 6a	SchuPfPr	1800-1884
LAS 123, 6b	SchuPfPr	1800-1884
LAS 123, 7	SchuPfPr	1800-1884
LAS 123, 10	SchuPfPr	1800-1884
LAS 123, 11	SchuPfPr	1800-1884
LAS 123, 12	SchuPfPr VIII	1800-1884
LAS 123, 13	SchuPfPr IX	1800-1884
LAS 123, 13a	SchuPfPr X	1770-1882
LAS 123, 14	SchuPfPr X	1800-1884
LAS 123, 15	SchuPfPr X	1800-1884

LAS 123, 15a	SchuPfPr X	1880-1885
LAS 123, 15f	SchuPfPr	1780-1884
LAS 123, 5497	Kontraktenprotokoll	1637-1641
LAS 123, 5498	Kontraktenprotokoll	1653-1676
LAS 123, 5499	Kontraktenprotokoll	1676-1702
LAS 123, 5500	Kontraktenprotokoll	1702-1730
LAS 123, 5501	Kontraktenprotokoll	1730-1747
LAS 123, 5502	Kontraktenprotokoll	1747-1760
LAS 123, 5503	Kontraktenprotokoll	1760-1772
LAS 123, 5504	Kontraktenprotokoll	1774-1786
LAS 123, 5505	Kontraktenprotokoll	1786-1796
LAS 123, 16	Kontraktenprotokoll	1795-1803
LAS 123, 17	Kontraktenprotokoll	1803-1811
LAS 123, 18	Kontraktenprotokoll	1811-1819
LAS 123, 19	Kontraktenprotokoll	1819-1827
LAS 123, 20	Kontraktenprotokoll	1827-1837
LAS 123, 21	Kontraktenprotokoll	1837-1845
LAS 123, 22	Kontraktenprotokoll	1845-1853
LAS 123, 23	Kontraktenprotokoll	1853-1861
LAS 123, 24	Kontraktenprotokoll	1861-1870
LAS 123, 25	Kontraktenprotokoll	1870-1875
LAS 123, 26	Kontraktenprotokoll	1875-1877
LAS 123, 27	Kontraktenprotokoll	1877-1879
LAS 123, 28	Kontraktenprotokoll	1879-1881
LAS 123, 29	Kontraktenprotokoll	1881-1883
LAS 123, 30	Kontraktenprotokoll	1883-1884
LAS 123, 31	Obligationenprotokoll	1802-1807
LAS 123, 32	Obligationenprotokoll	1807-1819
LAS 123, 33	Obligationenprotokoll	1819-1820
LAS 123, 34	Obligationenprotokoll	1820-1830
LAS 123, 35	Obligationenprotokoll	1830-1841
LAS 123, 36	Obligationenprotokoll	1841-1847
LAS 123, 37	Obligationenprotokoll	1847-1853
LAS 123, 38	Obligationenprotokoll	1853-1860
LAS 123, 39	Obligationenprotokoll	1858-1868
LAS 123, 40	Obligationenprotokoll	1868-1878
LAS 123, 41	Obligationenprotokoll	1878-1879
LAS 123, 57	Obligationenprotokoll (Nebenbuch I)	1868-1878
LAS 123, 58	Obligationenprotokoll (Nebenbuch II)	1880-1884
LAS 123, 59	Obligationenprotokoll (Nebenbuch)	1869-1884
LAS 123, 2210	Intraden-Rechnung	1526-1545
LAS 123, 2211	Intraden-Rechnung	1546-1586

LAS 123, 70	Intraden-Rechnung	1547-1559
LAS 123, 69	Intraden-Rechnung	1549-1556
LAS 123, 2212	Intraden-Rechnung	1588-1611
LAS 123, 2213	Intraden-Rechnung	1612-1619
LAS 123, 2214	Intraden-Rechnung	1631-1635
LAS 123, 2215	Intraden-Rechnung	1636-1656
LAS 123, 2216	Intraden-Rechnung	1656-1669
LAS 123, 2217	Intraden-Rechnung	1669-1682
LAS 123, 2218	Intraden-Rechnung	1683-1703
LAS 123, 2219	Intraden-Rechnung	1704-1705
LAS 123, 2220	Intraden-Rechnung	1710-1727
LAS 123, 2221	Intraden-Rechnung	1727-1728
LAS 123, 2222	Intraden-Rechnung	1729-1731
LAS 123, 2223	Intraden-Rechnung	1732-1734
LAS 123, 2224	Intraden-Rechnung	1735-1737
LAS 123, 2225	Intraden-Rechnung	1737-1740
LAS 123, 2226	Intraden-Rechnung	1675-1685
LAS 123, 2227	Intraden-Rechnung	1685-1697
LAS 123, 2228	Intraden-Rechnung	1697-1711
LAS 123, 2229	Intraden-Rechnung	1711-1727
LAS 123, 2230	Intraden-Rechnung	1763-1764
LAS 123, 2231	Intraden-Rechnung	1764-1765
LAS 123, 2232	Intraden-Rechnung	1765-1766
LAS 123, 2233	Intraden-Rechnung	1766-1767
LAS 123, 2234	Intraden-Rechnung	1767-1768
LAS 123, 2235	Intraden-Rechnung	1768-1769
LAS 123, 2236	Intraden-Rechnung	1769-1770
LAS 123, 2237	Intraden-Rechnung	1770-1771
LAS 123, 2238	Intraden-Rechnung	1771-1772
LAS 123, 2239	Intraden-Rechnung	1772-1773
LAS 123, 2240	Intraden-Rechnung	1773-1774
LAS 123, 2241	Intraden-Rechnung	1774-1775
LAS 123, 2242	Intraden-Rechnung	1775-1776
LAS 123, 2243	Intraden-Rechnung	1776-1777
LAS 123, 2244	Intraden-Rechnung	1777-1778
LAS 123, 2245	Intraden-Rechnung	1778-1779
LAS 123, 2246	Intraden-Rechnung	1779-1780
LAS 123, 2247	Intraden-Rechnung	1780-1781
LAS 123, 2248	Intraden-Rechnung	1781-1782
LAS 123, 2249	Intraden-Rechnung	1782-1783
LAS 123, 2250	Intraden-Rechnung	1783-1784
LAS 123, 2251	Intraden-Rechnung	1784-1785
LAS 123, 2252	Intraden-Rechnung	1785-1786
LAS 123, 2253	Intraden-Rechnung	1786-1787

LAS 123, 2254	Intraden-Rechnung	1787-1788
LAS 123, 2255	Intraden-Rechnung	1788-1789
LAS 123, 2256	Intraden-Rechnung	1789-1790
LAS 123, 2257	Intraden-Rechnung	1790-1791
LAS 123, 2258	Intraden-Rechnung	1791-1792
LAS 123, 2259	Intraden-Rechnung	1792-1793
LAS 123, 2260	Intraden-Rechnung	1793-1794
LAS 123, 2261	Intraden-Rechnung	1794-1795
LAS 123, 2262	Intraden-Rechnung	1795-1796
LAS 123, 2263	Intraden-Rechnung	1796-1797
LAS 123, 2264	Intraden-Rechnung	1797-1798
LAS 123, 2265	Intraden-Rechnung	1798-1799
LAS 123, 2266	Intraden-Rechnung	1799-1800
LAS 123, 2267	Intraden-Rechnung	1800-1801
LAS 123, 2268	Intraden-Rechnung	1801-1802
LAS 123, 2269	Intraden-Rechnung	1802-1803
LAS 123, 2270	Intraden-Rechnung	1803-1804
LAS 123, 2271	Intraden-Rechnung	1804-1805
LAS 123, 2272	Intraden-Rechnung	1805-1806
LAS 123, 2273	Intraden-Rechnung	1806-1807
LAS 123, 2274	Intraden-Rechnung	1807-1808
LAS 123, 2275	Intraden-Rechnung	1808-1809
LAS 123, 2276	Intraden-Rechnung	1809-1810
LAS 123, 2277	Intraden-Rechnung	1810-1811
LAS 123, 2278	Intraden-Rechnung	1811-1812
LAS 123, 2279	Intraden-Rechnung	1812-1813
LAS 123, 2280	Intraden-Rechnung	1813-1814
LAS 123, 2281	Intraden-Rechnung	1814-1815
LAS 123, 2282	Intraden-Rechnung	1815-1816
LAS 123, 2283	Intraden-Rechnung	1816-1817
LAS 123, 2284	Intraden-Rechnung	1817-1818
LAS 123, 2285	Intraden-Rechnung	1818-1830
LAS 123, 2286	Intraden-Rechnung	1830-1842
LAS 123, 2287	Intraden-Rechnung	1842-1846
LAS 123, 2288	Intraden-Rechnung	1846-1855
LAS 123, 2289	Intraden-Rechnung	1855-1864
LAS 123, 2290	Intraden-Rechnung	1864-1875
LAS 123, 2291	Intraden-Rechnung	1875-1902
LAS 123, 2292	Intraden-Rechnung	1902-1907
LAS 123, 2293	Intraden-Rechnung	1907-1912
LAS 123, 2294	Belegbände zu den Intraden-Rechnungen	1787-1792
LAS 123, 2295	Belegbände zu den Intraden-Rechnungen	1793-1798
LAS 123, 2296	Belegbände zu den Intraden-Rechnungen	1799-1804
LAS 123, 2297	Belegbände zu den Intraden-Rechnungen	1805-1810

LAS 123, 2298	Belegbände zu den Intraden-Rechnungen	1810-1818
LAS 123, 2299	Belegbände zu den Intraden-Rechnungen	1817-1830
LAS 123, 2300	Belegbände zu den Intraden-Rechnungen	1830-1835
LAS 123, 2301	Belegbände zu den Intraden-Rechnungen	1835-1840
LAS 123, 2302	Belegbände zu den Intraden-Rechnungen	1840-1845
LAS 123, 2303	Belegbände zu den Intraden-Rechnungen	1845-1850
LAS 123, 2304	Belegbände zu den Intraden-Rechnungen	1850-1855
LAS 123, 2305	Belegbände zu den Intraden-Rechnungen	1855-1860
LAS 123, 2306	Belegbände zu den Intraden-Rechnungen	1860-1864
LAS 123, 2307	Belegbände zu den Intraden-Rechnungen	1864-1870
LAS 123, 2308	Belegbände zu den Intraden-Rechnungen	1870-1875
LAS 123, 2309	Belegbände zu den Intraden-Rechnungen	1875-1876
LAS 123, 2310	Belegbände zu den Intraden-Rechnungen	1876-1877
LAS 123, 2311	Belegbände zu den Intraden-Rechnungen	1877-1878
LAS 123, 2312	Belegbände zu den Intraden-Rechnungen	1878-1879
LAS 123, 2313	Belegbände zu den Intraden-Rechnungen	1879-1880
LAS 123, 2314	Belegbände zu den Intraden-Rechnungen	1880-1891
LAS 123, 2315	Belegbände zu den Intraden-Rechnungen	1891-1902
LAS 123, 2316	Belegbände zu den Intraden-Rechnungen	1902-1911
LAS 123, 2317	Quittungen zu den Intraden-Rechnungen	1875-1883
LAS 123, 2318	Quittungen zu den Intraden-Rechnungen	1883-1890
LAS 123, 2319	Quittungen zu den Intraden-Rechnungen	1890-1894
LAS 123, 2320	Quittungen zu den Intraden-Rechnungen	1895-1902
LAS 123, 2321	Quittungen zu den Intraden-Rechnungen	1902-1904
LAS 123, 2322	Quittungen zu den Intraden-Rechnungen	1904-1908
LAS 123, 2323	Quittungen zu den Intraden-Rechnungen	1910-1911
LAS 123, 2324	Quittungen zu den Intraden-Rechnungen	1911-1912
LAS 123, 2325	Quittungen zu den Intraden-Rechnungen	1912-1913
LAS 123, 2326	Original-Quittungen der Frau Äbtissin über die abgelieferten klösterlichen Gelder	1763-1765
LAS 123, 2327	Original-Quittungen der Frau Äbtissin über die abgelieferten klösterlichen Gelder	1766-1770
LAS 123, 2328	Original-Quittungen der Frau Äbtissin über die abgelieferten klösterlichen Gelder	1771-1775
LAS 123, 2329	Original-Quittungen der Frau Äbtissin über die abgelieferten klösterlichen Gelder	1776-1780
LAS 123, 2527	Intradenregister	1549-1556
LAS 123, 2528	Intradenregister	1557-1559
LAS 123, 2529	Intradenregister	1560-1562
LAS 123, 2530	Intradenregister	1563-1566
LAS 123, 2531	Intradenregister	1567-1569
LAS 123, 2532	Intradenregister	1570-1572

LAS 123, 2533	Intradenregister	1573-1576
LAS 123, 2534	Intradenregister	1577-1579
LAS 123, 2535	Intradenregister	1580-1582
LAS 123, 2536	Intradenregister	1583-1585
LAS 123, 2537	Intradenregister	1586-1588
LAS 123, 2538	Intradenregister	1589-1591
LAS 123, 2539	Intradenregister	1592-1594
LAS 123, 2540	Intradenregister	1595-1597
LAS 123, 2541	Intradenregister	1598-1600
LAS 123, 2542	Intradenregister	1601-1604
LAS 123, 2543	Intradenregister	1605-1608
LAS 123, 2544	Intradenregister	1609-1613
LAS 123, 2545	Intradenregister	1614-1619
LAS 123, 2546	Intradenregister	1619-1623
LAS 123, 2547	Intradenregister	1623-1624
LAS 123, 2548	Intradenregister	1624-1627
LAS 123, 2549	Intradenregister	1627-1634
LAS 123, 2550	Intradenregister	1635-1640
LAS 123, 2551	Intradenregister	1641-1654
LAS 123, 2552	Intradenregister	1661-1663
LAS 123, 2553	Intradenregister	1664-1667
LAS 123, 2554	Intradenregister (1582-1608 Klosterrechnung)	1611-1612
LAS 123, 2555	Intradenregister/Klosterrechnung	1683-1724
LAS 123, 2556	Intradenregister	1653-1660
LAS 123, 2557	Intradenregister	1661-1666
LAS 123, 2558	Intradenregister	1667-1679
LAS 123, 2559	Intradenregister	1680-1698
LAS 123, 2560	Intradenregister	1699-1716
LAS 123, 2561	Intradenregister	1717-1726
LAS 123, 2562	Intradenregister	1630-1680
LAS 123, 2563	Intradenregister	1653-1656
LAS 123, 2564	Intradenregister	1653-1654
LAS 123, 2565	Intradenregister	1661-1666
LAS 123, 2566	Intradenregister	1673-1677
LAS 123, 2567	Intradenregister	1678-1681
LAS 123, 2568	Intradenregister	1682-1684
LAS 123, 2569	Intradenregister	1685-1687
LAS 123, 2570	Intradenregister	1688-1690
LAS 123, 2571	Intradenregister	1691-1693
LAS 123, 2572	Intradenregister	1694-1696
LAS 123, 2573	Intradenregister	1697-1700
LAS 123, 2574	Intradenregister	1701-1702
LAS 123, 2575	Intradenregister	1703-1706
LAS 123, 2576	Intradenregister	1707-1721

LAS 123, 2577	Intradenregister	1740-1765
LAS 123, 2578	Hebungsregister über sämtliche Einnahmen	1800-1801
LAS 123, 2579	Hebungsregister über sämtliche Einnahmen	1842
LAS 123, 2580	Hebungsregister über sämtliche Einnahmen	1843
LAS 123, 2581	Hebungsregister über sämtliche Einnahmen	1844
LAS 123, 2582	Hebungsregister über sämtliche Einnahmen	1845
LAS 123, 2583	Hebungsregister über sämtliche Einnahmen	1846
LAS 123, 2584	Hebungsregister über sämtliche Einnahmen	1847
LAS 123, 2585	Hebungsregister über sämtliche Einnahmen	1848
LAS 123, 2586	Hebungsregister über sämtliche Einnahmen	1849
LAS 123, 2587	Hebungsregister über sämtliche Einnahmen	1850
LAS 123, 2588	Hebungsregister über sämtliche Einnahmen	1851-1854
LAS 123, 2589	Hebungsregister über sämtliche Einnahmen	1855
LAS 123, 2590	Hebungsregister über sämtliche Einnahmen	1856
LAS 123, 2591	Hebungsregister über sämtliche Einnahmen	1857
LAS 123, 2592	Hebungsregister über sämtliche Einnahmen	1858
LAS 123, 2593	Hebungsregister über sämtliche Einnahmen	1859
LAS 123, 2594	Hebungsregister über sämtliche Einnahmen	1860
LAS 123, 2595	Hebungsregister über sämtliche Einnahmen	1861
LAS 123, 2596	Hebungsregister über sämtliche Einnahmen	1862
LAS 123, 2597	Hebungsregister über sämtliche Einnahmen	1863
LAS 123, 2598	Hebungsregister über sämtliche Einnahmen	1864
LAS 123, 2599	Hebungsregister über sämtliche Einnahmen	1865
LAS 123, 2600	Hebungsregister über sämtliche Einnahmen	1866
LAS 123, 2601	Hebungsregister über sämtliche Einnahmen	1867
LAS 123, 2602	Hebungsregister über sämtliche Einnahmen	1868
LAS 123, 2603	Hebungsregister über sämtliche Einnahmen	1869
LAS 123, 2604	Hebungsregister über sämtliche Einnahmen	1870
LAS 123, 2605	Hebungsregister über sämtliche Einnahmen	1871
LAS 123, 2606	Hebungsregister über sämtliche Einnahmen	1872
LAS 123, 2607	Hebungsregister über sämtliche Einnahmen	1873
LAS 123, 2608	Hebungsregister über sämtliche Einnahmen	1874
LAS 123, 2609	Hebungsregister über sämtliche Einnahmen	1875
LAS 123, 2610	Hebungsregister über sämtliche Einnahmen	1876
LAS 123, 2611	Hebungsregister über sämtliche Einnahmen	1877
LAS 123, 2612	Hebungsregister über sämtliche Einnahmen	1878
LAS 123, 2613	Hebungsregister über sämtliche Einnahmen	1903-1905
LAS 123, 2614	Hebungsregister über sämtliche Einnahmen	1906-1917
LAS 123, 2332	Klosterrechnungen	1546-1630
LAS 123, 2333	Klosterrechnungen	1763-1764
LAS 123, 2334	Klosterrechnungen	1764-1765
LAS 123, 2335	Klosterrechnungen	1765-1766
LAS 123, 2336	Klosterrechnungen	1766-1767

LAS 123, 2337	Klosterrechnungen	1767-1768
LAS 123, 2338	Klosterrechnungen	1768-1769
LAS 123, 2339	Klosterrechnungen	1769-1770
LAS 123, 2340	Klosterrechnungen	1770-1771
LAS 123, 2341	Klosterrechnungen	1771-1772
LAS 123, 2342	Klosterrechnungen	1772-1773
LAS 123, 2343	Klosterrechnungen	1773-1774
LAS 123, 2344	Klosterrechnungen	1774-1775
LAS 123, 2345	Klosterrechnungen	1775-1776
LAS 123, 2346	Klosterrechnungen	1776-1777
LAS 123, 2347	Klosterrechnungen	1777-1778
LAS 123, 2348	Klosterrechnungen	1778-1779
LAS 123, 2349	Klosterrechnungen	1779-1780
LAS 123, 2350	Rechnung über die aus der Klosterschreiberei abgelieferten Intradengelder	1780-1896
LAS 123, 2481	Quittungsbuch für die Zeit von	1896-1903
LAS 123, 2351	Klosterrechnungen	1780-1781
LAS 123, 2352	Klosterrechnungen	1781-1782
LAS 123, 2353	Klosterrechnungen	1782-1783
LAS 123, 2354	Klosterrechnungen	1783-1784
LAS 123, 2355	Klosterrechnungen	1784-1785
LAS 123, 2356	Klosterrechnungen	1785-1786
LAS 123, 2357	Klosterrechnungen	1786-1787
LAS 123, 2358	Klosterrechnungen	1787-1788
LAS 123, 2359	Klosterrechnungen	1788-1789
LAS 123, 2360	Klosterrechnungen	1789-1790
LAS 123, 2361	Klosterrechnungen	1790-1791
LAS 123, 2362	Klosterrechnungen	1791-1792
LAS 123, 2363	Klosterrechnungen	1792-1793
LAS 123, 2364	Klosterrechnungen	1793-1794
LAS 123, 2365	Klosterrechnungen	1794-1795
LAS 123, 2366	Klosterrechnungen	1795-1796
LAS 123, 2367	Klosterrechnungen	1796-1797
LAS 123, 2368	Klosterrechnungen	1797-1798
LAS 123, 2369	Klosterrechnungen	1798-1799
LAS 123, 2370	Klosterrechnungen	1799-1800
LAS 123, 2371	Klosterrechnungen	1800-1801
LAS 123, 2372	Klosterrechnungen	1801-1802
LAS 123, 2373	Klosterrechnungen	1802-1803
LAS 123, 2374	Klosterrechnungen	1803-1804
LAS 123, 2375	Klosterrechnungen	1804-1805
LAS 123, 2376	Klosterrechnungen	1805-1806
LAS 123, 2377	Klosterrechnungen	1806-1807
LAS 123, 2378	Klosterrechnungen	1807-1808
LAS 123, 2379	Klosterrechnungen	1808-1809

LAS 123, 2380	Klosterrechnungen	1809-1810
LAS 123, 2381	Klosterrechnungen	1810-1811
LAS 123, 2382	Klosterrechnungen	1811-1812
LAS 123, 2383	Klosterrechnungen	1812-1813
LAS 123, 2384	Klosterrechnungen	1813-1814
LAS 123, 2385	Klosterrechnungen	1814-1815
LAS 123, 2386	Klosterrechnungen	1815-1816
LAS 123, 2387	Klosterrechnungen	1816-1817
LAS 123, 2388	Klosterrechnungen	1817-1818
LAS 123, 2389	Klosterrechnungen	1818-1819
LAS 123, 2390	Klosterrechnungen	1819-1820
LAS 123, 2391	Klosterrechnungen	1820-1821
LAS 123, 2392	Klosterrechnungen	1821-1822
LAS 123, 2393	Klosterrechnungen	1822-1823
LAS 123, 2394	Klosterrechnungen	1823-1824
LAS 123, 2395	Klosterrechnungen	1824-1825
LAS 123, 2396	Klosterrechnungen	1825-1826
LAS 123, 2397	Klosterrechnungen	1826-1827
LAS 123, 2398	Klosterrechnungen	1827-1828
LAS 123, 2399	Klosterrechnungen	1828-1829
LAS 123, 2400	Klosterrechnungen	1829-1830
LAS 123, 2401	Klosterrechnungen	1830-1831
LAS 123, 2402	Klosterrechnungen	1831-1832
LAS 123, 2403	Klosterrechnungen	1832-1833
LAS 123, 2404	Klosterrechnungen	1833-1834
LAS 123, 2405	Klosterrechnungen	1834-1835
LAS 123, 2406	Klosterrechnungen	1835-1836
LAS 123, 2407	Klosterrechnungen	1836-1837
LAS 123, 2408	Klosterrechnungen	1837-1838
LAS 123, 2409	Klosterrechnungen	1838-1839
LAS 123, 2410	Klosterrechnungen	1839-1840
LAS 123, 2411	Klosterrechnungen	1840-1841
LAS 123, 2412	Klosterrechnungen	1841-1842
LAS 123, 2413	Klosterrechnungen	1842-1843
LAS 123, 2414	Klosterrechnungen	1843-1844
LAS 123, 2415	Klosterrechnungen	1844-1845
LAS 123, 2416	Klosterrechnungen	1845-1846
LAS 123, 2417	Klosterrechnungen	1846-1847
LAS 123, 2418	Klosterrechnungen	1847-1848
LAS 123, 2419	Klosterrechnungen	1848-1849
LAS 123, 2420	Klosterrechnungen	1849-1850
LAS 123, 2421	Klosterrechnungen	1850-1851
LAS 123, 2422	Klosterrechnungen	1851-1852
LAS 123, 2423	Klosterrechnungen	1852-1853
LAS 123, 2424	Klosterrechnungen	1853-1854

LAS 123, 2425	Klosterrechnungen	1854-1855
LAS 123, 2426	Klosterrechnungen	1855-1856
LAS 123, 2427	Klosterrechnungen	1856-1857
LAS 123, 2428	Klosterrechnungen	1857-1858
LAS 123, 2429	Klosterrechnungen	1858-1859
LAS 123, 2430	Klosterrechnungen	1859-1860
LAS 123, 2431	Klosterrechnungen	1860-1861
LAS 123, 2432	Klosterrechnungen	1861-1862
LAS 123, 2433	Klosterrechnungen	1862-1863
LAS 123, 2434	Klosterrechnungen	1863-1864
LAS 123, 2435	Klosterrechnungen	1864-1865
LAS 123, 2436	Klosterrechnungen	1865-1866
LAS 123, 2437	Klosterrechnungen	1866-1867
LAS 123, 2438	Klosterrechnungen	1867-1868
LAS 123, 2439	Klosterrechnungen	1868-1869
LAS 123, 2440	Klosterrechnungen	1869-1870
LAS 123, 2441	Klosterrechnungen	1870-1871
LAS 123, 2442	Klosterrechnungen	1871-1872
LAS 123, 2443	Klosterrechnungen	1872-1873
LAS 123, 24414	Klosterrechnungen	1873-1874
LAS 123, 2445	Klosterrechnungen	1874-1875
LAS 123, 2446	Klosterrechnungen	1875-1876
LAS 123, 2447	Klosterrechnungen	1876-1877
LAS 123, 2448	Klosterrechnungen	1877-1878
LAS 123, 2449	Klosterrechnungen	1878-1879
LAS 123, 2450	Klosterrechnungen	1879-1880
LAS 123, 2451	Klosterrechnungen	1880-1881
LAS 123, 2452	Klosterrechnungen	1881-1882
LAS 123, 2453	Klosterrechnungen	1882-1883
LAS 123, 2454	Klosterrechnungen	1883-1884
LAS 123, 2455	Klosterrechnungen	1884-1885
LAS 123, 2456	Klosterrechnungen	1885-1886
LAS 123, 2457	Klosterrechnungen	1886-1887
LAS 123, 2458	Klosterrechnungen	1887-1888
LAS 123, 2459	Klosterrechnungen	1888-1889
LAS 123, 2460	Klosterrechnungen	1889-1890
LAS 123, 2461	Klosterrechnungen	1890-1891
LAS 123, 2462	Klosterrechnungen	1891-1892
LAS 123, 2463	Klosterrechnungen	1892-1893
LAS 123, 2464	Klosterrechnungen	1893-1894
LAS 123, 2465	Klosterrechnungen	1894-1895
LAS 123, 2466	Klosterrechnungen	1895-1896
LAS 123, 2467	Klosterrechnungen	1896-1897
LAS 123, 2468	Klosterrechnungen	1897-1898
LAS 123, 2469	Klosterrechnungen	1898-1899

LAS 123, 2470	Klosterrechnungen	1899-1900
LAS 123, 2471	Klosterrechnungen	1900-1901
LAS 123, 2472	Klosterrechnungen	1901-1902
LAS 123, 2473	Klosterrechnungen	1902-1903
LAS 123, 2474	Klosterrechnungen	1903-1904
LAS 123, 2475	Klosterrechnungen	1904-1905
LAS 123, 2476	Klosterrechnungen	1905-1906
LAS 123, 2477	Klosterrechnungen	1906-1907
LAS 123, 2478	Klosterrechnungen	1907-1908
LAS 123, 2479	Klosterrechnungen	1908-1909
LAS 123, 2480	Klosterrechnungen	1909-1910
LAS 123, 2481	Klosterrechnungen	1910-1911
LAS 123, 2483	Quittungen zur Klosterrechnung	1911-1912
LAS 123, 2484	Quittungen zur Klosterrechnung	1912-1913
LAS 123, 2485	Quittungen zur Klosterrechnung	1913-1914
LAS 123, 2486	Quittungen zur Klosterrechnung	1914-1915
LAS 123, 2487	Quittungen zur Klosterrechnung	1915-1916
LAS 123, 2627	Quittungsbuch für Ausgaberechnungen	1624-1840
LAS 123, 2628	Ausgabebelege	1657-1679
LAS 123, 2625	Ausgaberechnung zu den Intradenregistern	1669-1698
LAS 123, 2629	Ausgabebelege	1680-1690
LAS 123, 2626	Ausgaberechnung zu den Intradenregistern	1699-1763
LAS 123, 2630	Belege zur Ausgaberechnung	1750-1751
LAS 123, 2631	Belege zur Ausgaberechnung	1751-1753
LAS 123, 2632	Belege zur Ausgaberechnung	1754-1755
LAS 123, 2633	Belege zur Ausgaberechnung	1756-1757
LAS 123, 2634	Belege zur Ausgaberechnung	1758-1759
LAS 123, 2635	Belege zur Ausgaberechnung	1760-1761
LAS 123, 2636	Belege zur Ausgaberechnung	1761-1763
LAS 123, 2637	Herrenfuhr- und Dienstgelder	1653-1660
LAS 123, 2638	Herrenfuhr- und Dienstgelder	1661-1666
LAS 123, 2639	Herrenfuhr- und Dienstgelder	1667-1696
LAS 123, 2640	Herrenfuhr- und Dienstgelder	1697-1717
LAS 123, 2641	Herrenfuhr- und Dienstgelder	1718-1726
LAS 123, 2642	Rentegelder	1654-1660
LAS 123, 2643	Rentegelder	1660-1666
LAS 123, 2644	Rentegelder	1667-1684
LAS 123, 2645	Rentegelder	1685-1704
LAS 123, 2646	Rentegelder	1705-1726

LAS 123, 2647	Hofdienstrechnung	1814-1829
LAS 123, 2649	Hofdienstrechnung	1814-1838
LAS 123, 2650	Beilage zur Hofdienstrechnung	1819-1830
LAS 123, 2648	Hofdienstrechnung	1830-1838
LAS 123, 2651	Beilage zur Hofdienstrechnung	1830-1835
LAS 123, 2652	Schuld- und Kornrechnung	1603-1630
LAS 123, 2653	Kornrechnung	1612-1675
LAS 123, 2654	Kornregister	1677-1832
LAS 123, 2655	Kornrechnung	1766-1775
LAS 123, 2656	Kornrechnung	1776-1780
LAS 123, 2657	Kornrechnung	1781-1789
LAS 123, 2660	Kornrechnung	1794-1816
LAS 123, 2658	Kornrechnung	1799-1813
LAS 123, 2659	Korn- und Naturalienrechnung	1814-1844
LAS 123, 2661	Kornrechnung	1817-1838
LAS 123, 2662	Kornrechnung	1820-1838
LAS 123, 2668	Lämmer- und Gänseregister	1538-1625
LAS 123, 2665	Gersteregister, Saatroggen	1587-1630
LAS 123, 2669	Register der Roggenhäuer	1613-1720
LAS 123, 2663	Hafer-, Gerste- und Gänseregister	1625-1680
LAS 123, 2670	Häuer- und Roggenregister	1654-1666
LAS 123, 2671	Häuer- und Roggenregister	1667-1698
LAS 123, 2664	Hafer-, Gerste- und Gänseregister	1681-1709
LAS 123, 2666	Haferregister	1691-1721
LAS 123, 2667	Saatkornregister	1692-1725
LAS 123, 2672	Häuer- und Roggenregister	1698-1725
LAS 123, 2673	Häuer- und Roggenregister	1716-1770
LAS 123, 2674	Register des restierenden Häuerroggens	1740-1753
LAS 123, 2675	Schweine- und Mastregister	1573-1610
LAS 123, 2676	Schweine- und Mastregister	1612-1639
LAS 123, 2678	Schweine- und Mastregister	1606-1656
LAS 123, 2679	Schweine- und Mastregister	1664-1686
LAS 123, 2680	Schweine- und Mastregister	1687-1714
LAS 123, 2677	Schweine- und Mastregister	1691-1726
LAS 123, 2681	Schweine- und Mastregister	1715-1726
LAS 123, 72	Register über Kalandgelder	1462-1562
LAS 123, 74	Register der Memoriengelder	1520-1601
LAS 123, 73	Register über Memoriengelder des Kalands	1532-1612
LAS 65.1, 405	Veräußerung von Häusern	1564-1670
LAS 7, 6127	Grundbesitz- und Jurisdiktionssachen	1571-1711

LAS 65.1, 487	Verkauf klösterlicher Höfe	1608-1629
LAS 65.1, 494	Der Untertanen Wagenfuhrdienste und andere Lasten	1636
LAS 123, 5513	Inventare und Wardierungsprotokolle über das Vermögen von Klosteruntergehörigen	1638-1652
LAS 123, 1267	Die Rübenkoppel	1731-1876
LAS 123, 1607	Die Aufhebung der Leibeigenschaft und die Teilbarkeit des Grundbesitzes	1804-1850
LAS 123, 1606	betr. die Abhandlung der Hofdienste der Untergehörigen mit dem Kloster	1808-1814
LAS 123, 1298	Verzeichnis der Intraden aus den klösterlichen Zeit- und Erbpachtstücken	1838-1901
LAS 123, 1608	Die Errichtung der Kommissionen zu Gunsten der Insten und Tagelöhner	1848-1849
LAS 123, 2791	Kontributionsregister	1603-1639
LAS 123, 2792	Kontributionsregister	1638-1647
LAS 123, 2794	Restantenregister über Kontributions- und Pflugschatzgelder	1638-1653
LAS 123, 2793	Kontributionsregister	1647-1653
LAS 123, 2804	Kontributionsregister	1652-1762
LAS 123, 2795	Kontributionsregister	1653-1660
LAS 123, 2805	Kontributionsrechnung	1655-1671
LAS 123, 2796	Kontributionsregister	1661-1666
LAS 123, 2797	Kontributionsregister	1667-1669
LAS 123, 2798	Kontributionsregister	1667-1674
LAS 123, 2806	Kontributionsrechnung	1671-1680
LAS 123, 2799	Kontributionsregister	1673-1683
LAS 123, 2800	Kontributionsregister	1675-1684
LAS 123, 2807	Kontributionsrechnung	1681-1692
LAS 123, 2801	Kontributionsregister	1684-1693
LAS 123, 2808	Kontributionsrechnung	1693-1710
LAS 123, 2802	Kontributionsregister	1694-1714
LAS 123, 2809	Kontributionsrechnung	1711-1737
LAS 123, 2803	Kontributionsregister	1715-1724
LAS 123, 2810	Kontributionsrechnung	1738-1751
LAS 123, 2811	Kontributionsrechnung	1762-1799
LAS 123, 2812	Kontributionsrechnung	1763-1765
LAS 123, 2813	Kontributionsrechnung	1766-1770
LAS 123, 2814	Kontributionsrechnung	1771-1775
LAS 123, 2815	Kontributionsrechnung	1776-1780
LAS 123, 2816	Kontributionsrechnung	1781-1784
LAS 123, 2817	Kontributionsrechnung	1786-1799
LAS 123, 2818	Kontributionsrechnung	1800-1802
LAS 123, 2820	Kontributionsrechnung	1802

LAS 123, 2819	Kontributionsrechnung	1803-1805
LAS 123, 2821	Kontributionsrechnung	1804-1808
LAS 123, 2822	Kontributionsrechnung	1805-1808
LAS 123, 2831	Kontributionsrechnung	1806-1814
LAS 123, 2823	Kontributionsrechnung	1810-1811
LAS 123, 2824	Kontributionsrechnung	1812-1813
LAS 123, 2825	Kontributionsrechnung	1814-1815
LAS 123, 2826	Kontributionsrechnung	1815-1816
LAS 123, 2827	Kontributionsrechnung	1816-1817
LAS 123, 2828	Kontributionsrechnung	1818
LAS 123, 2829	Kontributionsrechnung	1818-1819
LAS 123, 2830	Kontributionsrechnung	1820-1821
LAS 123, 2832	Kontributionsrechnung	1822
LAS 123, 2833	Kontributionsrechnung	1823
LAS 123, 2834	Kontributionsrechnung	1823
LAS 123, 2835	Kontributionsrechnung	1824-1825
LAS 123, 2836	Kontributionsrechnung	1826-1831
LAS 123, 2837	Kontributionsrechnung	1843-1877
LAS 123, 2838	Originalquittungen über die an die königliche Kasse abgelieferte Kontribution	1548-1655
LAS 123, 2839	Originalquittungen über die an die königliche Kasse abgelieferte Kontribution	1763-1776
LAS 123, 2840	Originalquittungen über die an die königliche Kasse abgelieferte Kontribution	1771-1775
LAS 123, 2841	Originalquittungen über die an die königliche Kasse abgelieferte Kontribution	1776-1780
LAS 123, 2842	Originalquittungen über die an die königliche Kasse abgelieferte Kontribution	1785-1792
LAS 123, 2843	Originalquittungen über die an die königliche Kasse abgelieferte Kontribution	1793-1799
LAS 123, 2844	Originalquittungen über die an die königliche Kasse abgelieferte Kontribution	1800-1804
LAS 123, 2845	Originalquittungen über die an die königliche Kasse abgelieferte Kontribution	1804-1839
LAS 123, 2846	Originalquittungen über die an die königliche Kasse abgelieferte Kontribution	1839-1877
LAS 123, 2847	Originalquittungen über die an die königliche Kasse abgelieferte Kontribution	1871-1877
LAS 123, 2848	Restantenregister	1614-1641
LAS 123, 2849	Restantenregister	1641-1652
LAS 123, 2850-2851	Restantenregister	1638-1653
LAS 123, 2852-2854	Restantenregister	1653-1660
LAS 123, 2855	Restantenregister	1657-1667

LAS 123, 2856	Restantenregister	1661-1665
LAS 123, 2857	Restantenregister	1661-1667
LAS 123, 2858	Restantenregister	1672
LAS 123, 2859	Restantenregister	1674-1710
LAS 123, 2860	Restantenregister	1679-1697
LAS 123, 2861	Restantenregister	1701-1717
LAS 123, 2862	Restantenregister	1702-1725
LAS 123, 2863	Restantenregister	1710-1726
LAS 123, 2864	Restantenregister	1817-1831
LAS 123, 2865	Restantenregister	1831-1841

LAS 123, 2866	Quittungen über verschiedene Steuerzahlungen	1543-1653
LAS 123, 1610	Die Abgaben (Kontributionen) der klösterlichen Marschen	1558-1756
LAS 7, 6131	Rechnungs-, Hebungs-, Kontributions- und Einquartierungssachen	1627-1695
LAS 123, 2870	Pflugschatz	1641-1663
LAS 123, 2891	Die Pflugzahl bei außerordentlichen Ausschreibungen	1646-1849
LAS 65.1, 355	Pflugzahl	1664-1690
LAS 123, 2878	Rangsteuer	1764-1867
LAS 123, 1605	Abhandlung mit den alten Dienstgeld- und Häuerroggen-Restanten	1780
LAS 66, 5932	Landsteuerregister	1803
LAS 66, 5324	Haussteuer	1803-1844
LAS 152, 7	Steuerregulierung	1803-1804
LAS 152, 5	Steuerregulierung	1804-1812
LAS 123, 2881-2882	Haus- und Gebäudesteuer	1805-1889
LAS 123, 2883-2885	Grund- und Benutzungssteuer	1810-1895
LAS 123, 2886-2888	½-Prozent-Erbschaftssteuer	1810-1867
LAS 66, 7171	Mannzahl- und Schatzprotokolle	1810-1814
LAS 152, 33	Mannzahl- und Schatzprotokoll	1811-1812
LAS 66, 5930	Landsteuerregister	1813
LAS 66, 3875	Erklärung des Steuerpflichtigen, mit Unterschrift und Siegel	1813
LAS 152, 34	Mannzahl- und Schatzprotokoll	1814
LAS 66, 942.1-942.3	Halbprozent-Steuerlisten	1838-1840
LAS 66, 942.4-942.5	Halbprozent-Steuerlisten	1841-1842
LAS 66, 948.1-948.2	Halbprozent-Steuerlisten	1843
LAS 66, 6135	Verzeichnisse der Halbprozent-Steuerfälle	1844
LAS 66, 7343	Halbprozent-Steuerlisten	1846-1847
LAS 123, 2909	Rechnung über die Steuern und Gefälle	1846-1881
LAS 123, 2897-2899	Einkommensteuer nach Vermögen	1848-1852
LAS 123, 2902	Magschiftungen	1848

LAS 123, 2903	Magschiftungen	1849
LAS 123, 2904	Magschiftungen	1850
LAS 123, 2906	Magschiftungen	1864
LAS 123, 2927	Gebäudesteuer	1867-1897
LAS 123, 4082-5468	Einzelne Nachlass- und Erbteilungsangelegenheiten in alphabetischer Reihenfolge **in Findbuch Abteilung 123**	
LAS 123, 5666-5678	Einzelne Nachlass- und Erbteilungsangelegenheiten in alphabetischer Reihenfolge **in Findbuch Abteilung 123**	
LAS 123, 3990	Verzeichnisse über Konkurse und Vormundschaften	1653-1866
LAS 123, 5679-5800	Einzelne Konkurs- und Nachlasssachen **gedruckt in alphabetischer Reihenfolge in Findbuch Abteilung 123**	
LAS 123, 51	Vormünderbuch	1750-1800
LAS 123, 5536-5665	Einzelne Vormundschaftsrechnungen **gedruckt in Findbuch Abteilung 123**	
LAS 123, 3720	Verzeichnis der klösterlichen Eingesessenen mit Angabe der Pflugzahl	1700
LAS 412, 311	Volkszählregister	1803
LAS 123, 3721	Volkszählungen	1835-1864
LAS 415, 5419	Volkszähllisten	1835
LAS 415, 5444	Volkszähllisten	1840
LAS 415, 5445	Volkszähllisten	1840
LAS 415, 5526	Volkszähllisten	1845
LAS 415, 5544	Volkszähllisten	1855
LAS 412, 609	Volkszählregister	1860
LAS 412, 1010	Volkszählregister	1864
LAS 123, 3722	Volkszählungen	1867-1897
LAS 309, 24605	Das adelige Kloster, Band 1	1864-1867
LAS 309, 24606	Das adelige Kloster, Band 2	1868-1887
LAS 309, 24607	Das adelige Kloster, Band 3	1887-1899
LAS 309, 24608	Das adelige Kloster, Band 4	1899-1912
LAS 309, 24609	Das adelige Kloster, Band 5	1912-1927

Vogtei Hennstedt

LAS 123, 12	SchuPfPr	1800-1884
LAS 123, 13	SchuPfPr	1800-1884
LAS 399.90 Reimer, 22	Anschreibebuch von Henning Timm, klösterlicher Untergehöriger	1805-1876

Innien

LAS 123, 1822	Betr. die Einwohner	18.-19. Jh.
LAS 123, 1813	Die Aufteilung der Gemeinschafts-ländereien	1773-1778
LAS 123, 1820	Die Brandgilde	1841-1866
LAS 309 Geb. St., 973	Gebäudesteuer	1867
LAS 123, 1821	Reallastenablösung	1874-1876
LAS 324.22, 99	Mutterrolle	1874 ff.
LAS 324.22, 100	Mutterrolle	1874 ff.
LAS 309, 15139	Ablösung der Reallasten, Band I	1875

Vogtei Hohenwestedt

LAS 123, 7	SchuPfPr	1800-1884
LAS 123, 10	SchuPfPr	1800-1884
LAS 123, 11	SchuPfPr	1800-1884
LAS 123, 1803-1805	Betr. die Einwohner	17.-19. Jh.
LAS 123, 1801	Die „Große Westedter Notgilde“ und das Brandwesen	1607-1868
LAS 123, 1787	Die Köpersche und die Bögesche wüste Hufe	1649-1810
LAS 123, 1784	Klagen der Eingesessenen über die Eingriffe der Dorfschaft Glüsing in die Hohenwestedter Gemeinschaftsweide	1730-1740
LAS 123, 1785	Betr. die Hohenwestedter Gemeindeweide	1738-1743
LAS 123, 1786	Die Aufteilung der Gemeinschaftsländereien	1771-1775
LAS 123, 65	Vier Kaufkontrakte	1773-1782
LAS 123, 1788	Die Kreuzwiese	1800-1854
LAS 123, 1799	Reallastenauflösung	1873-1877

Hohenwestedt

LAS 123, 1803-1805	Betr. die Einwohner	17.-19. Jh.
LAS 123, 1785	Betr. die Gemeindeweide	1738-1743

LAS 123, 1786	Die Aufteilung der Gemeinschaftsländereien	1771-1775
LAS 123, 1793	Die Vereinigung der veschiedenen Jurisdiktionen zu einer Gemeinde	1869
LAS 123, 1799	Reallastenablösung	1873-1877

Vogtei Meimersdorf

Kleinflintbek

LAS 123, 1703	Aufteilung der Gemeinheitsländereien	1731-1873
LAS 123, 1705	Die Vereinigung des königlichen und klösterlichen Anteils zu einer Gemeinde	1867-1870
LAS 123, 1707	Reallastenablösung	1873-1876
LAS 123, 1709	Die Brandgilde	1840-1849

Techelsdorf

LAS 123, 2191	Betr. die Einwohner	18.-19. Jh.
LAS 123, 2172	Betr. die Roggenlieferung der Hufner nach Bordesholm	1577-1869
LAS 123, 2181	Die Einkoppelung der Gemeinschaftsländereien	1778-1779
LAS 123, 2180	Betr. die gemeinschaftliche Dorfkoppel	1843
LAS 309, 3498	Lieferung von 57,3 Schipp Pflichtroggen	1865-1870f
LAS 309 Geb. St., 477	Gebäudesteuer	1867
LAS 123, 2187	Reallastenablösung	1873-1876
LAS 123, 2188	Betr. das Brandwesen	1873-1876
LAS 309, 14697	Reallastenablösung, Band I	1875
LAS 324.13, 201	Mutterrolle	1878 ff.
LAS 321.4, 3	Reallastenablösung	1875-1876

Vogtei Nortorf

Bünzen

LAS 123, 1642	Betr. die Aufteilung der Gemeinheitsländereien	1777
LAS 123, 1646	Die Einwohner betreffend	1808-1853
LAS 123, 1643	Die Aufteilung der 1777 und 1779 unverteilt gebliebenen Gemeinheitsländereien	1836-1852
LAS 123, 1645	Reallastenablösung	1874-1877

Homfeld

LAS 123, 1809	Betr. die Einwohner	17.-19. Jh.
LAS 123, 1806	Die Aufteilung der Gemeindeländereien	1734-1771
LAS 309 Geb. St., 971	Gebäudesteuer	1867
LAS 309 Geb. St., 972	Gebäudesteuer	1867
LAS 123, 1808	Reallastenablösung	1873-1878
LAS 309, 15089	Ablösung der Reallasten, Band I	1874
LAS 324.22, 97	Mutterrolle	1874 ff.
LAS 309 Flur (13), 68	Flurbuch	1877
LAS 399.90, 64	Die Geschichte der alten Familie Ratjen	o. J.

Nortorf

LAS 123, 1992	Betr. die Einwohner	1601-1871
LAS 123, 1993	Betr. die Einwohner	1601-1871
LAS 123, 1960	Attestatum wegen 2 Stück Landes	1608
LAS 123, 1979	Die klösterlichen Katen	1735-1857
LAS 123, 1967	Die gemeinschaftliche Weide	1736-1738
LAS 123, 1968	Die gemeinschaftliche Weide	1739-1762
LAS 123, 1970	Die „Willkür" in der Dorfschaft	1751-1752
LAS 123, 1971	Landveräußerungen königlicher Untertanen an klösterliche Untergehörige	1754
LAS 123, 1976	Aufteilung der Gemeinheitsländereien	1776-1788
LAS 123, 1987	Reallastenablösung	1873-1876
LAS 123, 1988	Gilden	1750-1866

Vogtei Langwedel

Langwedel

- Langwedelerfeld **- Langwedelerholz** **- Moorkate**
- Ruhleben **- Scheidekrug** **- Wennebek**

LAS 123, 1897-1898	Betr. die Einwohner	17.-19. Jh.
LAS 123, 1875	Original-Bauernbrief	1700
LAS 123, 1896	Reallastenablösung	1743-1883
LAS 123, 1877	Aufteilung der Gemeinschaftsländereien	1777-1779
LAS 309 Geb. St., 462	Gebäudesteuer	1867
LAS 324.22, 106	Mutterrolle	1874 ff.
LAS 309 Flur (13), 81	Flurbuch	1877

Herzogtum Schleswig

LAS 400.5, 233	Landregister u. a.	1543-1546
LAS 66, 3362	Festesachen, Generalia und Specialia	1664-1848
LAS 66, 679.6	Die Niederlegung der Domänen	1768-1773
LAS 66, 6085	Kauf- und Überlassungsbriefe von Domänen	1798-1830
LAS 66, 7705-7708	Schleswigsche Festesachen, Specialia	1842-1848
LAS 66, 7709-7711	Schleswigsche Festesachen, Specialia	1842-1848
LAS 66, 7712-7713	Schleswigsche Festesachen, Specialia	1842-1848
LAS 66, 6609.2-4	Übersichten verschiedener herrschaftlicher Gefälle aus den einzelnen Distrikten	1788-1813
LAS 66, 6610.2	Übersichten verschiedener herrschaftlicher Gefälle aus den einzelnen Distrikten	1796-1797
LAS 66, 1999	Landsteuerregister	1802-1808
LAS 199, 1	Steuerregulierung	1803-1806
LAS 199, 14-16	Steuerregister	1803-1804
LAS 79, 116	Halbprozentsteuer und Kollateralsteuer	1848-1850
LAS 79, 117	Kollateral- und Auktionssteuer	1848-1850
LAS 79, 118	Grund- und Hypothekensteuer	1848-1850
LAS 79, 712	Übersicht über die Eingänge der Kollateral- und Halbprozentsteuer aus den Hebungsdistrikten	1851-1863
LAS 79, 719	Außerordentliche Steuern für 1851	1851-1852
LAS 79, 717	Außerordentliche Steuern für 1853	1852-1853
LAS 309, 17316	Haussteuerakten	1864-1867
LAS 309, 17248	Erhebung der Rangsteuer	1864-1868
LAS 309, 17249	Erhebung der ½-Prozent Erbschaftssteuer	1864-1868
LAS 309, 17256	Vierprozent Erbschaftssteuer	1864-1869
LAS 309, 17253	Landsteuer	1864-1868
LAS 309, 17250	Haussteuer der Landdistrikte	1864-1866
LAS 309, 17254	Herrengeld und Katengrundsteuer	1864-1868
LAS 309, 17251	Haussteuer der Städte und Flecken	1865-1868
LAS 309, 17252	Übertragungssteuer von Eigentum am Grundbesitz	1866-1868
LAS 309, 428	Behebung von Einzugsgeldern (Bauernschuld) in den ländlichen Gemeinden	1868-1887
LAS 79, 731	Verzeichnis der Festestellen in den Ämtern und Landschaften	1828-1863
LAS 66, 7705-7707	Festesachen	1842-1844
LAS 66, 7708-7710	Festesachen	1845-1846
LAS 66, 7711-7713	Festesachen	1847-1848
LAS 79, 883	Festewesen	1849-1853

LAS 79, 4	Testamente (Buchstabe A)	1835-1855
LAS 79, 5	Testamente (Buchstabe B)	1809-1851
LAS 79, 6	Testamente (Buchstabe B)	1813-1853
LAS 79, 7	Testamente (Buchstabe B)	1803-1863
LAS 79, 8	Testamente (Buchstabe C)	1807-1851
LAS 79, 9	Testamente (Buchstabe C)	1827-1861
LAS 79, 10	Testamente (Buchstabe D)	1818-1855
LAS 79, 11	Testamente (Buchstabe E)	1831-1859
LAS 79, 12	Testamente (Buchstabe F)	1826-1863
LAS 79, 13	Testamente (Buchstabe G)	1821-1863
LAS 79, 14	Testamente (Buchstabe H)	1820-1850
LAS 79, 15	Testamente (Buchstabe H)	1837-1851
LAS 79, 16	Testamente (Buchstabe H)	1821-1852
LAS 79, 17	Testamente (Buchstabe H)	1825-1853
LAS 79, 18	Testamente (Buchstabe H)	1831-1863
LAS 79, 21	Testamente (Buchstabe J)	1829-1852
LAS 79, 19	Testamente (Buchstabe J)	1830-1850
LAS 79, 20	Testamente (Buchstabe J)	1813-1851
LAS 79, 22	Testamente (Buchstabe J)	1821-1860
LAS 79, 23	Testamente (Buchstabe K)	1839-1863
LAS 79, 24	Testamente (Buchstabe L)	1835-1852
LAS 79, 25	Testamente (Buchstabe L)	1852-1854
LAS 79, 26	Testamente (Buchstabe M)	1836-1851
LAS 79, 27	Testamente (Buchstabe M)	1827-1852
LAS 79, 28	Testamente (Buchstabe M)	1821-1860
LAS 79, 29	Testamente (Buchstabe N)	1811-1857
LAS 79, 30	Testamente (Buchstabe O)	1826-1854
LAS 79, 31	Testamente (Buchstabe P)	1801-1850
LAS 79, 32	Testamente (Buchstabe P)	1824-1851
LAS 79, 33	Testamente (Buchstabe P)	1822-1852
LAS 79, 34	Testamente (Buchstabe P)	1809-1863
LAS 79, 35	Testamente (Buchstabe Q)	1852-1936
LAS 79, 36	Testamente (Buchstabe R)	1829-1863
LAS 79, 37	Testamente (Buchstabe S)	1817-1850
LAS 79, 38	Testamente (Buchstabe S)	1839-1851
LAS 79, 39	Testamente (Buchstabe S)	1802-1852
LAS 79, 40	Testamente (Buchstabe S)	1828-1862
LAS 79, 41	Testamente (Buchstabe T)	1821-1852
LAS 79, 42	Testamente (Buchstabe T)	1835-1862
LAS 79, 43	Testamente (Buchstabe V)	1830-1864
LAS 79, 44	Testamente (Buchstabe W)	1832-1857
LAS 79, 45	Testamente (Buchstabe Z)	1848-1853
LAS 79, 48	Testamente (geordnet nach Ämtern und Landschaften)	1830-1854

LAS 66, 3975-3976	Brandbeitragsgelder für herrschaftliche Gebäude	1746-1813
LAS 66, 6608.1	Generaltabelle sowie Einzeltabellen der Volkszählung vom 15. August 1769	1769
LAS 309, 8325	Übersichten und Zusammenstellungen über die Volkszählungen 1803, 1867, 1871, 1885, 1890, 1895	1803-1895
LAS 412, 821	Übersichten über Verehelichte, Geborene und Gestorbene (Volkszählungen 1845, 1855)	1863
LAS 412, 823	Übersichten über Verehelichte, Geborene und Gestorbene (Volkszählungen 1845, 1855)	1864
LAS 309, 17322	Tabellarische Ergebnisse der Volkszählung	1864
LAS 309, 17511	Volkszählung	1897-1900
LAS 66, 6611.3	Verschiedene Statistiken und Tabellen	1775-1813
LAS 412, 821	Übersichten über Verehelichte, Geborene und Gestorbene	1863

Amt Gottorf

LAS 168, 1881	SchuPfPr, Band I	1661ff.
LAS 168, 1882	SchuPfPr, Band II	1739ff.
LAS 168, 1883	SchuPfPr, Band III	1751ff.
LAS 168, 1884	SchuPfPr, Band IV	1760ff.
LAS 168, 1885	SchuPfPr, Band V	1774ff.
LAS 168, 1886a-c	SchuPfPr, Band VI	1789ff.
LAS 168, 1887	SchuPfPr, Band VII	1803ff.
LAS 168, 1888	SchuPfPr, Band VIII	1817ff.
LAS 168, 1889a-b	SchuPfPr, Band IX	1819ff.
LAS 168, 1890a-b	SchuPfPr, Band X	1825ff.
LAS 168, 1891	SchuPfPr, Band XI	1832ff.
LAS 168, 1892	SchuPfPr, Band XII	1835ff.
LAS 168, 1893	SchuPfPr, Band XIII	1846ff.
LAS 168, 1894	SchuPfPr, Band XIV	1852ff.
LAS 168, 1895	SchuPfPr, Band XV	1863ff.
LAS 168, 1896a-b	SchuPfPr, Band XVI	1870ff.
LAS 168, 1897	SchuPfPr, Band XVII	1876ff.
LAS 168, 1898	SchuPfPr (Nebenbuch), Band I	1733-1751
LAS 168, 1899	SchuPfPr (Nebenbuch), Band II	1751-1767
LAS 168, 1900	SchuPfPr (Nebenbuch), Band III	1767-1778

LAS 168, 1901	SchuPfPr (Nebenbuch), Band IV	1778-1788
LAS 168, 1902	SchuPfPr (Nebenbuch), Band V	1788-1793
LAS 168, 1903	SchuPfPr (Nebenbuch), Band VI	1793-1798
LAS 168, 1904	SchuPfPr (Nebenbuch), Band 1	1798-1806
LAS 168, 1905	SchuPfPr (Nebenbuch), Band 2	1806-1810
LAS 168, 1906	SchuPfPr (Nebenbuch), Band 3	1810-1815
LAS 168, 1907	SchuPfPr (Nebenbuch), Band 4	1815-1820
LAS 168, 1908	SchuPfPr (Nebenbuch), Band 5	1820-1823
LAS 168, 1909	SchuPfPr (Nebenbuch), Band 6	1823-1826
LAS 168, 1910	SchuPfPr (Nebenbuch), Band 7	1826-1828
LAS 168, 1911	SchuPfPr (Nebenbuch), Band 8	1828-1831
LAS 168, 1912	SchuPfPr (Nebenbuch), Band 9	1831-1834
LAS 168, 1913	SchuPfPr (Nebenbuch), Band 10	1834-1837
LAS 168, 1914	SchuPfPr (Nebenbuch), Band 11	1837-1839
LAS 168, 1915	SchuPfPr (Nebenbuch), Band 12	1839-1842
LAS 168, 1916	SchuPfPr (Nebenbuch), Band 13	1842-1843
LAS 168, 1917	SchuPfPr (Nebenbuch), Band 14	1843-1850
LAS 168, 1918	SchuPfPr (Nebenbuch), Band 15	1850-1854
LAS 168, 1919	SchuPfPr (Nebenbuch), Band 16	1854-1857
LAS 168, 1920	SchuPfPr (Nebenbuch), Band 17	1857-1860
LAS 168, 1921	SchuPfPr (Nebenbuch), Band 18	1860-1862
LAS 168, 1922	SchuPfPr (Nebenbuch), Band 19	1862-1865
LAS 168, 1923	SchuPfPr (Nebenbuch), Band 20	1865-1868
LAS 168, 1924	SchuPfPr (Nebenbuch), Band 21	1868-1869
LAS 168, 1925	SchuPfPr (Nebenbuch), Band 22	1869-1870
LAS 168, 1926	SchuPfPr (Nebenbuch), Band 23	1870-1871
LAS 168, 1927	SchuPfPr (Nebenbuch), Band 24	1871-1873
LAS 168, 1928	SchuPfPr (Nebenbuch), Band 25	1873
LAS 168, 1929	SchuPfPr (Nebenbuch), Band 26	1873-1875
LAS 168, 1930	SchuPfPr (Nebenbuch), Band 27	1875-1877
LAS 168, 1931	SchuPfPr (Nebenbuch), Band 28	1878-1879
LAS 168, 1932	SchuPfPr (Nebenbuch), Band 29	1879-1880
LAS 168, 1933	SchuPfPr (Nebenbuch), Band 30	1880-1881
LAS 168, 1934	SchuPfPr (Nebenbuch), Band 31	1881
LAS 168, 1935	SchuPfPr (Nebenbuch), Band 32	1881
LAS 168, 1936	SchuPfPr (Nebenbuch), Band 33	1881-1882
LAS 168, 1937	SchuPfPr (Nebenbuch), Band 34	1882-1883
LAS 168, 1938	SchuPfPr (Nebenbuch), Band 35	1883
LAS 168, 1939	SchuPfPr (Nebenbuch), Band 36	1883-1884
LAS 168, 1940	SchuPfPr (Nebenbuch), Band 37	1884
LAS 168, 1941	SchuPfPr (Nebenbuch), Band 38	1884-1885
LAS 168, 1942	SchuPfPr (Nebenbuch), Band 39	1885-1886
LAS 168, 1943	SchuPfPr (Nebenbuch), Band 40	1886-1887

SchuPfPr für den Amts Gottorfer Teil des Amtsgerichts Kappeln:

LAS 168, 2076	SchuPfPr, Band I	1870-1886
LAS 168, 2077	SchuPfPr, Band II	1872-1886
LAS 168, 2078	SchuPfPr, Band III	1873-1886
LAS 168, 2079	SchuPfPr, Band IV	1872-1886
LAS 168, 2080	SchuPfPr, Band V	1879-1886
LAS 168, 2081	SchuPfPr, Band VI	1874-1886
LAS 168, 2082	SchuPfPr, Band VII	1882-1886
LAS 168, 2083	SchuPfPr, Nebenbuch 1	1872-1874
LAS 168, 2084	SchuPfPr, Nebenbuch 2	1874
LAS 168, 2085	SchuPfPr, Nebenbuch 3	1875-1877
LAS 168, 2086	SchuPfPr, Nebenbuch 4	1877-1879
LAS 168, 2087	SchuPfPr, Nebenbuch 5	1879-1881
LAS 168, 2088	SchuPfPr, Nebenbuch 6	1881-1884
LAS 168, 2089	SchuPfPr, Nebenbuch 7	1884-1886
LAS 7, 4428	Gottorfisches Kornregister	1543
LAS 7, 4429	Gottorfisches Kornregister	1554
LAS 7, 4430	Gottorfisches Kornregister	1556
LAS 7, 4431	Gottorfisches Kornregister	1557
LAS 7, 4432	Gottorfisches Kornregister	1558
LAS 7, 4433	Futterregister	1558
LAS 7, 4434	Kornregister	1559
LAS 7, 4435	Kornregister	1560
LAS 7, 4436	Futterregister	1582
LAS 7, 4437	Kornregister	1587
LAS 7, 4438	Kornregister	1590
LAS 7, 4439	Kornregister	1592
LAS 7, 4440	Kornregister	1593
LAS 7, 4441	Kornregister	1594
LAS 7, 4442	Futterregister	1594
LAS 7, 4443	Kornregister	1597
LAS 7, 4444	Kornregister	1598
LAS 7, 4445	Futterregister	1598
LAS 7, 4446	Kornregister	1599
LAS 7, 4447	Futterregister	1599
LAS 7, 4448	Kornregister	1600
LAS 7, 4449	Kornregister	1601
LAS 7, 4450	Kornregister	1603
LAS 7, 4451	Kornregister	1604
LAS 7, 4452	Kornregister	1605
LAS 7, 4453	Kornregister	1606
LAS 7, 4454	Futterregister	1606
LAS 7, 4455	Kornregister	1607

LAS 7, 4456	Futterregister	1607
LAS 7, 4457	Kornrechnung	1608
LAS 7, 4458	Futterregister	1608
LAS 7, 4459	Kornrechnung	1609
LAS 7, 4460	Futterregister	1609
LAS 7, 4461	Kornrechnung	1610-1611
LAS 7, 4462	Futterregister	1610-1611
LAS 7, 4463	Kornrechnung	1611-1612
LAS 7, 4464	Futterregister	1611-1612
LAS 7, 4465	Kornrechnung	1612-1613
LAS 7, 4466	Kornrechnung	1613-1614
LAS 7, 4467	Futterregister	1613-1614
LAS 7, 4468	Kornrechnung	1614-1615
LAS 7, 4469	Kornrechnung	1615-1616
LAS 7, 4470	Futterregister	1615-1616
LAS 7, 4471	Kornrechnung	1616-1617
LAS 7, 4472	Futterregister	1616-1617
LAS 7, 4473	Kornrechnung	1617-1618
LAS 7, 4474	Futterregister	1617-1618
LAS 7, 4475	Beilagen zur Kornrechnung	1618-1619
LAS 7, 4476	Geldregister vom Kornhaus	1621-1622
LAS 7, 4477	Futterregister	1621-1622
LAS 7, 4478	Futterregister	1622-1623
LAS 7, 4479	Kornrechnung	1625-1626
LAS 7, 4480	Kornrechnung	1626-1627
LAS 7, 4481	Futterregister	1626-1627
LAS 7, 4482	Futterregister	1628-1629
LAS 7, 4483	Kornrechnung	1629-1630
LAS 7, 4484	Kornrechnung	1631-1632
LAS 7, 4485	Futterregister	1631-1632
LAS 7, 4486	Kornrechnung	1632-1633
LAS 7, 4487	Futterregister	1632-1633
LAS 7, 4488	Kornrechnung	1633-1634
LAS 7, 4489	Futterregister	1633-1634
LAS 7, 4490	Kornrechnung	1634-1635
LAS 7, 4491	Futterregister	1634-1635
LAS 7, 4492	Kornrechnung	1635-1636
LAS 7, 4493	Futterregister	1635-1636
LAS 7, 4494	Kornrechnung	1636-1637
LAS 7, 4495	Futterregister	1636-1637
LAS 7, 4496	Kornrechnung	1637-1638
LAS 7, 4497	Kornrechnung	1639-1640
LAS 7, 4498	Futterregister	1639-1640
LAS 7, 4499	Futterregister	1640-1641
LAS 7, 4500	Kornrechnung	1641-1642

LAS 7, 4501	Futterregister	1641-1642
LAS 7, 4502	Kornrechnung	1642-1643
LAS 7, 4503	Kornrechnung	1644-1645
LAS 7, 4504	Futterregister	1644-1645
LAS 7, 4505	Kornrechnung	1646-1647
LAS 7, 4506	Beilagen zur Kornrechnung	1647-1648
LAS 7, 4507	Kornrechnung	1648-1649
LAS 7, 4508	Kornrechnung	1650-1651
LAS 7, 4509	Kornrechnung	1651-1652
LAS 7, 4510	Futterregister	1651-1652
LAS 7, 4511	Beilagen zur Kornrechnung	1652-1653
LAS 7, 4512	Futterregister	1652-1653
LAS 7, 4513	Extrakt der Kornrechnung	1654-1655
LAS 7, 4514	Futterregister	1654-1655
LAS 7, 4515	Extrakt der Kornrechnung	1655-1656
LAS 7, 4516	Futterregister	1655-1656
LAS 7, 4517	Beilagen zur Kornrechnung	1656-1657
LAS 7, 4518	Futterregister	1656-1657
LAS 7, 4519	Beilagen zur Kornrechnung	1657-1658
LAS 7, 4520	Futterregister	1657-1658
LAS 7, 4521	Beilagen zur Kornrechnung	1658-1659
LAS 7, 4522	Futterregister	1658-1659
LAS 7, 4523	Beilagen zur Kornrechnung	1658-1661
LAS 400.5, 359	Extrakt der Amts-Kornrechnung	1662-1663
LAS 7, 4524	Futterregister	1663-1664
LAS 7, 4525	Kornrechnung	1666-1667
LAS 7, 4526	Restanten-Register des Kornhauses	1657-1667
LAS 7, 4527	Beilagen zur Kornrechnung	1670-1671
LAS 7, 4528	Futterregister	1670-1671
LAS 7, 4529	Beilagen zur Kornrechnung	1671-1672
LAS 7, 4530	Futterregister	1671-1672
LAS 7, 4531	Beilagen zur Kornrechnung	1672-1673
LAS 7, 4532	Futterregister	1672-1673
LAS 7, 4533	Beilagen zur Kornrechnung	1673-1674
LAS 7, 4534	Futterregister	1673-1674
LAS 7, 4535	Beilagen zur Kornrechnung	1674-1675
LAS 7, 4536	Futterregister	1675-1676
LAS 7, 4537	Kornrechnung	1676-1677
LAS 7, 4538	Beilagen zur Kornrechnung	1677-1678
LAS 7, 4539	Beilage Nr. 1 zur Kornrechnung	1679
LAS 7, 4540	Beilagen zur Kornrechnung	1680-1681
LAS 7, 4541	Wochenzettel und Tagzettel	1680
LAS 7, 4542	Beilagen zur Kornrechnung	1681
LAS 7, 4543	Wochenzettel und Tagzettel	1681
LAS 7, 4544	Beilagen zur Kornrechnung	1682

LAS 7, 4545	Wochenzettel und Tagzettel	1682
LAS 7, 4546	Kornrechnung	1683
LAS 7, 4547	Wochenzettel und Tagzettel	1683
LAS 7, 4548	Kornrechnung	1689
LAS 7, 4549	Kornrechnung	1690
LAS 7, 4550	Kornrechnung	1691
LAS 7, 4551	Kornrechnung	1692
LAS 7, 4552	Kornrechnung	1693
LAS 7, 4553	Kornrechnung	1694
LAS 7, 4554	Kornrechnung	1695
LAS 7, 4555	Kornrechnung	1696
LAS 7, 4556	Kornrechnung	1697
LAS 7, 4557	Kornrechnung	1698
LAS 7, 4558	Kornrechnung	1699
LAS 7, 4559	Kornrechnung	1700
LAS 7, 4560	Kornrechnung	1701
LAS 7, 4561	Kornrechnung	1702
LAS 7, 4562	Kornrechnung	1703
LAS 7, 4563	Kornrechnung	1704
LAS 7, 4564	Kornrechnung	1705
LAS 7, 4565	Kornrechnung	1707
LAS 7, 4566	Kornrechnung	1708
LAS 7, 4567	Kornrechnung	1709
LAS 7, 4568	Kornrechnung	1710
LAS 7, 4569	Kornrechnung	1711
LAS 168, 1944	Expeditionsprotokoll, Band 18	1848-1852
LAS 168, 1945	Expeditionsprotokoll, Band 19	1852-1854
LAS 168, 1946	Expeditionsprotokoll, Band 20	1853-1854
LAS 168, 1947	Expeditionsprotokoll, Band 21	1854-1856
LAS 355 Schleswig, 120	Expeditionsprotokoll und Nebenbuch, Band 1	1869-1871
LAS 355 Schleswig, 121	Expeditionsprotokoll und Nebenbuch, Band 2	1871-1872
LAS 355 Schleswig, 122	Expeditionsprotokoll und Nebenbuch, Band 3	1872
LAS 355 Schleswig, 123	Expeditionsprotokoll und Nebenbuch, Band 4	1872-1873
LAS 355 Schleswig, 124	Expeditionsprotokoll und Nebenbuch, Band 5	1873
LAS 355 Schleswig, 125	Expeditionsprotokoll und Nebenbuch, Band 6	1873
LAS 355 Schleswig, 126	Expeditionsprotokoll und Nebenbuch, Band 7	1873-1874

LAS 355 Schleswig, 127	Expeditionsprotokoll und Nebenbuch, Band 8	1874
LAS 355 Schleswig, 128	Expeditionsprotokoll und Nebenbuch, Band 9	1874-1875
LAS 355 Schleswig, 129	Expeditionsprotokoll und Nebenbuch, Band 10	1875-1876
LAS 355 Schleswig, 130	Expeditionsprotokoll und Nebenbuch, Band 11	1876
LAS 355 Schleswig, 131	Expeditionsprotokoll und Nebenbuch, Band 12	1876-1877
LAS 355 Schleswig, 132	Expeditionsprotokoll und Nebenbuch, Band 13	1877-1878
LAS 355 Schleswig, 133	Expeditionsprotokoll und Nebenbuch, Band 14	1878-1879
LAS 355 Schleswig, 134	Expeditionsprotokoll und Nebenbuch, Band 15	1879-1880
LAS 355 Schleswig, 135	Expeditionsprotokoll und Nebenbuch, Band 16	1880
LAS 355 Schleswig, 136	Expeditionsprotokoll und Nebenbuch, Band 17	1880-1881
LAS 355 Schleswig, 137	Expeditionsprotokoll und Nebenbuch, Band 18	1881
LAS 355 Schleswig, 138	Expeditionsprotokoll und Nebenbuch, Band 19	1881-1882
LAS 355 Schleswig, 139	Expeditionsprotokoll und Nebenbuch, Band 20	1882
LAS 355 Schleswig, 140	Expeditionsprotokoll und Nebenbuch, Band 21	1883
LAS 355 Schleswig, 141	Expeditionsprotokoll und Nebenbuch, Band 22	1883-1884
LAS 355 Schleswig, 142	Expeditionsprotokoll und Nebenbuch, Band 23	1884
LAS 355 Schleswig, 143	Expeditionsprotokoll und Nebenbuch, Band 24	1884
LAS 355 Schleswig, 144	Expeditionsprotokoll und Nebenbuch, Band 25	1884-1888
LAS 415, 5266	Amtsrechnungen, Gottorf	1438-1510
LAS 415, 5270-5272	Gottorp Told Regnskaber	1484-1579
LAS 168, 2654	Gottorfer Amtsregister	1554
LAS 168, 2655	Gottorfer Amtsregister	1557
LAS 168, 2656	Gottorfer Amtsregister	1565
LAS 168, 2657	Gottorfer Amtsregister	1570
LAS 168, 2658	Gottorfer Amtsregister	1571
LAS 168, 2659	Gottorfer Amtsregister	1572

LAS 168, 2660	Gottorfer Amtsregister	1573
LAS 168, 2661	Gottorfer Amtsregister	1574
LAS 168, 2662	Gottorfer Amtsregister	1575
LAS 168, 2663	Gottorfer Amtsregister	1576
LAS 168, 2664	Gottorfer Amtsregister	1577
LAS 168, 2665	Gottorfer Amtsregister	1578
LAS 168, 2666	Gottorfer Amtsregister	1587
LAS 168, 2667	Gottorfer Amtsregister	1589
LAS 168, 2668	Gottorfer Amtsregister	1590
LAS 168, 2669	Gottorfer Amtsregister	1592
LAS 168, 2670	Gottorfer Amtsregister	1593
LAS 168, 2671	Gottorfer Amtsregister	1594
LAS 168, 2672	Gottorfer Amtsregister	1597
LAS 168, 2673	Gottorfer Amtsregister	1599
LAS 168, 2674	Gottorfische Amtsrechnung	1605
LAS 168, 2675	Gottorfische Amtsrechnung	1606
LAS 168, 2676	Gottorfische Amtsrechnung	1607
LAS 168, 2677	Gottorfische Amtsrechnung	1608
LAS 168, 2678	Gottorfische Amtsrechnung	1609
LAS 168, 2679	Gottorfische Amtsrechnung	1610
LAS 168, 2680	Gottorfische Amtsrechnung	1611
LAS 168, 2681	Gottorfische Amtsrechnung	1612
LAS 168, 2682	Gottorfische Amtsrechnung	1613
LAS 168, 2683	Gottorfische Amtsrechnung	1614
LAS 168, 2684	Gottorfische Amtsrechnung	1615
LAS 168, 2685	Gottorfische Amtsrechnung	1617-1618
LAS 168, 2686	Gottorfische Amtsrechnung	1619
LAS 168, 2687	Gottorfische Amtsrechnung	1620
LAS 168, 2688	Gottorfische Amtsrechnung	1621
LAS 168, 2689	Gottorfische Amtsrechnung	1622
LAS 168, 2690	Gottorfische Amtsrechnung	1623
LAS 168, 2691	Gottorfische Amtsrechnung	1625
LAS 168, 2692	Gottorfische Amtsrechnung	1626
LAS 168, 2693	Gottorfische Amtsrechnung	1627
LAS 168, 2694	Gottorfische Amtsrechnung	1628
LAS 168, 2695	Gottorfische Amtsrechnung	1629
LAS 168, 2696	Gottorfische Amtsrechnung	1630
LAS 168, 2697	Gottorfische Amtsrechnung	1631
LAS 168, 2698	Gottorfische Amtsrechnung	1632
LAS 168, 2699	Gottorfische Amtsrechnung	1633
LAS 168, 2700	Gottorfische Amtsrechnung	1634
LAS 168, 2701	Gottorfische Amtsrechnung	1635
LAS 168, 2702	Gottorfische Amtsrechnung	1636
LAS 168, 2703	Gottorfische Amtsrechnung	1637
LAS 168, 2704	Gottorfische Amtsrechnung	1638

LAS 168, 2705	Gottorfische Amtsrechnung	1639
LAS 168, 2706	Gottorfische Amtsrechnung	1640
LAS 168, 2707	Gottorfische Amtsrechnung	1641
LAS 168, 2708	Gottorfische Amtsrechnung	1642
LAS 168, 2709	Gottorfische Amtsrechnung	1643
LAS 168, 2710	Gottorfische Amtsrechnung	1644
LAS 168, 2711	Gottorfische Amtsrechnung	1645
LAS 168, 2712	Gottorfische Amtsrechnung	1646
LAS 168, 2713	Gottorfische Amtsrechnung	1647
LAS 168, 2714	Gottorfische Amtsrechnung	1648
LAS 168, 2715	Gottorfische Amtsrechnung	1649
LAS 168, 2716	Gottorfische Amtsrechnung	1650
LAS 168, 2717	Gottorfische Amtsrechnung	1651
LAS 168, 2718	Gottorfische Amtsrechnung	1652
LAS 168, 2719	Gottorfische Amtsrechnung	1653
LAS 168, 2720	Gottorfische Amtsrechnung	1654
LAS 168, 2721	Gottorfische Amtsrechnung	1655
LAS 168, 2722	Gottorfische Amtsrechnung	1656
LAS 168, 2723	Gottorfische Amtsrechnung	1657
LAS 168, 2724	Gottorfische Amtsrechnung	1658-1660
LAS 168, 2725	Gottorfische Amtsrechnung	1661
LAS 168, 2726	Gottorfische Amtsrechnung	1662
LAS 168, 2727	Gottorfische Amtsrechnung	1663
LAS 168, 2728	Gottorfische Amtsrechnung	1664
LAS 168, 2729	Gottorfische Amtsrechnung	1665
LAS 168, 2730	Gottorfische Amtsrechnung	1666
LAS 168, 2731	Gottorfische Amtsrechnung	1667
LAS 168, 2732	Gottorfische Amtsrechnung	1668
LAS 168, 2733	Gottorfische Amtsrechnung	1669
LAS 168, 2734	Gottorfische Amtsrechnung	1670
LAS 168, 2735	Gottorfische Amtsrechnung	1671
LAS 168, 2736	Gottorfische Amtsrechnung	1672
LAS 168, 2737	Gottorfische Amtsrechnung	1673
LAS 168, 2738	Gottorfische Amtsrechnung	1674
LAS 168, 2739	Gottorfische Amtsrechnung	1674-1675
LAS 168, 2740	Gottorfische Amtsrechnung	1675
LAS 168, 2741	Gottorfische Amtsrechnung	1676
LAS 168, 2742	Gottorfische Amtsrechnung	1679
LAS 168, 2743	Gottorfische Amtsrechnung	1680
LAS 168, 2744	Gottorfische Amtsrechnung	1682
LAS 168, 2745	Gottorfische Amtsrechnung	1683
LAS 168, 2746	Gottorfische Amtsrechnung	1689
LAS 168, 2747	Gottorfische Amtsrechnung	1690
LAS 168, 2748	Gottorfische Amtsrechnung	1691
LAS 168, 2749	Gottorfische Amtsrechnung	1692

LAS 168, 2750	Gottorfische Amtsrechnung	1693
LAS 168, 2751	Gottorfische Amtsrechnung	1694
LAS 168, 2752	Gottorfische Amtsrechnung	1695
LAS 168, 2753	Gottorfische Amtsrechnung	1696
LAS 168, 2754	Gottorfische Amtsrechnung	1697
LAS 168, 2755	Gottorfische Amtsrechnung	1698
LAS 168, 2756	Gottorfische Amtsrechnung	1699
LAS 168, 2757	Gottorfische Amtsrechnung	1700
LAS 168, 2758	Gottorfische Amtsrechnung	1701
LAS 168, 2759	Gottorfische Amtsrechnung	1702
LAS 168, 2760	Gottorfische Amtsrechnung	1703
LAS 168, 2761	Gottorfische Amtsrechnung	1704
LAS 168, 2762	Gottorfische Amtsrechnung	1705
LAS 168, 2763	Gottorfische Amtsrechnung	1706
LAS 168, 2764	Gottorfische Amtsrechnung	1707
LAS 168, 2765	Gottorfische Amtsrechnung	1708
LAS 168, 2766	Gottorfische Amtsrechnung	1709
LAS 168, 2767	Gottorfische Amtsrechnung	1710
LAS 168, 2768	Gottorfische Amtsrechnung	1711
LAS 168, 2769	Gottorfische Amtsrechnung	1712
LAS 168, 2770	Gottorfische Amtsrechnung	1713
LAS 168, 2771	Gottorfische Amtsrechnung	1714
LAS 168, 2924	Gottorfische Amtsrechnung	1714-1719
LAS 168, 2772	Gottorfische Amtsrechnung	1715
LAS 168, 2773	Gottorfische Amtsrechnung	1716
LAS 168, 2774	Gottorfische Amtsrechnung	1717
LAS 168, 2775	Gottorfische Amtsrechnung	1718
LAS 168, 2776	Gottorfische Amtsrechnung	1720
LAS 168, 2925	Gottorfische Amtsrechnung	1720-1723
LAS 168, 2777	Gottorfische Amtsrechnung	1721
LAS 168, 2778	Gottorfische Amtsrechnung	1722
LAS 168, 2779	Gottorfische Amtsrechnung	1723
LAS 168, 2780	Gottorfische Amtsrechnung	1724
LAS 168, 2926	Gottorfische Amtsrechnung	1724
LAS 168, 2781	Gottorfische Amtsrechnung	1725
LAS 168, 2927	Gottorfische Amtsrechnung	1725-1730
LAS 168, 2782	Gottorfische Amtsrechnung	1726
LAS 168, 2783	Gottorfische Amtsrechnung	1727
LAS 168, 2784	Gottorfische Amtsrechnung	1728
LAS 168, 2785	Gottorfische Amtsrechnung	1729
LAS 168, 2786	Gottorfische Amtsrechnung	1730
LAS 168, 2787	Gottorfische Amtsrechnung	1731
LAS 168, 2788	Gottorfische Amtsrechnung	1732
LAS 168, 2789	Gottorfische Amtsrechnung	1733
LAS 168, 2790	Gottorfische Amtsrechnung	1734

LAS 168, 2791	Gottorfische Amtsrechnung	1735
LAS 168, 2792	Gottorfische Amtsrechnung	1736
LAS 168, 2793	Gottorfische Amtsrechnung	1737
LAS 168, 2794	Gottorfische Amtsrechnung	1738
LAS 168, 2795	Gottorfische Amtsrechnung	1739
LAS 168, 2796	Gottorfische Amtsrechnung	1740
LAS 168, 2797	Gottorfische Amtsrechnung	1741
LAS 168, 2798	Gottorfische Amtsrechnung	1742
LAS 168, 2799	Gottorfische Amtsrechnung	1743
LAS 168, 2800	Gottorfische Amtsrechnung	1744
LAS 168, 2801	Gottorfische Amtsrechnung	1745
LAS 168, 2802	Gottorfische Amtsrechnung	1746
LAS 168, 2803	Gottorfische Amtsrechnung	1747
LAS 168, 2804	Gottorfische Amtsrechnung	1748
LAS 168, 2805	Gottorfische Amtsrechnung	1749
LAS 168, 2806	Gottorfische Amtsrechnung	1750
LAS 168, 2807	Gottorfische Amtsrechnung	1751
LAS 168, 2808	Gottorfische Amtsrechnung	1752
LAS 168, 2809	Gottorfische Amtsrechnung	1753
LAS 168, 2810	Gottorfische Amtsrechnung	1754
LAS 168, 2811	Gottorfische Amtsrechnung	1755
LAS 168, 2812	Gottorfische Amtsrechnung	1756
LAS 168, 2813	Gottorfische Amtsrechnung	1757
LAS 168, 2814	Gottorfische Amtsrechnung	1758
LAS 168, 2815	Gottorfische Amtsrechnung	1759
LAS 168, 2816	Gottorfische Amtsrechnung	1760
LAS 168, 2817	Gottorfische Amtsrechnung	1761
LAS 168, 2818	Gottorfische Amtsrechnung	1762
LAS 168, 2819	Gottorfische Amtsrechnung	1763
LAS 168, 2820	Gottorfische Amtsrechnung	1764
LAS 168, 2821	Gottorfische Amtsrechnung	1765
LAS 168, 2822	Gottorfische Amtsrechnung	1766
LAS 168, 2823	Gottorfische Amtsrechnung	1767
LAS 168, 2824	Gottorfische Amtsrechnung	1768
LAS 168, 2825	Gottorfische Amtsrechnung	1769
LAS 168, 2826	Gottorfische Amtsrechnung	1770
LAS 168, 2827	Gottorfische Amtsrechnung	1771
LAS 168, 2828	Gottorfische Amtsrechnung	1772
LAS 168, 2829	Gottorfische Amtsrechnung	1773
LAS 168, 2830	Gottorfische Amtsrechnung	1774
LAS 168, 2831	Gottorfische Amtsrechnung	1775
LAS 168, 2832	Gottorfische Amtsrechnung	1776
LAS 168, 2833	Gottorfische Amtsrechnung	1777
LAS 168, 2834	Gottorfische Amtsrechnung	1778
LAS 168, 2835	Gottorfische Amtsrechnung	1779

LAS 168, 2836	Gottorfische Amtsrechnung	1780
LAS 168, 2837	Gottorfische Amtsrechnung	1781
LAS 168, 2838	Gottorfische Amtsrechnung	1782
LAS 168, 2839	Gottorfische Amtsrechnung	1783
LAS 168, 2840	Gottorfische Amtsrechnung	1784
LAS 168, 2841	Gottorfische Amtsrechnung	1785
LAS 168, 2842	Gottorfische Amtsrechnung	1786
LAS 168, 2843	Gottorfische Amtsrechnung	1787
LAS 168, 2844	Gottorfische Amtsrechnung	1788
LAS 168, 2845	Gottorfische Amtsrechnung	1789
LAS 168, 2846	Gottorfische Amtsrechnung	1790
LAS 168, 2847	Gottorfische Amtsrechnung	1791
LAS 168, 2848	Gottorfische Amtsrechnung	1792
LAS 168, 2849	Gottorfische Amtsrechnung	1793
LAS 168, 2850	Gottorfische Amtsrechnung	1794
LAS 168, 2851	Gottorfische Amtsrechnung	1795
LAS 168, 2852	Gottorfische Amtsrechnung	1796
LAS 168, 2853	Gottorfische Amtsrechnung	1797
LAS 168, 2854	Gottorfische Amtsrechnung	1798
LAS 168, 2855	Gottorfische Amtsrechnung	1799
LAS 168, 2856	Gottorfische Amtsrechnung	1800
LAS 168, 2857	Gottorfische Amtsrechnung	1801
LAS 168, 2858	Gottorfische Amtsrechnung	1802
LAS 168, 2859	Gottorfische Amtsrechnung	1803
LAS 168, 2860	Gottorfische Amtsrechnung	1804
LAS 168, 2861	Gottorfische Amtsrechnung	1805
LAS 168, 2862	Gottorfische Amtsrechnung	1806
LAS 168, 2863	Gottorfische Amtsrechnung	1807
LAS 168, 2864	Gottorfische Amtsrechnung	1808
LAS 168, 2865	Gottorfische Amtsrechnung	1809
LAS 168, 2866	Gottorfische Amtsrechnung	1810
LAS 168, 2867	Gottorfische Amtsrechnung	1811
LAS 168, 2868	Gottorfische Amtsrechnung	1812
LAS 168, 2869	Gottorfische Amtsrechnung	1813
LAS 168, 2870	Gottorfische Amtsrechnung	1814
LAS 168, 2871	Gottorfische Amtsrechnung	1815
LAS 168, 2872	Gottorfische Amtsrechnung	1816
LAS 168, 2873	Gottorfische Amtsrechnung	1817
LAS 168, 2874	Gottorfische Amtsrechnung	1818
LAS 168, 2875	Gottorfische Amtsrechnung	1819
LAS 168, 2876	Gottorfische Amtsrechnung	1820
LAS 168, 2877	Gottorfische Amtsrechnung	1821
LAS 168, 2878	Gottorfische Amtsrechnung	1822
LAS 168, 2879	Gottorfische Amtsrechnung	1823
LAS 168, 2880	Gottorfische Amtsrechnung	1824

LAS 168, 2881	Gottorfische Amtsrechnung	1825
LAS 168, 2882	Gottorfische Amtsrechnung	1826
LAS 168, 2883	Gottorfische Amtsrechnung	1827
LAS 168, 2884	Gottorfische Amtsrechnung	1828
LAS 168, 2885	Gottorfische Amtsrechnung	1829
LAS 168, 2886	Gottorfische Amtsrechnung	1830
LAS 168, 2887	Gottorfische Amtsrechnung	1831
LAS 168, 2888	Gottorfische Amtsrechnung	1832
LAS 168, 2889	Gottorfische Amtsrechnung	1833
LAS 168, 2890	Gottorfische Amtsrechnung	1834
LAS 168, 2891	Gottorfische Amtsrechnung	1835
LAS 168, 2892	Gottorfische Amtsrechnung	1836
LAS 168, 2893	Gottorfische Amtsrechnung	1837
LAS 168, 2894	Gottorfische Amtsrechnung	1838
LAS 168, 2928	Gottorfische Amtsrechnung	1838
LAS 168, 2895	Gottorfische Amtsrechnung	1839
LAS 168, 2896	Gottorfische Amtsrechnung	1840
LAS 168, 2897	Gottorfische Amtsrechnung	1841
LAS 168, 2929	Gottorfische Amtsrechnung	1841
LAS 168, 2930	Gottorfische Amtsrechnung	1842
LAS 168, 2898	Gottorfische Amtsrechnung	1842
LAS 168, 2899	Gottorfische Amtsrechnung	1843
LAS 168, 2931	Gottorfische Amtsrechnung	1843
LAS 168, 2932	Gottorfische Amtsrechnung	1844
LAS 168, 2900	Gottorfische Amtsrechnung	1844
LAS 168, 2901	Gottorfische Amtsrechnung	1845
LAS 168, 2933	Gottorfische Amtsrechnung	1845
LAS 168, 2934	Gottorfische Amtsrechnung	1846
LAS 168, 2902	Gottorfische Amtsrechnung	1846
LAS 168, 2903	Gottorfische Amtsrechnung	1847
LAS 168, 2935	Gottorfische Amtsrechnung	1847
LAS 168, 2936	Gottorfische Amtsrechnung	1848
LAS 168, 2904	Gottorfische Amtsrechnung	1848
LAS 168, 2905	Gottorfische Amtsrechnung	1849
LAS 168, 2937	Gottorfische Amtsrechnung	1849
LAS 168, 2938	Gottorfische Amtsrechnung	1850
LAS 168, 2906	Gottorfische Amtsrechnung	1850
LAS 168, 2907	Gottorfische Amtsrechnung	1851
LAS 168, 2939	Gottorfische Amtsrechnung	1851
LAS 168, 2940	Gottorfische Amtsrechnung	1852
LAS 168, 2908	Gottorfische Amtsrechnung	1852
LAS 168, 2909	Gottorfische Amtsrechnung	1853-1854
LAS 168, 2941	Gottorfische Amtsrechnung	1853-1854
LAS 168, 2942	Gottorfische Amtsrechnung	1854-1855
LAS 168, 2910	Gottorfische Amtsrechnung	1854-1855

LAS 168, 2911	Gottorfische Amtsrechnung	1855-1856
LAS 168, 2943	Gottorfische Amtsrechnung	1855-1856
LAS 168, 2944	Gottorfische Amtsrechnung	1856-1857
LAS 168, 2912	Gottorfische Amtsrechnung	1856-1857
LAS 168, 2913	Gottorfische Amtsrechnung	1857-1858
LAS 168, 2945	Gottorfische Amtsrechnung	1857-1858
LAS 168, 2946	Gottorfische Amtsrechnung	1858-1859
LAS 168, 2914	Gottorfische Amtsrechnung	1858-1859
LAS 168, 2915	Gottorfische Amtsrechnung	1859-1860
LAS 168, 2947	Gottorfische Amtsrechnung	1859-1860
LAS 168, 2948	Gottorfische Amtsrechnung	1860-1861
LAS 168, 2916	Gottorfische Amtsrechnung	1860-1861
LAS 168, 2917	Gottorfische Amtsrechnung	1861-1862
LAS 168, 2949	Gottorfische Amtsrechnung	1861-1862
LAS 168, 2950	Gottorfische Amtsrechnung	1862-1863
LAS 168, 2918	Gottorfische Amtsrechnung	1862-1863
LAS 168, 2919	Gottorfische Amtsrechnung	1863-1864
LAS 168, 2951	Gottorfische Amtsrechnung	1863-1864
LAS 168, 2952	Gottorfische Amtsrechnung	1864-1865
LAS 168, 2920	Gottorfische Amtsrechnung	1864-1865
LAS 168, 2921	Gottorfische Amtsrechnung	1865-1866
LAS 168, 2953	Gottorfische Amtsrechnung	1865-1866
LAS 168, 2954	Gottorfische Amtsrechnung	1866-1867
LAS 168, 2922	Gottorfische Amtsrechnung	1866-1867
LAS 168, 2923	Gottorfische Amtsrechnung	1867
LAS 7, 4302	Ländliche Besitzverhältnisse	1600-712
LAS 7, 6402	Entwichene und abgewanderte Leibeigene	1608-1706
LAS 7, 4306	Wüste Hufen	1609-1710
LAS 7, 6398	Entwichene und abgewanderte Leibeigene	1612-1703
LAS 7, 4312	Verschiedene Landwesenssachen	1618-1710
LAS 7, 4320	Festesachen	1618-1710
LAS 168, 110	Leibeigenschaftssachen	1633-1706
LAS 168, 111	Festesachen	1641-1868
LAS 168, 898	Festesachen	1653-1867
LAS 168, 112	Ländliche Besitzverhältnisse usw.	1653-1867
LAS 168, 113	Wüste Stellen	1663-1806
LAS 168, 900	Ländliche Besitzverhältnisse, Landveräußerungen und -verteilungen	1673-1847
LAS 7, 4307	Konservierung, Proklamierung und Besetzung der Hufen	1703-1712
LAS 168, 902	Wüste Stellen	1708-1763
LAS 168, 943	Landüberlassungen, Landveräußerungen und Vermagschiftungen	1750-1862

LAS 66, 7362	Etablierung von Kolonistenstellen und deren Ansetzung zu Abgaben	1760-1769
LAS 66, 337	Vergütung über abgetretenes Kolonistenland	1765-1802
LAS 66, 301	Kolonisten	1766-1817
LAS 66, 8461	Generaltabellen des 1771 geborgenen und vorrätigen Getreides	1771
LAS 66, 5795	Tabellen wegen des am 1. April 1774 gezählten Hornviehs	1774
LAS 66, 1908	Tabellen und Nachrichten von dem Zustande der Kolonisten	1776-1796
LAS 79, 725	Erbpachten	1780-1847
LAS 66, 498-500	Landveräußerungen	1787-1828
LAS 168, 941	Festesachen	1790-1867
LAS 66, 539	Landveräußerungen	1792-1841
LAS 66, 504-506	Landveräußerungen	1794-1838
LAS 168, 942	Gemeinheitsländereien	1797-1810
LAS 66, 501-503	Landveräußerungen	1797-1829
LAS 66, 672	Landveräußerungen	1798-1804
LAS 168, 901	Unurbare Ländereien	1803-1828
LAS 66, 507-508	Landveräußerungen	1803-1840
LAS 66, 6046	Landveräußerungen	1805-1848
LAS 66, 914	Verzeichnis der Festestellen	1837
LAS 66, 5847	Verzeichnis der Festestellen (mit Ortsregister)	1837
LAS 79, 725	Erbpachten	1841-1847
LAS 66, 698-699	Landveräußerungen	1841-1848
LAS 66, 673-675	Landveräußerungen	1842-1848
LAS 66, 5849	Feste-Protokoll	1842
LAS 66, 5844	Verzeichnis über in Bondengut verwandelte Festestellen (mit Ortsregister)	1846
LAS 66, 5828	Landwesenssachen	1847-1848
LAS 79, 699	Auseinandersetzungsinstrumente	1855-1858
LAS 79, 696	Auseinandersetzungsinstrumente	1857-1863
LAS 309, 3787-3789	Ablösung der Festequalität und Antrittsgelder	1866-1875
LAS 309, 3790-3792	Ablösung der Festequalität und Antrittsgelder	1866-1875
LAS 309, 3793-3795	Ablösung der Festequalität und Antrittsgelder	1866-1875
LAS 309, 3796-3798	Ablösung der Festequalität und Antrittsgelder	1866-1875
LAS 309, 3799-3800	Ablösung der Festequalität und Antrittsgelder	1866-1875
LAS 309, 3246	Landveräußerungen und Abgaberegulierungen	1866-1874

LAS 309, 3804-3805	Konfirmation von Erbpachtskontrakten, Erbfestebriefen, Kaufkontrakten, Konzessionen, Hausbriefen usw.	1867-1893
LAS 309, 3806	Auflösung der Erbpachtsqualität	1867-1872
LAS 309, 426	Einrichtung von Familienstellen	1867-1869
LAS 309, 16236-16238	Landumsätze	1868-1869
LAS 309, 3801-3803	Ablösung der Antrittsgelder	1869-1873
LAS 309, 3282-3284	Landumsätze	1869-1877
LAS 309, 16239-16241	Landumsätze	1871-1872
LAS 309, 16242-16244	Landumsätze	1872-1873
LAS 309, 16245-16247	Landumsätze	1873-1875
LAS 309, 3285	Landumsätze	1877
LAS 7, 4216	Hebungs- und Rechnungssachen	1557-1713
LAS 410, 2070	Erdbuch des Amtes Gottorf	1604
LAS 7, 4329	Kontributionsrestantenregister	1651-1664
LAS 7, 4330	Kontributionseinnahmeregister	1655-1657
LAS 7, 4331	Kontributionsrestantenregister	1666-1668
LAS 7, 4332	Kontributionseinnahmeregister	1670-1671
LAS 7, 4341	Kontributionsrestanten	1672-1673
LAS 7, 4333	Kontributionseinnahmeregister	1674-1676
LAS 7, 4334	Kontributionsrestantenregister	1674-1676
LAS 7, 4335-4337	Kontributionsregister	1679-1682
LAS 7, 4338	„Extrakt Gottorfischen Erdbuchs“	1688
LAS 7, 4217	Privilegien und Freiheiten, Abgang und Erhöhung der Einkünfte	1688-1712
LAS 7, 4218	Amts- und Hardesanlagen	1689-1713
LAS 7, 4339	Pflug- und Abgabenregister	1691
LAS 168, 800	Verschiedene Rechnungs- und Hebungssachen	1704-1867
LAS 168, 817	Pflugregister	1710
LAS 7, 4342	Pflugregister	1710
LAS 168, 870	Hauptbuch über Herrengelder	1748-1750
LAS 168, 871	Hauptbuch über Herrengelder	1751-1752
LAS 168, 899	Katen und Katengelder, Insten und Verbittelsgelder	1752-1867
LAS 66, 112	Kopf- und Rangsteuerrechnungen (mit Beilagen)	1762
LAS 168, 819	Fuhrpflugzahlregister	1768
LAS 168, 803	Betr. Pflugzahl	1776-1864
LAS 168, 829	Hebungsregister über den von den alten Lindauer Untertanen zu bezahlenden Kanon	1784-1833
LAS 168, 832	Hebungsregister über Rekognitions- und Pachtgelder	1789-1819

LAS 66, 1911	Mann- und Schatzprotokoll der 1789 ausgeschriebenen Vermögenssteuer	1789
LAS 66 (1 Sl), 1937.4	Viertelprozentsteuer	1793-1809
LAS 168, 830	Hebungsregister über den von den Lindauer Parzellisten zu bezahlenden Kanon	1797-1832
LAS 66, 113	Kopf- und Rangsteuerrechnungen (mit Beilagen)	1800
LAS 168, 843	Betr. Hebungsregister über Grund- und Benutzungssteuer	1802-1816
LAS 66, 7440	Landsteuer-Register (nicht-pflugzählige Ländereien)	1803-1824
LAS 66, 7437	Landsteuer-Register (nicht-pflugzählige Ländereien)	1804-1806
LAS 168, 849	Ländereien- und Tonnenzahlregister	1804
LAS 66, 7444	Landsteuer-Register (Hebungsregister)	1805-1817
LAS 66, 1922.1	Mannzahl- und Schatzprotokolle	1809-1810
LAS 66, 1922.2	Mannzahl- und Schatzprotokolle	1811-1816
LAS 66, 5985	Berechnung der 1 1/3-Prozent-Abgabe vom Wert urbarer Ländereien	1812
LAS 66, 7441	Landsteuerregister (Kirchen-, Pastorat-, Rekognitions- und Freiländereien)	1813-1818
LAS 168, 850	Verzeichnis der Tonnenzahl und deren Besitzer	1815
LAS 79, 711	Halb- und Vierprozentsteuerlisten	1817-1851
LAS 66, 1990	General-Extrakte über die Kopf- und Rangsteuer	1830-1835
LAS 66, 3382.5	Katen- und Verbittelsgeld	1831-1847
LAS 66, 2038-2040	Hebungs-Extrakte über Kopf- und Rangsteuer	1832-1834
LAS 168, 872	Hauptbuch über Herrengelder	1833-1835
LAS 66, 2041-2042	Hebungs-Extrakte über Kopf- und Rangsteuer	1836-1837
LAS 66, 927.2	Halbprozent- und Kollateralsteuerlisten	1838-1840
LAS 66, 928.7	Kollateralsteuerfälle	1838-1840
LAS 168, 853	Steuerprotokoll über Landzinsen und Landsteuer	1841
LAS 309, 37600	Verzeichnis stehender Gefälle	1842-1844
LAS 66, 957.4	Halbprozent- und Kollateralsteuerlisten (mit Beilagen)	1844
LAS 66, 6004	Verzeichnisse der Erbschafts- und Immobiliar-Übertragungssteuer	1845
LAS 66, 114	Kopf- und Rangsteuerrechnungen (mit Beilagen)	1845
LAS 66, 3658	Kopf- und Rangsteuerrechnungen (mit Mannzahlregister)	1846

LAS 309, 37601	Verzeichnis stehender Gefälle	1852
LAS 168, 842	Verzeichnis der zu erhebenden direkten Steuern sowie der Erdbuch- und Domanial-einnahmen	1853
LAS 309, 37602	Verzeichnis stehender Gefälle	1855-1856
LAS 309, 17268	Steuersachen	1865-1868
LAS 309, 37603	Verzeichnis stehender Gefälle	1866-1867
LAS 309, 2555-2557	verschiedene Abgaben, Grundhäuer, Erbpacht	1869-1880
LAS 309, 2558-2560	verschiedene Abgaben, Grundhäuer, Erbpacht	1869-1880
LAS 309, 2400	verschiedene Abgaben	1870-1879
LAS 355 Schleswig, 44	Listen über Erbteilungen	1874-1879
LAS 355 Schleswig, 803	In Nachlasssachen einzureichende Nachweisungen in Erbteilungssachen	1889-1899
LAS 309, 15255-15257	Auseinandersetzungs-Instrumente	1878-1887
LAS 309, 15258-15260	Auseinandersetzungs-Instrumente	1890-1894
LAS 309, 15261-15263	Auseinandersetzungs-Instrumente	1896-1901
LAS 309, 15264-15266	Auseinandersetzungs-Instrumente	1905-1915
LAS 168 AR, 1762-1767	Schleswiger Kolonistenrechnungen	1762-1767
LAS 66, 7362	Etablierung von Kolonistenstellen und deren Ansetzung zu Abgaben	1760-1769
LAS 168, 163	Kolonisten	1760-1762
LAS 168, 164	Kolonisten	1763
LAS 168, 165	Kolonisten	1764-1793
LAS 66, 301	Kolonisten	1766-1817
LAS 168, 330	Brandsachen	1831-1859
LAS 168, 331	Protokoll in Brandangelegenheiten	1835-1866
LAS 168, 1778	Verzeichnis der Vormünder und Kuratoren	1836-1853
LAS 168, 929.3	Testamente	1865-1867
LAS 355 Schleswig, 18a-18b	Nachlassakten	1867-1868
LAS 355 Schleswig, 19-21	Nachlassakten	1869-1871
LAS 355 Schleswig, 22-24	Nachlassakten	1872-1874
LAS 355 Schleswig, 25-27	Nachlassakten	1875-1877
LAS 355 Schleswig, 28-30	Nachlassakten	1878-1880
LAS 355 Schleswig, 31-33	Nachlassakten	1881-1883
LAS 355 Schleswig, 34-36	Nachlassakten	1884-1888
LAS 355 Schleswig, 37-39	Nachlassakten	1889-1891

LAS 355 Schleswig, 40-42	Nachlassakten	1892-1894
LAS 355 Schleswig, 43	Nachlassakten	1895
LAS 355 Schleswig, 277-279	Nachlasssachen	1870-1872
LAS 355 Schleswig, 280-282	Nachlasssachen	1874-1877
LAS 355 Schleswig, 283-285	Nachlasssachen	1878-1882
LAS 355 Schleswig, 286-288	Nachlasssachen	1883-1889
LAS 355 Schleswig, 289-291	Nachlasssachen	1890-1892
LAS 355 Schleswig, 292-294	Nachlasssachen	1893-1897
LAS 355 Schleswig, 295-297	Nachlasssachen	1898-1900
LAS 355 Schleswig, 298-299	Nachlasssachen	1894-1895
LAS 400.1, 227	Von Wilhelm v. Rosen, Amtmann von Segeberg, im amtlichen Auftrag angelegte Beschreibung des Amtes Gottorf	1830
RAK, Kongens Arkiv	*Gottorp Amts Regnskaber*	*1540-1542*
RAK, Rentekammer, G 99	*Extrasteuer*	*1743-1744*
RAK, Rentekammer, G 105	*Mannzahlregister*	*1743-1744*

Kropharde

LAS 168, 2031	SchuPfPr, Band I	1855ff.
LAS 168, 2032	SchuPfPr, Band II	1855ff.
LAS 168, 2033	SchuPfPr, Band III	1873ff.
LAS 168, 2045	Expeditionsprotokoll	1699-1743
LAS 168, 2034	Expeditionsprotokoll	1744-1761
LAS 168, 2035	Expeditionsprotokoll	1761-1779
LAS 168, 2036	Expeditionsprotokoll	1780-1792
LAS 168, 2037	Expeditionsprotokoll	1792-1807
LAS 168, 2038	Expeditionsprotokoll	1807-1825
LAS 168, 2039	Expeditionsprotokoll	1825-1840
LAS 168, 2040	Expeditionsprotokoll	1841-1849
LAS 168, 2041	Expeditionsprotokoll	1849-1855
LAS 168, 2042	Expeditionsprotokoll	1854-1859
LAS 168, 2043	Expeditionsprotokoll und Nebenbuch	1859-1865
LAS 168, 2044	Expeditionsprotokoll und Nebenbuch	1865-1869
LAS 168, 1834	Verpflichtungsprotokoll	1855-1868

LAS 7, 4306	Wüste Hufen	1609-1710
LAS 66, 5850	Festeprotokoll	1730
LAS 168, 1166	Betr. Kätner	1777-1867
LAS 168, 1170	Landveräußerungen, Vermagschiftungen, Auseinandersetzungen	1799-1865
LAS 168, 1171	Umwandlung von Feste- in Bondenhufen, Ablösung der Festequalität	1805-1867
LAS 168, 1172	Abnahmesachen	1830-1849
LAS 168, 1173	Kolonistenstellen	1834-1867
LAS 168, 1160.8	Landhäuer-Hebungsregister	1834-1853
LAS 168, 1174	Verschiedene Festesachen	1836-1865
LAS 168, 1156	Verzeichnisse der Grund- und Hausbesitzer	1848
LAS 168, 1160.9	Landhäuer-Hebungsregister	1854-1866
LAS 79, 765	Protokoll der Festen und Bonden	1860
LAS 168, 1160.10	Landhäuer-Hebungsregister	1868
LAS 7, 4221	Hebungs- und Rechnungssachen	1632-1710
LAS 7, 4349	Fragment eines Abgabenregisters	1700
LAS 7, 4253	Inventar der Hardesvogtei	1707
LAS 7, 4350	Untertaneninventar („Erdbuch“)	1709-1710
LAS 168, 1162	Betr. Pflugzahl und Abgaben	1777-1801
LAS 168, 836	Zusammenstellung sämtlicher von den Untertanen zu leistenden Abgaben	1795
LAS 168, 1161	Pflugzahlregister	18. Jh.
LAS 66, 7431	Landsteuer-Register	1804-1837
LAS 168, 860	Hauptbuch	1818
LAS 168, 1164	Landsteuerregister	1827
LAS 168, 862	Hauptbuch	1845-1848
LAS 168, 1831	Vormünderbuch mit Register	1743-1793
LAS 168, 1832	Vormünderbuch mit Register	1793-1868
LAS 168, 1833	Vormünderbuch mit Register	1846-1868
LAS 412, 100	Volkszähllisten	1803
LAS 415, 5398	Volkszähllisten	1835
LAS 415, 5426	Volkszähllisten	1840
LAS 415, 5450	Volkszähllisten	1845
LAS 415, 5489	Volkszähllisten	1855
LAS 415, 5523	Volkszähllisten	1860
LAS 400.1, 627	Bauernchronik	1542-1880

Kirchspiel Hohn

(siehe vor allem Seite 257)

Christiansholm

- Süderholm

LAS 168, 174	Kolonisten	1761-1861
LAS 309 Geb. St., 1727	Gebäudesteuer	1867
LAS 324.22, 34	Mutterrolle	1874 ff.
LAS 309, 14419	Reallasten-Ablösung, Band I	1876-1880
LAS 309 Flur (13), 29	Flurbuch	1877

Amt Hütten

LAS 168, 1632	Schuldprotokoll	1708-1710
LAS 168, 2115	Amtes Hüttener SchuPfPr, Nebenbuch I und II	1737-1763
LAS 168, 2116	Amtes Hüttener SchuPfPr, Nebenbuch III	1764-1786
LAS 168, 2117	Amtes Hüttener SchuPfPr, Nebenbuch IV	1786-1800
LAS 168, 2118	Amtes Hüttener SchuPfPr, Nebenbuch V	1800-1818
LAS 168, 2119	Amtes Hüttener SchuPfPr, Nebenbuch VI	1818-1826
LAS 168, 2120	Amtes Hüttener SchuPfPr, Nebenbuch VII	1826-1837
LAS 168, 2121	Amtes Hüttener SchuPfPr, Nebenbuch VIII	1837-1847
LAS 168, 2122	Amtes Hüttener SchuPfPr, Nebenbuch IX	1847-1857
LAS 168, 2123	Amtes Hüttener SchuPfPr, Nebenbuch X	1857-1865
LAS 168, 2124	Amtes Hüttener SchuPfPr, Nebenbuch XI	1865-1870
LAS 168, 2125	Amtes Hüttener SchuPfPr, Nebenbuch XII	1877-1885
LAS 168, 2126	Amtes Hüttener SchuPfPr, Generelles Nebenbuch	1826-1865
LAS 168, 2127	Kosel-Hüttener SchuPfPr	1778-1884
LAS 168, 2128	Kosel-Hüttener Nebenbuch und Expeditionsprotokoll, Band 1	1777-1835
LAS 168, 2129	Kosel-Hüttener Nebenbuch und Expeditionsprotokoll, Band 2	1835-1872
LAS 168, 2130	Kosel-Hüttener Nebenbuch und Expeditionsprotokoll, Band 3	1872-1882
LAS 168, 2131	Kosel-Hüttener Nebenbuch und Expeditionsprotokoll, Band 4	1882-1883
LAS 168, 2168	SchuPfPr für den Kanaldistrikt	1878-1882
LAS 168, 2169	SchuPfPr, Nebenbuch	1880

LAS 168, 1864	Haus- und Kaufbriefe, Kontrakte 1-115	1801-1838
LAS 168, 1865	Haus- und Kaufbriefe, Kontrakte 3-164	1811-1836
LAS 168, 1866	Kontrakte	1839-1848
LAS 168, 2526	Kontrakte	1848-1857
LAS 168, 2955	Brüchregister Hütten	1655
LAS 168, 2956	Amtsregister Hütten	1664-1665
LAS 168, 2957	Amtsregister Hütten	1665-1666
LAS 168, 2958	Amtsregister Hütten	1666-1667
LAS 168, 2959	Amtsregister Hütten	1667-1668
LAS 168, 2960	Amtsregister Hütten	1668-1669
LAS 168, 2961	Amtsregister Hütten	1669-1670
LAS 168, 2962	Hüttener Amtsrechnung	1670-1671
LAS 168, 2963	Hüttener Amtsrechnung	1671-1672
LAS 168, 2964	Hüttener Amtsrechnung	1672-1673
LAS 168, 2965	Hüttener Amtsrechnung	1673-1674
LAS 168, 2966	Hüttener Amtsrechnung	1674-1675
LAS 168, 2967	Hüttener Amtsrechnung	1675-1676
LAS 168, 2968	Hüttener Amtsrechnung	1676-1677
LAS 168, 2969	Hüttener Amtsrechnung	1676-1679
LAS 168, 2970	Hüttener Amtsrechnung	1679-1680
LAS 168, 2971	Hüttener Amtsrechnung	1680-1681
LAS 168, 2972	Hüttener Amtsrechnung	1681-1682
LAS 168, 2973	Hüttener Amtsrechnung	1682-1683
LAS 168, 2974	Hüttener Amtsrechnung	1689
LAS 168, 2975	Hüttener Amtsrechnung	1690
LAS 168, 2976	Hüttener Amtsrechnung	1691
LAS 168, 2977	Hüttener Amtsrechnung	1692
LAS 168, 2978	Hüttener Amtsrechnung	1694
LAS 168, 2979	Hüttener Amtsrechnung	1695
LAS 168, 2980	Hüttener Amtsrechnung	1696
LAS 168, 2981	Hüttener Amtsrechnung	1697
LAS 168, 2982	Hüttener Amtsrechnung	1698
LAS 168, 2983	Hüttener Amtsrechnung	1699
LAS 168, 2984	Hüttener Amtsrechnung	1700
LAS 168, 2985	Hüttener Amtsrechnung	1701
LAS 168, 2986	Hüttener Amtsrechnung	1702
LAS 168, 2987	Hüttener Amtsrechnung	1703
LAS 168, 2988	Hüttener Amtsrechnung	1704
LAS 168, 2989	Hüttener Amtsrechnung	1705
LAS 168, 2990	Hüttener Amtsrechnung	1706
LAS 168, 2991	Hüttener Amtsrechnung	1707
LAS 168, 2992	Hüttener Amtsrechnung	1708
LAS 168, 2993	Hüttener Amtsrechnung	1709
LAS 168, 2994	Hüttener Amtsrechnung	1710

LAS 168, 2995	Hüttener Amtsrechnung	1711
LAS 168, 2996	Hüttener Amtsrechnung	1712
LAS 168, 2997	Hüttener Amtsrechnung	1713
LAS 168, 2998	Hüttener Amtsrechnung	1714
LAS 168, 2999	Hüttener Amtsrechnung	1715
LAS 168, 3000	Hüttener Amtsrechnung	1716
LAS 168, 3001	Hüttener Amtsrechnung	1717
LAS 168, 3002	Hüttener Amtsrechnung	1718
LAS 168, 3003	Hüttener Amtsrechnung	1719
LAS 168, 3004	Hüttener Amtsrechnung	1720
LAS 168, 3005	Hüttener Amtsrechnung	1721
LAS 168, 3006	Hüttener Amtsrechnung	1722
LAS 168, 3007	Hüttener Amtsrechnung	1723
LAS 168, 3008	Hüttener Amtsrechnung	1724
LAS 168, 3009	Hüttener Amtsrechnung	1725
LAS 168, 3010	Hüttener Amtsrechnung	1726
LAS 168, 3011	Hüttener Amtsrechnung	1727
LAS 168, 3012	Hüttener Amtsrechnung	1728
LAS 168, 3013	Hüttener Amtsrechnung	1729
LAS 168, 3014	Hüttener Amtsrechnung	1730
LAS 168, 3015	Hüttener Amtsrechnung	1731
LAS 168, 3016	Hüttener Amtsrechnung	1732
LAS 168, 3017	Hüttener Amtsrechnung	1733
LAS 168, 3018	Hüttener Amtsrechnung	1734
LAS 168, 3019	Hüttener Amtsrechnung	1735
LAS 168, 3020	Hüttener Amtsrechnung	1736
LAS 168, 3021	Hüttener Amtsrechnung	1737
LAS 168, 3022	Hüttener Amtsrechnung	1738
LAS 168, 3023	Hüttener Amtsrechnung	1739
LAS 168, 3024	Hüttener Amtsrechnung	1740
LAS 168, 3025	Hüttener Amtsrechnung	1741
LAS 168, 3026	Hüttener Amtsrechnung	1742
LAS 168, 3027	Hüttener Amtsrechnung	1743
LAS 168, 3028	Hüttener Amtsrechnung	1744
LAS 168, 3029	Hüttener Amtsrechnung	1745
LAS 168, 3030	Hüttener Amtsrechnung	1746
LAS 168, 3031	Hüttener Amtsrechnung	1747
LAS 168, 3032	Hüttener Amtsrechnung	1748
LAS 168, 3033	Hüttener Amtsrechnung	1749
LAS 168, 3034	Hüttener Amtsrechnung	1750
LAS 168, 3035	Hüttener Amtsrechnung	1751
LAS 168, 3036	Hüttener Amtsrechnung	1752
LAS 168, 3037	Hüttener Amtsrechnung	1753
LAS 168, 3038	Hüttener Amtsrechnung	1754
LAS 168, 3039	Hüttener Amtsrechnung	1755

LAS 168, 3040	Hüttener Amtsrechnung	1756
LAS 168, 3041	Hüttener Amtsrechnung	1757
LAS 168, 3042	Hüttener Amtsrechnung	1758
LAS 168, 3043	Hüttener Amtsrechnung	1759
LAS 168, 3044	Hüttener Amtsrechnung	1759
LAS 168, 3045	Hüttener Amtsrechnung	1760
LAS 168, 3046	Hüttener Amtsrechnung	1761
LAS 168, 3047	Hüttener Amtsrechnung	1762
LAS 168, 3048	Hüttener Amtsrechnung	1763
LAS 168, 3049	Hüttener Amtsrechnung	1764
LAS 168, 3050	Hüttener Amtsrechnung	1765
LAS 168, 3051	Hüttener Amtsrechnung	1766
LAS 168, 3052	Hüttener Amtsrechnung	1767
LAS 168, 3053	Hüttener Amtsrechnung	1768
LAS 168, 3054	Hüttener Amtsrechnung	1769
LAS 168, 3055	Hüttener Amtsrechnung	1770
LAS 168, 3056	Hüttener Amtsrechnung	1771
LAS 168, 3057	Hüttener Amtsrechnung	1772
LAS 168, 3058	Hüttener Amtsrechnung	1773
LAS 168, 3059	Hüttener Amtsrechnung	1774
LAS 168, 3060	Hüttener Amtsrechnung	1775
LAS 168, 3061	Hüttener Amtsrechnung	1776
LAS 168, 3062	Hüttener Amtsrechnung	1777
LAS 168, 3063	Hüttener Amtsrechnung	1778
LAS 168, 3064	Hüttener Amtsrechnung	1779
LAS 168, 3065	Hüttener Amtsrechnung	1780
LAS 168, 3066	Hüttener Amtsrechnung	1781
LAS 168, 3067	Hüttener Amtsrechnung	1782
LAS 168, 3068	Hüttener Amtsrechnung	1783
LAS 168, 3069	Hüttener Amtsrechnung	1784
LAS 168, 3070	Hüttener Amtsrechnung	1785
LAS 168, 3071	Hüttener Amtsrechnung	1786
LAS 168, 3072	Hüttener Amtsrechnung	1787
LAS 168, 3073	Hüttener Amtsrechnung	1788
LAS 168, 3074	Hüttener Amtsrechnung	1789
LAS 168, 3075	Hüttener Amtsrechnung	1790
LAS 168, 3076	Hüttener Amtsrechnung	1791
LAS 168, 3077	Hüttener Amtsrechnung	1792
LAS 168, 3078	Hüttener Amtsrechnung	1793
LAS 168, 3079	Hüttener Amtsrechnung	1794
LAS 168, 3080	Hüttener Amtsrechnung	1795
LAS 168, 3081	Hüttener Amtsrechnung	1796
LAS 168, 3082	Hüttener Amtsrechnung	1797
LAS 168, 3083	Hüttener Amtsrechnung	1798
LAS 168, 3084	Hüttener Amtsrechnung	1799

LAS 168, 3085	Hüttener Amtsrechnung	1800
LAS 168, 3086	Hüttener Amtsrechnung	1801
LAS 168, 3087	Hüttener Amtsrechnung	1802
LAS 168, 2471	Hüttener Amtsrechnungen	1802-1803
LAS 168, 3088	Hüttener Amtsrechnung	1803
LAS 168, 3089	Hüttener Amtsrechnung	1804
LAS 168, 3090	Hüttener Amtsrechnung	1805
LAS 168, 3091	Hüttener Amtsrechnung	1806
LAS 168, 3092	Hüttener Amtsrechnung	1807
LAS 168, 3093	Hüttener Amtsrechnung	1808
LAS 168, 3094	Hüttener Amtsrechnung	1809
LAS 168, 3095	Hüttener Amtsrechnung	1810
LAS 168, 3096	Hüttener Amtsrechnung	1811
LAS 168, 3097	Hüttener Amtsrechnung	1812
LAS 168, 3098	Hüttener Amtsrechnung	1813
LAS 168, 3099	Hüttener Amtsrechnung	1814
LAS 168, 3100	Hüttener Amtsrechnung	1815
LAS 168, 3101	Hüttener Amtsrechnung	1816
LAS 168, 3102	Hüttener Amtsrechnung	1817
LAS 168, 3103	Hüttener Amtsrechnung	1818
LAS 168, 3104	Hüttener Amtsrechnung	1819
LAS 168, 3105	Hüttener Amtsrechnung	1820
LAS 168, 3106	Hüttener Amtsrechnung	1821
LAS 168, 3107	Hüttener Amtsrechnung	1822
LAS 168, 3108	Hüttener Amtsrechnung	1823
LAS 168, 3109	Hüttener Amtsrechnung	1824
LAS 168, 3110	Hüttener Amtsrechnung	1825
LAS 168, 3111	Hüttener Amtsrechnung	1826
LAS 168, 3112	Hüttener Amtsrechnung	1827
LAS 168, 3113	Hüttener Amtsrechnung	1828
LAS 168, 3114	Hüttener Amtsrechnung	1829
LAS 168, 3115	Hüttener Amtsrechnung	1830
LAS 168, 3116	Hüttener Amtsrechnung	1831
LAS 168, 3117	Hüttener Amtsrechnung	1832
LAS 168, 3118	Hüttener Amtsrechnung	1833
LAS 168, 3119	Hüttener Amtsrechnung	1834
LAS 168, 3120	Hüttener Amtsrechnung	1835
LAS 168, 3121	Hüttener Amtsrechnung	1836
LAS 168, 3122	Hüttener Amtsrechnung	1837
LAS 168, 3123	Hüttener Amtsrechnung	1838
LAS 168, 3124	Hüttener Amtsrechnung	1839
LAS 168, 3125	Hüttener Amtsrechnung	1840
LAS 168, 3126	Hüttener Amtsrechnung	1841
LAS 168, 3127	Hüttener Amtsrechnung	1842
LAS 168, 3128	Hüttener Amtsrechnung	1843

LAS 168, 3129	Hüttener Amtsrechnung	1847
LAS 168, 3130	Hüttener Amtsrechnung	1848
LAS 168, 3131	Hüttener Amtsrechnung	1849
LAS 168, 3132	Hüttener Amtsrechnung	1850
LAS 168, 3133	Hüttener Amtsrechnung	1852-1853
LAS 168, 3134	Hüttener Amtsrechnung	1853-1854
LAS 168, 3135	Hüttener Amtsrechnung	1854-1855
LAS 168, 3136	Hüttener Amtsrechnung	1855-1856
LAS 168, 3137	Hüttener Amtsrechnung	1856-1857
LAS 168, 3138	Hüttener Amtsrechnung	1857-1858
LAS 168, 3139	Hüttener Amtsrechnung	1858-1859
LAS 168, 3140	Hüttener Amtsrechnung	1859-1860
LAS 168, 3141	Hüttener Amtsrechnung	1860-1861
LAS 168, 3142	Hüttener Amtsrechnung	1861-1862
LAS 168, 3143	Hüttener Amtsrechnung	1862-1863
LAS 168, 3144	Hüttener Amtsrechnung	1863-1864
LAS 168, 3145	Hüttener Amtsrechnung	1864-1865
LAS 168, 3146	Hüttener Amtsrechnung	1865-1866
LAS 168, 3147	Hüttener Amtsrechnung	1866-1867
LAS 168, 3148	Hüttener Amtsrechnung	1867
LAS 7, 4155	Hüttener Amts-Protokoll (Verkäufe, Teilungen, Überlassungen etc.)	1690-1704
LAS 7, 6402	Entwichene und abgewanderte Leibeigene	1608-1706
LAS 7, 6398	Entwichene und abgewanderte Leibeigene	1612-1703
LAS 7, 4305	Ländereien aus der Gemeinen Weide und den Forsten (enthält u. a. Verkoppelungen)	1622-1709
LAS 7, 4308	Wüste, neu zu besetzende und zu teilende Hufen	1633-1710
LAS 168, 1566	Ländliche Besitzverhältnisse, eigenmächtig eingenommene Ländereien, unurbare Ländereien, Landüberlassung und Landveräußerung, Gemeinweide	1652-1864
LAS 168, 1568	Wüste Hufen	1662-1764
LAS 168, 1570	Kätner und Insten	1681-1708
LAS 168, 1249	Ländliche Besitzverhältnisse; Bondengüter, Festegüter, wüste Hufen	1686-1853
LAS 7, 4303	Ländliche Besitzverhältnisse	1696-1711
LAS 168, 1631	Teilungs-Protokolle	1706-1711
LAS 7, 4313	Verschiedene Landwesenssachen	1708-1710
LAS 7, 4321	Festesachen	1708-1709
LAS 168, 1251	Kätner und Insten	1745-1839
LAS 168, 163	Kolonisten	1760-1762

LAS 66, 7362	Etablierung von Kolonistenstellen und deren Ansetzung zu Abgaben	1760-1769
LAS 168, 1571	Rekognitionsländereien	1763-1841
LAS 168, 164	Kolonisten	1763
LAS 168, 165	Kolonisten	1764-1793
LAS 66, 337	Vergütung über abgetretenes Kolonistenland	1765-1802
LAS 168, 1569	Wüste Hufen	1766-1783
LAS 66, 301	Kolonisten	1766-1817
LAS 66, 8461	Generaltabellen des 1771 geborgenen und vorrätigen Getreides	1771
LAS 66, 1717	Generaltabellen des 1771 geborgenen und vorrätigen Getreides	1771
LAS 66, 2343	Tabellen wegen des am 1. April 1774 gezählten Hornviehs	1774-1779
LAS 66, 1908	Tabellen und Nachrichten von dem Zustande der Kolonisten	1776-1796
LAS 168, 2612	Festesachen	1778-1782
LAS 168, 2466	Festesachen	1783-1788
LAS 168, 2466	Festesachen	1783-1788
LAS 168, 2607	Berichtigung von Erdbüchern	1787-1815
LAS 66, 516	Verzeichnisse von Landveräußerungen	1801-1814
LAS 168, 2467	Landwesenssachen	1804
LAS 168, 2562	Einzelne Landveräußerungen	1839
LAS 168, 2558	Einzelne Landveräußerungen	1840
LAS 79, 702	Auseinandersetzungsinstrumente	1855-1858
LAS 79, 698	Auseinandersetzungsinstrumente	1859-1863
LAS 7, 4329	Kontributionsrestantenregister	1651-1664
LAS 7, 4330	Kontributionseinnahmeregister	1655-1657
LAS 7, 4360	Pflichtschweinregister	1664
LAS 7, 4361	Pflugschatzregister	1664-1675
LAS 7, 4226	Hebungs- und Rechnungssachen	1670-1712
LAS 7, 4362	Erdbuch	1685
LAS 7, 4363	Kontributionsrechnung	1689
LAS 7, 4364	Kontributionsrechnung	1690
LAS 7, 4365	Kontributionsrechnung	1691
LAS 7, 4366	Kontributionsrechnung	1692
LAS 7, 4368	Amtsregister	1692
LAS 7, 4369	Neue Setzung	1692-1693
LAS 7, 4370	Abgabenregister	nach 1693
LAS 7, 4371	Restitutionssteuerregister	1693-1694
LAS 7, 4372	„Baraquengelder"-Register	1693-1703
LAS 7, 4373	Reichs- und Kreissteuerregister	1694-1696
LAS 7, 4374	Abrechnung des Amtsschreibers mit den Untertanen über Post- und andere Fuhren	1694-1695

LAS 7, 4376	Register von den zur Kriegskasse geforderten extraordinären Kontribution	1696-1703
LAS 7, 4377	Abrechnung des Amtsschreibers mit den Untertanen über Post- und andere Fuhren	1696-1698
LAS 168, 1552	Rechnungs-, Steuer- und Abgabensachen	1697-1850
LAS 7, 4378	Prinzessinnensteuer-Register	1698
LAS 7, 4379	Huldigungsgelder-Register	1698-1699
LAS 7, 4380	Amtsunkostenrechnung	1698-1699
LAS 7, 4381	Register von den erhobenen Lagie-Geldern	1698-1703
LAS 7, 4382	Donativgelder-Register	1699-1702
LAS 7, 4383	Abrechnung des Amtsschreibers mit den Untertanen über Post- und andere Fuhren	1699-1703
LAS 7, 4384	Mannzahlregister	1701
LAS 7, 4385	Amtsunkostenrechnungen	1701-1703
LAS 7, 4386	Register von den geforderten Geldern	1701-1703
LAS 7, 4387	Register was das Amt vor und nach der Setzung von 1694 an Kontribution getragen	1704
LAS 7, 4388	Abrechnungen mit den Untertanen wegen der Einquartierung und der Herren- und Militärfuhren	1706-1708
LAS 7, 4227	Neue Setzung	1708-1712
LAS 7, 4389	Inventar des Amtes Hütten	1709
LAS 7, 4390	Inventar des Amtes Hütten	1711
LAS 66, 128	Kopf- und Rangsteuerrechnungen (mit Beilagen)	1762
LAS 168, 1556	Pflugzahlregister	1768-1864
LAS 66, 1937.5	Viertelprozent-Steuer	1799-1809
LAS 66, 129	Kopf- und Rangsteuerrechnungen (mit Beilagen)	1800
LAS 168, 2470	Verschiedene Hebungssachen	1802-1804
LAS 66, 7447	Landsteuer-Register (Hebungsregister)	1803-1817
LAS 168, 2478	„Landsteuer“ und „Neue Steuer“	1806
LAS 66, 1924	Mannzahl- und Schatzprotokolle	1810-1814
LAS 66, 2003.1	Halbprozentabgabe von Erbschaften und verkauften Immobilien (Hebungsregister)	1810-1820
LAS 168, 2617	Abgabe der Landbesitzer gemäß allerhöchster Verordnung (6 %-Steuer)	1813
LAS 66, 2038-2040	Hebungs-Extrakte über Kopf- und Rangsteuer	1832-1834
LAS 66, 2041-2042	Hebungs-Extrakte über Kopf- und Rangsteuer	1836-1837
LAS 66, 928.1	Kollateral-Steuerfälle	1838-1840
LAS 66, 926.2	Halbprozent- und Kollateralsteuerlisten	1839-1840
LAS 66, 957.6	Halbprozent- und Kollateralsteuerlisten	1844

LAS 66, 130	Kopf- und Rangsteuerrechnungen (mit Beilagen)	1845
LAS 66, 6005	Verzeichnisse der Erbschafts- und Immobiliar-Übertragungssteuer	1845-1846
LAS 66, 3645.1	Kopf- und Rangsteuerrechnungen (mit Beilagen)	1846
LAS 79, 770	Kopf- und Rangsteuerrechnungen	1847-1850
LAS 168, 1558	Verzeichnis der zu erhebenden direkten Steuern sowie der Erdbuchs- und Domanialeinnahmen	1853
LAS 168, 1561	Landsteuer-Register	1857
LAS 168, 1560	Verzeichnis der sämtlichen feststehenden Steuern und Abgaben	1866
LAS 309, 2390	verschiedene Abgaben	1869-1878
LAS 309, 2391	verschiedene Abgaben	1869-1878
LAS 309, 2392	verschiedene Abgaben	1869-1878
LAS 309, 2393	verschiedene Abgaben	1869-1878
LAS 309, 2394	verschiedene Abgaben	1869-1878
LAS 309, 2395	verschiedene Abgaben	1869-1878
LAS 309, 2396	verschiedene Abgaben	1869-1878
LAS 309, 2397	verschiedene Abgaben	1869-1878
LAS 309, 2398	verschiedene Abgaben	1869-1878
LAS 309, 2399	verschiedene Abgaben	1869-1878
LAS 168, 2170	Testamente	1800-1863
LAS 168, 2171	Nachlasssachen	1818-1863
LAS 168, 1867	Vormundschaftssachen	1716-1837
LAS 168, 2501	Vormünderprotokoll, Band 1	1826-1849
LAS 168, 2502	Vormünderprotokoll, Band 2	1851-1867
LAS 168, 2525	Vormundschafts- und Nachlasssachen	1840-1853
LAS 400.5, 936	Brandversicherungsregister, Band 1	1766
LAS 400.5, 937	Brandversicherungsregister, Band 2	1766
LAS 400.5, 938	Brandversicherungsregister, Band 3	1766
LAS 400.5, 968	Brandversicherungsregister, Band 1	1781
LAS 400.5, 969	Brandversicherungsregister, Band 2	1781
LAS 400.5, 970	Brandversicherungsregister, Band 2	1791
LAS 400.5, 971	Brandversicherungsregister, Band 1	1791
LAS 400.5, 972	Brandversicherungsregister, Band 2	1801
LAS 400.5, 973	Brandversicherungsregister, Band 1	1811
LAS 400.5, 974	Brandversicherungsregister, Band 2	1811

Hohnerharde

(ab 1777 zum Amt Hütten gehörig, davor Amt Gottorf)

LAS 168, 2484	Hohner SchuPfPr, Band 1	1778-1885
LAS 168, 2485	Hohner SchuPfPr, Band 2	1834-1863
LAS 168, 2486	Hohner SchuPfPr, Band 3	1836-1885
LAS 168, 2487	Hohner SchuPfPr, Band 4	1861-1885
LAS 168, 2488	Hohner SchuPfPr	1877-1885
LAS 168, 2489	Alphabetisches Generalregister zum SchuPfPr (Familiennamen)	
LAS 168, 2490	Alphabetisches Generalregister zum SchuPfPr (Ortsweise)	
LAS 168, 2491	Index zum SchuPfPr der vom Amte Rendsburg getrennten 6 Dörfer nördlich der Eider (Nübbel, Fockbek, Alt- und Neu-Büdelsdorf, Borgstedt, Lehmbeck)	
LAS 168, 2492	SchuPfPr Hohner Harde, Nebenbuch, Band 1	1778-1837
LAS 168, 2493	SchuPfPr Hohner Harde, Nebenbuch, Band 2	1837-1857
LAS 168, 2494	SchuPfPr Hohner Harde, Nebenbuch, Band 3	1857-1868
LAS 168, 2543	SchuPfPr Hohner Harde, Nebenbuch, Band 4	1867-1872
LAS 168, 2544	SchuPfPr Hohner Harde, Nebenbuch, Band 5	1872-1874
LAS 168, 2495	SchuPfPr Hohner Harde, Nebenbuch, Band 6	1874-1875
LAS 168, 2496	SchuPfPr Hohner Harde, Nebenbuch, Band 7	1876-1877
LAS 168, 2497	SchuPfPr Hohner Harde, Nebenbuch, Band 8	1878-1880
LAS 168, 2498	SchuPfPr Hohner Harde, Nebenbuch, Band 9	1880-1882
LAS 168, 2499	SchuPfPr Hohner Harde, Nebenbuch, Band 10	1882-1884
LAS 168, 2500	SchuPfPr Hohner Harde, Nebenbuch, Band 11	1884-1885

LAS 168, 1854	Expeditions- (Kontrakten-) Protokoll	1730-1765
LAS 168, 1855	Expeditions- (Kontrakten-) Protokoll	1765-1789
LAS 168, 1856	Expeditions- (Kontrakten-) Protokoll	1789-1807
LAS 168, 1857	Expeditions- (Kontrakten-) Protokoll	1807-1826
LAS 168, 1858	Expeditions- (Kontrakten-) Protokoll	1826-1838
LAS 168, 1859	Expeditions- (Kontrakten-) Protokoll	1835-1844

LAS 168, 1860	Expeditions- (Kontrakten-) Protokoll	1844-1855
LAS 168, 1861	Expeditions- (Kontrakten-) Protokoll	1855-1859
LAS 168, 1862	Expeditions- (Kontrakten-) Protokoll	1859-1865
LAS 168, 1863	Expeditions- (Kontrakten-) Protokoll	1865-1869
LAS 168, 1852	Dekretenprotokoll	1857-1867
LAS 168, 1562	Hauptbuch	1859-1860
LAS 168, 2472	Hardes Anlagerechnung	1804
LAS 7, 4338	„Extract Gottorfischen Erdbuchs“	1688
LAS 66, 5850	Festeprotokoll	1730
LAS 168, 1573	Festeprotokoll	1858
LAS 168, 2626	Landwesenssachen	1828-1833
LAS 168, 2625	Landwesenssachen	1832-1833
LAS 7, 4220	Hebungs- und Rechnungssachen	1610-1712
LAS 168, 1555	Verzeichnis über die vor der Setzung aus dem Distrikt der Hohnerharde erlangten älteren Grundabgaben	1710
LAS 168, 1869	Hebungsregister zu der Depositenhebung	1857-1862
LAS 168, 1870	Hebungsregister zu der Depositenhebung	1865-1868
LAS 168, 1873	Hebungsregister zu der Depositenhebung	1853-1857
LAS 168, 1874	Hebungsregister zu der Depositenhebung	1862-1867
LAS 309 Flur (13), 64	Flurbuch	1877
LAS 168, 2527	Vormundschafts- und Erbteilungssachen	1785-1857
LAS 168, 1871	Vormünderbuch	1851-1868
LAS 168, 1872	Vormünderprotokoll	1856-1870
LAS 412, 105	Volkszählungslisten	1803
LAS 415, 5403	Volkszähllisten	1835
LAS 415, 5423	Volkszähllisten	1840
LAS 415, 5455	Volkszähllisten	1845
LAS 415, 5488	Volkszähllisten	1855
LAS 415, 5520	Volkszähllisten	1860

Kirchspiel Hohn

Ahrenstedt

LAS 25, 172	Das Dorf Ahrenstedt	18. Jh.
LAS 309 Geb. St., 1927	Gebäudesteuer	1867

Alt Duvenstedt

LAS 25, 167	Das Dorf Duvenstedt	18. Jh.
LAS 25, 155	Zur Setzung	18. Jh.
LAS 168, 1272	Feldaufteilungen	1750-1798
LAS 66, 569	Erdbuch	1789
LAS 66, 553	Landveräußerungen	1801-1845
LAS 66, 707.1	Landveräußerungen	1841-1848
LAS 309 Geb. St., 1922	Gebäudesteuer	1867
LAS 324.22, 3	Mutterrolle	1874 ff.
LAS 324.22, 4	Mutterrolle	1874 ff.
LAS 309, 14420	Reallasten-Ablösung, Band I	1877-1898
LAS 309 Flur (13), 3	Flurbuch	1877
LAS 415, 1643	Karte	1789
LAS 415, 1644	Karte	1790
LAS 415, 1607	Feldrisse	18. Jh.
LAS 415, 1643	Feldrisse	18. Jh.
LAS 415, 1644	Feldrisse	18. Jh.
LAS 415, 1645	Feldrisse	18. Jh.
LAS 415, 1646	Feldrisse	18. Jh.

Bargstall

- Blöckenort **- Depenrehm** **- Dreiangel**
- Heidloh **- Höst** **- Sagblock**
- Straat

LAS 25, 166	Das Dorf Bargstall	18. Jh.
LAS 66, 553	Landveräußerungen	1801-1845
LAS 66, 707.1	Landveräußerungen	1841-1848
LAS 324.22, 7	Mutterrolle	1874 ff.
LAS 309, 14414	Reallasten-Ablösung, Band I	1877-1891
LAS 309 Flur (13), 7	Flurbuch	1877
LAS 415, 1641	Karte	1801

Broholm (Stelle)

Dammkate

Elsdorf

- Ahlsbek **- Hohenheide**

LAS 25, 163	Das Dorf Elsdorf	18. Jh.
LAS 168, 1262	Feldaufteilungen	1791-1802
LAS 66, 700.2	Landveräußerungen	1795-1848

LAS 66, 873	Erdbuch	1801
LAS 66, 553	Landveräußerungen	1801-1845
LAS 66, 561	Landveräußerungen	1805-1843
LAS 66, 686.5	Auslegung von fünf Anbauerplätzen	1805-1822
LAS 168, 2375	Feldaufteilungen	1816
LAS 66, 686.8	Verkauf des Honsmoors (mit Karte)	1830-1836
LAS 66, 707.1	Landveräußerungen	1841-1848
LAS 66, 707.1	Landveräußerungen	1841-1848
LAS 309 Geb. St., 1924	Gebäudesteuer	1867
LAS 324.22, 43	Mutterrolle	1874 ff.
LAS 324.22, 44	Mutterrolle	1874 ff.
LAS 309 Flur (13), 35	Flurbuch	1877
LAS 309, 14411	Reallasten-Ablösung, Band I	1876-1879
LAS 309, 14412	Reallasten-Ablösung, Band II	1879-1893
LAS 309, 14413	Reallasten-Ablösung, Band III	1893-1894
LAS 415, 1642	Karte	1776

Föhrden
- Fingsthoop

LAS 25, 162	Das Dorf Föhrden	18. Jh.
LAS 66, 553	Landveräußerungen	1801-1845
LAS 66, 882	Erdbuch	1804
LAS 309 Geb. St., 1942	Gebäudesteuer	1867
LAS 324.22, 108	Mutterrolle	1874 ff.
LAS 324.22, 109	Mutterrolle	1874 ff.
LAS 309, 14415	Reallasten-Ablösung, Band I	1877-1892
LAS 309 Flur (13), 83	Flurbuch	1877
LAS 415, 1641	Karte	1776-1777
LAS 415, 1643	Karte	1804-1805

Friedrichsgraben (Stellen)

LAS 168, 1277	Kolonien	1763-1766
LAS 66, 553	Landveräußerungen	1801-1845
LAS 66, 6115	Landveräußerungen	1805-1844
LAS 66, 707.1	Landveräußerungen	1841-1848
LAS 324.22, 59	Mutterrolle	1874 ff.
LAS 309, 14400	Reallasten-Ablösung, Band I	1876
LAS 309 Flur (13), 39	Flurbuch	1877

Friedrichsholm

LAS 168, 1278	Kolonien	1762-1767
LAS 66, 554	Landveräußerungen	1795-1846
LAS 66, 707.1	Landveräußerungen	1841-1848
LAS 309 Geb. St., 1928	Gebäudesteuer	1867
LAS 324.22, 60	Mutterrolle	1874 ff.
LAS 309, 14421	Reallasten-Ablösung, Band I	1877-1897
LAS 309 Flur (13), 40	Flurbuch	1877

Großmoorhaus (Stellen)

LAS 66, 554	Landveräußerungen	1795-1846

Hamdorf

- Hamdorferheide **- Wittenbergen**

LAS 25, 164	Das Dorf Hamdorf	18. Jh.
LAS 66, 880	Erdbuch	1801
LAS 66, 565	Landveräußerungen	1801-1846
LAS 66, 707.1	Landveräußerungen	1841-1848
LAS 309 Geb. St., 1932	Gebäudesteuer	1867
LAS 324.22, 71	Mutterrolle	1874 ff.
LAS 324.22, 72	Mutterrolle	1874 ff.
LAS 309 Flur (13), 53	Flurbuch	1877
LAS 309, 14411	Reallasten-Ablösung, Band I	1876-1879
LAS 309, 14412	Reallasten-Ablösung, Band II	1879-1893
LAS 309, 14413	Reallasten-Ablösung, Band III	1893-1894
LAS 415, 1639	Karte	1777

Hohn

- Hohnerkoog **- Julianenebene**

LAS 25, 166	Das Dorf Hohn	18. Jh.
LAS 168, 1279	Kolonie Julianenebene	1761-1850
LAS 168, 1268	Feldaufteilungen	1792-1802
LAS 66, 700.2	Landveräußerungen	1795-1848
LAS 66, 554	Landveräußerungen	1795-1846
LAS 66, 566	Landveräußerungen	1801-1848
LAS 66, 707.1	Landveräußerungen	1841-1848
LAS 66, 707.1	Landveräußerungen	1841-1848
LAS 309 Geb. St., 1934	Gebäudesteuer	1867
LAS 324.22, 83	Mutterrolle	1874 ff.
LAS 324.22, 84	Mutterrolle	1874 ff.

LAS 324.22, 85	Mutterrolle	1874 ff.
LAS 324.22, 86	Mutterrolle	1874 ff.
LAS 324.22, 88	Mutterrolle [Julianenebene]	1874 ff.
LAS 309 Flur (13), 64	Flurbuch	1877
LAS 309, 14416	Reallasten-Ablösung, Band I	1876-1879
LAS 309, 14417	Reallasten-Ablösung, Band II	1879-1890
LAS 309, 14418	Reallasten-Ablösung, Band III	1890-1892
LAS 309, 14406	Reallasten-Ablösung, Band I [Julianenebene]	1876
LAS 415, 1641	Karte	1801

Kleinmoorhaus (Stellen)

LAS 66, 554	Landveräußerungen	1795-1846

Königsbach (Stellen)

LAS 168, 1280	Kolonien	1761-1766
LAS 324.22, 87	Mutterrolle	1874 ff.
LAS 309 Flur (13), 76	Flurbuch	1877

Königsberg (Stellen)

LAS 168, 1281	Kolonien	1762-1842
LAS 66, 554	Landveräußerungen	1795-1846

Königshügel (Stellen)

LAS 168, 1281	Kolonien	1762-1842
LAS 66, 554	Landveräußerungen	1795-1846
LAS 66, 882	Erdbuch	1804
LAS 66, 707.1	Landveräußerungen	1841-1848
LAS 324.22, 104	Mutterrolle	1874 ff.
LAS 309, 14401	Reallasten-Ablösung, Band I	1876-1891
LAS 309 Flur (13), 77	Flurbuch	1877

Lohe

- Ahrenhorst **- Sorgbrück**

LAS 25, 162	Das Dorf Lohe	18. Jh.
LAS 66, 554	Landveräußerungen	1795-1846
LAS 66, 882	Erdbuch	1804
LAS 66, 707.1	Landveräußerungen	1841-1848
LAS 309 Geb. St., 1942	Gebäudesteuer	1867

LAS 324.22, 108	Mutterrolle	1874 ff.
LAS 324.22, 109	Mutterrolle	1874 ff.
LAS 309, 14415	Reallasten-Ablösung, Band I	1877-1892
LAS 309 Flur (13), 83	Flurbuch	1877
LAS 415, 1641	Karte	1776-1777
LAS 415, 1643	Karte	1804-1805

Prinzenmoor

- Langenberg

LAS 25, 164	Das Dorf Prinzenmoor	18. Jh.
LAS 168, 1282	Kolonien	1762-1767
LAS 66, 556	Landveräußerungen	1783-1848
LAS 309 Geb. St., 1949	Gebäudesteuer	1867
LAS 324.22, 137	Mutterrolle	1874 ff.
LAS 309, 14402	Reallasten-Ablösung, Band I	1876
LAS 309 Flur (13), 109	Flurbuch	1877

Rickert

LAS 25, 171	Das Dorf Rickert	18. Jh.
LAS 25, 155	Zur Setzung	18. Jh.
LAS 309 Geb. St., 1951	Gebäudesteuer	1867
LAS 324.22, 142	Mutterrolle	1874 ff.
LAS 309, 14409	Reallasten-Ablösung, Band I	1876-1886
LAS 309 Flur (13), 115	Flurbuch	1877
LAS 415, 1646	Karte	1789

Sophienhamm

- Gräveskuhl **- Hegekoppel** **- Oha**

LAS 168, 1283	Kolonien	1765-1781
LAS 66, 556	Landveräußerungen	1783-1848
LAS 66, 707.1	Landveräußerungen	1841-1848
LAS 309 Geb. St., 1953	Gebäudesteuer	1867
LAS 324.22, 145	Mutterrolle	1874 ff.
LAS 309, 14410	Reallasten-Ablösung, Band I	1876-1880
LAS 309 Flur (13), 125	Flurbuch	1877

Westermühlen

LAS 25, 163	Das Dorf Westermühlen	18. Jh.
LAS 123, 2199	Die Eingesessenen betr.	18.-19. Jh.

LAS 123, 2198	Betr. die Gemeinheitsaufteilung	1749-1806
LAS 123, 2195	Betr. Besitzwechsel	1756
LAS 66, 556	Landveräußerungen	1783-1848
LAS 168, 1262	Feldaufteilungen	1791-1802
LAS 66, 700.2	Landveräußerungen	1795-1848
LAS 66, 873	Erdbuch	1801
LAS 168, 2375	Feldaufteilungen	1816
LAS 309 Geb. St., 1924	Gebäudesteuer	1867
LAS 324.22, 43	Mutterrolle	1874 ff.
LAS 324.22, 44	Mutterrolle	1874 ff.
LAS 309 Flur (13), 35	Flurbuch	1877
LAS 309, 14411	Reallasten-Ablösung, Band I	1876-1879
LAS 309, 14412	Reallasten-Ablösung, Band II	1879-1893
LAS 309, 14413	Reallasten-Ablösung, Band III	1893-1894
LAS 415, 1642	Karte	1776

Kirchspiel Christkirche Rendsburg

Fockbek (ab 1853)

LAS 79, 633	Abgaben und Leistungen und deren Ablösung	1853-1859
LAS 309 Geb. St., 1927	Gebäudesteuer	1867
LAS 324.22, 52	Mutterrolle	1874 ff.
LAS 324.22, 53	Mutterrolle	1874 ff.
LAS 324.22, 54	Mutterrolle	1874 ff.
LAS 324.22, 55	Mutterrolle	1874 ff.
LAS 324.22, 56	Mutterrolle	1874 ff.
LAS 309 Flur (13), 38	Flurbuch	1877

Krummenort

- Hasenknöll

LAS 25, 155	Zur Setzung	18. Jh.
LAS 25, 159	Das Dorf Krummenort	18. Jh.
LAS 168, 1704	Aufteilung von Gemeinheitsländereien	1839-1865
LAS 309 Geb. St., 1922	Gebäudesteuer	1867
LAS 415, 1646	Karte	1786

Nübbel (ab 1853)

LAS 79, 633	Abgaben und Leistungen und deren Ablösung	1853-1859
LAS 309 Geb. St., 1946	Gebäudesteuer	1867
LAS 324.22, 127	Mutterrolle	1874 ff.
LAS 324.22, 128	Mutterrolle	1874 ff.
LAS 309, 14385	Reallasten-Ablösung, Band I	1874-1884
LAS 309, 14386	Reallasten-Ablösung, Band II	1884-1893
LAS 309 Flur (13), 95	Flurbuch	1877

Hüttenerharde

LAS 168, 2106	SchuPfPr des Amtes Hütten, Band 1	1736-1748
LAS 168, 2107	SchuPfPr des Amtes Hütten, Band 2	1749-1763
LAS 168, 2108	SchuPfPr der Hüttener Harde, Band 3	1764
LAS 168, 2109	SchuPfPr der Hüttener Harde, Band 4	1794
LAS 168, 2110	SchuPfPr der Hüttener Harde, Band 5	1812
LAS 168, 2111	SchuPfPr der Hüttener Harde, Band 6	1844
LAS 168, 2112	SchuPfPr der Hüttener Harde, Band 7	1861
LAS 168, 2113	SchuPfPr der Hüttener Harde (Bistensee, Borgstedt, Bünstorf, Holzbunge, Lehmbek, Norby mit Böklund)	1775-1885
LAS 168, 2114	SchuPfPr der Hüttener Harde (Owschlag und Steinsieken, Ramstorf, Sorgwohld, Groß- und Klein Wittensee)	1779-1885
LAS 168, 2137	Expeditionsprotokoll, Band 1	1800-1807
LAS 168, 2138	Expeditionsprotokoll, Band 2	1807-1809
LAS 168, 2139	Expeditionsprotokoll, Band 3	1809-1814
LAS 168, 2140	Expeditionsprotokoll, Band 4	1814-1817
LAS 168, 2141	Expeditionsprotokoll, Band 5	1817-1819
LAS 168, 2142	Expeditionsprotokoll, Band 6	1819-1821
LAS 168, 2143	Expeditionsprotokoll, Band 7	1822-1826
LAS 168, 2144	Expeditionsprotokoll, Band 8	1826-1829
LAS 168, 2145	Expeditionsprotokoll, Band 9	1829-1833
LAS 168, 2146	Expeditionsprotokoll, Band 10	1833-1836
LAS 168, 2147	Expeditionsprotokoll, Band 11	1836-1841
LAS 168, 2148	Expeditionsprotokoll, Band 12	1841-1851
LAS 168, 2149	Expeditionsprotokoll, Band 13	1851-1856
LAS 168, 2150	Expeditionsprotokoll, Band 14	1856-1859
LAS 168, 2151	Expeditionsprotokoll, Band 15	1859-1865
LAS 168, 2152	Expeditionsprotokoll, Band 16	1865
LAS 168, 2153	Expeditionsprotokoll, Band 17	1865-1867

LAS 168, 2154	Expeditionsprotokoll, Band 18	1867-1869
LAS 168, 2155	Expeditionsprotokoll, Band 19	1869-1871
LAS 168, 2156	Expeditionsprotokoll, Band 20	1871-1872
LAS 168, 2157	Expeditionsprotokoll, Band 21	1872-1873
LAS 168, 2158	Expeditionsprotokoll, Band 22	1873-1875
LAS 168, 2159	Expeditionsprotokoll, Band 23	1875-1876
LAS 168, 2160	Expeditionsprotokoll, Band 24	1876-1877
LAS 168, 2161	Expeditionsprotokoll, Band 25	1877-1880
LAS 168, 2162	Expeditionsprotokoll, Band 26	1880-1881
LAS 168, 2163	Expeditionsprotokoll, Band 27	1881-1883
LAS 168, 2164	Expeditionsprotokoll, Band 28	1883-1884
LAS 168, 2165	Expeditionsprotokoll, Band 29	1884-1885

LAS 168, 1567	Verzeichnisse der Landveräußerungen	1785-1815
LAS 66, 686.2	Untersuchung der Rekognitions-Koppeln	1802-1814
LAS 321.17, 25	Gebäudesteuersachen	1870-1878
LAS 321.17, 19	Domanialabgaben-Ablösung	1874-1889
LAS 321.17, 26	Ortweise Verzeichnisse der Steuerwerte und der Steuerzahler	1874
LAS 321.17, 58	Verzeichnis der landwirtschaftlichen Bodennutzung	1878

LAS 412, 104	Volkszählungslisten	1803
LAS 415, 5403	Volkszähllisten	1835
LAS 415, 5423	Volkszähllisten	1840
LAS 415, 5455	Volkszähllisten	1845
LAS 415, 5488	Volkszähllisten	1855
LAS 415, 5520	Volkszähllisten	1860

Kirchspiel Borby

Barkelsby

Borby

LAS 25, 138	Das Dorf Borby	18. Jh.
LAS 25, 173	Erdbuch	o. J.
LAS 66, 868	Erdbuch	1774
LAS 168, 2482	Verteilung der Ländereien	1774
LAS 66, 700.2	Landveräußerungen	1795-1848
LAS 66, 553	Landveräußerungen	1801-1845
LAS 66, 707.1	Landveräußerungen	1841-1848
LAS 309 Geb. St., 1209	Gebäudesteuer	1867
LAS 324.1, 10	Mutterrolle	1874 ff.

LAS 309 Flur Flur (3), 21	Flurbuch	1877
LAS 320.3, 979	Reallasten-Ablösung	1877-1882
LAS 320.3, 122	Reallasten-Ablösung	1881-1882
LAS 309, 14408	Reallasten-Ablösung, Band I	1876-1882
LAS 415, 1437	Karte	1772-1773

Kirchspiel Bünsdorf

Bistensee

- Dixrade **- Hawerott**

LAS 25, 136	Das Dorf Bistensee	18. Jh.
LAS 25, 173	Erdbuch	o. J.
LAS 168, 1581	Feldaufteilungen	1761-1769
LAS 168, 1258	Feldaufteilungen	1769-1770
LAS 66, 311.6	Erdbuch	1778
LAS 168, 1594	Erdbuch	1778
LAS 66, 865	Erdbuch	1779
LAS 66, 553	Landveräußerungen	1801-1845
LAS 25, 124	Zur Setzung	18. Jh.
LAS 309 Geb. St., 1915	Gebäudesteuer	1867
LAS 324.1, 17	Mutterrolle	1874 ff.
LAS 309 Flur (3), 15	Flurbuch	1877
LAS 320.3, 978	Reallasten-Ablösung	1875-1884
LAS 320.3, 121	Reallasten-Ablösung	1876-1878
LAS 309, 14404	Reallasten-Ablösung, Band I	1876-1878
LAS 415, 1638	Karte	1777-1778
LAS „Andere Archive“		
H III 459 Bestand XIV, Mappe 3	*Flurkarten*	*1872*

Borgstedt

- Buschkate **- Diekshof**

LAS 104, 754	Landwesenssachen	1774-1853
LAS 104, 180	Einkoppelung und Vermessung	1793-1794
LAS 104, 674	Erdbuch	1805
LAS 79, 633	Abgaben und Leistungen und deren Ablösung	1853-1859
LAS 168, 2479	Landwesenssachen	1856-1863
LAS 309 Geb. St., 1914	Gebäudesteuer	1867
LAS 324.22, 24	Mutterrolle	1874 ff.

LAS 309 Flur (3), 24	Flurbuch	1877
LAS 320.3, 100	Reallasten-Ablösung	1877-1879
LAS 320.3, 123	Reallasten-Ablösung	1879-1880
LAS 309, 14444	Reallasten-Ablösung, Band I	1879-1880

Bünsdorf

LAS 25, 127	Das Dorf Bünsdorf	18. Jh.
LAS 25, 173	Erdbuch	o. J.
LAS 168, 1582	Feldaufteilungen	1746-1770
LAS 168, 1598	Drei Erdbücher	1778
LAS 66, 869	Erdbuch	1778
LAS 66, 311.3	Erdbuch	1780
LAS 66, 553	Landveräußerungen	1801-1845
LAS 25, 124	Zur Setzung	18. Jh.
LAS 309 Geb. St., 1918	Gebäudesteuer	1867
LAS 324.1, 30	Mutterrolle	1874 ff.
LAS 309 Flur (3), 29	Flurbuch	1877
LAS 320.3, 102	Reallasten-Ablösung	1875-1886
LAS 320.3, 125	Reallasten-Ablösung	1878-1886
LAS 309, 14425	Reallasten-Ablösung, Band I	1877-1881

Groß Wittensee

- Brandenhorst **- Felsenrade** **- Groß Wittenseerholz**
- Jürgensrade **- Kellerkuhl** **- Kirchhorst**
- Langhorst **- Saltkuhl** **- Wahrberg**

LAS 25, 130	Das Dorf Groß Wittensee	18. Jh.
LAS 25, 173	Erdbuch	o. J.
LAS 168, 1587	Feldaufteilungen	1760-1772
LAS 168, 1614	Erdbuch	1778
LAS 66, 877	Erdbuch	1778
LAS 66, 311.3	Erdbuch	1780
LAS 66, 700.2	Landveräußerungen	1795-1848
LAS 66, 554	Landveräußerungen	1795-1846
LAS 66, 563	Landveräußerungen	1801-1847
LAS 66, 707.1	Landveräußerungen	1841-1848
LAS 202.6	Armenrechnungsbuch	1844-1867
LAS 25, 124	Zur Setzung	18. Jh.
LAS 309 Geb. St., 1957	Gebäudesteuer	1867
LAS 324.1, 60	Mutterrolle	1874 ff.
LAS 309 Flur (3), 59	Flurbuch	1877
LAS 320.3, 116	Reallasten-Ablösung	1874-1884
LAS 320.3, 1669	Reallasten-Ablösung	1876-1879
LAS 415, 1887	Karte	1778-1779

Holzbunge (Bonge)
- Sande

LAS 25, 147	Das Dorf Bonge	18. Jh.
LAS 25, 173	Erdbuch	o. J.
LAS 168, 1582	Feldaufteilungen	1746-1770
LAS 168, 1259	Feldaufteilungen	1764-1809
LAS 168, 1597	Erdbuch	1778
LAS 66, 867	Erdbuch	1778
LAS 66, 311.3	Erdbuch	1780
LAS 66, 700.2	Landveräußerungen	1795-1848
LAS 66, 554	Landveräußerungen	1795-1846
LAS 66, 553	Landveräußerungen	1801-1845
LAS 66, 560	Landveräußerungen	1802-1838
LAS 66, 707.1	Landveräußerungen	1841-1848
LAS 25, 124	Zur Setzung	18. Jh.
LAS 309 Geb. St., 1935	Gebäudesteuer	1867
LAS 324.1, 80	Mutterrolle	1874 ff.
LAS 309 Flur (3), 80	Flurbuch	1877
LAS 309, 14432	Reallasten-Ablösung, Band I	1877-1895
LAS 320.3, 129	Reallasten-Ablösung	1878-1880

Klein Wittensee
- Frenrade

LAS 25, 134	Das Dorf Klein Wittensee	18. Jh.
LAS 25, 173	Erdbuch	o. J.
LAS 168, 1582	Feldaufteilungen	1746-1770
LAS 168, 1259	Feldaufteilungen	1764-1809
LAS 168, 1615	Erdbuch	1778
LAS 66, 311.6	Erdbuch	1778
LAS 66, 884	Erdbuch	1779
LAS 66, 554	Landveräußerungen	1795-1846
LAS 66, 707.1	Landveräußerungen	1841-1848
LAS 25, 124	Zur Setzung	18. Jh.
LAS 309 Geb. St., 1958	Gebäudesteuer	1867
LAS 324.1, 95	Mutterrolle	1874 ff.
LAS 309 Flur (3), 94	Flurbuch	1877
LAS 320.3, 117	Reallasten-Ablösung	1875-1883
LAS 309, 14391	Reallasten-Ablösung, Band I	1875-1882
LAS 309, 14395	Reallasten-Ablösung, Band I	1875-1884

Lehmbek

LAS 25, 201	Das Dorf Lehmbek	18. Jh.
LAS 104, 824	Verteilungsprotokolle ; Auseinandersetzungsinstrument betr. Hufe des Jacob Voigt	1781-1823
LAS 168, 2480	Landwesenssache	1818
LAS 79, 633	Abgaben und Leistungen und deren Ablösung	1853-1859
LAS 309 Geb. St., 1941	Gebäudesteuer	1867
LAS 324.22, 107	Mutterrolle	1874 ff.
LAS 309 Flur (3), 103	Flurbuch	1877
LAS 320.3, 110	Reallasten-Ablösung	1877-1879
LAS 320.3, 133	Reallasten-Ablösung	1879
LAS 309, 14429	Reallasten-Ablösung, Band I	1877-1880

Mohr

- Schlagbaum **- Schulendamm**

LAS 168, 2135	SchuPfPr	1879-1885
LAS 168, 2136	SchuPfPr, Nebenbuch	1879-1883
LAS 25, 168	Das Dorf Mohr	18. Jh.
LAS 25, 155	Zur Setzung	18. Jh.
LAS 168, 2395	Erdbuch	1790
LAS 66, 554	Landveräußerungen	1795-1846
LAS 309 Flur (3), 57	Flurbuch	1877
LAS 415, 1646	Karte	1786
LAS 415, 1647	Karte	1786

Neu Duvenstedt

LAS 168, 2135	SchuPfPr	1879-1885
LAS 168, 2136	SchuPfPr, Nebenbuch	1879-1883
LAS 168, 1276	Kolonien	1765-1966
LAS 66, 556	Landveräußerungen	1783-1848
LAS 66, 707.1	Landveräußerungen	1841-1848
LAS 309 Geb. St., 1943	Gebäudesteuer	1867
LAS 324.1, 121	Mutterrolle	1874 ff.
LAS 309, 14407	Reallasten-Ablösung, Band I	1876
LAS 320.3, 1670	Reallasten-Ablösung	1878-1881

Kirchspiel Haddeby

LAS 168, 137	Feldaufteilung	1776-1825
LAS 321.33, 9	Ablösung der Reallasten	1874-1885
LAS 305, 3120	Reallastenablösung	1887-1889
LAS 400.5, 936	Brandversicherungsregister, Band 1	1766
LAS 400.5, 941	Brandversicherungsregister, Band 3	1781
LAS 400.5, 944	Brandversicherungsregister, Band 3	1791
LAS 400.5, 947	Brandversicherungsregister, Band 3	1801

Güby

- Kronsrott **- Wolfskrug**

LAS 168, 2133	SchuPfPr	1878-1884
LAS 168, 2134	SchuPfPr, Nebenbuch	1879-1883
LAS 25, 173	Erdbuch	o. J.
LAS 66, 311.4	Erdbuch	1772-1773
LAS 66, 311.5	Erdbuch	1777
LAS 66, 878	Erdbuch	1777
LAS 168, 1603	Erdbuch	1778
LAS 25, 139	Das Dorf Güby	18. Jh.
LAS 66, 556	Landveräußerungen	1783-1848
LAS 66, 554	Landveräußerungen	1795-1846
LAS 66, 707.1	Landveräußerungen	1841-1848
LAS 309 Geb. St., 1931	Gebäudesteuer	1867
LAS 324.1, 65	Mutterrolle	1874 ff.
LAS 309 Flur (3), 64	Flurbuch	1877

Kirchspiel Hütten

Ahlefeld

- Bethlehem **- Friedrichshof** **- Hörst**

LAS 25, 133	Das Dorf Boklund	18. Jh.
LAS 25, 173	Erdbuch	o. J.
LAS 168, 1579	Feldaufteilungen	1743-1827
LAS 168, 1254	Feldaufteilungen	1754-1801
LAS 66, 311.6	Erdbuch	1778
LAS 168, 1593	Vier Erdbücher	1779
LAS 66, 557	Landveräußerungen	1789-1841
LAS 25, 124	Zur Setzung	18. Jh.

LAS 309 Geb. St., 1915	Gebäudesteuer	1867
LAS 324.1, 1	Mutterrolle	1874 ff.
LAS 309 Flur (3), 1	Flurbuch	1877
LAS 320.3, 96	Reallasten-Ablösung	1875-1886
LAS 320.3, 119	Reallasten-Ablösung	1878-1879
LAS 309, 14426	Reallasten-Ablösung, Band I	1877-1880
LAS 415, 1640	Karte	1777-1778
LAS „Andere Archive"		
H III 459 Bestand II, 1	*Erdbuch*	*1779*
H III 459, Bestand IV	*Mutterrolle*	*1878-1949*
H III 459 Bestand XIII, 3	*2 Schreibhefte der Catharina Hensen*	*1854*
H III 459 Bestand XIII, 4	*Schreibheft der Maria Christina Schwenn*	*1854*
H III 459 Bestand XIV, Mappe 3	*Flurkarte*	*1871*

Ascheffel

- Kirchredder **- Langstücken** **- Schoothorst**
- Silberbergen **- Sönnrade** **- Sückenwatt**
- Vogelsang **- Wilsterberg**

LAS 25, 140	Das Dorf Ascheffel	18. Jh.
LAS 25, 173	Erdbuch	o. J.
LAS 168, 1580	Feldaufteilungen	1764-1771
LAS 168, 1255	Feldaufteilungen	1764-1779
LAS 66, 311.1	Erdbuch	1778-1779
LAS 66, 864	Erdbuch	1778
LAS 168, 2389	Zwei Erdbücher	1778
LAS 66, 558	Landveräußerungen	1782-1846
LAS 66, 557	Landveräußerungen	1789-1841
LAS 66, 553	Landveräußerungen	1801-1845
LAS 66, 707.1	Landveräußerungen	1841-1848
LAS 25, 124	Zur Setzung	18. Jh.
LAS 309 Geb. St., 1909	Gebäudesteuer	1867
LAS 324.1, 6	Mutterrolle	1874 ff.
LAS 324.1, 7	Mutterrolle	1874 ff.
LAS 309 Flur (3), 6	Flurbuch	1877
LAS 320.3, 97	Reallasten-Ablösung	1874-1886
LAS 320.3, 120	Reallasten-Ablösung	1878-1886
LAS 309, 14393	Reallasten-Ablösung, Band I	1875-1880
LAS 309, 14394	Reallasten-Ablösung, Band II	1880-1888
LAS 415, 1639	Karte	1776

LAS „Andere Archive“		
H III 459, Bestand IV	*Mutterrolle*	*1876-1937*
H III 459, Bestand IV	*Mutterrolle*	*1895-1937*
H III 459 Bestand XIV, Mappe 3	*Gemarkungskarte*	*1871*
H III 459 Bestand XIV, Mappe 3	*Flurkarte*	*1871*

Damendorf

- Bökwedel **- Damm** **- Lehkrug**
- Spann

LAS 25, 145	Das Dorf Damendorf	18. Jh.
LAS 25, 173	Erdbuch	o. J.
LAS 168, 1583	Feldaufteilungen	1761-1769
LAS 168, 1260	Feldaufteilungen	1769-1770
LAS 168, 1599	Drei Erdbücher	1778
LAS 66, 311.1	Erdbuch	1778-1779
LAS 66, 872	Erdbuch	1778
LAS 168, 1267	Feldaufteilungen	1797-1802
LAS 66, 553	Landveräußerungen	1801-1845
LAS 66, 707.1	Landveräußerungen	1841-1848
LAS 25, 124	Zur Setzung	18. Jh.
LAS 309 Geb. St., 1921	Gebäudesteuer	1867
LAS 324.1, 35	Mutterrolle	1874 ff.
LAS 309 Flur (3), 34	Flurbuch	1877
LAS 320.3, 103	Reallasten-Ablösung	1874-1884
LAS 309, 14433	Reallasten-Ablösung, Band I	1877-1881
LAS 415, 1646	Karte	1776
LAS „Andere Archive“		
H III 459, Bestand IV	*Mutterrolle*	*1879-1949*
H III 459, Bestand IV	*Mutterrolle*	*1895-1924*
H III 459 Bestand XIII, 1	*Rechenbuch des Peter Petersen*	*1793*
H III 459 Bestand XIV, Mappe 1	*Gemarkungskarte*	*1879*
H III 459 Bestand XIV, Mappe 2	*Gemarkungskarte*	*1878*
H III 459 Bestand XIV, Mappe 3	*Gemarkungskarte*	*1881*

Groß-Brekendorf

- Grevensberg **- Hammer** **- Jettmark**
- Klein-Brekendorf **- Lehmberg** **- Niekoppel**
- Nordholz **- Rethwisch** **- Saar**
- Sultenberg **- Trollbeck** **- Weljenstraße**
- Westerholz

LAS 25, 128	Das Dorf Brekendorf	18. Jh.
LAS 25, 173	Erdbuch	o. J.
LAS 168, 1579	Feldaufteilungen	1743-1827

LAS 168, 1254	Feldaufteilungen	1754-1801
LAS 168, 1596	Erdbuch	1778
LAS 66, 311.2	Erdbuch	1779-1780
LAS 66, 870	Erdbuch	1785
LAS 66, 559	Landveräußerungen	1790-1833
LAS 168, 1702	Feldaufteilung	1814-1835
LAS 66, 555	Landveräußerungen	1815-1848
LAS 66, 707.1	Landveräußerungen	1841-1848
LAS 309 Geb. St., 1916	Gebäudesteuer	1867
LAS 324.1, 26	Mutterrolle	1874 ff.
LAS 324.1, 27	Mutterrolle	1874 ff.
LAS 309 Flur (3), 26	Flurbuch	1877
LAS 320.3, 101	Reallasten-Ablösung	1874-1887
LAS 320.3, 124	Reallasten-Ablösung	1879-1885
LAS 309, 14435	Reallasten-Ablösung, Band I	1877-1893
LAS 415, 1640	Karte	1778-1779
LAS „Andere Archive“		
H III 459, Bestand IV	*Mutterrolle*	*1895-1926*
H III 459 Bestand XIV, Mappe 2	*Gemarkungskarte*	*1871*
H III 459 Bestand XIV, Mappe 3	*Gemarkungskarte*	*1871*

Hütten

- Langenkamp **- Suhrbrook**

LAS 25, 137	Das Vorwerk Hütten	18. Jh.
LAS 7, 4255	Hof und Vorwerk	1570-1712
LAS 168, 1563	Vorwerk	1719-1769
LAS 168, 1564	Vorwerk	1772-1869
LAS 168, 2386	Kaufbrief über die ehemalig zum Vorwerk gehörenden Parzellen Nr. 32-35	1784
LAS 66, 707.1	Landveräußerungen	1841-1848
LAS 309 Geb. St., 1936	Gebäudesteuer	1867
LAS 324.1, 83	Mutterrolle	1874 ff.
LAS 324.1, 84	Mutterrolle	1874 ff.
LAS 309, 14403	Reallasten-Ablösung, Band I	1876-1881
LAS 309 Flur (3), 83	Flurbuch	1877
LAS „Andere Archive“		
H III 459 Bestand XIV, Mappe 2	*Gemarkungskarte*	*1878*
H III 459 Bestand XIV, Mappe 3	*Gemarkungskarte*	*1871*

Osterby

- Langhörn | **- Nordfeld** | **- Osterbyholz**
- Strepel

LAS 25, 144	Das Dorf Osterby	18. Jh.
LAS 25, 173	Erdbuch	o. J.
LAS 168, 1590	Feldaufteilungen	1764-1765
LAS 168, 1271	Feldaufteilungen	1766-1770
LAS 168, 1609	Zwei Erdbücher	1778
LAS 66, 886	Erdbuch	1778
LAS 66, 311.1	Erdbuch	1778-1779
LAS 66, 556	Landveräußerungen	1783-1848
LAS 66, 700.2	Landveräußerungen	1795-1848
LAS 66, 6016	Extrakt aus dem Erdbuch	1828-1831
LAS 66, 707.1	Landveräußerungen	1841-1848
LAS 25, 124	Zur Setzung	18. Jh.
LAS 309, 14392	Reallasten-Ablösung, Band I	1875-1895
LAS 309 Geb. St., 1947	Gebäudesteuer	1867
LAS 324.1, 132	Mutterrolle	1874 ff.
LAS 320.3, 112	Reallasten-Ablösung	1875-1880
LAS 320.3, 135	Reallasten-Ablösung	1878-1886
LAS 309 Flur (3), 133	Flurbuch	1877
LAS „Andere Archive“		
H III 459 Bestand II, 3	*Erdbuch*	*1778*
H III 459, Bestand IV	*Mutterrolle*	*1900-1949*
H III 459 Bestand XIV, Mappe 3	*Gemarkungskarte*	*1877*
H III 459 Bestand XIV, Mappe 4	*Gemarkungskarte*	*1870*

Kirchspiel Kosel

Fleckeby

- Kronsrott

LAS 25, 149	Das Dorf Fleckeby	18. Jh.
LAS 25, 173	Erdbuch	o. J.
LAS 168, 1585	Feldaufteilungen	1763-1769
LAS 66, 7361	Setzung des Dorfes	1772-1778
LAS 66, 311.4	Erdbuch	1772-1773
LAS 66, 311.5	Erdbuch	1777
LAS 66, 875	Erdbuch	1777
LAS 168, 1601	Erdbuch	1778
LAS 66, 562	Landveräußerungen	1789-1847

LAS 66, 700.2	Landveräußerungen	1795-1848
LAS 66, 6016	Extrakt aus dem Erdbuch	1828-1831
LAS 66, 707.1	Landveräußerungen	1841-1848
LAS 25, 125	Zur Setzung	18. Jh.
LAS 309 Geb. St., 1926	Gebäudesteuer	1867
LAS 324.1, 46	Mutterrolle	1874 ff.
LAS 324.1, 47	Mutterrolle	1874 ff.
LAS 320.3, 104	Reallasten-Ablösung	1874-1881
LAS 320.3, 126	Reallasten-Ablösung	1879-1881
LAS 309, 14424	Reallasten-Ablösung, Band I	1877-1882
LAS 309 Flur (3), 46	Flurbuch	1877
LAS 415, 1476	Karte	18. Jh.

Götheby

- Diekkamp **- Lehmsiekhof**

LAS 25, 148	Das Dorf Götheby	18. Jh.
LAS 25, 173	Erdbuch	o. J.
LAS 66, 7361	Setzung des Dorfes	1772-1778
LAS 66, 311.4	Erdbuch	1772-1773
LAS 66, 311.5	Erdbuch	1777
LAS 66, 876	Erdbuch	1777
LAS 168, 1602	Erdbuch	1778
LAS 66, 700.2	Landveräußerungen	1795-1848
LAS 66, 554	Landveräußerungen	1795-1846
LAS 66, 6115	Landveräußerungen	1805-1844
LAS 66, 707.1	Landveräußerungen	1841-1848
LAS 25, 125	Zur Setzung	18. Jh.
LAS 309 Geb. St., 1930	Gebäudesteuer	1867
LAS 324.1, 54	Mutterrolle	1874 ff.
LAS 309 Flur (3), 53	Flurbuch	1877
LAS 320.3, 105	Reallasten-Ablösung	1874-1883
LAS 320.3, 127	Reallasten-Ablösung	1879-1880
LAS 309, 14430	Reallasten-Ablösung, Band I	1877-1883
LAS 415, 1476	Karte	1773-1774

Holm

LAS 25, 150	Das Dorf Holm	18. Jh.
LAS 25, 173	Erdbuch	o. J.
LAS 66, 7361	Setzung des Dorfes	1772-1778
LAS 66, 311.4	Erdbuch	1772-1773
LAS 66, 883	Erdbuch	1774

LAS 66, 311.5	Erdbuch	1777
LAS 168, 1605	Erdbuch	1778
LAS 66, 554	Landveräußerungen	1795-1846
LAS 25, 125	Zur Setzung	18. Jh.
LAS 309 Geb. St., 1930	Gebäudesteuer	1867
LAS 320.3, 105	Reallasten-Ablösung	1874-1883
LAS 320.3, 127	Reallasten-Ablösung	1879-1880
LAS 309, 14430	Reallasten-Ablösung, Band I	1877-1883
LAS 415, 1476	Karte	1773-1774

Hummelfeld

- Elmenhorst **- Fellhorst** **- Wolfskrug**

LAS 25, 152	Das Dorf Hummelfeld	18. Jh.
LAS 25, 173	Erdbuch	o. J.
LAS 66, 7361	Setzung des Dorfes	1772-1778
LAS 66, 311.4	Erdbuch	1772-1773
LAS 66, 311.5	Erdbuch	1777
LAS 66, 881	Erdbuch	1777
LAS 168, 1606	Erdbuch	1778
LAS 66, 700.2	Landveräußerungen	1795-1848
LAS 66, 567	Landveräußerungen	1802-1845
LAS 66, 707.1	Landveräußerungen	1841-1848
LAS 66, 707.1	Landveräußerungen	1841-1848
LAS 25, 125	Zur Setzung	18. Jh.
LAS 309 Geb. St., 1937	Gebäudesteuer	1867
LAS 324.1, 85	Mutterrolle	1874 ff.
LAS 309 Flur (3), 84	Flurbuch	1877
LAS 320.3, 108	Reallasten-Ablösung	1875-1881
LAS 320.3, 130	Reallasten-Ablösung	1878-1880
LAS 309, 14396	Reallasten-Ablösung, Band I	1875-1880
LAS 309, 14397	Reallasten-Ablösung, Band II	1880-1881
LAS 415, 1637	Karte	1772-1773
LAS „Andere Archive“		
H III 459 Bestand XIV, Mappe 2	*Gemarkungskarte*	*1878*

Kosel

LAS 25, 175	Das Dorf Kosel	18. Jh.
LAS 168, 1269	Feldaufteilungen	1764-1801
LAS 168, 1588	Feldaufteilungen	1767-1772
LAS 168, 2607	Berichtigung von Erdbüchern	1787-1815

LAS 168, 1703	Feldaufteilung	1794-1805
LAS 66, 871	Erdbuch	1799
LAS 66, 554	Landveräußerungen	1795-1846
LAS 168, 2608	Einrichtung eines Erdbuches und Steueransetzung	1801-1810
LAS 168, 1607	Erdbuch	1811
LAS 66, 707.1	Landveräußerungen	1841-1848
LAS 309 Geb. St., 1920	Gebäudesteuer	1867
LAS 320.3, 109	Reallasten-Ablösung	1874-1878
LAS 309, 14389	Reallasten-Ablösung, Band I	1874
LAS 324.1, 99	Mutterrolle	1874 ff.
LAS 309 Flur (3), 99	Flurbuch	1877
LAS 320.3, 132	Reallasten-Ablösung	1878

Weseby

- Schoolbek

LAS 25, 176	Das Dorf Weseby	18. Jh.
LAS 66, 311.2	Erdbuch	1779-1780
LAS 168, 1703	Feldaufteilung	1794-1805
LAS 168, 2608	Einrichtung eines Erdbuches und Steueransetzung	1801-1810
LAS 168, 1613	Erdbuch	1811
LAS 66, 707.1	Landveräußerungen	1841-1848
LAS 309 Geb. St., 1920	Gebäudesteuer	1867
LAS 320.3, 109	Reallasten-Ablösung	1874-1878
LAS 309, 14389	Reallasten-Ablösung, Band I	1874
LAS 415, 1475	Karte	1794
LAS 415, 1637	Karte	1801

Kirchspiel Kropp

LAS 321.33, 11	Ablösung der Reallasten	1874-1887
LAS 400.5, 936	Brandversicherungsregister, Band 1	1766
LAS 400.5, 941	Brandversicherungsregister, Band 3	1781
LAS 400.5, 944	Brandversicherungsregister, Band 3	1791
LAS 400.5, 947	Brandversicherungsregister, Band 3	1801

Boklund

LAS 25, 132	Das Dorf Boklund	18. Jh.
LAS 168, 1595	Zwei Erdbücher	1779-1780

LAS 66, 311.7	Erdbuch	1779-1780
LAS 66, 866	Erdbuch	1785
LAS 66, 553	Landveräußerungen	1801-1845
LAS 168, 1700	Feldaufteilung	1825-1831
LAS 168, 1701	Erdbuch über die verteilten Gemeinheiten	1831
LAS 104, 179	Einkoppelung und Vermessung	1831
LAS 309 Geb. St., 1944	Gebäudesteuer	1867
LAS 320.3, 111	Reallasten-Ablösung	1874-1880
LAS 309, 14422	Reallasten-Ablösung, Band I	1877-1880
LAS 309, 14423	Reallasten-Ablösung, Band II	1880-1885
LAS 415, 1642	Karte	1779-1780
LAS „Andere Archive“		
H III 459 Bestand II, 2	*Erdbuch*	*1779-1780*
H III 459 Bestand XI, 8	*Reallasten-Ablösung*	*1878*
H III 459 Bestand XI, 10	*Gebäudesteuerrolle*	*1891*

Norby

- Blöcken **- Gräßen** **- Wall**

LAS 25, 131	Das Dorf Norby	18. Jh.
LAS 25, 173	Erdbuch	o. J.
LAS 168, 1589	Feldaufteilungen	1770
LAS 168, 1608	Erdbuch	1778
LAS 66, 556	Landveräußerungen	1783-1848
LAS 168, 1705	Feldaufteilung	1831-1841
LAS 66, 707.1	Landveräußerungen	1841-1848
LAS 309 Geb. St., 1944	Gebäudesteuer	1867
LAS 324.1, 126	Mutterrolle	1874 ff.
LAS 324.1, 127	Mutterrolle	1874 ff.
LAS 324.1, 128	Mutterrolle	1874 ff.
LAS 309 Flur (3), 129	Flurbuch	1877
LAS 320.3, 111	Reallasten-Ablösung	1874-1880
LAS 320.3, 134	Reallasten-Ablösung	1878-1886
LAS 309, 14422	Reallasten-Ablösung, Band I	1877-1880
LAS 309, 14423	Reallasten-Ablösung, Band II	1880-1885
LAS 415, 1638	Karte	1779-1780
LAS „Andere Archive“		
H III 459 Bestand XI, 15	*Extrakt aus dem Erdbuch*	*1786*
H III 459 Bestand XI, 19	*Verträge über die Norbyer Parzellen*	*1874*
H III 459 Bestand XI, 8	*Reallasten-Ablösung*	*1878*
H III 459 Bestand XI, 10	*Gebäudesteuerrolle*	*1891*

H III 459 Bestand XIV, Mappe 1	*Flurkarte*	*1814*
H III 459 Bestand XIV, Mappe 4	*Gemarkungskarte*	*1870*

Owschlag

LAS 25, 129	Das Dorf Owschlag	18. Jh.
LAS 25, 173	Erdbuch	o. J.
LAS 168, 1591	Feldaufteilungen	1741-1771
LAS 168, 1272	Feldaufteilungen	1750-1798
LAS 168, 1610	Erdbuch	1778
LAS 66, 311.7	Erdbuch	1779-1780
LAS 66, 887	Erdbuch	1785
LAS 66, 568	Landveräußerungen	1794-1841
LAS 66, 707.1	Landveräußerungen	1841-1848
LAS 309 Geb. St., 1948	Gebäudesteuer	1867
LAS 324.1, 134	Mutterrolle	1874 ff.
LAS 324.1, 135	Mutterrolle	1874 ff.
LAS 309 Flur (3), 136	Flurbuch	1877
LAS 320.3, 113	Reallasten-Ablösung	1874-1882
LAS 320.3, 136	Reallasten-Ablösung	1879-1880
LAS 309, 14434	Reallasten-Ablösung, Band I	1877-1882
LAS 402 A.1, 111	Karte	1779

LAS „Andere Archive“

H III 459 Bestand XIV, Mappe 4	*Gemarkungskarte*	*1870*

Ramsdorf

- Langenberg **- Mooshörn**

LAS 25, 141	Das Dorf Ascheffel	18. Jh.
LAS 25, 173	Erdbuch	o. J.
LAS 168, 1592	Feldaufteilungen	1745-1769
LAS 168, 1273	Feldaufteilungen	1770-1792
LAS 168, 1611	Drei Erdbücher	1779-1780
LAS 66, 311.7	Erdbuch	1779-1780
LAS 66, 556	Landveräußerungen	1783-1848
LAS 66, 888	Erdbuch	1785
LAS 66, 707.1	Landveräußerungen	1841-1848
LAS 309 Geb. St., 1950	Gebäudesteuer	1867
LAS 324.1, 139	Mutterrolle	1874 ff.
LAS 320.3, 137	Reallasten-Ablösung	1879-1880
LAS 309, 14427	Reallasten-Ablösung, Band I	1877-1884
LAS 415, 1638	Karte	1779-1780

LAS „Andere Archive“

H III 459 Bestand II, 4	*Erdbuch*	*1779-1780*
H III 459, Bestand IV	*Mutterrolle*	*1895-1931*
H III 459 Bestand XIV, Mappe 1	*Flurkarte*	*1814*

Sorgwohld

LAS 25, 135	Das Dorf Sorgwohld	18. Jh.
LAS 25, 173	Erdbuch	o. J.
LAS 168, 1591	Feldaufteilungen	1741-1771
LAS 168, 1706	Feldaufteilung	1763-1845
LAS 168, 1612	Erdbuch	1778
LAS 66, 311.2	Erdbuch	1779-1780
LAS 66, 889	Erdbuch	1785
LAS 66, 566	Landveräußerungen	1801-1848
LAS 66, 707.1	Landveräußerungen	1841-1848
LAS 168, 1707	Verteilungsregister	1842-1843
LAS 309 Geb. St., 1954	Gebäudesteuer	1867
LAS 320.3, 115	Reallasten-Ablösung	1875-1882
LAS 320.3, 138	Reallasten-Ablösung	1878
LAS 309, 14428	Reallasten-Ablösung, Band I	1877-1880
LAS 309 Flur (3), 166	Flurbuch	1877
LAS 415, 1638	Karte	1779-1780

Steinsieken
- Kuhkoppel

LAS 309 Geb. St., 1948	Gebäudesteuer	1867

Kirchspiel Sehestedt

Haby

- Höllengruft **- Lehmsiek** **- Moorsiek**
- Profit **- Stillbek**

LAS 168, 2166	SchuPfPr	1878-1883
LAS 168, 2167	SchuPfPr, Nebenbuch	1875-1882
LAS 25, 146	Das Dorf Haby	18. Jh.
LAS 25, 173	Erdbuch	o. J.
LAS 168, 1587	Feldaufteilungen	1760-1772
LAS 168, 1266	Feldaufteilungen	1769-1770
LAS 168, 1604	Erdbuch	1778

LAS 66, 311.6	Erdbuch	1778
LAS 66, 879	Erdbuch	1779
LAS 202.4	Erdbuch, Rechnungssachen, Steuern	1779-1930
LAS 66, 564	Landveräußerungen	1795-1847
LAS 66, 707.1	Landveräußerungen	1841-1848
LAS 309 Geb. St., 1933	Gebäudesteuer	1867
LAS 324.1, 66	Mutterrolle	1874 ff.
LAS 309 Flur (3), 65	Flurbuch	1877
LAS 320.3, 107	Reallasten-Ablösung	1875-1879
LAS 320.3, 128	Reallasten-Ablösung	1878-1879

Städte

Eckernförde

LAS 181, 10	SchuPfPr mit Register	1712-1742
LAS 181, 11	SchuPfPr, Band 1, Nr. 1-1242	1741-1770
LAS 181, 12	SchuPfPr, Band 2, Nr. 1243-3801	1770-1848
LAS 181, 13	SchuPfPr, Band 3, Nr. 3802-4730	1848-1866
LAS 181, 14	SchuPfPr, Band 4, Nr. 4731-5089	1866-1885
LAS 181, 52	Namensverzeichnis zum SchuPfPr	1885
LAS 181, 15	SchuPfPr, Nebenbuch Band 1	1735-1746
LAS 181, 16	SchuPfPr, Nebenbuch Band 2	1746-1754
LAS 181, 17	SchuPfPr, Nebenbuch Band 3	1754-1758
LAS 181, 18	SchuPfPr, Nebenbuch Band 4	1758-1767
LAS 181, 19	SchuPfPr, Nebenbuch Band 5	1767-1773
LAS 181, 20	SchuPfPr, Nebenbuch Band 7	1782-1789
LAS 181, 21	SchuPfPr, Nebenbuch Band 9	1797-1805
LAS 181, 22	SchuPfPr, Nebenbuch Band 11	1813-1821
LAS 181, 23	SchuPfPr, Nebenbuch Band 12	1821-1828
LAS 181, 24	SchuPfPr, Nebenbuch Band 13	1827-1834
LAS 181, 25	SchuPfPr, Nebenbuch Band 14	1834-1840
LAS 181, 26	SchuPfPr, Nebenbuch Band 15	1840-1842
LAS 181, 27	SchuPfPr, Nebenbuch Band 16	1843-1847
LAS 181, 28	SchuPfPr, Nebenbuch Band 17	1847-1850
LAS 181, 29	SchuPfPr, Nebenbuch Band 18	1850-1852
LAS 181, 30	SchuPfPr, Nebenbuch Band 19	1852-1854
LAS 181, 31	SchuPfPr, Nebenbuch Band 20	1854-1855
LAS 181, 32	SchuPfPr, Nebenbuch Band 21	1855-1857
LAS 181, 33	SchuPfPr, Nebenbuch Band 22	1857-1858
LAS 181, 34	SchuPfPr, Nebenbuch Band 23	1858-1860
LAS 181, 35	SchuPfPr, Nebenbuch Band 24	1860-1863

LAS 181, 36	SchuPfPr, Nebenbuch Band 25	1864-1868
LAS 181, 37	SchuPfPr, Nebenbuch Band 26	1868-1869
LAS 181, 38	SchuPfPr, Nebenbuch Band 27	1869-1871
LAS 181, 39	SchuPfPr, Nebenbuch Band 28	1871-1874
LAS 181, 40	SchuPfPr, Nebenbuch Band 29	1874-1875
LAS 181, 41	SchuPfPr, Nebenbuch Band 30	1875-1877
LAS 181, 42	SchuPfPr, Nebenbuch Band 31	1877-1879
LAS 181, 43	SchuPfPr, Nebenbuch Band 32	1879-1881
LAS 181, 44	SchuPfPr, Nebenbuch Band 33	1881-1882
LAS 181, 45	SchuPfPr, Nebenbuch Band 34	1881-1883
LAS 181, 46	SchuPfPr, Nebenbuch Band 35	1883-1885
LAS 181, 55	Umwandlungen und Veränderungen der Extrakte aus dem SchuPfPr	1794-1809
LAS 7, 5460	Stadt Eckernförde	1602-1698
LAS 7, 6400	Entwichene und abgewanderte Leibeigene	1620-1673
LAS 25, 138	Eckernförde	18. Jh.
LAS 181, 8	Eckernförder Stadtrechnungen von Einnahmen und Ausgaben	1724-1738
LAS 66, 5680	Generaltabellen des 1771 geborgenen und vorrätigen Getreides	1771
LAS 66, 5801	Tabellen wegen des am 1. April 1774 gezählten Hornviehs	1774
LAS 181, 49	Kaufverträge, Kaufbriefe und Kaufkontrakte	1780-1883
LAS 7, 5490	Hebungs- und Rechnungssachen	1624-1713
LAS 7, 5495	Blomenburger Erdheuer	1690
LAS 181, 53	Kontributionslisten	1769
LAS 66, 3028	Ab- und Zugangslisten betr. die Kopf- und Rangsteuer	1789
LAS 66, 2339	Ab- und Zugangslisten betr. die Kopf- und Rangsteuer	1790
LAS 66, 3029	Ab- und Zugangslisten betr. die Kopf- und Rangsteuer	1791
LAS 66, 3030	Ab- und Zugangslisten betr. die Kopf- und Rangsteuer	1792
LAS 66, 3031	Ab- und Zugangslisten betr. die Kopf- und Rangsteuer	1793
LAS 66, 3048	Ab- und Zugangslisten wegen der außerordentlichen Steuer	1794
LAS 66, 1937.5	Viertelprozent-Steuer	1799-1809
LAS 66, 7468	Landsteuer-Register	1803-1813
LAS 66, 1926	Mannzahl- und Schatzprotokolle	1809-1815
LAS 66, 926.3	Halbprozent-und Kollateralsteuerlisten	1838-1840

LAS 66, 938.4	Halbprozent-und Kollateralsteuerlisten	1840-1843
LAS 66, 937	Halbprozent-Steuerfälle von Erbschaften, Verkäufen und Auktionen sowie Vierprozent-Kollateralsteuerfälle	1842
LAS 66, 960.1	Halbprozent-und Kollateralsteuerlisten	1844
LAS 66, 960.2	Halbprozent-und Kollateralsteuerlisten	1845
LAS 66, 963.1	Halbprozent-und Kollateralsteuerlisten	1846
LAS 181, 5	Rechnungen zur Einkommensteuer	1848-1850
LAS 309 Geb. St., 1194	Gebäudesteuer	1867
LAS 309, 2279	Grundsteuer	1868-1878
LAS 309, 2280	Grundsteuer	1868-1872
LAS 320.3, 95	Reallasten-Ablösung	1875
LAS 320.3, 118	Reallasten-Ablösung	1876
LAS 309, 14390	Reallasten-Ablösung, Band I	1875-1880
LAS 309 Flur (3), 38	Flurbuch	1877
LAS 181, 47	Testamente	1781-1902
LAS 181, 48	Inventarienverzeichnisse und Taxationsprotokolle von Nachlässen	1788-1865
LAS 400.5, 841	Brandversicherungsregister	1766
LAS 400.5, 842	Brandversicherungsregister	1776
LAS 181, 51	Volkszählungsregister	1769
LAS 412, 114	Volkszählungslisten	1803
LAS 415, 5395	Volkszähllisten	1835
LAS 415, 5421	Volkszähllisten	1840
LAS 415, 5446	Volkszähllisten	1845
LAS 415, 5476	Volkszähllisten	1855
LAS „Andere Archive“		
H III 18 Abt. V, 2	*Außerordentliche Steuer*	*1757*
H III 18 Abt. V, 3	*Steuer*	*1753*
H III 18 Abt. V, 6	*Kopf- und Rangsteuer*	*1814-1830*
H III 18 Abt. V, 7	*Kopf- und Rangsteuer*	*1831-1845*
H III 18 Abt. V, 8	*Kopf- und Rangsteuer*	*1846-1860*
H III 18 Abt. V, 12	*Einkünftesteuer*	*1809-1811*
H III 18 Abt. V, 13	*Kollateralsteuer*	*1795-1800*
H III 18 Abt. V, 14	*¼-Prozentabgabe*	*1781-1800*
H III 18 Abt. V, 15	*1/2-Prozentabgabe*	*1801-1820*
H III 18 Abt. V, 16	*Kollateralsteuer*	*1801-1812*
H III 18 Abt. V, 17	*Kollateralsteuer*	*1810-1825*
H III 18 Abt. V, 18	*Kollateralsteuer*	*1823-1845*
H III 18 Abt. V, 19	*Kollateralsteuer*	*1846-1859*
H III 18 Abt. V, 20	*Kollateralsteuer*	*1860-1866*

H III 18 Abt. V, 21	*Hauskontribution*	*1711*
H III 18 Abt. V, 22	*Landsteuerregister*	*1803-1809*
H III 18 Abt. V, 23	*Haussteuer Zu- und Abgang*	*1803-1860*
H III 18 Abt. V, 24	*Haussteuer Zu- und Abgang*	*1803-1836*
H III 18 Abt. V, 28	*Grund- und Gebäudesteuern*	*1867-1909*

Adelige Güterdistrikte

LAS 400.5, 437	Dokumente betr. einzelne adelige Güter und Kanzleigüter	1602-1817
LAS 400.5, 434	Alphabetisches Verzeichnis der adeligen Güter mit Angaben über Größe, Zubehör, Besitzer, Preise etc.	19. Jh.
LAS 400.5, 436	Alphabetisches Verzeichnis der Kanzleigüter mit Angaben über Größe, Zubehör, Besitzer, Preise etc.	19. Jh.

LAS 50c, 3587	LG SchuPfPr (Nebenbuch, Bd. 1, pag. 1-1024)	1796-1805
LAS 50c, 3588	LG SchuPfPr (Nebenbuch, Bd. 2, pag. 1025-1972)	1805-1806
LAS 50c, 3589	LG SchuPfPr (Nebenbuch, Bd. 3, pag. 1974-3830)	1806-1810
LAS 50c, 3590	LG SchuPfPr (Nebenbuch, Bd. 4, pag. 3833-5263)	1810-1813
LAS 50c, 3591	LG SchuPfPr (Nebenbuch, Bd. 5, pag. 5264-6403)	1813-1817
LAS 50c, 3592	LG SchuPfPr (Nebenbuch, Bd. 6, pag. 6404-7517)	1817-1818
LAS 50c, 3593	LG SchuPfPr (Nebenbuch, Bd. 7, pag. 7518-8823)	1818-1824
LAS 50c, 3594	LG SchuPfPr (Nebenbuch, Bd. 8, pag. 8825-10314)	1822-1829
LAS 50c, 3595	LG SchuPfPr (Nebenbuch, Bd. 9, pag. 10315-11720)	1829-1834
LAS 50c, 3596	LG SchuPfPr (Nebenbuch, Bd. 10, pag. 11721-13234)	1834-1840
LAS 50c, 3597	LG SchuPfPr (Nebenbuch, Bd. 11, pag. 13235-14654)	1840-1846
LAS 50c, 3598	LG SchuPfPr (Nebenbuch, Bd. 12, pag. 14655-16084)	1846-1853
LAS 50c, 3599	LG SchuPfPr (Nebenbuch, Bd. 13, pag. 16085-17000)	1853-1855
LAS 50c, 3600	LG SchuPfPr (Nebenbuch, Bd. 13, pag. 17001-17856)	1855-1857
LAS 50c, 3601	LG SchuPfPr (Nebenbuch, Bd. 14, pag. 17857-19272)	1857-1860
LAS 50c, 3602	LG SchuPfPr (Nebenbuch, Bd. 15, pag. 19273-20943)	1860-1863
LAS 50c, 3603	LG SchuPfPr (Nebenbuch, Bd. 16, pag. 20944-22475)	1863-1866
LAS 50c, 3604	LG SchuPfPr (Nebenbuch, Bd. 17, pag. 22476-23899)	1866-1867
LAS 50c, 3605	LG SchuPfPr (Nebenbuch, Bd. 18, pag. 23908-25333)	1867-1871
LAS 50c, 3606	LG SchuPfPr (Nebenbuch, Bd. 19, pag. 25334-26400)	1871-1873
LAS 50c, 3607	LG SchuPfPr (Nebenbuch, Bd. 20, pag. 26401-27400)	1873-1879
LAS 50c, 3608	LG SchuPfPr (Nebenbuch, Bd. 21, pag. 27401-28690)	1879-1887

LAS 309, 17377	Zerteilung von Grundstücken und Gründung neuer Ansiedelungen sowie Eingehen solcher Stellen. Erbbaurecht	1868-1907

LAS 309, 7284	Verwaltung und Verfassung der Gutsbezirke	1871
LAS 309, 7285	Verwaltung und Verfassung der Gutsbezirke	1889

LAS 199, 6	Pflugzahlregister	1739
LAS 66 (1 Ho), 5688	Viertelprozentsteuer	1780-1782
LAS 199, 7	Pflugzahlregister	1784
LAS 66, 5239-5240	Pflugzahl der adeligen Güter und Meierhöfe	1784-1822
LAS 66, 1999	Landsteuerregister	1802-1808
LAS 66, 5324	Haussteuerregister	1803-1844
LAS 199, 2	Steuerregulierung	1803-1807
LAS 199, 9	Die Ansetzung der unter die Zahl der adeligen Güter aufgenommenen, von ihren Hauptgütern völlig getrennten vormaligen Meierhöfe zu einer verhältnismäßigen Pflugzahl	1808-1817
LAS 66, 1956	Mannzahl- und Schatzprotokolle	1810-1815
LAS 66, 942.1-3	Halbprozent-Steuerlisten (mit Beilagen)	1838-1840
LAS 66, 942.4-5	Halbprozent-Steuerlisten (mit Beilagen)	1841-1842
LAS 66, 948.1	Halbprozent-Steuerlisten (mit Beilagen)	1843
LAS 66, 7343	Halbprozent-Steuerlisten (mit Beilagen)	1846-1847
LAS 309, 17263	Steuersachen	1865-1869
LAS 309, 7288	Besitzwechsel der adeligen Güter	1868
LAS 309, 17376	Regelung der Besitzverhältnisse der in Zeitpacht befindlichen bäuerlichen Grundstücke auf den adeligen Gütern	1873-1921

Eckernförderharde

(ab 1853 Jurisdiktionsbezirk für die adeligen Güterdistrikte Dänischer Wohld und Schwansen)

LAS 309, 16181	Landumsätze, Vol. I	1868
LAS 309, 3252	Landumsätze, Vol. II	1869-1871
LAS 309, 3253	Landumsätze, Vol. III	1870-1871
LAS 309, 3254	Landumsätze, Vol. IV	1871-1872
LAS 309, 3255	Landumsätze, Vol. V	1872
LAS 309, 16182	Landumsätze, Vol. VI	1872-1873
LAS 309, 16183	Landumsätze, Vol. VII	1873
LAS 309, 16184	Landumsätze, Vol. VIII	1873-1875
LAS 309, 3256	Landumsätze, Vol. IX	1875-1877

LAS 309, 3631	Ablösung der Festequalität	1868-1873
LAS 309, 3632	Ablösung der Festequalität	1868-1873
LAS 309, 3633	Ablösung der Festequalität	1868-1873

LAS 309, 3634	Ablösung der Festequalität	1868-1873
LAS 309, 3636	Konfirmation von Erbpachtskontrakten, Erbfestebriefen, Kaufkontrakten usw.	1868-1870
LAS 309, 3460	Ablösung der Hand- und Spanndienste	1873-1880
LAS 309, 14436	Auseinandersetzungsinstrumente, Band I	1878-1899
LAS 309, 14437	Auseinandersetzungsinstrumente, Band II	1899-1911
LAS 309, 14438	Auseinandersetzungsinstrumente, Band III	1911-1929
LAS 172, 4	Testamente und Nachlasssachen	1839-1862
LAS 172, 1	Generalregister der Vormundschaften	1866
LAS 309, 22242	Regelung der Besitzverhältnisse der in Zeitpacht befindlichen bäuerlichen Grundstücke	1873-1925

Dänischwohlder Güterdistrikt

LAS 66, 5798	Tabellen wegen des am 1. April 1774 gezählten Hornviehs	1774
LAS 7, 6402	Entwichene und abgewanderte Leibeigene	1608-1706
LAS 7, 6398	Entwichene und abgewanderte Leibeigene	1612-1703
LAS 66, 1934.1	Mannzahl- und Schatzprotokolle (1. Distrikt)	1810
LAS 66, 1933.1	Mannzahl- und Schatzprotokolle (2. Distrikt)	1810
LAS 66, 1934.2	Mannzahl- und Schatzprotokolle (1. Distrikt)	1811
LAS 66, 1933.2	Mannzahl- und Schatzprotokolle (2. Distrikt)	1811
LAS 66, 1934.3	Mannzahl- und Schatzprotokolle (1. Distrikt)	1812
LAS 66, 1933.3	Mannzahl- und Schatzprotokolle (2. Distrikt)	1812
LAS 66, 1934.4	Mannzahl- und Schatzprotokolle (1. Distrikt)	1813
LAS 66, 1933.4	Mannzahl- und Schatzprotokolle (2. Distrikt)	1813
LAS 66, 1934.5	Mannzahl- und Schatzprotokolle (1. Distrikt)	1814
LAS 66, 1933.5	Mannzahl- und Schatzprotokolle (2. Distrikt)	1814-1815
LAS 66, 942.1	Halbprozent-Steuerlisten	1838
LAS 66, 942.2	Halbprozent-Steuerlisten	1839
LAS 66, 942.3	Halbprozent-Steuerlisten	1840

LAS 66, 942.4	Halbprozent-Steuerlisten	1841
LAS 66, 942.5	Halbprozent-Steuerlisten	1842
LAS 66, 7343	Halbprozent-Steuerlisten	1846-1847
LAS 415, 5406	Volkszähllisten	1835
LAS 415, 5429	Volkszähllisten	1840
LAS 415, 5454	Volkszähllisten	1845
LAS 415, 5484	Volkszähllisten	1855
LAS 415, 5522	Volkszähllisten	1860

Gut Altbülk

LAS 126.25, 6	Depositenbuch	1836-1853
LAS 412, 133	Volkszählungslisten	1803

Altbülk

LAS 195.22, 1361	Erbpachtverträge	1786-1845
LAS 309 Geb. St., 1417	Gebäudesteuer	1867
LAS 309 Geb. St., 1420	Gebäudesteuer	1867
LAS 324.1, 2	Mutterrolle	1874 ff.
LAS 309 Flur (3), 2	Flurbuch	1877

Dänischenhagen

- Freidorf **- Marienfelde**

LAS 309 Geb. St., 1420	Gebäudesteuer	1867
LAS 309 Geb. St., 1436	Gebäudesteuer	1867
LAS 324.1, 33	Mutterrolle	1874 ff.
LAS 309 Flur (3), 32	Flurbuch	1877

Scharnhagen

LAS 195.22, 1361	Erbpachtverträge	1786-1845
LAS 309 Geb. St., 1420	Gebäudesteuer	1867
LAS 324.1, 148	Mutterrolle	1874 ff.
LAS 309 Flur (3), 149	Flurbuch	1877

Strande

LAS 195.22, 1370	Erbpachtverträge	1797-1875
LAS 195.22, 1382	Kauf von Parzellen	1892-1907
LAS 309 Geb. St., 1420	Gebäudesteuer	1867
LAS 195.22, 1372	Abtrennung vom Gutsbezirk	1877-1917

Gut Altenhof

- Conditorei	**- Fuchskuhl**	**- Inselkate**
- Mevenberg	**- Moschaushorst**	**- Tischlerhaus**
- Voßkuhl		

LAS 195.3, 1558	SchuPfPr	1797-1883
LAS 195.3, 1559	SchuPfPr (Nebenbuch)	1777-1870
LAS 195.3, 2538	Gerichtsprotokoll	1835-1847
LAS 195.3, 844	Landverteilung nach Abschaffung der Leibeigenschaft	1805
LAS 412, 128	Volkszählungslisten	1803

Altenhof

- Brunnenbek	**- Grünjäger**	**- Hofholzkaten**
- Jordan	**- Kiekut**	**- Kronstrang**
- Schmeerhörn		

LAS 309 Geb. St., 1408	Gebäudesteuer	1867
LAS 324.1, 3	Mutterrolle	1874 ff.
LAS 309 Flur (3), 3	Flurbuch	1877

Bornstein

- Brook	**- Hempenrott**	**- Hempenwisch**
- Himbeerredder	**- Hoheluft**	**- Hölken**
- Köhnholz	**- Kronsburg**	**- Krupunder**
- Langkoppel	**- Maulwurfsberg**	**- Mühlenberg**
- Opsebrunnen	**- Rögen**	**- Schrödersbek**
- Steinberg	**- Stockmoor**	**- Tecksrade**
- Wellhorn		

LAS 309 Geb. St., 1409	Gebäudesteuer	1867
LAS 324.1, 25	Mutterrolle	1874 ff.
LAS 309 Flur (3), 25	Flurbuch	1877

Gut Aschau

LAS 412, 129	Volkszählungslisten	1803

Aschau

- Aschauermoor	**- Lütgen-Bargholt**	**- Rolfshörn**
- Schnellmark		

LAS 7, 6292	Aschau	1613-1705
LAS 7, 6194	Betr. das Gut Aschau	1656-1699
LAS 309 Geb. St., 1410	Gebäudesteuer	1867

LAS 324.1, 5	Mutterrolle	1874 ff.
LAS 309 Flur (3), 5	Flurbuch	1877

Gut Augustenhof

LAS 195.5, 1657	SchuPfPr	1868-1883
LAS 195.5, 1658	SchuPfPr (Nebenbuch)	1868-1883
LAS 195.5, 2533	Gerichtsprotokoll	1841-1851

Augustenhof

LAS 309 Geb. St., 45	Gebäudesteuer	1867
LAS 324.1, 8	Mutterrolle	1874 ff.
LAS 309 Flur (3), 7	Flurbuch	1877

Osdorf

LAS 309 Geb. St., 1411	Gebäudesteuer	1867
LAS 309 Geb. St., 1415	Gebäudesteuer	1867
LAS 324.1, 131	Mutterrolle	1874 ff.
LAS 309 Flur (3), 135	Flurbuch	1877

Gut Behrensbrook

LAS 195, 1674	Kontraktenprotokoll	1868-1870
LAS 195, 1675	SchuPfPr (Nebenbuch)	1872-1880
LAS 195, 2234	Generalrechnung	1862-1870
LAS 195, 2264	Generalrechnung (Beilagen)	1862-1863
LAS 195, 2235	Generalrechnung	1887-1888
LAS 195, 2236	Generalrechnung	1888-1889
LAS 195, 2237	Generalrechnung	1889-1890
LAS 195, 2265	Generalrechnung (Beilagen)	1889-1890
LAS 195, 2238	Generalrechnung	1890-1891
LAS 195, 2239	Generalrechnung	1891-1892
LAS 195, 2240	Generalrechnung	1892-1893
LAS 195, 2241	Generalrechnung	1893-1894
LAS 195, 2242	Generalrechnung	1894-1895
LAS 195, 2243	Generalrechnung	1895-1896
LAS 195, 2244	Generalrechnung	1896-1897
LAS 195, 2245	Generalrechnung	1897-1898
LAS 195, 2246	Generalrechnung	1898-1899
LAS 195, 2247	Generalrechnung	1899-1900

LAS 195, 2248	Generalrechnung	1900-1901
LAS 195, 2249	Generalrechnung	1901-1902
LAS 195, 2250	Generalrechnung	1902-1903
LAS 195, 2251	Generalrechnung	1903-1904
LAS 195, 2252	Generalrechnung	1904-1905
LAS 195, 2253	Generalrechnung	1905-1906
LAS 195, 2254	Generalrechnung	1906-1907
LAS 195, 2255	Generalrechnung	1907-1908
LAS 195, 2256	Generalrechnung	1908-1909
LAS 195, 2257	Generalrechnung	1909-1910
LAS 195, 2258	Generalrechnung	1910-1911
LAS 195, 2259	Generalrechnung	1911-1912
LAS 195, 2266	Generalrechnung	1911-1912
LAS 195, 2260	Generalrechnung	1912-1913
LAS 195, 2261	Generalrechnung	1913-1914
LAS 195, 2262	Generalrechnung	1914-1915
LAS 195, 2263	Generalrechnung	1915-1916
LAS 195, 2188	Vermessungsregister etc.	1796-1915
LAS 195, 2557	Verzeichnis der von den Pächtern, Hufnern, Heuersleuten und Insten zu entrichtenden Pacht- und Heuergelder wie auch zu leistenden Land- und Haussteuer	1840-1841
LAS 195, 2189	Hypothekensachen	1878-1896
LAS 412, 130	Volkszählungslisten	1803

Behrensbrook

LAS 195, 2209	Verpachtung des Hofes	1838-1891
LAS 195, 2210	Verpachtung des Hofes	1875-1909
LAS 195, 2232	Naturallieferungen der Hof- und Hufenpächter	1861-1910
LAS 309 Geb. St., 1412	Gebäudesteuer	1867
LAS 324.1, 12	Mutterrolle	1874 ff.
LAS 309 Flur (3), 11	Flurbuch	1877

Neudorf

LAS 195, 2214	Verpachtungen der Hufen und Stellen	1823-1919
LAS 195, 2213	Verpachtungen der Hufen und Stellen	1829-1901
LAS 195, 2215	Verpachtungen der Hufen und Stellen	1893-1917
LAS 309 Geb. St., 1412	Gebäudesteuer	1867
LAS 324.1, 120	Mutterrolle	1874 ff.
LAS 309 Flur (3), 122	Flurbuch	1877

Rothenstein (Meierhof)

LAS 195, 2211	Verpachtung des Hofes	1838-1861
LAS 195, 2212	Verpachtung des Hofes	1864-1919
LAS 309 Geb. St., 1412	Gebäudesteuer	1867
LAS 324.1, 145	Mutterrolle	1874 ff.
LAS 309 Flur (3), 146	Flurbuch	1877

Gut Birkenmoor

- Pilskrug **- Sprengerhof**

LAS 195.9, 2522	Gerichtsprotokoll	1806-1808
LAS 195.9, 2523	Gerichtsprotokoll	1831-1853
LAS 195.9, 19	Rechnungsbuch	1841-1842
LAS 195.9, 20	Rechnungsbuch	1843-1844
LAS 195.9, 21	Rechnungsbuch	1844-1845
LAS 195.9, 22	Rechnungsbuch	1845-1846
LAS 195.9, 23	Rechnungsbuch	1846-1847
LAS 195.9, 24	Rechnungsbuch	1847-1848
LAS 195.9, 25	Rechnungsbuch	1848-1849
LAS 195.9, 26	Rechnungsbuch	1849-1850
LAS 195.9, 27	Rechnungsbuch	1851-1852
LAS 195.9, 28	Rechnungsbuch	1852-1853
LAS 195.9, 29	Rechnungsbuch	1866-1870
LAS 195.9, 30	Rechnungsbuch	1870-1871
LAS 195.9, 32	Rechnungsbuch	1870-1872
LAS 195.9, 31	Rechnungsbuch	1871-1872
LAS 195.9, 33	Rechnungsbuch	1872-1873
LAS 195.9, 34	Rechnungsbuch	1873-1874
LAS 195.9, 35	Rechnungsbuch	1873-1874
LAS 195.9, 36	Rechnungsbuch	1874-1875
LAS 195.9, 37	Rechnungsbuch	1879
LAS 195.9, 38	Rechnungsbuch	1881-1882
LAS 195.9, 39	Rechnungsbuch	1882-1883
LAS 195.9, 40	Rechnungsbuch	1883-1884
LAS 195.9, 41	Rechnungsbuch	1884-1885
LAS 195.9, 42	Rechnungsbuch	1885-1886
LAS 195.9, 43	Rechnungsbuch	1886-1887
LAS 195.9, 44	Rechnungsbuch	1887-1888
LAS 195.9, 45	Rechnungsbuch	1888-1889
LAS 195.9, 46	Rechnungsbuch	1889-1890
LAS 195.9, 47	Rechnungsbuch	1890-1891

LAS 195.9, 48	Rechnungsbuch	1891-1892
LAS 195.9, 49	Rechnungsbuch	1892-1893
LAS 195.9, 50	Rechnungsbuch	1893-1894
LAS 195.9, 51	Rechnungsbuch	1894-1895
LAS 195.9, 52	Rechnungsbuch	1895
LAS 195.9, 53	Rechnungsbuch	1895-1896
LAS 195.9, 54	Rechnungsbuch	1896-1897
LAS 195.9, 55	Rechnungsbuch	1897-1898
LAS 195.9, 56	Rechnungsbuch	1898-1899
LAS 195.9, 57	Rechnungsbuch	1899-1900

LAS 15, 376	Ansetzung des Gutes	1633-1737
LAS 195.9, 93	Nachfolge im Hufenbesitz	1774-1805
LAS 195.9, 90	Ankauf und Verpachtung der vormaligen Erbpachtstelle Pilskrug	1792-1853
LAS 195.9, 94	Aufhebung der Leibeigenschaft	1795-1797
LAS 195.9, 91	Verträge mit Tagelöhnern und Insten	1805-1840
LAS 195.9, 79	Kopfsteuerlisten	1806-1844
LAS 195.9, 87	Verpachtung der Landstelle Sprengerhof	1808-1848
LAS 195.9, 100	Ankauf von Katen	1826-1840
LAS 195.9, 101	Steuerschulden	1851-1855
LAS 195.9, 2610	Inventar- und Taxationslisten	1879
LAS 412, 131	Volkszählungslisten	1803

Birkenmoor

- Kuhholzberg **- Papenholz**

LAS 195.9, 67	Kornrechnung des Haupthofes	1866-1867
LAS 195.9, 68	Kornrechnung des Haupthofes	1867-1868
LAS 195.9, 69	Kornrechnung des Haupthofes	1868-1869
LAS 195.9, 60	Meiereirechnung des Haupthofes	1868-1869
LAS 195.9, 70	Kornrechnung des Haupthofes	1869-1870
LAS 195.9, 61	Meiereirechnung des Haupthofes	1870-1871
LAS 195.9, 62	Meiereirechnung des Haupthofes	1870-1871
LAS 195.9, 71	Kornrechnung des Haupthofes	1870-1871
LAS 195.9, 63	Meiereirechnung des Haupthofes	1871-1872
LAS 195.9, 72	Kornrechnung des Haupthofes	1871-1872
LAS 195.9, 64	Meiereirechnung des Haupthofes	1872-1873
LAS 195.9, 73	Kornrechnung des Haupthofes	1872-1873
LAS 195.9, 74	Kornrechnung des Haupthofes	1873-1874
LAS 195.9, 65	Meiereirechnung des Haupthofes	1873-1874
LAS 195.9, 75	Kornrechnung des Haupthofes	1874-1875
LAS 195.9, 66	Meiereirechnung des Haupthofes	1874-1877
LAS 195.9, 76	Kornrechnung des Haupthofes	1875-1877

LAS 195.9, 2601	Pachtvertrag	1828-1837
LAS 195.9, 2603	Pachtvertrag	1842-1854
LAS 195.9, 2611	Pachtvertrag	1878-1890
LAS 195.9, 2608	Verpachtung	1878-1916
LAS 195.9, 2612	Pachtvertrag	1890
LAS 195.9, 2613	Inventarverzeichnis	1901
LAS 195.9, 2614	Pachtvertrag	1911-1921

LAS 309 Geb. St., 1413	Gebäudesteuer	1867
LAS 324.1, 14	Mutterrolle	1874 ff.
LAS 309 Flur (3), 13	Flurbuch	1877

Sprenge

LAS 195.9, 86	Verpachtung der Hufen	1805-1853
LAS 195.9, 2604	Heuerkontrakt über eine Hufe	1844-1854
LAS 309 Geb. St., 1413	Gebäudesteuer	1867
LAS 309 Flur (3), 167	Flurbuch	1877

Gut Borghorst

- Auf dem Heisch **- Ellerbrookskamp** **- Goldberg**

LAS 7, 6214	Borghorst	1703-1706
LAS 195.10, 1651	SchuPfPr	1813-1888
LAS 195.10, 1652	SchuPfPr (Nebenbuch, Band 1)	1772-1837
LAS 195.10, 1653	SchuPfPr (Nebenbuch, Band 1)	1802-1816
LAS 195.10, 1654	SchuPfPr (Nebenbuch, Band 2)	1837-1858
LAS 195.10, 1655	SchuPfPr (Nebenbuch, Band 3)	1858-1881
LAS 195.10, 1656	SchuPfPr (Nebenbuch, Band 4)	1881-1883
LAS 412, 132	Volkszählungslisten	1803

Borghorst

LAS 309 Geb. St., 1415	Gebäudesteuer	1867
LAS 324.1, 23	Mutterrolle	1874 ff.
LAS 309 Flur (3), 22	Flurbuch	1877

Osdorf

LAS 309 Geb. St., 1411	Gebäudesteuer	1867
LAS 309 Geb. St., 1415	Gebäudesteuer	1867
LAS 324.1, 131	Mutterrolle	1874 ff.
LAS 309 Flur (3), 135	Flurbuch	1877

Stubbendorf
- Friedrichsfeld

LAS 309 Geb. St., 1411	Gebäudesteuer	1867
LAS 324.1, 173	Mutterrolle	1874 ff.
LAS 309 Flur (3), 174	Flurbuch	1877

Gut Borghorster-Hütten

LAS 324.1, 24	Mutterrolle	1874 ff.
LAS 309 Flur (3), 23	Flurbuch	1877
LAS 412, 139	Volkszählungslisten	1803

Osdorf
- Bockholz

LAS 309 Geb. St., 1411	Gebäudesteuer	1867
LAS 309 Geb. St., 1415	Gebäudesteuer	1867
LAS 324.1, 131	Mutterrolle	1874 ff.
LAS 309 Flur (3), 135	Flurbuch	1877

Stubbendorf

LAS 309 Geb. St., 1415	Gebäudesteuer	1867
LAS 324.1, 173	Mutterrolle	1874 ff.
LAS 309 Flur (3), 174	Flurbuch	1877

Gut Dänisch-Nienhof

- Wasserbek

LAS 7, 6230	Dänisch Nienhof	1630
LAS 7, 6227	Dänisch Nienhof	1642-1711
LAS 412, 135	Volkszählungslisten	1803

Dänisch-Nienhof

LAS 309 Geb. St., 1419	Gebäudesteuer	1867
LAS 324.1, 34	Mutterrolle	1874 ff.
LAS 309 Flur (3), 33	Flurbuch	1877

Stohl

- Thornsbrook

LAS 309 Geb. St., 1419	Gebäudesteuer	1867
LAS 324.1, 171	Mutterrolle	1874 ff.
LAS 309 Flur (3), 172	Flurbuch	1877

Surendorf

LAS 309 Geb. St., 1426	Gebäudesteuer	1867
LAS 324.1, 175	Mutterrolle	1874 ff.
LAS 309 Flur (3), 176	Flurbuch	1877

Gut Eckhof

LAS 195.22, 1630	SchuPfPr, Band 1	1734-1883
LAS 195.22, 1631	SchuPfPr, Band 2	1855-1883
LAS 195.22, 1632	Kopiebuch zum SchuPfPr, Band 1	1787-1836
LAS 195.22, 1633	Kopiebuch zum SchuPfPr, Band 2	1837-1851
LAS 195.22, 1634	Kopiebuch zum SchuPfPr, Band 3	1851-1872
LAS 195.22, 1635	Kopiebuch zum SchuPfPr, Band 4	1873-1882
LAS 195.22, 1271	SchuPfPr, Rechnungen	1848-1866
LAS 195.22, 1276	Jahresabrechnungen	1901-1907
LAS 195.22, 1277	Jahresabrechnungen	1901-1913
LAS 195.22, 1278	Jahresabrechnungen	1913-1917
LAS 195.22, 2540	Gerichtsprotokoll	1831-1836
LAS 415, 838	Viehbestandslisten	1745-1901
LAS 415, 838	Vergleich der Einnahmen vor und nach der Aufhebung der Leibeigenschaft und der Niederlegung eines Drittels der Hoffelder	1786-1789
LAS 195.22, 1207	Erbpachtverträge über Bauernland	1786
LAS 195.22, 1308	Reallastenablösung	1789-1876
LAS 195.22, 1306	Kauf- und Tauschverträge	1802-1804
LAS 195.22, 1290	Steuertonnenwertverzeichnis	1805-1874
LAS 195.22, 1292	Steuerangelegenheiten, u. a. Gebäudesteuer	1821-1918
LAS 195.22, 1300	Dienstleistungsverträge	1835-1836
LAS 195.22, 1209	Löschung von Hypotheken	1836-1918
LAS 195.22, 1273	Kornbücher	1848-1864
LAS 195.22, 1274	Ernteerträge, Meiereiprodukte	1848-1900
LAS 195.22, 1275	Fruchtfolgen, Erntelisten	1875-1895
LAS 195.22, 1208	Pachtverträge	1911-1928

LAS 195.22, 1210	Ablösung von Hypotheken	1917-1919
LAS 195.22, 1322	Feuerversicherung, Brandgilde	1822-1889
LAS 412, 133	Volkszählungslisten	1803

Dänischenhagen
- Bekredder **- Freidorf** **- Katharinenberg**
- Neuredder

LAS 195.9, 92	Erbpachtvertrag	1763-1796
LAS 195.22, 1350	Erbpachtverträge [Freidorf]	1786-1875
LAS 195.22, 1361	Erbpachtverträge [Katharinenberg]	1786-1845
LAS 195.22, 1340	Erbpachtverträge	1805-1874
LAS 309 Geb. St., 1420	Gebäudesteuer	1867

Eckhof

LAS 309 Geb. St., 1420	Gebäudesteuer	1867
LAS 324.1, 40	Mutterrolle	1874 ff.
LAS 309 Flur (3), 40	Flurbuch	1877

Scharnhagen

LAS 195.22, 1361	Erbpachtverträge	1786-1845
LAS 195.22, 1360	Vermessung und Verzeichnung	1786-1878
LAS 309 Geb. St., 1420	Gebäudesteuer	1867
LAS 324.1, 148	Mutterrolle	1874 ff.
LAS 309 Flur (3), 149	Flurbuch	1877

Strande

LAS 195.22, 1370	Erbpachtverträge	1797-1875
LAS 195.22, 1382	Kauf von Parzellen	1892-1907
LAS 309 Geb. St., 1420	Gebäudesteuer	1867
LAS 195.22, 1372	Abtrennung vom Gutsbezirk	1877-1917

Gut Friedensthal

LAS 195.83, 1152	Grund-, Benutzungs-, Haus- und Landsteuer	1803

Friedensthal

LAS 309 Geb. St., 1421	Gebäudesteuer	1867
LAS 324.1, 49	Mutterrolle	1874 ff.
LAS 309 Flur (3), 48	Flurbuch	1877

Gut Grönwohld

LAS 195, 1675	SchuPfPr (Nebenbuch)	1872-1880
LAS 195, 1676	Gerichtsprotokoll	1845-1853
LAS 7, 6248	Emkendorf	1631-1663
LAS 195, 2535	Vormundschaftsverzeichnis	1807-1843
LAS 402 A 40, 8	Karte mit Dörfern	1790
LAS 402 A 40, 4	Karte der Hofländereien	1840
LAS „Andere Archive" H III 192, 872	*Rechnungsbuch*	*1813-1815*

Grönwohld

LAS 195, 2112	Erdbuch	1841
LAS 309 Geb. St., 1422	Gebäudesteuer	1867
LAS 324.1, 56	Mutterrolle	1874 ff.
LAS 309 Flur (3), 55	Flurbuch	1877

Krusendorf (vormals Jellenbek)
- Elisendorf

LAS 195, 2106	Verteilungsprotokoll	1790
LAS 195, 2176	Instenpacht-Kontrakte	1813-1913
LAS 195, 2175	Hufenpacht-Kontrakte	1821-1881
LAS 195, 2112	Erdbuch	1841
LAS 309 Geb. St., 1422	Gebäudesteuer	1867
LAS 324.1, 101	Mutterrolle	1874 ff.
LAS 309 Flur (3), 101	Flurbuch	1877
LAS 402 A 40, 7	Karte	1838

Gut Groß Königsförde

LAS 195, 3508	Gerichtsprotokoll	1828-1839
LAS 7, 6273	Königsförde	1668-1711
LAS 195, 3277	Pachtkontrakte	1779-1893
LAS 195, 3279	Kaufverträge über Grundstücke	1794-1875
LAS 195, 3293	Erbteilungen und Mündigkeitserklärungen	1809-1829
LAS 195, 3294	Halbjährliche und jährliche Verzeichnisse über Konkurse, Erbteilungen und Vormundschaften	1812-1829
LAS 195, 3510	Vormundschaftsprotokoll und -verzeichnis	1828-1842
LAS 195, 3421	Mannzahlregister und Kopfsteuerhebungslisten	1841-1847
LAS 195, 3417	Hofdienste	1863
LAS 195, 3423	Vermessung und Grundsteuerveranlagung	1868-1877
LAS 412, 142	Volkszählungslisten	1803

Gettorf

- Hasselrott **- Niendamm**

LAS 321.17, 29	Rechnungsbuch	1859-1875
LAS 309 Geb. St., 1430	Gebäudesteuer	1867
LAS 324.1, 52	Mutterrolle	1874 ff.
LAS 324.1, 53	Mutterrolle	1874 ff.
LAS 321.17, 34	Steuerlisten	1879-1880

Gettorf (Meierhof)

LAS 195, 3311	SchuPfPr	1810-1882
LAS 195, 3312	SchuPfPr (Nebenbuch, Band I)	1806-1838
LAS 195, 3313	SchuPfPr (Nebenbuch, Band II)	1838-1858
LAS 195, 3314	SchuPfPr (Nebenbuch, Band III)	1857-1875
LAS 195, 3315	SchuPfPr (Nebenbuch, Band IV)	1876-1882
LAS 195, 3295	Nachlasssache des Pächters Peter Friedrich Brammer	1820-1821
LAS 195, 3296	Konkurs des Pächters Jürgen Brammer	1820-1822
LAS 195, 3298	Konkurs des Pächters G. A. Carstens	1821-1822
LAS 195, 3299	Vormundschaftssache Christina Boock	1832-1843
LAS 195, 3300	Konkurs des Besitzers Christoph Stuhr	1838
LAS 195, 3303	Pachtkontraktenprotokolle	1841
LAS 309 Flur (3), 52	Flurbuch	1877

Groß Königsförde

LAS 309 Geb. St., 1430	Gebäudesteuer	1867
LAS 324.1, 57	Mutterrolle	1874 ff.

Königsförde
- Clement

LAS 195, 3302	Mietkontrakte für Wohnungen	1841
LAS 324.1, 98	Mutterrolle	1874 ff.
LAS 309 Flur (3), 97	Flurbuch	1877

Gut Grünhorst

- Holzkate **- Krummlinde** **- Lagenburg**
- Lehmkuhl **- Triangel**

LAS 195.32, 177	Auszug aus den SchuPfPr	1804-1859
LAS 195.32, 3752	SchuPfPr	1834-1883
LAS 195.32, 1551	SchuPfPr (Nebenbuch)	1834-1883
LAS 195.32, 1552	SchuPfPr (Nebenbuch)	1806-1879
LAS 195.32, 3755	Gerichtsprotokoll	1807-1818
LAS 195.32, 2526	Gerichtsprotokoll	1807-1824
LAS 195.32, 176	Inventar, Verpachtung	1771-1859
LAS 195.32, 179	Parzellen	1772-1864
LAS 195.32, 173	Kauf- und Verkaufskontrakte	1776-1872
LAS 195.32, 182	Vermessungsprotokoll	1791-1826
LAS 195.32, 187	Kopfsteuerlisten	1811-1848
LAS 195.32, 181	Umtausch von Ländereien	1825-1827
LAS 195.32, 185	Geldwertberechnungen von Naturalleistungen	1835-1852
LAS 412, 136	Volkszählungslisten	1803

Grünhorst

LAS 309 Geb. St., 1423	Gebäudesteuer	1867
LAS 324.1, 62	Mutterrolle	1874 ff.
LAS 309 Flur (3), 61	Flurbuch	1877

Gut Harzhof

LAS 195.34, 2541	Gerichtsprotokoll	1819-1828
LAS 195.34, 2542	Vormundschaft für die Kinder des Gutsbesitzers Christian Friedrich Laage	1799-1817
LAS 412, 137	Volkszählungslisten	1803
LAS 415, 1635	Karte	1765

Harzhof

LAS 309 Geb. St., 1424	Gebäudesteuer	1867
LAS 324.1, 67	Mutterrolle	1874 ff.
LAS 309 Flur (3), 66	Flurbuch	1877

Holtsee

- Sandkate

LAS 309 Geb. St., 1427	Gebäudesteuer	1867
LAS 324.1, 79	Mutterrolle	1874 ff.
LAS 309 Flur (3), 79	Flurbuch	1877

Gut Hoffnungsthal

- Hütte

Hoffnungsthal

LAS 309 Geb. St., 1425	Gebäudesteuer	1867
LAS 324.1, 73	Mutterrolle	1874 ff.
LAS 309 Flur (3), 72	Flurbuch	1877

Gut Hohenhain

LAS 195.38, 2543	Gerichtsprotokoll	1832-1853

Haschendorf

- Goldkuhle **- Kuhkoppel**

LAS 309 Geb. St., 1426	Gebäudesteuer	1867

Hohenhain

LAS 309 Geb. St., 1426	Gebäudesteuer	1867
LAS 324.1, 75	Mutterrolle	1874 ff.
LAS 309 Flur (3), 74	Flurbuch	1877

Gut Hohenlieth

- Eiderhof **- Fahrredder** **- Hofholz**
- Kronsmaas **- Mierensiek** **- Niekoppel**
- Rögen **- Schröderseck** **- Stratenbrook**
- Violenburg

LAS 195.39, 1516	SchuPfPr	1813-1883
LAS 195.39, 1555	SchuPfPr (Nebenbuch)	1813-1845
LAS 195.39, 1556	SchuPfPr (Nebenbuch)	1845-1878
LAS 195.39, 1557	SchuPfPr (Nebenbuch)	1878-1883
LAS 7, 6262	Emkendorf	1619-1695
LAS 195.39, 2467	Kauf- und Erbpachtverträge	1648-1791
LAS 412, 138	Volkszählungslisten	1803

Harfe
- Ekberg

LAS 309 Geb. St., 1427	Gebäudesteuer	1867

Hohenholm (Meierhof)
- Hegenholz

LAS 309 Geb. St., 1427	Gebäudesteuer	1867
LAS 324.1, 76	Mutterrolle	1874 ff.
LAS 309 Flur (3), 75	Flurbuch	1877

Hohenlieth

LAS 309 Geb. St., 1427	Gebäudesteuer	1867
LAS 324.1, 77	Mutterrolle	1874 ff.
LAS 309 Flur (3), 76	Flurbuch	1877

Holtsee

- **Fromrade** - **Karstenberg** - **Lehmkuhl**
- **Neu-Holtsee** - **Trömbek**

LAS 309 Geb. St., 1427	Gebäudesteuer	1867
LAS 324.1, 122	Mutterrolle	1874 ff.
LAS 309 Flur (3), 79	Flurbuch	1877

Gut Kaltenhof

LAS 195.40, 1647	SchuPfPr	1813-1889
LAS 195.40, 1648	SchuPfPr (Nebenbuch)	1758-1889
LAS 126.25, 6	Depositenbuch	1836-1853
LAS 15, 376	Ansetzung des Gutes	1633-1737
LAS 412, 140	Volkszählungslisten	1803

Felm

- **Felmerholz** - **Felmersöhren** - **Voßberg**

LAS 309 Geb. St., 1428	Gebäudesteuer	1867
LAS 324.1, 44	Mutterrolle	1874 ff.
LAS 309 Flur (3), 44	Flurbuch	1877
LAS 309 Geb. St., 1434	Gebäudesteuer [Felmerholz)	1867
LAS 324.1, 45	Mutterrolle [Felmerholz]	1874 ff.
LAS 309 Flur (3), 45	Flurbuch [Felmerholz]	1877

Kaltenhof

LAS 309 Geb. St., 1428	Gebäudesteuer	1867
LAS 324.1, 87	Mutterrolle	1874 ff.
LAS 309 Flur (3), 86	Flurbuch	1877

Sturenhagen

- **Breitenstein** - **Fresenhagen** - **Hunnenberg**
- **Todtenhaus** - **Tonnenberg**

LAS 309 Geb. St., 1428	Gebäudesteuer	1867
LAS 324.1, 174	Mutterrolle	1874 ff.
LAS 309 Flur (3), 175	Flurbuch	1877

Gut Knoop

- Contrescarpe **- Flur** **- Langenfelde**
- Schönwinkel **- Ziegelhof**

LAS 7, 6272	Knoop	1605-1697
LAS 195.45, 1636	SchuPfPr	1855-1881
LAS 195.45, 1637	SchuPfPr (Nebenbuch)	1853-1867
LAS 195.45, 1638	SchuPfPr (Nebenbuch)	1867-1887
LAS 126.25, 6	Depositenbuch	1836-1853
LAS 412, 141	Volkszählungslisten	1803

Altenholz (siehe Klausdorf)

Friedrichshof (Meierhof)

LAS 309 Geb. St., 1429	Gebäudesteuer	1867
LAS 324.1, 50	Mutterrolle	1874 ff.
LAS 309 Flur (3), 49	Flurbuch	1877

Klausdorf (ab 1933 Altenholz)
- Dehnhöft **- Herwarth** **- Kubitzberg**
- Postkamp **- Projensdorf** **- Schlagbaum**

LAS 309 Geb. St., 1429	Gebäudesteuer	1867
LAS 324.1, 93	Mutterrolle	1874 ff.
LAS 324.1, 138	Mutterrolle [Projensdorf]	1874 ff.
LAS 309 Flur (3), 92	Flurbuch	1877

Knoop

LAS 309 Geb. St., 1429	Gebäudesteuer	1867
LAS 324.1, 96	Mutterrolle	1874 ff.
LAS 309 Flur (3), 95	Flurbuch	1877

Gut Lindau

- Holzkaten

LAS 7, 6292	Lindau	1613-1705
LAS 195, 3509	Gerichtsprotokoll	1828-1853
LAS 195, 3511	Kontraktenprotokoll	1841-1852
LAS 195, 3277	Pachtkontrakte	1779-1893
LAS 195, 3279	Kaufverträge über Grundstücke	1794-1875
LAS 66, 7438	Landsteuer-Register (Hebungsregister)	1805
LAS 195, 3293	Erbteilungen und Mündigkeitserklärungen	1809-1829
LAS 195, 3303	Pachtkontraktenprotokolle	1841
LAS 195, 3424	Vermessung und Grundsteuerveranlagung	1872-1874
LAS 412, 143	Volkszählungslisten	1803

Hennerode (Meierhof)

LAS 309 Geb. St., 1431	Gebäudesteuer	1867
LAS 324.1, 69	Mutterrolle	1874 ff.
LAS 309 Flur (3), 68	Flurbuch	1877

Lindau

LAS 309 Geb. St., 1431	Gebäudesteuer	1867
LAS 324.1, 104	Mutterrolle	1874 ff.
LAS 309 Flur (3), 105	Flurbuch	1877

Revensdorf

LAS 195, 3302	Mietkontrakte für Wohnungen	1841
LAS 324.1, 141	Mutterrolle	1874 ff.
LAS 309 Flur (3), 142	Flurbuch	1877

Ruckforde (Meierhof)

LAS 195, 3412	Ernteliste	1842
LAS 309 Geb. St., 1431	Gebäudesteuer	1867
LAS 324.1, 146	Mutterrolle	1874 ff.
LAS 309 Flur (3), 147	Flurbuch	1877

Gut Marienthal

LAS 195.56, 1499	SchuPfPr	1804-1885
LAS 195.56, 1582	SchuPfPr (Nebenbuch)	1804-1884
LAS 412, 144	Volkszählungslisten	1803

Marienthal (ab 1973 Goosefeld)

LAS 309 Geb. St., 1432	Gebäudesteuer	1867
LAS 324.1, 55	Mutterrolle	1874 ff.
LAS 324.1, 114	Mutterrolle	1874 ff.
LAS 309 Flur (3), 54	Flurbuch	1877
LAS 309 Flur (3), 116	Flurbuch	1877

Wilhelmsthal (Meierhof)

LAS 309 Geb. St., 1432	Gebäudesteuer	1867

Gut Neubülk

- Freidorf **- Rabendorf** **- Scheideberg**

LAS 126.25, 6	Depositenbuch	1836-1853

Neubülk

LAS 309 Geb. St., 1418	Gebäudesteuer	1867
LAS 324.1, 119	Mutterrolle	1874 ff.
LAS 309 Flur (3), 121	Flurbuch	1877

Gut Noer

- Laschteich **- Strandberg**

LAS 195, 1675	SchuPfPr (Nebenbuch)	1872-1880
LAS 195, 1676	Gerichtsprotokoll	1845-1853
LAS 195, 2234	Generalrechnung	1862-1870
LAS 195, 2264	Generalrechnung (Beilagen)	1862-1863
LAS 195, 2235	Generalrechnung	1887-1888
LAS 195, 2236	Generalrechnung	1888-1889
LAS 195, 2237	Generalrechnung	1889-1890
LAS 195, 2265	Generalrechnung (Beilagen)	1889-1890

LAS 195, 2238	Generalrechnung	1890-1891
LAS 195, 2239	Generalrechnung	1891-1892
LAS 195, 2240	Generalrechnung	1892-1893
LAS 195, 2241	Generalrechnung	1893-1894
LAS 195, 2242	Generalrechnung	1894-1895
LAS 195, 2243	Generalrechnung	1895-1896
LAS 195, 2244	Generalrechnung	1896-1897
LAS 195, 2245	Generalrechnung	1897-1898
LAS 195, 2246	Generalrechnung	1898-1899
LAS 195, 2247	Generalrechnung	1899-1900
LAS 195, 2248	Generalrechnung	1900-1901
LAS 195, 2249	Generalrechnung	1901-1902
LAS 195, 2250	Generalrechnung	1902-1903
LAS 195, 2251	Generalrechnung	1903-1904
LAS 195, 2252	Generalrechnung	1904-1905
LAS 195, 2253	Generalrechnung	1905-1906
LAS 195, 2254	Generalrechnung	1906-1907
LAS 195, 2255	Generalrechnung	1907-1908
LAS 195, 2256	Generalrechnung	1908-1909
LAS 195, 2257	Generalrechnung	1909-1910
LAS 195, 2258	Generalrechnung	1910-1911
LAS 195, 2259	Generalrechnung	1911-1912
LAS 195, 2266	Generalrechnung	1911-1912
LAS 195, 2260	Generalrechnung	1912-1913
LAS 195, 2261	Generalrechnung	1913-1914
LAS 195, 2262	Generalrechnung	1914-1915
LAS 195, 2263	Generalrechnung	1915-1916
LAS 195, 2121	Haus- und Hofinventar	1867
LAS 195, 2122	Haus- und Hofinventar	1882
LAS 195, 2335	Haus- und Hofinventar	1884-1911
LAS 195, 2108	Erdbuch	1802
LAS 195, 2232	Naturallieferungen der Hof- und Hufenpächter	1861-1910
LAS 195, 2138	Steuersachen	1805-1858
LAS 195, 2139	Steuersachen	1867-1891
LAS 412, 145	Volkszählungslisten	1803
LAS 415, 1816	Karte mit Dörfern	1790
LAS 415, 1827	Karte der Hofländereien	1802
LAS 402 A 40, 2	Karte der Hofländereien	1840

LAS „Andere Archive“

H III 192, 872	*Rechnungsbuch*	*1813-1815*

Lindhof (Meierhof)

LAS 195, 2171	Verpachtung	1851-1907
LAS 309 Geb. St., 1433	Gebäudesteuer	1867
LAS 324.1, 106	Mutterrolle	1874 ff.
LAS 309 Flur (3), 107	Flurbuch	1877

Lindhöft

LAS 195, 2107	Verteilungsprotokoll	1790
LAS 195, 2109	Erdbuch	1802
LAS 195, 2174	Verpachtung der Hufe Nr. 1	1812-1918
LAS 195, 2111	Erdbuch	1828
LAS 195, 2113	Erdbuch	1844-1855
LAS 309 Geb. St., 1433	Gebäudesteuer	1867
LAS 324.1, 105	Mutterrolle	1874 ff.
LAS 309 Flur (3), 106	Flurbuch	1877
LAS 402 A 40, 5	Karte	1828
LAS 402 A 40, 6	Karte	1840

Noer

- Hohenkamp **- Krummland** **- Lehmrott**

LAS 195, 2173	Verpachtung [Hohenkamp]	1829-1900
LAS 195, 2112	Erdbuch	1841
LAS 309 Geb. St., 1433	Gebäudesteuer	1867
LAS 324.1, 125	Mutterrolle	1874 ff.
LAS 309 Flur (3), 127	Flurbuch	1877

Gut Rathmannsdorf

- Achtkoppel **- Achterkamp** **- Felmerholz**
- Hollin **- Kalskamp** **- Klein-Felmerholz**
- Langenkamp

LAS 195.66, 1649	SchuPfPr	1843-1882
LAS 195.66, 1650	SchuPfPr (Nebenbuch)	1842-1882
LAS 195.66, 2586	Gerichtsangelegenheiten	1822-1837

LAS 195.66, 2532	Gerichtsangelegenheiten	1846-1847
LAS 412, 146	Volkszählungslisten	1803

Altwittenbek

- Fahrenhorst **- Langenhorst** **- Levensau**

LAS 309 Geb. St., 1434	Gebäudesteuer	1867
LAS 324.1, 4	Mutterrolle	1874 ff.
LAS 309 Flur (3), 4	Flurbuch	1877

Neuwittenbek

LAS 309 Geb. St., 1441	Gebäudesteuer	1867
LAS 324.1, 124	Mutterrolle	1874 ff.
LAS 309 Flur (3), 126	Flurbuch	1877

Rathmannsdorf

LAS 309 Geb. St., 1434	Gebäudesteuer	1867
LAS 324.1, 140	Mutterrolle	1874 ff.
LAS 309 Flur (3), 141	Flurbuch	1877

Gut Rosenkrantz

LAS 195.68, 1659	SchuPfPr, Band 1	1787-1875
LAS 195.68, 1660	SchuPfPr, Band 2	1861-1882
LAS 195.68, 1661	SchuPfPr (Nebenbuch, Band A)	1787-1812
LAS 195.68, 1662	SchuPfPr (Nebenbuch, Band B)	1812-1828
LAS 195.68, 1663	SchuPfPr (Nebenbuch, Band C)	1828-1848
LAS 195.68, 1664	SchuPfPr (Nebenbuch, Band D)	1848-1860
LAS 195.68, 1665	SchuPfPr (Nebenbuch, Band E)	1854-1870
LAS 195.68, 1666	SchuPfPr (Nebenbuch, Band F)	1870-1878
LAS 195.68, 1667	SchuPfPr (Nebenbuch, Band G)	1879-1882
LAS 195.68, 1668	SchuPfPr (Nebenbuch, Band H)	1882
LAS 195.68, 2534	Gerichtsprotokoll	1807-1835
LAS 126.25, 6	Depositenbuch	1836-1853
LAS 412, 147	Volkszählungslisten	1803

Rosenkrantz

LAS 309 Geb. St., 1435	Gebäudesteuer	1867
LAS 324.1, 143	Mutterrolle	1874 ff.
LAS 309 Flur (3), 144	Flurbuch	1877

Schinkel

- Ekbarkshörn	**- Fuhlenrühe**	**- Königsförderrade**
- Krummstöcken	**- Kulrade**	**- Langenbrok**
- Lehmrade	**- Manhagen**	**- Rabenhorst**
- Radewiese	**- Sandberg**	**- Wicksrade**

LAS 309 Geb. St., 1435	Gebäudesteuer	1867
LAS 324.1, 149	Mutterrolle	1874 ff.
LAS 309 Flur (3), 151	Flurbuch	1877

Schinkelerhütten

Gut Schirnau

- Bauernfeld	**- Großkoppel**	**- Scheidekate**

LAS 195.74, 1513	SchuPfPr	1818-1885
LAS 195.74, 1562	SchuPfPr (Nebenbuch)	1817-1882
LAS 195.74, 2525	Gerichtsprotokoll	1828-1853
LAS 412, 148	Volkszählungslisten	1803

Schirnau

LAS 309 Geb. St., 1438	Gebäudesteuer	1867
LAS 324.1, 150	Mutterrolle	1874 ff.
LAS 309 Flur (3), 152	Flurbuch	1877

Steinwarf

LAS 309 Geb. St., 1438	Gebäudesteuer	1867
LAS 324.1, 169	Mutterrolle	1874 ff.

Gut Seekamp

- Diekmissen **- Dreikronen** **- Fischerkate**
- Heisch **- Kahlenberg** **- Kiekut**
- Muschelkate **- Scheidekoppel** **- Schusterkrug**
- Voßbrook

LAS 7, 6362	Seekamp	1708
LAS 195.77, 2544	SchuPfPr Band 1	1791-1886
LAS 195.77, 2545	SchuPfPr Band 2	1845-1886
LAS 195.77, 2546	SchuPfPr (Nebenbuch, Band 1)	1791-1805
LAS 195.77, 2547	SchuPfPr (Nebenbuch, Band 2)	1805-1830
LAS 195.77, 2548	SchuPfPr (Nebenbuch, Band 3)	1830-1839
LAS 195.77, 2549	SchuPfPr (Nebenbuch, Band 4)	1839-1860
LAS 195.77, 2550	SchuPfPr (Nebenbuch, Band 5)	1860-1872
LAS 195.77, 2551	SchuPfPr (Nebenbuch, Band 6)	1872-1883
LAS 195.77, 2553	Gerichtsprotokoll	1847-1848
LAS 195.77, 2552	Vormünderbuch	1807-1866
LAS 412, 149	Volkszählungslisten	1803

Seekamp
- Fuchskuhle **- Kuhlentor**

LAS 309 Geb. St., 1436	Gebäudesteuer	1867
LAS 309 Flur (3), 158	Flurbuch	1877

Stift (Meierhof)

LAS 309 Geb. St., 1436	Gebäudesteuer	1867
LAS 309 Flur (3), 171	Flurbuch	1877

Gut Sehestedt

LAS 7, 6364	Sehestedt	1627-1661
LAS 195.78, 1553	SchuPfPr	1813-1883
LAS 195.78, 1554	SchuPfPr (Nebenbuch)	1801-1882
LAS 195.78, 2527	Gerichtsprotokoll	1807-1816

LAS 15, 461	Rechnungssachen	1733-1739
LAS 195.78, 2528	Vormundschaftsverzeichnis	1825-1869
LAS 412, 150	Volkszählungslisten	1803

Freienberg (Meierhof)

LAS 309 Geb. St., 1437	Gebäudesteuer	1867
LAS 324.1, 48	Mutterrolle	1874 ff.
LAS 309 Flur (3), 47	Flurbuch	1877

Hohenfelde (Meierhof)

LAS 309 Geb. St., 1437	Gebäudesteuer	1867
LAS 324.1, 74	Mutterrolle	1874 ff.
LAS 309 Flur (3), 73	Flurbuch	1877

Sehestedt
- Brüggstor **- Feldscheide** **- Gruhl**
- Hammer

LAS 309 Geb. St., 1437	Gebäudesteuer	1867
LAS 324.1, 157	Mutterrolle	1874 ff.
LAS 324.1, 158	Mutterrolle	1874 ff.
LAS 309 Flur (3), 159	Flurbuch	1877

Wentorf

LAS 309 Geb. St., 1437	Gebäudesteuer	1867
LAS 324.1, 181	Mutterrolle	1874 ff.
LAS 309 Flur (3), 182	Flurbuch	1877

Gut Steinrade

- Großkoppel

Steinrade

LAS 309 Geb. St., 1439	Gebäudesteuer	1867
LAS 324.1, 168	Mutterrolle	1874 ff.

Steinwarf
- Altdorf

LAS 309 Geb. St., 1438	Gebäudesteuer	1867
LAS 324.1, 169	Mutterrolle	1874 ff.

Gut Uhlenhorst

Lehmkaten

LAS 309 Geb. St., 1917	Gebäudesteuer	1867

Uhlenhorst

LAS 309 Geb. St., 1440	Gebäudesteuer	1867
LAS 324.1, 178	Mutterrolle	1874 ff.
LAS 309 Flur (3), 179	Flurbuch	1877

Gut Warleberg

- Eckholz **- Heidholm** **- Hoffeld**
- Holand - Katzenteich **- Kronshörn** **- Landwehr**
- Moor **- Plossenbrook** **- Roggenrade**
- Speckenkate **- Steenertsmoor** **- Tremmelshörn**
- Wehrdamm

LAS 195.82, 1622	SchuPfPr, Band 1	1845-1880
LAS 195.82, 1623	SchuPfPr, Band 2	1846-1882
LAS 195.82, 1624	SchuPfPr (Nebenbuch, Band 1)	1831-1847
LAS 195.82, 1625	SchuPfPr (Nebenbuch, Band 2)	1846-1854
LAS 195.82, 1626	SchuPfPr (Nebenbuch, Band 3)	1854-1867
LAS 195.82, 1627	SchuPfPr (Nebenbuch, Band 4)	1863-1877
LAS 195.82, 1628	SchuPfPr (Nebenbuch, Band 5)	1877-1882
LAS 195.82, 1629	SchuPfPr (Nebenbuch, Band 6)	1880-1883
LAS 195.82, 2536	Gerichtsprotokoll	1819
LAS 415, 838	Einnahmen und Ausgaben	1812-1819
LAS 195.82, 2537	Vormundschaftsverzeichnis	1796-1853
LAS 412, 151	Volkszählungslisten	1803

Neu-Warleberg (Meierhof)

LAS 106, 33	Inventarium	1636-1644

Neuwittenbek

LAS 195.82, 2587	Kaufvertrag zwischen G. Chr. Radbruch und Hufner Johann Hinrich Brammer über eine Hufe	1845-1846
LAS 309 Geb. St., 1441	Gebäudesteuer	1867
LAS 324.1, 124	Mutterrolle	1874 ff.
LAS 309 Flur (3), 126	Flurbuch	1877

Tüttendorf

LAS 309 Geb. St., 1441	Gebäudesteuer	1867
LAS 324.1, 177	Mutterrolle	1874 ff.
LAS 309 Flur (3), 178	Flurbuch	1877

Warleberg

LAS 309 Geb. St., 1441	Gebäudesteuer	1867
LAS 324.1, 180	Mutterrolle	1874 ff.
LAS 309 Flur (3), 181	Flurbuch	1877

Gut Windeby

- Heidhof

LAS 7, 6382	Windeby	1631-1710
LAS 195.83, 1511	SchuPfPr	1813-1885
LAS 195.83, 1083	Abschrift des SchuPfPr für die Untergehörigen	1814
LAS 195.83, 1082	Auszug aus dem SchuPfPr	1826
LAS 195.83, 1565	SchuPfPr (Nebenbuch I)	1808-1846
LAS 195.83, 1566	SchuPfPr (Nebenbuch II)	1846-1882
LAS 195.83, 1086	Anlegung des Grundbuches	1880 ff.
LAS 195.83, 1066	Gerichtsprotokolle	1655-1790
LAS 412, 152	Volkszählungslisten	1803
LAS 195.83, 1030	Aufhebung der Leibeigenschaft	1795-1805
LAS 195.83, 1084	Vermessungs- und Bonitierungsinstrument	1795

LAS 195.83, 1148	Kopfsteuerlisten und Mannzahlregister	1803-1818
LAS 195.83, 1152	Grund-, Benutzungs-, Haus- und Landsteuer	1803
LAS 195.83, 1153	Pflugzahl	1812
LAS 195.83, 2594	Kornbuch	1828-1829
LAS 195.83, 1151	Halbprozentsteuer für Mobiliarauktionen	1845
LAS 195.83, 1157	Hebungsregister und -extrakte	1848
LAS 195.83, 1159	Rangsteuerpflichtige Personen	1852
LAS 195.83, 1158	Haussteuerregister	1856
LAS 195.83, 1032	Verzeichnis der Hof- und Spanndienste	1863
LAS 195.83, 1067	Konvolut alter Erbschafts- und Konkurssachen	1728-1865
LAS 195.83, 1024	Brandkataster	1772-1884
LAS 195.83, 1165	Statistische Nachrichten	1827-1855

Kochendorf

LAS 195.83, 1104	Abgelaufene Kontrakte	1766 ff.
LAS 195.83, 1106	Instenkontrakte	1796
LAS 195.83, 1105	Kaufkontrakte	1797
LAS 195.83, 1110	Kaufbriefe	1823-1837
LAS 195.83, 1111	Kaufbrief	1823
LAS 195.83, 1113	Ankauf der Kate Nr. 26	1859-1860
LAS 195.83, 1115	Kaufkontrakt über die Hufen Nr. 1 und 6	1865
LAS 195.83, 1116	Kauf der Kate Nr. 33	1883
LAS 309 Geb. St., 1442	Gebäudesteuer	1867
LAS 324.1, 97	Mutterrolle	1874 ff.
LAS 309 Flur (3), 96	Flurbuch	1877

Westertal (Meierhof)
- Frohsein

LAS 309 Geb. St., 1442	Gebäudesteuer	1867

Windeby

LAS 195.83, 1567	SchuPfPr (Nebenbuch für den Haupthof)	1882
LAS 309 Geb. St., 1442	Gebäudesteuer	1867
LAS 324.1, 182	Mutterrolle	1874 ff.
LAS 309 Flur (3), 183	Flurbuch	1877

Gut Wulfshagen

LAS 7, 6273	Wulfshagen	1668-1711
LAS 195.84, 2554	Justizprotokoll	1834-1853
LAS 412, 153	Volkszählungslisten	1803
LAS „Andere Archive“		
H III 192, 872	*Rechnungsbuch*	*1813-1815*

Blickstedt
- Langenkamp

LAS 309 Geb. St., 1443	Gebäudesteuer	1867
LAS 324.1, 19	Mutterrolle	1874 ff.
LAS 309 Flur (3), 16	Flurbuch	1877

Wulfshagen

LAS 309 Geb. St., 1443	Gebäudesteuer	1867
LAS 324.1, 184	Mutterrolle	1874 ff.
LAS 309 Flur (3), 186	Flurbuch	1877

Gut Wulfshagenerhütten

- Hüttenwohld

LAS 7, 6273	Wulfshagenerhütten	1668-1711
LAS 195.85, 1639	SchuPfPr Band 1	1796-1882
LAS 195.85, 1640	SchuPfPr Band 2	1870-1882
LAS 195.85, 1641	SchuPfPr (Nebenbuch, Band 1)	1796-1844
LAS 195.85, 1642	SchuPfPr (Nebenbuch, Band 2)	1841-1860
LAS 195.85, 1643	SchuPfPr (Nebenbuch, Band 3)	1860-1867
LAS 195.85, 1644	SchuPfPr (Nebenbuch, Band 4)	1867-1873
LAS 195.85, 1645	SchuPfPr (Nebenbuch, Band 5)	1873-1880
LAS 195.85, 1646	SchuPfPr (Nebenbuch, Band 6)	1880-1882
LAS 195.85, 3036	Rechnungen	1667-1675
LAS 195.85, 3195	Inventar	1683
LAS 195.85, 3194	Kaufbrief	1786
LAS 126.25, 6	Depositenbuch	1836-1853
LAS 195.85, 2531	Gerichtsprotokoll	1838-1853

Gettorf

LAS 309 Geb. St., 1444	Gebäudesteuer	1867

Wulfshagenerhütten

LAS 309 Geb. St., 1444	Gebäudesteuer	1867
LAS 324.1, 185	Mutterrolle	1874 ff.
LAS 309 Flur (3), 187	Flurbuch	1877

Schwansener Güterdistrikt

LAS 7, 6402	Entwichene und abgewanderte Leibeigene	1608-1706
LAS 7, 6398	Entwichene und abgewanderte Leibeigene	1612-1703
LAS 66, 5798	Tabellen wegen des am 1. April 1774 gezählten Hornviehs	1774
LAS 66, 1932.1	Mannzahl- und Schatzprotokolle	1810
LAS 66, 1932.2	Mannzahl- und Schatzprotokolle	1811
LAS 66, 1932.3	Mannzahl- und Schatzprotokolle	1812
LAS 66, 1932.4	Mannzahl- und Schatzprotokolle	1813
LAS 66, 1932.5	Mannzahl- und Schatzprotokolle	1814
LAS 66, 942.1	Halbprozent-Steuerlisten	1838
LAS 66, 942.2	Halbprozent-Steuerlisten	1839
LAS 66, 942.3	Halbprozent-Steuerlisten	1840
LAS 66, 942.4	Halbprozent-Steuerlisten	1841
LAS 66, 942.5	Halbprozent-Steuerlisten	1842
LAS 66, 7343	Halbprozent-Steuerlisten	1846-1847
LAS 415, 5406	Volkszähllisten	1835
LAS 415, 5429	Volkszähllisten	1840
LAS 415, 5454	Volkszähllisten	1845
LAS 415, 5490	Volkszähllisten	1855
LAS 415, 5522	Volkszähllisten	1860

Gut Bienebek

LAS 7, 6274	Bienebek	1668-1711
LAS 412, 154	Volkszählungslisten	1803
LAS 415, 1635	Karte	1765

Bienebek

LAS 309 Geb. St., 2043	Gebäudesteuer	1867
LAS 324.1, 13	Mutterrolle	1874 ff.
LAS 309 Flur (3), 12	Flurbuch	1877

Sieseby

LAS 309 Geb. St., 2043	Gebäudesteuer	1867
LAS 324.1, 159	Mutterrolle	1874 ff.
LAS 309 Flur (3), 160	Flurbuch	1877

Gut Büchenau

- Bockholz **- Zimmert**

Büchenau

LAS 309 Geb. St., 2046	Gebäudesteuer	1867
LAS 324.1, 29	Mutterrolle	1874 ff.
LAS 309 Flur (3), 28	Flurbuch	1877

Gut Büstorf

LAS 195.17, 1519	SchuPfPr	1813-1885
LAS 195.17, 1520	SchuPfPr (Nebenbuch)	1810-1891
LAS 195.17, 10	Gerichtsprotokoll	1814-1868
LAS 195.17, 2560	Vermessungsprotokoll	1803-1808
LAS 195.17, 2561	Gutsrechnung	1806-1820
LAS 195.17, 2562	Kornrechnung	1811-1812
LAS 195.17, 2563	Kornrechnung	1812-1813
LAS 195.17, 2564	Kornrechnung	1813-1814
LAS 195.17, 2565	Kornrechnung	1814-1815
LAS 195.17, 2566	Kornrechnung	1815-1816
LAS 195.17, 2567	Kornrechnung	1816-1817
LAS 195.17, 2568	Kornrechnung	1817-1818
LAS 195.17, 2569	Kornrechnung	1819-1820
LAS 195.17, 2094	Testamente	1855-1863
LAS 412, 155	Volkszählungslisten	1803

Büstorf

LAS 309 Geb. St., 2047	Gebäudesteuer	1867
LAS 324.1, 31	Mutterrolle	1874 ff.
LAS 309 Flur (3), 30	Flurbuch	1877

Sönderby

- Scherrholz **- Voßkuhl**

LAS 309 Geb. St., 2077	Gebäudesteuer	1867
LAS 324.1, 161	Mutterrolle	1874 ff.
LAS 309 Flur (3), 162	Flurbuch	1877

Sönderbyhof (Meierhof)

LAS 195.17, 2570	Kornrechnung	1808-1809
LAS 195.17, 2571	Kornrechnung	1812-1813
LAS 195.17, 3190	Kornrechnung	1854-1855
LAS 195.17, 3191	Kornrechnung	1861-1862
LAS 195.17, 3192	Kornrechnung	1862-1863
LAS 195.17, 3193	Kornrechnung	1864-1865
LAS 309 Geb. St., 2077	Gebäudesteuer	1867
LAS 324.1, 162	Mutterrolle	1874 ff.
LAS 309 Flur (3), 163	Flurbuch	1877

Gut Damp

- Altmühl **- Bussenteich** **- Duckenteich**
- Fischleger **- Haberkamp** **- Hegeholz**
- Holzschicht **- Knipenberg** **- Kreuzkamp**
- Krusenteich **- Kuhberg** **- Mühlenberg**
- Mühlenteich **- Neuschicht** **- Nobus**
- Ochsenhagen **- Pasop** **- Petsrühe**
- Pommerbyholz **- Pommerühe** **- Rehmskoppel**
- Revkuhl **- Schau** **- Schweinsweide**
- Stemperühe **- Vogelsang** **- Weidekate**

LAS 7, 6227	Betr. das Gut Damp	1657
LAS 195.18, 1518	SchuPfPr	1818-1885
LAS 195.18, 1521	SchuPfPr (Nebenbuch)	1818-1880
LAS 195.18, 1522	SchuPfPr (Nebenbuch)	1881-1885

LAS 415, 833	Vermessungsregister der Hof- und Dorfländereien	1804-1826
LAS 412, 156	Volkszählungslisten	1803
LAS 415, 832	Gebäudekataster der Brandgilde	1827
LAS 415, 832	Brandkataster	1870
LAS 415, 833	Brandkataster	1870-1923
LAS 415, 833	Brandkataster	1880-1890
LAS 415, 1059	Karte	1804-1811
LAS „Andere Archive"		
H III 192, 43	*Eintragungen in das SchuPfPr*	*1830*
H III 192, 568	*Geld- und Kornjournal sowie Tagelöhnerlisten*	*1841*
H III 192, 569	*Geld- und Kornjournal*	*1841-1842*
H III 192, 570	*Kornextrakte*	*1842*
H III 192, 571	*Kornextrakte*	*1842-1843*
H III 192, 572	*Geld- und Kornjournal*	*1842-1843*
H III 192, 573	*Geld- und Kornjournal*	*1843-1844*
H III 192, 575	*Geldjournal*	*1844-1845*
H III 192, 576	*Kornjournal und Kornextrakte*	*1844-1845*
H III 192, 691	*Kornjournale*	*1853-1858*
H III 192, 577	*Monatliche Rechnungen*	*1853*
H III 192, 578	*Monatliche Rechnungen*	*1854*
H III 192, 579	*Monatliche Rechnungen*	*1855*
H III 192, 580	*Monatliche Rechnungen*	*1856*
H III 192, 581	*Monatliche Rechnungen*	*1857*
H III 192, 582	*Monatliche Rechnungen*	*1858*
H III 192, 583	*Monatliche Rechnungen*	*1859*
H III 192, 692	*Kornrechnungen*	*1859-1861*
H III 192, 584	*Monatliche Rechnungen*	*1860*
H III 192, 585	*Geldextrakt*	*1860*
H III 192, 586	*Monatliche Rechnungen*	*1861*
H III 192, 587	*Monatliche Rechnungen*	*1862*
H III 192, 588	*Monatliche Rechnungen*	*1863*
H III 192, 589	Monatliche Rechnungen	1864
H III 192, 590	Monatliche Rechnungen	1865
H III 192, 693	Kornrechnungsextrakte	1865-1869
H III 192, 591	Monatliche Rechnungen	1866
H III 192, 592	Monatliche Rechnungen	1867
H III 192, 593	Monatliche Rechnungen	1868
H III 192, 594	Monatliche Rechnungen	1869

H III 192, 595	*Monatliche Rechnungen*	*1870*
H III 192, 596	*Monatliche Rechnungen*	*1871*
H III 192, 597	*Monatliche Rechnungen*	*1871-1872*
H III 192, 598	*Geldrechnung*	*1871-1872*
H III 192, 599	*Geld-, Korn- und Meiereirechnungen*	*1872-1873*
H III 192, 600	*Haupt- und Ökonomierechnung*	*1874-1875*
H III 192, 601	*Haupt- und Ökonomierechnung*	*1875-1877*
H III 192, 602	*Haupt- und Ökonomierechnung*	*1876-1877*
H III 192, 603	*Belege zur Ökonomie-Geldrechnung*	*1876-1877*
H III 192, 604	*Belege zur Ökonomie-Geldrechnung*	*1876-1877*
H III 192, 605	*Extrakte aus den Geldrechnungen*	*1877*
H III 192, 694	*Erntelisten*	*1877-1881*
H III 192, 606	*Guts- und Ökonomierechnung*	*1878*
H III 192, 608	*Extrakte aus der Gutsrechnung*	*1878-1880*
H III 192, 609	*Extrakte aus der Gutsrechnung*	*1880*
H III 192, 610	*Extrakte aus der Gutsrechnung*	*1881*
H III 192, 611	*Extrakte aus der Gutsrechnung*	*1882*
H III 192, 612	*Extrakte aus der Gutsrechnung*	*1882*
H III 192, 613	*Extrakte aus der Gutsrechnung*	*1883-1884*
H III 192, 614	*Extrakte aus der Gutsrechnung*	*1884*
H III 192, 615	*Extrakte aus der Gutsrechnung*	*1884*
H III 192, 616	*Extrakte aus der Gutsrechnung*	*1884-1885*
H III 192, 695	*Kornrechnungsextrakte*	*1888-1889*
H III 192, 617	*Hauptrechnung*	*1888-1889*
H III 192, 618	*Hauptrechnung*	*1889-1890*
H III 192, 619	*Hauptrechnung*	*1890-1891*
H III 192, 323	*Verkaufverträge über Landstücke*	*1784-1881*
H III 192, 325	*Kaufbriefe über die Parzelle Ochsenhagen*	*1795-1800*
H III 192, 326	*Verkauf eines Hauses mit 28 Tonnen Land*	*1795*
H III 192, 336	*Verzeichnis der Zeitpacht-, Wohnungs- und Erbpachtsgelder*	*1833-1834*
H III 192, 339	*Pachthebungslisten*	*1850-1853*
H III 192, 341	*Pachtverzeichnisse*	*1854-1874*
H III 192, 343	*Heuer- und Pachtverträge*	*1883-1923*
H III 192, 344	*Verzeichnis der Pächter, deren Grundstücke und Zahlungen*	*1884*
H III 192, 345	*Hebeliste über Pachtzahlungen*	*1892-1910*
H III 192, 346	*Heuerverträge*	*1883-1913*
H III 192, 381	*Akkordarbeits- und Dienstlohnlisten mit Angabe der Arbeit*	*1841-1843*
H III 192, 382	*Tagelohnliste*	*1872*
H III 192, 383	*Akkordarbeits- und Dienstlohnlisten*	*1874-1875*
H III 192, 384	*Tagelohnlisten*	*1874-1875*
H III 192, 436	*Tagelöhnerarbeitslisten*	*1842*

H III 192, 437	*Tagelöhnerarbeitslisten*	*1842*
H III 192, 438	*Tagelöhnerarbeitslisten*	*1844-1845*
H III 192, 439	*Tagelöhnerarbeitslisten*	*1874*
H III 192, 440	*Tagelöhnerarbeitslisten*	*1875*
H III 192, 182	*Kopfsteuerlisten*	*1819-1848*
H III 192, 183	*Kopfsteuerlisten*	*1821-1841*
H III 192, 184	*Kopfsteuerregister*	*1829*
H III 192, 189	*Kopfsteuer Zu- und Abgangslisten*	*1833-1844*
H III 192, 191	*Heuer- und Kopfsteuerlisten der Tagelöhner*	*1842-1843*
H III 192, 193	*Heuer- und Kopfsteuerlisten der Tagelöhner*	*1844-1845*
H III 192, 195	*Ausstellung von Quittungen für entrichtete Hypothekensteuer*	*1848-1849*
H III 192, 197	*Hebungsregister*	*1853-1865*
H III 192, 201	*Hebungsregister*	*1865-1868*
H III 192, 203	*Klassensteuerrollen*	*1871-1890*
H III 192, 204	*Reallastenablösung*	*1873-1877*
H III 192, 205	*Hebungsliste für die Tagelöhner*	*1874-1875*
H III 192, 207	*Gebäudebeschreibungen*	*1878*
H III 192, 211	*Einkommensteuerrolle*	*1892-1901*
H III 192, 213	*Personenverzeichnisse mit Gemeindesteuerliste*	*1894-1919*
H III 192, 214	*Steuerhebeliste*	*1895-1902*
H III 192, 218	*Personenverzeichnisse zwecks Einkommensteuer*	*1898-1905*
H III 192, 36	*Nachlasssachen*	*1838-1860*
H III 192, 254	*Viehzähllisten*	*1904*
H III 192, 255	*Volkszähllisten*	*1905*
H III 192, 258	*Hauslisten der Volkszählung*	*1917-1920*
H III 192, 912	*Karte von den Hofländereien*	*1804*-1811
H III 192, 922	*Katasterkarte*	*1887*
H III 192, 923	*Katasterkarte*	*1887*
H III 192, 924	*Katasterkarte*	*1887*
H III 192, 925	*Katasterkarte*	*1887*
H III 192, 926	*Katasterkarte*	*1887*
H III 192, 927	*Katasterkarte*	*1891*
H III 192, 928	*Katasterkarte*	*1887*

Damp (Gemeinde seit 1927)

LAS 309 Geb. St., 2052	Gebäudesteuer	1867
LAS 324.1, 36	Mutterrolle	1874 ff.
LAS 309 Flur (3), 35	Flurbuch	1877

Dorotheental (Meierhof)

LAS 309 Geb. St., 2052	Gebäudesteuer	1867
LAS „Andere Archive"		
H III 192, 324	*Pacht- und Kaufverträge*	*1786-1862*
H III 192, 929	*Katasterkarte*	*1887*
H III 192, 930	*Katasterkarte*	*1887*

Nieby

LAS 309 Geb. St., 2052	Gebäudesteuer	1867

Pommerby

LAS 309 Geb. St., 2067	Gebäudesteuer	1867
LAS 324.1, 137	Mutterrolle	1874 ff.
LAS 309 Flur (3), 138	Flurbuch	1877
LAS „Andere Archive"		
H III 192, 931	*Katasterkarte*	*1887*
H III 192, 932	*Katasterkarte*	*1887*
H III 192, 933	*Katasterkarte*	*1887*
H III 192, 934	*Katasterkarte*	*1887*
H III 192, 935	*Katasterkarte*	*1887*

Schwastrum

LAS 309 Geb. St., 2052	Gebäudesteuer	1867
LAS 324.1, 137	Mutterrolle	1874 ff.
LAS 309 Flur (3), 138	Flurbuch	1877
LAS „Andere Archive"		
H III 192, 931	*Katasterkarte*	*1887*
H III 192, 932	*Katasterkarte*	*1887*
H III 192, 933	*Katasterkarte*	*1887*
H III 192, 934	*Katasterkarte*	*1887*
H III 192, 935	*Katasterkarte*	*1887*

Gut Dörphof

- Alt Dörphof **- Dörphofholz** **- Karlberg**

LAS 7, 6231	Dänisch Nienhof	1657
LAS 195.18, 1509	SchuPfPr	1812-1884
LAS 195.18, 1523	SchuPfPr (Nebenbuch, Band 1)	1812-1820
LAS 195.18, 1524	SchuPfPr (Nebenbuch, Band 2)	1820-1841
LAS 195.18, 1525	SchuPfPr (Nebenbuch, Band 3)	1841-1858
LAS 195.18, 1526	SchuPfPr (Nebenbuch, Band 4)	1859-1873
LAS 195.18, 1527	SchuPfPr (Nebenbuch, Band 5)	1874-1885
LAS 324.1, 89	Mutterrolle [Karlberg]	1874 ff.
LAS 309 Flur (3), 88	Flurbuch [Karlberg]	1877
LAS 412, 169	Volkszählungslisten	1803

Dörphof

LAS 309 Geb. St., 2053	Gebäudesteuer	1867
LAS 324.1, 37	Mutterrolle	1874 ff.
LAS 309 Flur (3), 36	Flurbuch	1877

Schwonenthal (Meierhof)

LAS 324.1, 154	Mutterrolle	1874 ff.
LAS 324.1, 155	Mutterrolle	1874 ff.
LAS 309 Flur (3), 156	Flurbuch	1877

Gut Eschelsmark

LAS 7, 6237	Eschelsmark	1584-1712
LAS 195.22, 1508	SchuPfPr	1792-1884
LAS 195.22, 1528	SchuPfPr (Nebenbuch, Band 1)	1794-1882
LAS 195.22, 1529	SchuPfPr (Nebenbuch, Band 2)	1822-1854
LAS 195.22, 1530	SchuPfPr (Nebenbuch, Band 3)	1854-1889
LAS 195.22, 1531	SchuPfPr (Nebenbuch, Band 4)	1879-1884
LAS 195.22, 3199	Rechnungsbuch	1797-1839
LAS 412, 157	Volkszählungslisten	1803

Bohnert

- Buburg	- Hakenhöft	- Moor	
LAS 309 Geb. St., 2073	Gebäudesteuer		1867

Eschelsmark

LAS 309 Geb. St., 2056	Gebäudesteuer	1867
LAS 324.1, 43	Mutterrolle	1874 ff.
LAS 309 Flur (3), 43	Flurbuch	1877

Lundshof (Meierhof)

LAS 309 Geb. St., 2056	Gebäudesteuer	1867
LAS 324.1, 111	Mutterrolle	1874 ff.
LAS 309 Flur (3), 113	Flurbuch	1877

Gut Grünholz

- Börentwedt	- Prosteich	- Vogelsang	
LAS 7, 6250	Emkendorf		1651
LAS 412, 159	Volkszählungslisten		1803

Grünholz

LAS 309 Geb. St., 2058	Gebäudesteuer	1867
LAS 324.1, 61	Mutterrolle	1874 ff.
LAS 309 Flur (3), 60	Flurbuch	1877

Grüntal (Meierhof)

LAS 309 Geb. St., 2059	Gebäudesteuer	1867
LAS 324.1, 63	Mutterrolle	1874 ff.
LAS 309 Flur (3), 62	Flurbuch	1877

Schuby

- Marsch	- Schubyfeld	
LAS 309 Geb. St., 2076	Gebäudesteuer	1867
LAS 324.1, 153	Mutterrolle	1874 ff.
LAS 309 Flur (3), 155	Flurbuch	1877

Gut Hemmelmark

LAS 7, 6260	Emkendorf	1617-1706
LAS 195.35, 1517	SchuPfPr	1813-1885
LAS 195.35, 1532	SchuPfPr (Nebenbuch)	1787-1814
LAS 195.35, 1533	SchuPfPr (Nebenbuch, Band 1)	1817-1845
LAS 195.35, 1534	SchuPfPr (Nebenbuch, Band 2)	1828-1869
LAS 195.35, 1535	SchuPfPr (Nebenbuch, Band 3A)	1869-1884
LAS 195.35, 1536	SchuPfPr (Nebenbuch, Band 3B)	1872-1878
LAS 195.35, 1537	SchuPfPr (Nebenbuch, Band 4)	1884-1885
LAS 324.1, 68	Mutterrolle	1874 ff.
LAS 412, 160	Volkszählungslisten	1803

Aukamp (Meierhof)

LAS 324.1, 9	Mutterrolle	1874 ff.
LAS 309 Flur (3), 8	Flurbuch	1877

Barkelsby

- Rossee **- Westerschau**

LAS 324.1, 10	Mutterrolle	1874 ff.
LAS 309 Flur (3), 9	Flurbuch	1877

Borby

Hemmelmark

LAS 309 Geb. St., 2060	Gebäudesteuer	1867
LAS 309 Flur (3), 67	Flurbuch	1877

Louisenberg (Meierhof)

LAS 309 Geb. St., 2065	Gebäudesteuer	1867
LAS 324.1, 108	Mutterrolle	1874 ff.
LAS 309 Flur (3), 110	Flurbuch	1877

Neubarkelsby (Meierhof)

- Böhnrüh

LAS 324.1, 118	Mutterrolle	1874 ff.
LAS 309 Flur (3), 120	Flurbuch	1877

Gut Hohenstein

- Hohenhüg

Hohenstein

LAS 309 Geb. St., 2061	Gebäudesteuer	1867
LAS 324.1, 78	Mutterrolle	1874 ff.
LAS 309 Flur (3), 77	Flurbuch	1877
LAS 412, 161	Volkszählungslisten	1803

Gut Karlsburg

- Amalienburg **- Amalienfeld** **- Charlottenhof**
- Haberkoppel **- Heide** **- Hestemaas**
- Köllnerfeld **- Langacker** **- Marienthal**
- Mittelfeld **- Schwonsberg** **- Staffelshoe**
- Sundsacker

LAS 195.1, 1506	SchuPfPr, Band 1	1790-1813
LAS 195.1, 1507	SchuPfPr, Band 2	1857-1885
LAS 195.1, 1538	SchuPfPr (Nebenbuch, Band 1)	1790-1797
LAS 195.1, 1539	SchuPfPr (Nebenbuch, Band 2)	1790-1805
LAS 195.1, 1540	SchuPfPr (Nebenbuch, Band 3)	1806-1810
LAS 195.1, 1541	SchuPfPr (Nebenbuch, Band 4)	1810-1821
LAS 195.1, 1542	SchuPfPr (Nebenbuch, Band 5)	1819-1833
LAS 195.1, 1543	SchuPfPr (Nebenbuch, Band 6)	1818-1844
LAS 195.1, 1544	SchuPfPr (Nebenbuch, Band 7)	1845-1859
LAS 195.1, 1545	SchuPfPr (Nebenbuch, Band 8)	1858-1869
LAS 195.1, 1546	SchuPfPr (Nebenbuch, Band 9)	1869-1876
LAS 195.1, 1547	SchuPfPr (Nebenbuch, Band 10)	1876-1882
LAS 195.1, 1548	SchuPfPr (Nebenbuch, Band 11)	1882-1885
LAS 412, 158	Volkszählungslisten	1803
LAS 415, 1635	Karte	1765

Bockholz (Meierhof)

Karby
- Krähenberg

LAS 309 Geb. St., 2062	Gebäudesteuer	1867
LAS 324.1, 88	Mutterrolle	1874 ff.
LAS 309 Flur (3), 87	Flurbuch	1877

Karlsburg

LAS 309 Geb. St., 2049	Gebäudesteuer	1867
LAS 324.1, 90	Mutterrolle	1874 ff.

Winnemark
- Emers

LAS 309 Geb. St., 2080	Gebäudesteuer	1867
LAS 324.1, 183	Mutterrolle	1874 ff.
LAS 309 Flur (3), 184	Flurbuch	1877

Gut Kasmark

- Kasmarkerholz

LAS 195.43, 1549	SchuPfPr	1849-1885
LAS 195.43, 1550	SchuPfPr (Nebenbuch)	1803-1879
LAS 412, 162	Volkszählungslisten	1803

Kasmark

LAS 309 Geb. St., 2050	Gebäudesteuer	1867
LAS 324.1, 92	Mutterrolle	1874 ff.
LAS 309 Flur (3), 91	Flurbuch	1877

Gut Krieseby

LAS 7, 6277	Krieseby	1637-1711
LAS 195.46, 1502	SchuPfPr	1736-1885
LAS 195.46, 1581	SchuPfPr (Nebenbuch)	1804-1885
LAS 195.46, 2524	Testament von Jacob Vaass und Ehefrau	1790
LAS 412, 163	Volkszählungslisten	1803

Krieseby

LAS 309 Geb. St., 2063	Gebäudesteuer	1867
LAS 324.1, 100	Mutterrolle	1874 ff.
LAS 309 Flur (3), 100	Flurbuch	1877

Sieseby

LAS 309 Geb. St., 2063	Gebäudesteuer	1867
LAS 324.1, 159	Mutterrolle	1874 ff.
LAS 309 Flur (3), 160	Flurbuch	1877
LAS „Andere Archive“		
H III 192, 919	*Messtischblatt*	*1877-1879*
H III 192, 918	*Messtischblatt*	*1879*

Zimmert
- Boholm

LAS 195.46, 2095	Testament von Asmus Friedrich Harrs	1842
LAS 309 Geb. St., 2063	Gebäudesteuer	1867
LAS 324.1, 186	Mutterrolle	1874 ff.
LAS 309 Flur (3), 188	Flurbuch	1877

Gut Louisenlund

- Ahrensberg **- Kronsrott** **- Wolfskrug**

LAS 7, 6388	Ziegelhof (Louisenlund)	1563-1712
LAS 195.1, 1503	SchuPfPr	1806-1885
LAS 195.1, 1577	SchuPfPr (Nebenbuch, Band 1)	1804-1839
LAS 195.1, 1578	SchuPfPr (Nebenbuch, Band 2)	1840-1884
LAS 66, 2086	Verschiedene Landabtretungen mit Karten	1770-1820
LAS 66, 8331	Verschiedene Landabtretungen mit Karten	1782-1835
LAS 412, 165	Volkszählungslisten	1803

Karlshof (Meierhof)

LAS 309 Geb. St., 2065	Gebäudesteuer	1867

Louisenlund

LAS 309 Geb. St., 2065	Gebäudesteuer	1867
LAS 324.1, 109	Mutterrolle	1874 ff.
LAS 309 Flur (3), 111	Flurbuch	1877

Gut Ludwigsburg

LAS 195.50, 1504	SchuPfPr	1812-1884
LAS 195.50, 1571	SchuPfPr (Nebenbuch, Band 1)	1808-1818
LAS 195.50, 1572	SchuPfPr (Nebenbuch, Band 2)	1823-1828
LAS 195.50, 1573	SchuPfPr (Nebenbuch, Band 3)	1828-1863
LAS 195.50, 1574	SchuPfPr (Nebenbuch, Band 4)	1863-1884
LAS 195.50, 2096	Testamente	1855-1861
LAS 412, 166	Volkszählungslisten	1803

Großwaabs

- Gaast **- Kamp**

LAS 309 Geb. St., 2066	Gebäudesteuer	1867
LAS 324.1, 59	Mutterrolle	1874 ff.
LAS 324.1, 179	Mutterrolle	1874 ff.
LAS 309 Flur (3), 58	Flurbuch	1877

Großwaabs (Meierhof)

LAS 309 Geb. St., 2066	Gebäudesteuer	1867
LAS 309 Flur (3), 180	Flurbuch	1877

Hökholz (Meierhof)

LAS 309 Geb. St., 2066	Gebäudesteuer	1867
LAS 324.1, 70	Mutterrolle	1874 ff.
LAS 309 Flur (3), 69	Flurbuch	1877

Karlsminde (Meierhof)

- Bosoer **- Eichholz**

LAS 324.1, 91	Mutterrolle	1874 ff.

Kleinwaabs

LAS 309 Geb. St., 2066	Gebäudesteuer	1867
LAS 324.1, 94	Mutterrolle	1874 ff.
LAS 309 Flur (3), 93	Flurbuch	1877

Lehmberg (Meierhof)

LAS 309 Geb. St., 2066	Gebäudesteuer	1867
LAS 324.1, 103	Mutterrolle	1874 ff.
LAS 309 Flur (3), 104	Flurbuch	1877

Ludwigsburg

LAS 195.50, 1575	SchuPfPr (Nebenbuch)	1881
LAS 309 Geb. St., 2066	Gebäudesteuer	1867
LAS 324.1, 110	Mutterrolle	1874 ff.
LAS 309 Flur (3), 112	Flurbuch	1877

Rotensande (Meierhof)
- Buschenrade **- Glasholz** **- Röhrtang**

LAS 195.50, 1596	SchuPfPr (Nebenbuch)	1881-1882
LAS 309 Geb. St., 2066	Gebäudesteuer	1867
LAS 324.1, 144	Mutterrolle	1874 ff.
LAS 309 Flur (3), 145	Flurbuch	1877

Sophienhof (Meierhof)
- Kummerdiek

LAS 195.50, 1576	SchuPfPr (Nebenbuch)	1881
LAS 309 Geb. St., 2066	Gebäudesteuer	1867
LAS 324.1, 163	Mutterrolle	1874 ff.
LAS 309 Flur (3), 164	Flurbuch	1877

Gut Maasleben

- Bösbyfeld	**- Glasholz**	**- Greensteich**
- Grünland	**- Hakelmark**	**- Harzmoor**
- Hoheluft	**- Hümarkfeld**	**- Könsbyfeld**
- Kratt	**- Mönkmoor**	**- Neuteich**
- Pommerbyholz	**- Schnurrum**	**- See**
- Seeholz	**- Sensby**	**- Sinkenthal**
- Stromholz	**- Sumpf**	**- Tilsmaas**
- Weihholz		

LAS 7, 6277	Maasleben	1637-1711
LAS 195.54, 1500	SchuPfPr, Band 1	1794-1884
LAS 195.54, 1501	SchuPfPr, Band 2	1856-1886
LAS 195.54, 1606	SchuPfPr (Nebenbuch, Band 1)	1792-1800
LAS 195.54, 1607	SchuPfPr (Nebenbuch, Band 2)	1794-1819
LAS 195.54, 1608	SchuPfPr (Nebenbuch, Band 3)	1819-1825
LAS 195.54, 1609	SchuPfPr (Nebenbuch, Band 4)	1824-1830
LAS 195.54, 1610	SchuPfPr (Nebenbuch, Band 5)	1830-1834
LAS 195.54, 1611	SchuPfPr (Nebenbuch, Band 6)	1835-1841
LAS 195.54, 1612	SchuPfPr (Nebenbuch, Band 7)	1841-1846
LAS 195.54, 1613	SchuPfPr (Nebenbuch, Band 8)	1852-1864
LAS 195.54, 1614	SchuPfPr (Nebenbuch, Band 9)	1846-1856
LAS 195.54, 1615	SchuPfPr (Nebenbuch, Band 10)	1856-1862
LAS 195.54, 1616	SchuPfPr (Nebenbuch, Band 11)	1862-1867
LAS 195.54, 1617	SchuPfPr (Nebenbuch, Band 12)	1862-1872
LAS 195.54, 1618	SchuPfPr (Nebenbuch, Band 13)	1872-1876
LAS 195.54, 1619	SchuPfPr (Nebenbuch, Band 14)	1876-1880
LAS 195.54, 1620	SchuPfPr (Nebenbuch, Band 15)	1880-1883
LAS 195.54, 1621	SchuPfPr (Nebenbuch, Band 16)	1883-1884
LAS 195.54, 2539	Kaufbriefe über die 30. bis 49. Parzelle	1794-1875
LAS 195.54, 3201	Kaufverträge	1794-1883
LAS 195.54, 2101	Testamente	1797-1863
LAS 195.54, 3205	Mobilien- und Brandschutzversicherungen	1821-1872
LAS 324.1, 156	Mutterrolle [Seeholz]	1874 ff.
LAS 309 Flur (3), 157	Flurbuch [Seeholz]	1877
LAS 412, 167	Volkszählungslisten	1803

Holzdorf

LAS 309 Geb. St., 2067	Gebäudesteuer	1867
LAS 324.1, 81	Mutterrolle	1874 ff.
LAS 309 Flur (3), 81	Flurbuch	1877

Maasleben

LAS 309 Geb. St., 2067	Gebäudesteuer	1867
LAS 309 Geb. St., 2068	Gebäudesteuer	1867
LAS 324.1, 112	Mutterrolle	1874 ff.
LAS 309 Flur (3), 114	Flurbuch	1877

Sieseby

LAS 309 Geb. St., 2067	Gebäudesteuer	1867
LAS 309 Geb. St., 2068	Gebäudesteuer	1867
LAS 324.1, 159	Mutterrolle	1874 ff.
LAS 309 Flur (3), 160	Flurbuch	1877

Söby

LAS 309 Geb. St., 2067	Gebäudesteuer	1867
LAS 324.1, 160	Mutterrolle	1874 ff.
LAS 309 Flur (3), 161	Flurbuch	1877

Thumby

LAS 309 Geb. St., 2067	Gebäudesteuer	1867
LAS 324.1, 176	Mutterrolle	1874 ff.
LAS 309 Flur (3), 177	Flurbuch	1877

Gut Marienhof

LAS 195.55, 2588	Kopfsteuerregister und Verzeichnis über Steuerabgaben	1829-1868
LAS 195.55, 2589	Geldrechnung	1868-1878
LAS 195.55, 2590	Korn-, Vieh- und Milchregister	1886-1887

Marienhof

LAS 309 Geb. St., 2069	Gebäudesteuer	1867
LAS 324.1, 113	Mutterrolle	1874 ff.
LAS 309 Flur (3), 115	Flurbuch	1877

Gut Möhlhorst

- Dürwade **- Neumöhlhorst**

LAS 7, 6303	Möhlhorst	1682-1709
LAS 412, 168	Volkszählungslisten	1803

Holm

LAS 309 Geb. St., 1930	Gebäudesteuer	1867

Möhlhorst

LAS 309 Geb. St., 2070	Gebäudesteuer	1867
LAS 324.1, 116	Mutterrolle	1874 ff.
LAS 309 Flur (3), 118	Flurbuch	1877

Gut Mohrberg

- Nienwohn **- Pinkerühe** **- Speckkate**

LAS 195.58, 1510	SchuPfPr	1812-1885
LAS 195.58, 1584	SchuPfPr (Nebenbuch)	1821-1882

Mohrberg

LAS 309 Geb. St., 2071	Gebäudesteuer	1867
LAS 324.1, 117	Mutterrolle	1874 ff.
LAS 309 Flur (3), 119	Flurbuch	1877

Sophienruhe (Meierhof bis 1837)
- Fischerkate **- Rohmühlen** **- Weldorf**

LAS 309 Geb. St., 2071	Gebäudesteuer	1867
LAS 324.1, 164	Mutterrolle	1874 ff.
LAS 309 Flur (3), 165	Flurbuch	1877

Gut Ornum

LAS 7, 6317	Ornum	1569
LAS 195.63, 1514	SchuPfPr	1831-1885
LAS 195.63, 1583	SchuPfPr (Nebenbuch)	1785-1885
LAS 412, 170	Volkszählungslisten	1803

Bohnert

LAS 309 Geb. St., 2073	Gebäudesteuer	1867
LAS 324.1, 21	Mutterrolle	1874 ff.
LAS 309 Flur (3), 19	Flurbuch	1877

Missunde

LAS 324.1, 115	Mutterrolle	1874 ff.
LAS 309 Flur (3), 117	Flurbuch	1877

Ornum

LAS 309 Geb. St., 2073	Gebäudesteuer	1867
LAS 324.1, 130	Mutterrolle	1874 ff.
LAS 309 Flur (3), 132	Flurbuch	1877

Gut Rögen

LAS 195.67, 1592	SchuPfPr	1797-1884
LAS 195.67, 1593	SchuPfPr (Nebenbuch, Band 1)	1812-1874
LAS 195.67, 1594	SchuPfPr (Nebenbuch, Band 2)	1830-1884
LAS 412, 171	Volkszählungslisten	1803

Birkensee (Meierhof)

LAS 309 Geb. St., 2045	Gebäudesteuer	1867
LAS 324.1, 15	Mutterrolle	1874 ff.
LAS 324.1, 16	Mutterrolle	1874 ff.
LAS 309 Flur (3), 14	Flurbuch	1877

Eichthal (Meierhof)
- Pukholt

LAS 309 Geb. St., 2054	Gebäudesteuer	1867
LAS 324.1, 40	Mutterrolle	1874 ff.
LAS 309 Flur (3), 42	Flurbuch	1877

Gammelby
- Klein Gammelby

LAS 309 Geb. St., 2057	Gebäudesteuer	1867
LAS 324.1, 51	Mutterrolle	1874 ff.
LAS 309 Flur (3), 51	Flurbuch	1877

Rögen

LAS 195.67, 1595	SchuPfPr (Nebenbuch für den Haupthof)	1881-1884
LAS 309 Geb. St., 2081	Gebäudesteuer	1867
LAS 324.1, 142	Mutterrolle	1874 ff.
LAS 309 Flur (3), 143	Flurbuch	1877

Gut Saxtorf

- Dingstock
- Grubentor
- Grüntal
- Hohnby
- Hopfenholz
- Hummelweth
- Kommherut
- Kratt
- Lagerholz
- Loosau
- Moorbrügge
- Mührholm
- Neuilewitt
- Rollholz
- Steckswiese
- Tolsode
- Tolsrüh

LAS 7, 6351	Saxtorf	1641-1693
LAS 195.73, 1505	SchuPfPr	1734-1885
LAS 195.73, 1597	SchuPfPr (Nebenbuch, Band 1)	1799-1815
LAS 195.73, 1598	SchuPfPr (Nebenbuch, Band 2)	1809-1827
LAS 195.73, 1599	SchuPfPr (Nebenbuch, Band 3)	1827-1842
LAS 195.73, 1600	SchuPfPr (Nebenbuch, Band 4)	1842-1850
LAS 195.73, 1601	SchuPfPr (Nebenbuch, Band 5)	1850-1859
LAS 195.73, 1602	SchuPfPr (Nebenbuch, Band 6)	1859-1865
LAS 195.73, 1603	SchuPfPr (Nebenbuch, Band 7)	1815-1871
LAS 195.73, 1604	SchuPfPr (Nebenbuch, Band 8)	1871-1878
LAS 195.73, 1605	SchuPfPr (Nebenbuch, Band 9)	1879-1885

LAS 195.73, 2596	Kontraktenprotokoll	1797-1847
LAS 195.73, 2102	Testamente	1854-1866
LAS 412, 172	Volkszählungslisten	1803

Altilewitt (Meierhof)

LAS 309 Geb. St., 2074	Gebäudesteuer	1867
LAS 324.1, 86	Mutterrolle	1874 ff.
LAS 309 Flur (3), 85	Flurbuch	1877

Basdorf
- Moorholz

LAS 309 Geb. St., 2074	Gebäudesteuer	1867
LAS 324.1, 11	Mutterrolle	1874 ff.
LAS 309 Flur (3), 10	Flurbuch	1877

Charlottenhof (Meierhof)

LAS 309 Geb. St., 2074	Gebäudesteuer	1867
LAS 324.1, 32	Mutterrolle	1874 ff.
LAS 309 Flur (3), 31	Flurbuch	1877

Erichshof (Meierhof)

LAS 309 Geb. St., 2074	Gebäudesteuer	1867
LAS 324.1, 42	Mutterrolle	1874 ff.
LAS 309 Flur (3), 41	Flurbuch	1877

Holzkoppel (Meierhof)

LAS 309 Geb. St., 2074	Gebäudesteuer	1867

Hörst (Meierhof)

LAS 309 Geb. St., 2074	Gebäudesteuer	1867
LAS 324.1, 71	Mutterrolle	1874 ff.
LAS 309 Flur (3), 70	Flurbuch	1877

Loose

LAS 309 Geb. St., 2074	Gebäudesteuer	1867
LAS 324.1, 107	Mutterrolle	1874 ff.
LAS 309 Flur (3), 109	Flurbuch	1877

Norby
- Buchholz

LAS 66, 1210	Die streitigen acht Pflüge	1686-1784
LAS 66, 885	Erdbuch	1785
LAS 309 Geb. St., 2074	Gebäudesteuer	1867
LAS 324.1, 129	Mutterrolle	1874 ff.
LAS 309 Flur (3), 128	Flurbuch	1877

Osterhof (Meierhof)

LAS 309 Geb. St., 2074	Gebäudesteuer	1867
LAS 324.1, 133	Mutterrolle	1874 ff.
LAS 309 Flur (3), 134	Flurbuch	1877

Patermeß (Meierhof)

LAS 309 Geb. St., 2074	Gebäudesteuer	1867
LAS 324.1, 136	Mutterrolle	1874 ff.
LAS 309 Flur (3), 137	Flurbuch	1877

Rieseby

LAS 309 Geb. St., 2074	Gebäudesteuer	1867
LAS 309 Geb. St., 2074	Gebäudesteuer	1867

Saxtorf

LAS 309 Geb. St., 2074	Gebäudesteuer	1867
LAS 324.1, 147	Mutterrolle	1874 ff.
LAS 309 Flur (3), 148	Flurbuch	1877

Gut Schönhagen

LAS 195.75, 1515	SchuPfPr	1804-1885
LAS 195.75, 1568	SchuPfPr (Nebenbuch, Band 1)	1804-1842
LAS 195.75, 1569	SchuPfPr (Nebenbuch, Band 2)	1841-1869
LAS 195.75, 1570	SchuPfPr (Nebenbuch, Band 3)	1869-1884
LAS 412, 173	Volkszählungslisten	1803

Brodersby

- Dingelby	**- Drasberg**	**- Hüxberg**
- Kiekut	**- Langacker**	**- Lückenberg**
- Nordhagen	**- Schönhagen**	**- Westerfeld**

LAS 309 Geb. St., 2072	Gebäudesteuer	1867
LAS 324.1, 28	Mutterrolle	1874 ff.
LAS 309 Flur (3), 27	Flurbuch	1877

Höxmark

LAS 309 Geb. St., 2075	Gebäudesteuer	1867
LAS 324.1, 72	Mutterrolle	1874 ff.
LAS 309 Flur (3), 71	Flurbuch	1877

Schönhagen

LAS 309 Geb. St., 2075	Gebäudesteuer	1867
LAS 324.1, 151	Mutterrolle	1874 ff.
LAS 324.1, 152	Mutterrolle	1874 ff.
LAS 309 Flur (3), 154	Flurbuch	1877

Gut Staun

- Bocksrüde	**- Freienfelde**	**- Hörn**
- Sensby	**- Staunerhütten**	**- Steinerholz**

LAS 195.1, 1512	SchuPfPr	1813-1885
LAS 195.1, 1513	SchuPfPr (Nebenbuch, Band 1)	1797-1857
LAS 195.1, 1514	SchuPfPr (Nebenbuch, Band 2)	1858-1885
LAS 412, 174	Volkszählungslisten	1803

Sieseby

LAS 309 Geb. St., 2078	Gebäudesteuer	1867
LAS 324.1, 159	Mutterrolle	1874 ff.
LAS 309 Flur (3), 160	Flurbuch	1877

Staun

LAS 309 Geb. St., 2078	Gebäudesteuer	1867
LAS 324.1, 167	Mutterrolle	1874 ff.
LAS 309 Flur (3), 168	Flurbuch	1877

Gut Stubbe

- Alandsbek	**- Großholz**	**- Jahnsholz**
- Stubberholz	**- Voßkuhl**	

LAS 7, 6369	Stubbe	1632-1646
LAS 195.81, 1563	SchuPfPr	1805-1881
LAS 195.81, 1564	SchuPfPr (Nebenbuch)	1823-1881
LAS 412, 175	Volkszählungslisten	1803

Guckelsby (Meierhof)

LAS 309 Geb. St., 2079	Gebäudesteuer	1867
LAS 324.1, 64	Mutterrolle	1874 ff.
LAS 309 Flur (3), 63	Flurbuch	1877

Stubbe

LAS 309 Geb. St., 2079	Gebäudesteuer	1867
LAS 324.1, 172	Mutterrolle	1874 ff.
LAS 309 Flur (3), 173	Flurbuch	1877

Teil IV: Literaturverzeichnis

Geschichte, Landeskunde, Topografie, Übersichts- und Nachschlagewerke

Günther BOCK: Quellen und Methoden – Perspektiven der historischen Landeskunde. In: Natur- und Landeskunde 113 (2006), S. 43–54.

Franz BÖTTGER und Emil WASCHINSKI: Alte schleswig-holsteinische Maße und Gewichte, Neumünster 1952.

Otto BRANDT: Geschichte Schleswig-Holsteins, 8. Aufl. überarbeitet von Wilhelm Klüver, Kiel 1981.

Wilhelm BRONNMANN: Schwansen – Beschreibung einer Landschaft, o. O. 1988.

Otto CLAUSEN: Flurnamen in Schleswig-Holstein, Rendsburg 1952.

Christian DEGN: Schleswig-Holstein – eine Landesgeschichte. Historischer Atlas, Neumünster 1994.

Christian DEGN und Uwe MUUSS: Topographischer Atlas Schleswig-Holsteins, 4. Aufl., Neumünster 1979.

Paul DOHM: Holsteinische Ortsnamen, die ältesten urkundlichen Belege gesammelt und erklärt, Kiel 1908.

Kai FUHRMANN: Die Auseinandersetzung zwischen königlicher und gottorfischer Linie in den Herzogtümern Schleswig und Holstein in der zweiten Hälfte des 17. Jahrhunderts, Frankfurt am Main/Bern/New York/Paris 1990.

Arthur GLOY: Geschichte und Topographie des Kirchspiels Hademarschen, Kiel 1895.

Hans Werner GONDESEN: Schleswig-Holsteinische Maße, Gewichte und Zahlungsmittel. In: JbSG 29 (1981), S. 208–211.

A. C. GUDME: Schleswig-Holstein – Eine statistisch-geographisch-topographische Darstellung dieser Herzogtümer etc., 1. Band, Kiel 1833.

Hanswilhelm HAEFS: Ortsnamen und Ortsgeschichten in Schleswig-Holstein – zunebst dem reichhaltigen slawischen Ortsnamenmaterial und den dänischen Einflüssen auf Fehmarn und Lauenburg, Helgoland und Nordfriesland; woraus sich Anmerkungen zur Landesgeschichte ergeben, Norderstedt 2004.

Reimer HANSEN und Willers JESSEN: Quellen zur Geschichte des Bistums Schleswig, Kiel 1904.

Oswald HAUSER: Provinz im Königreich Preußen, Neumünster 1966 (Geschichte Schleswig-Holsteins, Band 8, 1. Lieferung).

Gottfried Ernst HOFFMANN, Klauspeter REUMANN und Hermann KELLENBENZ: Die Herzogtümer von der Landesteilung 1544 bis zur Wiedervereinigung Schleswigs 1721, Neumünster 1986 (Geschichte Schleswig-Holsteins, Band 5).

Ernst HOMANN (Hrsg.): Provinzial-Handbuch für Schleswig-Holstein und das Herzogthum Lauenburg, Kiel 1868.

Jürgen H. IBS, Eckart DEGE und Henning UNVERHAU (Hrsg.): Historischer Atlas Schleswig-Holstein, Bd. I–III, Neumünster 1999.

Willers JESSEN: Heimatbuch des Kreises Eckernförde, 3. Aufl., Eckernförde 1967.

Willers JESSEN: Heimatbuch des Kreises Eckernförde – Geschichte und Volkskunde, 3. Aufl., Eckernförde 1972.

Jürgen KAWALEK: Schleswig-Holsteinische Familienkunde. Methodischer Führer zum genealogischen Schrifttum Schleswig-Holsteins, Teil 2: Orts- und Regionalteil, Landesbibliothek Kiel o. J.

Jürgen KLEEN und Georg REIMER: Heimatbuch des Kreises Rendsburg 1922; Neudruck Kiel 1981.

Olaf KLOSE und Christian DEGN: Geschichte Schleswig-Holsteins. 6. Band: Die Herzogtümer im Gesamtstaat 1721–1830, Neumünster 1960.

LANDESVERMESSUNGSAMT Schleswig-Holstein (Hrsg.): Topographischer Atlas Schleswig-Holstein, 4. Aufl., Neumünster 1979.

Ulrich LANGE (Hrsg.): Geschichte Schleswig-Holsteins. Von den Anfängen bis zur Gegenwart, Neumünster 1996.

Ulrich LANGE (Hrsg.): Historischer Atlas Schleswig-Holstein seit 1945, Neumünster 1999.

Ulrich LANGE (Hrsg.): Geschichte Schleswig-Holsteins, Neumünster 2003.

Wolfgang LAUR: Historisches Ortsnamenlexikon von Schleswig-Holstein, Neumünster 1992.

Wolfgang LAUR: Die Ortsnamen im Kreise Eckernförde. In: JbEck 11 (1953), S. 40–44.

Wolfgang LAUR: Die Ortsnamen im Dänischen Wohld. In: JbEck 25 (1967), S. 80–90.

Klaus-Joachim LORENZEN-SCHMIDT: Kleines Lexikon alter schleswig-holsteinischer Gewichte, Maße und Währungseinheiten, Neumünster 1990.

Dieter-J. MEHLHORN: Klöster in Schleswig-Holstein – Itzehoe, Preetz, Schleswig, Uetersen, Heide 2004.

Ingwer E. MOMSEN (Hrsg.): Historischer Atlas Schleswig-Holstein 1867 bis 1945, Neumünster 2001.

Henning OLDEKOP: Topographie des Herzogtums Holstein einschließlich Kreis Herzogtum Lauenburg, Fürstentum Lübeck, Enklaven der freien und Hansestadt Lübeck, Enklaven der freien und Hansestadt Hamburg. Bd. 1.2. Kiel 1908.

Eckardt OPITZ: Schleswig-Holstein. Das Land und seine Geschichte, Hamburg 1997.

Heinz RAMM: Landschaft, Großkirchspiel und Burgvogtei. Die raumgeschichtlichen Grundlagen des Amtes Rendsburg, Diss., Hamburg 1952.

Georg REIMER: Vom Amte Rendsburg 1540–1800. In: ZSHG 78 (1954), S. 139–205.

August SACH: Das Herzogtum Schleswig in seiner ethnographischen und nationalen Entwickelung. 3 Bände, Halle 1896–1907.

Alexander SCHARFF: Schleswig-Holstein und die Auflösung des dänischen Gesamtstaates 1830–1864/67, Neumünster 1975 u. 1980 (Geschichte Schleswig-Holsteins, Band 7, 1. u. 2. Lieferung).

Alexander SCHARFF: Schleswig-Holsteinische Geschichte. Ein Überblick. 5. Aufl. bearbeitet von Manfred Jessen-Klingenberg, Freiburg/Würzburg 1991.

Kurt-Dietmar SCHMIDTKE: Die Entstehung Schleswig-Holsteins, Neumünster 1992.

Antje SCHMITZ: Die slavischen Ortsnamen Ost- und Südholsteins. In: Lübeckische Blätter 145 (1985), S. 209–212.

Johannes von SCHRÖDER: Topographie des Herzogthums Schleswig, 2. Aufl., Oldenburg (Holstein) 1854.

Johannes v. SCHRÖDER und Hermann BIERNATZKI: Topographie der Herzogthümer Holstein und Lauenburg, des Fürstenthums Lübeck und des Gebiets der freien und Hanse-Städte Hamburg und Lübeck, 2. Aufl., Oldenburg (in Holstein) 1855.

Wilhelm SCHRÖDER: Ein Beitrag zur Topographie des Kreises Eckernförde. In: JbEck 9 (1951), S. 119–136.
Hans Wilhelm SCHWARZ: Amt und Gut Hanerau von den Anfängen bis 1664. Ein Beitrag zur Geschichte Altholsteins, Neumünster 1977.
Friedrich SEESTERN-PAULY: Beiträge zur Kunde der Geschichte sowie des Staats- und Privat-Rechts des Herzogthumes Holstein, 2 Bände, Schleswig 1822/25.
H. C. P. SEJDELIN: Diplomatarium Flensburgense, Samling of Aktstykker til Staden Flensborgs Historie indtil Aaret 1559, 2 Bände, Kopenhagen 1865 und 1873.
Johann SIEBMACHERs Großes Wappenbuch. Herausgegeben ab 1605. Band 19: Die Wappen des niederdeutschen Adels, Nachdruck der Ausgaben des 19. Jahrhunderts, Neustadt/Aisch 1977.
STATISTISCHES Landesamt Schleswig-Holstein (Hrsg.): Verzeichnis der Gemeinden, Ort-schaften und Wohnplätze in Schleswig-Holstein, Kiel 1953.
STATISTISCHES Landesamt Schleswig-Holstein (Hrsg.): Die schleswig-holsteinischen Kreise und Verzeichnis der Gemeinden nach der Gebietsreform vom 26.4.1970, Kiel 1970.
STATISTISCHES Landesamt Schleswig-Holstein (Hrsg.): Die Bevölkerung der Gemeinden in Schleswig-Holstein 1867–1970, Kiel 1972.
Reinhard STEWIG: Landeskunde von Schleswig-Holstein, 2. Aufl., Berlin/Stuttgart 1982.
Emil WASCHINSKI: Währung, Preisentwicklung und Kaufkraft des Geldes in Schleswig-Holstein 1226–1864, Band 1, Neumünster 1952; Band 2 (Anhänge mit Materialien zu einem Schleswig-Holsteinischen Münzarchiv und zur Geschichte der Preise und Löhne in Schleswig-Holstein), Neumünster 1959 (= QuFGSH 26).
Jann Markus WITT und Heiko VOSGERAU (Hrsg.): Schleswig-Holstein von den Ursprüngen bis zur Gegenwart. Eine Landesgeschichte, Hamburg 2002.

Landwirtschafts-, Guts-, Familien- und Sozialgeschichte

(nach Ortschaften sortiert siehe ab Seite 360)

Wilhelm ABEL: Agrarkrisen und Agrarkonjunktur. Eine Geschichte der Land- und Ernährungswirtschaft Mitteleuropas seit dem hohen Mittelalter, 3., neu bearbeitete und erweiterte Auflage, Hamburg/Berlin 1978.
Wilhelm ABEL: Geschichte der deutschen Landwirtschaft vom frühen Mittelalter bis zum 19. Jahrhundert, 3., neu bearbeitete Auflage, Stuttgart 1978.
Volker v. ARNIM: Krisen und Konjunkturen der Landwirtschaft in Schleswig-Holstein vom 16. bis 18. Jahrhundert, Neumünster 1957.
Ingeborg AST-REIMERS: Landgemeinde und Territorialstaat. Der Wandel der Sozialstruktur im 18. Jahrhundert dargestellt an der Verkoppelung in den königlichen Ämtern Holsteins, Neumünster 1965.
Werner A. BECHER: Eine Ahnenliste zwischen Eider und Schlei, zwischen Rendsburg und Schleswig. In: JbEck 41 (1983), S. 180–192.
Konrad BEDAL: Doppelkaten. Zu einer Hausform im gutswirtschaftlichen Bereich. In: KBlV 5 (1973), S. 93–112.

Konrad BEDAL: Bäuerliche und herrschaftliche Bauten im Gutswirtschaftsbereich. In: KBlV 6 (1974), S. 153–179.
Harald BEHREND: Die Aufhebung der Feldgemeinschaften, Neumünster 1964.
Kurt BESLER: Die Dorfgemeinschaft der Sönderbyer Insten. Ein Blick zurück auf das Leben unserer alten Sönderbyer. In: Riesebyer Jahrbuch 21 (1996), S. 31–46.
Hans BEUCK: Reuterbohl (oder -hufe) und Reuterkate. In: JbSG 36 (1988), S. 200–203.
Hans BEYER: Zur Entwicklung des Bauernstandes in Schleswig-Holstein zwischen 1768 und 1848. In: Zeitschrift für Agrargeschichte und Agrarsoziologie 5 (1957), S. 50–69.
Hans BEYER: Landwirtschaftlicher Fortschritt und bäuerliche Selbsthilfe in der Geschichte des „Landwirtschaftlichen und Hagelschadenvereins für das südwestliche Holstein" 1845–1965. In: AfA 4 (1982), S. 49–94.
Louis BOBÉ: Die Ritterschaft in Schleswig und Holstein von der ältesten Zeit bis zum Ausgange des Römischen Reiches 1806, Glückstadt 1918.
Walter BOGSCH: Zur Geschichte der Familie Siljack. In: JbRd 1976, S. 45–54.
Uwe BONSEN: Schwansener Bauernwirtschaft im Mittelalter. In: JbEck 57 (1999), S. 79–128.
Peter BÖRENSEN: Das Deputat der Tagelöhner in Sönderby. In: Riesebyer Jahrbuch 12 (1987), S. 41–42.
Jürgen BROCKSTEDT (Hrsg.): Wirtschaftliche Wechsellagen in Schleswig-Holstein vom Mittelalter bis zur Gegenwart, Neumünster 1991.
Hans CARSTENSEN: Die ländliche Siedlung in Schleswig-Holstein. In: Die Heimat 61 (1954), S. 181–186.
Otto CLAUSEN: Die bäuerliche Arbeit im Spiegel der Flurnamen. In: JbSG 2 (1954), S. 56–59.
Otto CLAUSEN: Wie die Bauern im 18. und 19. Jahrhundert zu eigenem Land kamen. Die Verkoppelung, veranschaulicht an der Gemeinde Brekendorf, Kirchspiel Hütten. In: JbEck 12 (1954), S. 51–68.
Otto CLAUSEN: Wirtschaftliche und rechtliche Verhältnisse auf der mittelschleswigschen Geest von 1600–1650 (veranschaulicht mittels Kopenhagener Akten am Kirchspiel Jörl). In: JbSG 3 (1955), S. 84–101.
Otto CLAUSEN: Vor 200 Jahren auf Schleswigs Heiden und Mooren. I. Dr. Erichsens große Heideuntersuchung 1760. In: JbSG 9 (1961), S. 73–78.
Otto CLAUSEN: Jubiläumskalender für die zweihundertjährigen Heide- und Moorkolonien im Lande Schleswig. In: JbSG 9(1961), S. 79–82.
Otto CLAUSEN: Vor 200 Jahren auf Schleswigs Heiden und Mooren. II. Zwölf Grundsatzfragen über die Heide- und Moorkolonisation (11.4.1761). In: JbSG 10 (1962), S. 8–12.
Otto CLAUSEN: Vor 200 Jahren auf Schleswigs Heiden und Mooren. III. Dankbare Heidekolonisten – meuternde Moorkolonisten 1762. In: JbSG 11 (1963), S. 17–27.
Otto CLAUSEN: Vor 200 Jahren auf Schleswigs Heiden und Mooren. IV. Strenge Auslese unter den Kolonisten 1763. In: JbSG 12 (1964), S. 10–22.
Nils CRAMER: Landwirtschaft vor 120 Jahren auf Bauernhöfen im Bordesholmer Land. In: JbRd 2008, S. 145–156.
Barbara CZERRANOWSKI: Das bäuerliche Altenteil in Holstein, Lauenburg und Angeln 1650–1850. Eine Studie anhand archivalischer und literarischer Quellen, Neumünster 1988.
Georg DAVIDS: Holländer und Holländereien, Köln 1993.

Christian DEGN: Die Stellungnahmen schleswig-holsteinischer Gutsbesitzer zur Bauernbefreiung. In: Christian Degn und Dieter Lohmeier (Hrsg.): Staatsdienst und Menschlichkeit, Neumünster 1980, S. 77–87.
Nicolaus DETLEFSEN: Rittergut – Adliges Gut – Kanzleigut. In: Die Heimat 79 (1972), S. 237–238.
Nicolaus DETLEFSEN: Der östliche Dänische Wohld, seine Entwicklung vom Gutsgebiet zur Kieler Stadtrandlandschaft. In: JbEck 37 (1979), S. 38–48.
Albert DIETRICH: 150 Jahre Bauernbefreiung in Schleswig-Holstein. In: Zeitschrift für das gesamte Siedlungswesen 4 (1955), S. 35–37.
Heinrich DITTMER: Vor eineinhalb Jahrhunderten. In: JbRd 1966, S. 95–101.
Einkoppelungen und Verkoppelungen. Zweifache Agrarreform im 18. Jahrhundert. In: Blätter für Heimatkunde (Eutin) 3 (1957), S. 90.
Nikolaus FALCK: Beiträge zur Geschichte der schleswig-holsteinischen Landwirtschaft, Kiel 1847.
Dr. FUCHS: Die Entwicklung der schleswig-holsteinischen Landwirtschaft im 19. Jahrhundert. In: Die Heimat 17 (1907), S. 249–256.
Rolf GEHRMANN: Die Volkszählungslisten als Spiegel der Sozialstruktur Schleswig-Holsteins im 19. Jahrhundert. In: Die Heimat 91 (1984), S. 111–118.
Werner GENSCHKE: Die letzten Räucherkaten. In: JbRd 1960, S. 148–151.
Friedrich GOOS: Wüste Hufen im Amte Hütten. In: JbEck 3 (1938), S. 19–45.
Friedrich GOOS: Aus der Geschichte der Insten im alten Amt Hütten. In: JbEck 12 (1954), S. 39–50.
Max GOSCH: Die Leibeigenschaft in Schleswig-Holstein unter besonderer Berücksichtigung des Gutes Warleberg. In: Niewittenbeker Dörpsblatt, Nr. 37 (1993), S. 7–8; Nr. 38 (1993), S. 19–20; Nr. 39 (1993), S. 20–22.
Silke GÖTTSCH: Beiträge zum Gesindewesen in Schleswig-Holstein zwischen 1740 und 1840, Neumünster 1978 (= Studien zur Volkskunde und Kulturgeschichte Schleswig-Holsteins 3).
Silke GÖTTSCH: Die Bedeutung bäuerlicher Wirtschaften für die Gutswirtschaft im 18. Jahrhundert bis zur Aufhebung der Leibeigenschaft. In: JbEck 48 (1990), S. 135–141.
Silke GÖTTSCH: „Alle für einen Mann ...“ Leibeigene und Widerständigkeit in Schleswig-Holstein im 18. Jahrhundert, Neumünster 1991.
Helmut GUMMERT und Ulrich WERSCHNITZKY: Wirtschaftliche Auswirkungen von Maßnahmen zur Verbesserung der Agrarstruktur im Zusammenhang mit der Flurbereinigung in Schleswig-Holstein und den nördlichen Teilen Niedersachsens und Nordrhein-Westfalens, Stuttgart 1965.
Theodor HÄBICH: Deutsche Latifundien. Bericht und Meinung, Stuttgart 1947.
Otto HAHN: Die steuerliche Einschätzung und Bewertung des landwirtschaftlich genutzten Bodens in den letzten Jahrhunderten in Schleswig-Holstein unter besonderer Berücksichtigung des Kreises Eckernförde. In: JbEck 18 (1960), S. 109–147.
Christian HANSEN: Bäuerliche Sippenforschung. In: JbEck 1 (1936), S. 2–4.
Jörgen HANSEN: Die altfreien bäuerlichen Eigentümer im Herzogtum Schleswig. In: Die Heimat 30 (1920), S. 118–120, 131–133, 150–154.
Georg HANSSEN: Die Aufhebung der Leibeigenschaft und die Umgestaltung der gutsherrlich-bäuerlichen Verhältnisse überhaupt in den Herzogtümern Schleswig und Holstein, St. Petersburg 1861.

Georg HANSSEN: Zur Geschichte norddeutscher Gutswirtschaft, Göttingen 1875.
Georg HANSSEN: Agrarhistorische Abhandlungen, Leipzig 1884.
Georg HANSSEN: Die Aufhebung der Leibeigenschaft und die Umgestaltung der gutsherrlich-bäuerlichen Verhältnisse überhaupt in den Herzogtümern Schleswig und Holstein, St. Petersburg 1861.
Klaus HARMS: Alte Familien und Stammhöfe auf der Geest. In: Heimatbuch des Kreises Steinburg, Band I (1924), S. 465–474.
Richard HAUPT: Das Bauernhaus im Herzogtum Schleswig und das Leben des schleswigschen Bauernstandes im 16./17. und 18. Jahrhundert, Schleswig 1896.
Paul v. HEDEMANN: Hemmelmarck. Eine Gutswirtschaft des vorigen Jahrhunderts. In: ZSHG 30 (1900), S. 169–208.
Paul von HEDEMANN-HEESPEN: Der Inhalt einer großen Auswahl schleswig-holsteinischer Orts- und Personengeschichten. In: ZSHG 49 (1919), S. 1–25.
Hermann HEIDRICH (Hrsg.): Das Bordesholmer Haus und seine Nebengebäude zwischen 1600 und 1870, Kiel 2004.
Günter HEISCH: Geschichte der schleswig-holsteinischen Ritterschaft 4: Privilegien und Recht von 1775 bis zur Gegenwart, Neumünster 1966.
Hartmut HILDEBRANDT und Michael Kopischke: Wohnen und Wirtschaften im Amt Bordesholm im frühen und mittleren 18. Jahrhundert, Bordesholm 1996.
Dietrich HILL: Milch- und Meiereiwirtschaft in Schleswig-Holstein im Wandel der Zeit. In: ZSHG 108 (1983), S. 207–223.
G. E. HOFFMANN: Von alten Hof- und Hausmarken. In: Schleswig-Holsteinischer Bauernkalender 1938, S. 109–110.
Hans HÜBNER: Das Ende der Leibeigenschaft in Schleswig-Holstein. In: Die Heimat 65 (1958), S. 82–85.
Peter INGWERSEN: Die Auswirkungen der Kriege des 17. Jahrhunderts auf die mittelschleswigsche Geest. In: JbSG 1 (1953), S. 35–44.
Manfred JAKUBOWSKI-TIESSEN und Klaus-Joachim LORENZEN-SCHMIDT (Hrsg.): Dünger & Dynamit. Mensch und Umwelt in der Geschichte Schleswig-Holsteins, Neumünster 1998.
Friedrich Christoph JENSEN und Dietrich Hermann HEGEWISCH: Privilegien der Schleswig-Holsteinischen Ritterschaft, Kiel 1797.
Wilhelm JENSEN: Die Festehufen in der alten Hohner und Hüttener Harde. In: JbRd 1982, S. 116–127.
Jens JESSEN: Die Entstehung und Entwickelung der Gutswirtschaft in Schleswig-Holstein bis zu dem Beginn der Agrarreformen. In: ZSHG 51 (1922), S. 1–206.
Manfred JESSEN-KLINGENBERG: Gutsherrschaft, Gutswirtschaft und Leibeigenschaft. Zwischen gutsherrlichem Zwang und bäuerlicher Eigenverantwortung, Kiel 2005 (= Materialien für den Geschichtsunterricht 2).
Otto KÄHLER: Zur Geschichte des Erbhöferechts in Schleswig-Holstein. In: NE 9 (1932), S. 246–265.
Hans-Jürgen KAHLFUSS: Landesaufnahme und Flurvermessung in den Herzogtümern Schleswig, Holstein und Lauenburg vor 1864, Neumünster 1969.
Jan KLUSSMANN: Die Instenbewegung in Holstein und die soziale Frage zur Zeit der schleswig-holsteinischen Erhebung, Magisterarbeit, Kiel 1992.

Jan KLUSSMANN: „Wo sie frey seyn, und einen besseren Dienst haben solte“: Flucht aus der Leibeigenschaft in Schleswig-Holstein in der zweiten Hälfte des 18. Jahrhunderts. In: Jan Peters (Hrsg.): Konflikt und Kontrolle in Gutsherrschaftsgesellschaften: über Resistenz- und Herrschaftsverhalten in ländlichen Sozialgebilden der Frühen Neuzeit, Göttingen 1995, S. 118–152.
Christian KOCK: Wurtsitze und Katen. In: JbEck 10 (1952), S. 36–40.
Christian KOCK: Eine Gutswirtschaft vor 240 Jahren, aufgezeichnet vor 70 Jahren. In: Riesebyer Jahrbuch 25 (2000), S. 75–78.
Lisa KRAACK: Von der Leibeigenschaft zum selbstbestimmten Leben. In: JbEck 53 (1995), S. 205–214.
Karl-Sigismund KRAMER: Nachrichten zum Komplex „Haus und Hof im Volksleben“, vorwiegend aus Holstein. In: KBlV 2 (1970), S. 53–103.
Karl-Sigismund KRAMER: Häusliches Leben. Nach archivalischen Quellen. In: KBlV XIV (1982), S. 5–76.
Karl-Sigismund KRAMER: Volksleben in Holstein (1550–1800), Kiel 1987.
Annemarie KRÖGER: Auf den Spuren der Knechtsgilde von 1681 in Heidmühlen. In: HJbS 48 (2002), S. 39–41.
Jürgen KÜHL: Zwei Recheneinschreibebücher aus dem 18. Jahrhundert. In: HJbS 45 (1999), S. 61–71.
Bernd LANGMAACK: Das Armenbuch zu Hohenwestedt der Jahre 1661 bis 1739. Eine Analyse (1. Teil). In: JbRd 1980, S. 163–171.
Bernd LANGMAACK: Das Armenbuch zu Hohenwestedt der Jahre 1661 bis 1739. Eine Analyse (2. Teil). In: JbRd 1981, S. 114–124.
Bernd LANGMAACK: Beiträge zum Armenwesen in Mittelholstein zu Beginn des 18. Jahrhunderts. In: JbRd 1985, S. 81–95.
Bernd LANGMAACK: Die Armenversorgung im Kirchspiel Jevenstedt von 1736 bis 1866. In: JbRd 1989, S. 169–188.
Bernd LANGMAACK: Das Armenwesen im königlichen Kirchspiel Schenefeld im 18. Jahrhundert. In: JbRd 1990, S. 86–96.
Bernd LANGMAACK: Die Rekonstruktion der Landvermessung und Landreform vor 200 Jahren. In: Die Heimat 104 (1997), S. 226–236.
Bernd LANGMAACK: Das bäuerliche Altenteil in Mittelholstein vor der großen Agrarreform 1787. In: Die Heimat 106 (1999), S. 101–113 und 130–148.
Ingeburg LEISTER: Rittersitz und adliges Gut in Holstein und Schleswig, Kiel 1952.
Klaus-Joachim LORENZEN-SCHMIDT: Die Sozial- und Wirtschaftsstruktur schleswig-holsteinischer Landstädte zwischen 1500 und 1550, Neumünster 1980 (= Quellen und Forschungen zur Geschichte Schleswig-Holsteins, Band 76).
Klaus-Joachim LORENZEN-SCHMIDT: Eine Zeittafel für den schleswig-holsteinischen Wirtschafts- und Sozialhistoriker. In: Rundbr. 23 (1983), S. 2–22.
Klaus-Joachim LORENZEN-SCHMIDT: Lebenserwartung, Säuglings- und Kindersterblichkeit in drei holsteinischen Kirchspielen zwischen 1713 und 1869. In: Die Heimat 90 (1983), S. 164–169.
Klaus-Joachim LORENZEN-SCHMIDT: Anschreibebücher als Quellen zur Wirtschaftsgeschichte bäuerlicher Betriebe in Schleswig-Holstein. In: ZSHG 109 (1984), S 151–165.

Klaus-Joachim LORENZEN-SCHMIDT: Zur Statistik der schleswig-holsteinischen Landwirtschaft um 1825; die vom Segeberger Amtmann v. Rosen gesammelten Daten aus den Jahren um 1825/1828. In: Rundbr. 34 (1985), S. 13–20.
Klaus-Joachim LORENZEN-SCHMIDT: Die von Rosenschen Erhebungen aus dem Jahre 1825 als Quelle für die Landwirtschaftsgeschichte. In: Klaus Greve (Hrsg.): Quellenkundliche Beiträge zur Wirtschafts- und Sozialgeschichte Schleswig-Holsteins, Kiel 1985.
Klaus-Joachim LORENZEN-SCHMIDT: Der Altonaer Viehmarkt 1833–1864. Auftrieb – Preise – Export. In: AfA 8 (1986), S. 70–93.
Klaus-Joachim LORENZEN-SCHMIDT: Haushalts- und Familienstrukturen in ausgewählten holsteinischen Kirchspielen 1800–1870. In: KBlV 18 (1986), S. 91–114.
Klaus-Joachim LORENZEN-SCHMIDT: Illegitimität in drei holsteinischen Kirchspielen zwischen 1650 und 1870. In: Die Heimat 93 (1986), S. 16–21.
Klaus-Joachim LORENZEN-SCHMIDT: Schleswig-Holsteinische Märkte im Jahr 1796. In: Rundbr. 50 (1990), S. 26–28.
Klaus-Joachim LORENZEN-SCHMIDT: Die große Agrarkrise in den Herzogtümern 1819–1829. In: Jürgen Brockstedt (Hrsg.): Wirtschaftliche Wechsellagen in Schleswig-Holstein vom Mittelalter bis zur Gegenwart, Neumünster 1991, S. 175–197.
Klaus-Joachim LORENZEN-SCHMIDT: Warum schrieben Bauern? In: KBlV 27 (1995), S. 109–126.
Klaus-Joachim LORENZEN-SCHMIDT: Aufschlüsse über ländliche Kredite des 17. und 18. Jahrhunderts aus Schuld- und Pfandprotokoll-Renovaturen. In: Rundbr. 69 (1997), S. 23–31.
J. J. H. LÜTGENS: Kurzgefaßte Charakteristik der Bauernwirtschaften in den Herzogthümern Schleswig und Holstein etc., Hamburg 1847.
Friedrich MAGER: Entwicklungsgeschichte der Kulturlandschaft des Herzogtums Schleswig in historischer Zeit. Erster Band: Entwicklungsgeschichte der Kulturlandschaft auf der Geest und im östlichen Hügelland des Herzogtums Schleswig bis zur Verkoppelungszeit, Breslau 1930; Zweiter Band: Entwicklungsgeschichte der Kulturlandschaft auf der Geest und im östlichen Hügelland des Herzogtums Schleswig nach der Verkoppelungszeit, Kiel 1937.
Reinhold MEIBORG: Das Bauernhaus im Herzogthum Schleswig und das Leben des schleswigschen Bauernstandes im 16., 17. und 18. Jahrhundert, Schleswig 1896.
Hans MEIER: Als unsere Bauern wieder frei wurden. In: Schleswig-Holsteinischer Bauernkalender 1942, S. 55–58.
Helma MÖCKELMANN: Die Armenversorgung in Groß Wittensee Mitte des 19. Jahrhunderts. In: JbEck 71 (2013), S. 259–263.
Lothar MOSLER: Die „Zwangsgäste“ der Amtsmüller und der adelichen Müller. In: JbPi 1981, S. 47–50.
Karl MÜHLKE: Kleinbürger- und Fischerhäuser im Schleswigschen. In: Die Heimat 19 (1909), S. 29–34.
R. NEUBAUR und S. JAECKEL: Die Schlei und ihre Fischereiwirtschaft. In: Schriften des Naturwissenschaftlichen Vereins für Schleswig-Holstein, Band XXI, Heft 2, S. 314–360.
Paul NIEKAMMER (Hrsg.): Band XXI: Landwirtschaftliches Adreßbuch der Güter und größeren Höfe der Provinz Schleswig-Holstein, Leipzig 1927.

Michael NORTH: Die frühneuzeitliche Gutswirtschaft in Schleswig-Holstein. Forschungsüberblick und Entwicklungsfaktoren. In: Blätter für deutsche Landesgeschichte 126 (1990), S. 223–242.

Jan PETERS (Hrsg.): Gutsherrschaft als soziales Modell – vergleichende Betrachtungen zur Funktionsweise frühneuzeitlicher Agrargesellschaften, München 1995.

Jan PETERS: Konflikt und Kontrolle in Gutsherrschaftsgesellschaften. Über Resistenz- und Herrschaftsverhalten in ländlichen Sozialgebilden der Frühen Neuzeit, Göttingen 1995.

Heinrich PÖHLS: Die Geschichte der Leibeigenschaft. In: HJbS 20 (1974), S. 91–107.

Heinrich PÖHLS: Zur Geschichte unserer Landwirtschaft. In: JbRd 1980, S. 41–55.

Wolfgang PRANGE: Die Anfänge der großen Agrarreformen in Schleswig-Holstein bis 1771, Neumünster 1971 (= Quellen und Forschungen zur Geschichte Schleswig-Holsteins 60).

Wolfgang PRANGE: Flucht aus der Leibeigenschaft. In: Das Recht der kleinen Leute, Berlin 1976, S. 166–178.

Wolfgang PRANGE: Die Entwicklung der adligen Eigenwirtschaft in Schleswig-Holstein. In: Die Grundherrschaft im späten Mittelalter, Band I, Sigmaringen 1983, S. 519–553.

Uwe RATH: Heydenreichscher Hof [in Herzhorn] und Weberkate [in Holzbunge]. Ein sozialgeschichtlicher Vergleich. In: Berichte aus dem Schleswig-Holsteinischen Freilichtmuseum 24 (1987), S. 28–42.

Carl RATHMANN: Die Rathmann. Fragen zur Herkunft, Entwicklung und Verbreitung eines alten bäuerlichen Geschlechts in Schleswig-Holstein. In: JbEck 37 (1979), S. 107–112.

Johann Christian RAVIT: Actenstücke zur Geschichte der Pflugzahl und insonderheit der reducierten Pflugzahl. In: Jahrbücher für die Landeskunde 9 (1867), S. 285–353.

Georg RAWITSCHER: Erb- und Zeitpächter auf den adligen Gütern der Ostküste Schleswig-Holsteins mit besonderer Berücksichtigung der Landschaften Angeln und Schwansen. In: ZSHG 42 (1912), S. 1–165.

Alfred REEDER: Die Schleswig-Holsteinische Koppelwirtschaft, Borna/Leipzig 1908.

Claus REESE, Jürgen Kaak und Barbara Rocca: Über 400 Jahre Hufen und Hufner im Amt Bordesholm – Geschichte der großen Bauernhöfe und ihrer Familien, Bordesholm 2012.

Ernst REVENTLOW und Hans Adolf von Warnstedt: Daten zum Viehbestand und dem Ertrag des Ackerbaus der Herzogtümer in den 1840er Jahren. In: Rundbrief des Arbeitskreises für Wirtschafts- und Sozialgeschichte Schleswig-Holsteins, 22 (1983), S. 5–13.

Martin RHEINHEIMER (Bearb.): Bibliographie zur Wirtschafts- und Sozialgeschichte Schleswig-Holsteins, Neumünster 1997 (= Studien zur Wirtschafts- und Sozialgeschichte Schleswig-Holsteins 27).

Johannes RICKERS: Friesische Bauernhäuser im Kreise Rendsburg. In: JbRd 1960, S. 101–147.

Johannes RICKERS: Friesische Bauernhäuser im Kreise Rendsburg. In: JbRd 1964, S. 99–125.

Brar C. ROELOFFS: Die schleswig-holsteinische Landwirtschaft in der vorpreußischen Zeit – die Agrarreformen um 1800, ein markantes Ereignis. In: Bauernblatt für Schleswig-Holstein 42/138 (1988), S. 4747–4748.

Friedrich SAEFTEL: Katen in Schwansen, Amt Hütten und im Dänischen Wohld, mit Bildern. In: JbEck 4 (1939), S. 39–44.

Friedrich SAEFTEL: Katen in Schwansen, Amt Hütten und Dänischwohld. In: JbEck 10 (1952), S. 41–44.
Hermann SCHLÜTER: Anmerkungen zur Aufhebung der Leibeigenschaft auf dem Gute Damp. In: JbEck 41 (1983), S. 201–204.
Claus SCHMIDT: Der Umgang mit den „Armen“ auf dem Lande im 19. Jahrhundert. In: JbRd 2014, S. 207–222.
Harry SCHMIDT: Die Aufhebung der Leibeigenschaft im Kirchspiel Westensee. In: JbRd 1954, S. 136–144.
Heinrich SCHMIDT: Vom Landwesen im Herzogtum Schleswig. In: JbSG 49 (2001), S. 157–164.
Hans Wilhelm SCHWARZ: Adel – Bauern – Bürger, Neumünster 2010.
Erika SCHWARZBURG: Die Hamdorfer Kuhgilde. In: JbRd 1985, S. 113–118.
August-Wilhelm SEEHUSEN: Über die Aufhebung der Feldgemeinschaft und die Teilung der Gemeinheiten in Schleswig-Holstein. In: Schleswig-Holsteinische Anzeigen 1961, S. 40–43.
Hinrich SIEVERS: Ein Dorf im Eiderknie (Hohner Harde) vor der Verkoppelung. In: JbRd 1953, S. 70–95.
Werner SOLTERBECK: Bauern-Chronik der Hüttener Harde (1542–1780), Eckernförde 1974.
Hans STAACK: Die Ahnen des „Dynasten von Westensee“, des Gutsbesitzers und Geschichtsforschers Paul v. Hedemann-Heespen, Deutsch-Nienhof. In: JbRd 1972, S. 92–119.
Hans Peter STAMP: Einwanderer machen Moor und Heide urbar. Das Beispiel der Hohner Harde. In: JbRd 1992, S. 55–61.
Hans Peter STAMP: Die Kolonisierung der Heiden und Moore auf der Schleswigschen Geest 1761–1765. In: JbRd 2011, S. 63–91.
Hans Peter STAMP: 250 Jahre Kolonisten im Kreis Eckernförde. In: JbEck 71 (2013), S. 205–221.
Hans Hermann STORM: So war es damals. Das Leben auf dem Lande, 5 Bände, Rendsburg 1989–1992.
Erich THIESEN: Die Verkoppelung – Flurbereinigung vor 200 Jahren in Schleswig-Holstein. In: Minister für Ernährung, Landwirtschaft und Forsten des Landes Schleswig-Holstein (Hrsg.): 25 Jahre Flurbereinigung: Schleswig-Holstein, Kiel 1980, S. 52–56.
Fritz THOMSEN: Die Familie Vent in Schleswig-Holstein in drei Jahrhunderten. In: JbRd 1970, S. 70–85.
Fritz THOMSEN: Die Familie Vent in Schleswig-Holstein in drei Jahrhunderten. In: JbRd 1971, S. 95–115.
Thyge THYSSEN: Bauer und Standesvertretung. Werden und Wirken des Bauerntums, Neumünster 1958.
Dr. VOIGT: Die Aufteilung von 52 Staatsgütern in Schleswig-Holstein in den Jahren 1765–1782. In: Die Heimat 29 (1919), S. 189–190.
Volkert VOLQUARDSEN: Zur Agrarreform in Schleswig-Holstein nach 1945. In: ZSHG 102/103 (1977/78), S. 187–344.
Ingeborg WEBER-KELLERMANN: Landleben im 19. Jahrhundert, München 1988.
Georg WEGEMANN: Zustände Schleswig-Holsteins nach dem Erdbuch Waldemars 1231. In: ZSHG 46 (1916), S. 53–135.

Walter WILDE: Flüchtlinge im Jahr 1813 – Caroline Perthes, geb. Claudius, und ihre Familie in Aschau. In: JbEck 66 (2008), S. 221–228.
Christian WINKEL: Die Heide- und Moorkolonisten im Herzogtum Schleswig. In: JbEck 65 (2007), S. 131–152.
Johann WITT: Eckernförder Ahnen von Johann Brahms – Eine Ahnengemeinschaft mit den Geschwistern Hinkelmann. In: JbEck 48 (1990), S. 133–135.
Richard WITTWER: Der letzte „Hans-Bur" (Alfred Kähler) in Strande. In: JbEck 37 (1979), S. 119–121.
Willi WOLKE: Die Einkoppelung im Amte Rendsburg. In: JbRd 1962, S. 82–97.
Willi WOLKE: Eine kleine landwirtschaftliche Statistik aus dem Jahre 1805. In: JbRd 1965, S. 122–125.
Merten WORM: Zur Vererbung von männlichen Vornamen in Schwansen am Beispiel der Familie Worm 1728–1966. In: JbEck 48 (1990), S. 223–227.
Merten WORM: Johan Matthias Peter Worm 1754–1812 als Parzellist des adeligen Gutes Maasleben im Ksp. Sieseby an der Wende vom 18. zum 19. Jahrhundert. In: JbEck 58 (2000), S. 113–119.
Heiner WULFERT: Die Agrarreformen in Schleswig-Holstein von 1765 bis zum Ende des 19. Jahrhunderts. In: Zeitschrift für Geschichtswissenschaft 34 (1986), S. 40–46.

Recht und Verwaltung

Gadi ALGAZI: Herrengewalt und Gewalt der Herren im späten Mittelalter. Herrschaft, Gegenseitigkeit und Sprachgebrauch, Frankfurt/New York 1996.
Karl Siegfried BADER: Dorfgenossenschaft und Dorfgemeinde, Köln/Graz 1962.
Johann Eike BENESCH: Zu den adeligen Besitzverhältnissen im Kirchspiel Westensee. In: JbRd 2008, S. 117–144.
Manfred BENGEL und Franz SIMMERDING: Grundbuch, Grundstücke, Grenze, 3. Aufl., Neuwied/Frankfurt a. M. 1989.
Gustav BLUNK: Das Amt Bordesholm. In: JbRd 1968, S. 148–150.
Uwe BONSEN: Von kirchlicher und adliger Grundherrschaft im spätmittelalterlichen Schwansen. In: JbEck 66 (2008), S. 91–105.
Andrea BOOCKMANN: Geistliche und weltliche Gerichtsbarkeit im mittelalterlichen Bistum Schleswig, Neumünster 1967.
Goslar CARSTENS: Die Harde als alter Gerichtsbezirk. In: Schleswig-Holsteinische Anzeigen. Justizministerialblatt für Schleswig-Holstein, Teil A Nummer 10 vom 15.10.1963, S. 225–231.
Hans CLAUSSEN: Die Situation der Bauernvögte bis in die Mitte des 19. Jahrhunderts. In: HJbS 31 (1985), S. 102–110.
Hans DRECKMANN: Die Verwaltungseinteilung der Herzogtümer Schleswig und Holstein vor 1867. In: Die Heimat 74 (1967), S. 295–296.
Wilhelm EBEL: Die Willkür. Eine Studie zu den Denkformen des älteren deutschen Rechts, Göttingen 1953.
Heinrich EICHHORN: Dorfsbeliebungen oder Willkürsbriefe. In: JbSG 19 (1971), S. 119–125.

Ernst ERICHSEN: Güter Schwansens um 1830 (Grünholz, Hemmelmark, Louisenlund, Marienhof). Nach Erhebungen von Rosens. In: JbEck 18 (1960), S. 155–165.
Ernst ERICHSEN: Güter Schwansens um 1830. II. In: JbEck 19 (1961), S. 131–149.
Nikolaus FALCK: Handbuch des schleswig-holsteinischen Privatrechts, Band I–V, Altona 1825–1848.
Nikolaus FALCK: Sammlung der wichtigsten Urkunden, welche auf das Staatsrecht der Herzogthümer Schleswig und Holstein Bezug haben, Kiel 1847.
Ernst Joachim FÜRSEN: Der Hardesvogt im Herzogtum Schleswig unter besonderer Berücksichtigung des Zeitraumes von 1721–1867. Dissertation, Kiel 1973.
Werner GENSCHKE: 1867 entstand der preußische Kreis Rendsburg. In: JbRd 1967, S. 56–57.
Franz GUNDLACH (Hrsg.): Das älteste Urteilbuch des Holsteinischen Vierstädtegerichts 1497–1574, Kiel 1925 (= Quellen und Forschungen zur Geschichte Schleswig-Holsteins 10).
Reimer HANSEN: Zur Geschichte des Bistums Schleswig. In: ZSHG 38 (1908), S. 327–346.
Oswald HAUSER: Staatliche Einheit und regionale Vielfalt in Preußen, Neumünster 1967.
Kurt HECTOR: Zur Verwaltung und Rechtspflege in Schleswig-Holstein vor 1864. In: Peter Ingwersen (Hrsg.): Methodisches Handbuch für Heimatforschung, Schleswig 1954, S. 119–135.
Ulf-Dietrich von HIELMCRONE: Die Darstellung der Justitia im Landesteil Schleswig, Kiel 1974.
Georg v. HOBE-GELTING: Die rechtliche Stellung der adligen Güter und Gutsbezirke in Schleswig-Holstein in der Zeit von 1805 bis 1928, Diss., Kiel 1974.
Georg Ernst HOFFMANN: Zur Gottorfer Hof- und Staatsverwaltung. In: Die Heimat 39 (1929), S. 134–137.
Wilhelm JENSEN: Recht und Gerichtsbarkeit im Raum Rendsburg in früherer Zeit. In: JbRd 1979, S. 27–31.
Reimut JOCHIMSEN, Peter KNOBLOCH und Peter TREUNER: Gebietsreform und regionale Strukturpolitik – Das Beispiel Schleswig-Holstein, Opladen 1971.
Hans-Georg KAACK: Die Ratsverfassung und -verwaltung der Stadt Rendsburg bis gegen Ende des 16. Jahrhunderts, Neumünster 1976.
Otto KÄHLER: Zur Geschichte des Erbhöferechts in Schleswig-Holstein. In: NE 9 (1932), S. 246–265.
Heinrich KOCHENDÖRFFER: Das adelige Landgericht in Schleswig-Holstein. In: NE 3 (1924), S. 25–340.
Georg KRAUS: Das Recht der Familienfideikommisse und der Familienstiftungen in Schleswig-Holstein. In: Schleswig-Holsteinische Anzeigen 81 (1917), S. 1–46.
Ulrich LANGE: Bemerkungen zur verfassungsgeschichtlichen Stellung des holsteinischen Adels im 13. Jahrhundert. In: HJbS 22 (1976), S. 9–12.
Bernd LANGMAACK: Überschneidungen fremder Jurisdiktionen und kirchlicher Unterstellungen im Altsiedelland Holsteins im 18. Jahrhundert. In: JbRd 1986, S. 50–73.
Ingeborg LEISTER: Rittersitz und adliges Gut in Holstein und Schleswig, Remagen 1952.
Karl MANNZEN: Das Gerichtswesen in den Herzogtümern Schleswig und Holstein vor der Eingliederung in Preußen. In: Die Heimat 62 (1955), S. 229–233.

Dieter-J. MEHLHORN: Klöster in Schleswig-Holstein – Itzehoe, Preetz, Schleswig, Uetersen, Heide 2004.
A. L. J. MICHELSEN: Nachricht von den Schleswigschen Ämtern und Amtmännern im 15. und 16. Jahrhundert. In: ZSHG 8 (1878), S. 123–176.
Otto OPET: Klosterrecht und Reichsverfassung. In: ZSHG 51 (1922), S. 207–227.
Walter PAATSCH: Alte Gerichtsakten als Quellen der Heimatgeschichte. In: HJbS 39 (1993), S. 29–32.
Volquart PAULS: Die holsteinische Lokalverwaltung im 15. Jahrhundert. In: ZSHG 38 (1908), S. 1–88, 43 (1913), S. 1–255.
Volquart PAULS: Das Klosterrecht der Schleswig-Holsteinischen Ritterschaft. In: ZSHG 73 (1949), S. 87–118.
Paul Detlev Christian PAULSEN: Lehrbuch des Privat-Rechts der Herzogthümer Schleswig und Holstein, wie auch des Herzogthums Lauenburg, 2. Aufl., verbessert, und mit dem lauenburgischen Rechte vermehrt, Kiel 1842.
Julius PELTZER: Die Begründung von Rentengütern und das Grundbuch im Gebiete des Preußischen Allgemeinen Landrechts, Berlin 1895.
Markus POSSELT: Die Schleswig-Holsteinischen Klöster nach der Reformation, Itzehoe 1894.
Wolfgang PRANGE: Einige Bemerkungen über Leibeigenschaftsprozesse. In: ZSHG 95 (1970), S. 237–240.
Wolfgang PRANGE: Das Adlige Gut in Schleswig-Holstein im 18. Jahrhundert. In: Christian Degn und Dieter Lohmeier (Hrsg.): Staatsdienst und Menschlichkeit, Neumünster 1980, S. 57–75.
Wolfgang PRANGE: Landesherrschaft, Adel und Kirche in Schleswig-Holstein 1523 und 1581. Die Zahl der Bauern am Ende des Mittelalters und nach der Reformation. In: ZSHG 108 (1983), S. 51–90.
Wolfgang PRANGE (Hrsg.): Herzog Adolfs Urteilbuch 1544–1570. Schleswigsches Rechtsleben um die Mitte des 16. Jahrhunderts, Neumünster 1985.
Horst RALF: Der Pflug als Rechtssymbol und Maß für Abgaben. In: HJbS 45 (1999), S. 46–52.
Klaus-Peter REUMANN: Die Grund- und Gerichtsherrschaft des Schleswiger Domkapitels von 1542 bis 1658, Flensburg 1969.
Martin RHEINHEIMER: Dorfwillkür und Obrigkeit im Herzogtum Schleswig. In: Zeitschrift der Savigny-Stiftung für Rechtsgeschichte, Germanistische Abteilung 113 (1996), S. 377–390.
Martin RHEINHEIMER: Die Dorfordnungen des Herzogtums Schleswig. Bd. 1: Einführung; Bd. 2: Edition, Stuttgart 1999.
Barbara ROCCA: Vom Amt Bordesholm 1566 zum Amt Bordesholm 2007. In: Jahrbuch für das ehemalige Amt Bordesholm 10 (2008), S. 175–190.
Georg Alfred RUNGE: Das Königliche Appellationsgericht für das Herzogtum Schleswig in Flensburg (1852 bis 1867), Kiel 1985.
Georg Alfred RUNGE: Gerichtsverfassung und Rechtsordnung in Schleswig und Holstein bis 1867. In: Schleswig-Holsteinische Anzeigen 1989, S. 149–152.
Peter J. SCHRÖDER: Die Rechtsnatur der Festehufen des Amtes Bordesholm im 17. und 18. Jahrhundert. In: Jahrbuch für das ehemalige Amt Bordesholm 11 (2009), S. 43–56.

Hans Wilhelm SCHWARZ: Die Gemeindezusammenlegungen im Kreis Rendsburg im Jahre 1938. In: JbRd 1988, S. 76–109.
Hans Wilhelm SCHWARZ: Die historischen Bestandteile des alten Kreises Rendsburg und ihre Überlieferung aus vorpreußischer und preußischer Zeit im Landesarchiv. In: JbRd 1992, S. 15–27.
Hans Wilhelm SCHWARZ: Vor 75 Jahren – Die Gemeindezusammenlegungen im Altkreis Rendsburg 1938. In: JbRd 2013, S. 79–81.
Friedrich SEESTERN-PAULY: Beiträge zur Kunde der Geschichte sowie des Staats- und Privat-Rechts des Herzogthumes Holstein, 2 Bände, Schleswig 1822/25.
Max SERING: Erbrecht und Agrarverfassung in Schleswig-Holstein auf geschichtlicher Grundlage, Berlin 1908.
Paul STEFFEN: Das alte Amt Bordesholm 1566–1867. In: Jahrbuch für das ehemalige Amt Bordesholm 9 (2007), S. 7–12.
Christian Ludwig Ernst von STEMANN: Schleswigs Recht und Gerichtsverfassung im siebenzehnten Jahrhundert, Schleswig und Flensburg 1855.
Christian Ludwig Ernst von STEMANN: Geschichte des öffentlichen und Privat-Rechts des Herzogthums Schleswig, Band I–III, Kopenhagen 1866/67.
Annelie STOBINSKY: Schleswig-Holsteinische Polizeiordnungen (1579–1636). Über Brauchformen und ihre Auswirkungen in den Brüchdingungen. In: Volksleben, Kirche und Obrigkeit in Schleswig-Holstein von der Reformation bis ins 19. Jahrhundert, Neumünster 1989, S. 167–306.
Christoph von TIEDEMANN: Justiz und Administration in Holstein in vorpreußischer Zeit. In: JbPi 1999, S. 87–93.
Karl v. WARNSTEDT: Zur Kunde der Verfassung und Vertretung der Landcommünen in den Herzogthümern Schleswig und Holstein. In: Neues Staatsbürgerliches Magazin 5 (1837), S. 504–594.
Dietmar WILLOWEIT: Gesetzgebung und Recht im Übergang vom Spätmittelalter zum frühneuzeitlichen Obrigkeitsstaat. In: Okko Behrends und Christoph Link (Hrsg.): Zum römischen und neuzeitlichen Gesetzesbegriff, Göttingen 1987, S. 123–146.
Eugen WOHLHAUPTER: Die Bauernbeliebungen Schleswig-Holsteins. In: Kieler Blätter 1938, S. 163–185.

Steuerwesen

Franz Heinrich ALBERS: Allgemeine Darstellung des Hebungswesens in den Ämtern und Landschaften der Herzogthümer Schleswig und Holstein; mit besonderer Rücksicht auf die herrschaftlichen Gefälle und Abgaben, Kopenhagen 1840.
Heinrich CLAUSEN: Pflug = Hufe? In: JbSG 37 (1989), S. 61–68.
Franz EHLERS: Zoll- und Steuergeschichte Schleswig-Holsteins, o. O. o. J.
Albert HÄNEL und Wilhelm SEELIG: Zur Frage der „stehenden Gefälle“ in Schleswig-Holstein, Kiel 1871.
Jan HEYDE: Die Steuern in Schleswig-Holstein im 17. und 18. Jahrhundert. In: JbSG 29 (1981), S. 204–207.
C. HORST: Das Hebungs- und Steuerwesen, Kiel 1857.

Werner PFEIFFER: Geschichte des Geldes in Schleswig-Holstein, Heide/Holstein 1977.
Horst RALF: Der Pflug als Rechtssymbol und Maß für Abgaben. In: HJbS 45 (1999), S. 46–52.
Johann Christian RAVIT: Die Steuern in Schleswig-Holstein und das preußische Steuersystem, Hamburg 1867.
Friedrich SAEFTEL: Pflug-Gespann, Fach-Haus, Grund-Steuer. Das Haus als Maßstab für Rechte und Pflichten sowie als Grundlage für den Aufbau der Münzrechnung, Eckernförde 1957.
Hans-Christian STEINBORN: Abgaben und Dienste holsteinischer Bauern im 18. Jahrhundert, Neumünster 1982 (= Quellen und Forschungen zur Schleswig-Holsteinischen Geschichte 79).
Adolf Theodor THOMSEN-OLDENSWORTH: Die Steuern der Herzogthümer Schleswig-Holstein und des Preußischen Staats, Kiel 1867.
Emil WASCHINSKI: Währung, Preisentwicklung und Kaufkraft des Geldes in Schleswig-Holstein von 1226 bis 1864, 2 Teile, Neumünster 1952–1959.

Gedruckte Quellen, Quellenkunde, Statistiken, Archive und sonstige Hilfsmittel

Gadi ALGAZI: Ein gelehrter Blick ins lebendige Archiv. Umgangsweisen mit der Vergangenheit im 15. Jahrhundert. In: Historische Zeitschrift 266 (1998), S. 317–357.
Hermann BAASCH: Was die Kirchenbücher von Dänischenhagen für die historische und Familienforschung aussagen. In: JbEck 28 (1970), S. 76–89.
Wilhelm Dirk BAHNSON: Wie endete die patronymische Namensgebung im Herzogtum Schleswig? In: JbEck 31 (1973), S. 149–159.
Uwe H. BAUMGARTEN (Hrsg.): Das älteste Flemhuder Kirchenbuch von 1692 bis 1732, aufgeschrieben von Johann Lorens (I), 2. Aufl., Flemhude 1995.
Johann Eike BENESCH: Das Bordesholmische Brücheregister von 1619/20. In: Jahrbuch für das ehemalige Amt Bordesholm 6 (2004), S. 117–132.
Johann Eike BENESCH u. a.: Bordesholmer Steuerlisten und Dorfbeschreibungen aus dem 16. Jahrhundert. Transkription der Bederegister von 1501 und 1504, des Fräuleinschatzregisters von 1564 des Klosters Bordesholm sowie des „Vorteknisse der Dörper, Güder und der Lüde, thom Closter Bordeßholm gehörig“, Bordesholm 2009.
Gustav BLUNK: Bordesholmer Flurnamen. Versuch einer Deutung. In: JbRd 1956, S. 132–140.
Walter BOGSCH: Zur Geschichte der Familie Siljack. In: JbRd 1976, S. 45–54.
Uwe BOLDT: Sterberegister Brügge 1717–1737. In: Familienkundliches Jahrbuch Schleswig-Holstein 37 (1998), S. 68–77.
Uwe BONSEN: Das Siesebyer Kirchenbuch als Dokument zur Geschichte der Landwirtschaft in Schwansen. In: JbEck 54 (1996), S. 81–112.
Wilhelm BRONNMANN: Das Gut „Saxtorff“ vor 225 Jahren. Einige Daten aus einer alten Zählliste für Hornvieh. In: Riesebyer Jahrbuch 23 (1998), S. 81–82.
Michael BRÜCHMANN und Annette GÖHRES: Das Nordelbische Kirchenarchiv. In: Steinburger Jahrbuch 2003, S. 43–53.

Enno BÜNZ: Das älteste Güterverzeichnis des Augustiner Chorherrenstifts Neumünster. In: ZSHG 112 (1987), S. 27–122.
H. CARSTENS: Die Volkszählung 15. August 1769 in Schleswig-Holstein. In: Zeitschrift für Niedersächsische Familienkunde 19 (1937), S. 180–184.
CHRONIKEN in Schleswig-Holstein. In: JbSG 41 (1993), S. 248–260.
Otto CLAUSEN: Die Bedeutung der Schuld- und Pfandprotokolle für die Hof- und Familienforschung. In: Busdorfer Hefte 1 (1988), S. 42–48.
Otto CLAUSEN: Flurnamen Schleswig-Holsteins, 2., erweiterte Auflage, Rendsburg 1988.
Rainer DEMSKI: Die Flurkarte als historische Quelle. In. JbEut 29 (1995), S. 57–61.
Veronika EISERMANN und Hans Wilhelm SCHWARZ (Bearb.): Archive in Schleswig-Holstein, Schleswig 1996 (= Veröffentlichungen des Schleswig-Holsteinischen Landesarchivs, Band 43).
Hannelies ETTRICH: ...von den Freuden und Leiden, eine Chronik zu schreiben. In: JbSt 8 (1990), S. 103–113.
Hans-Detlef FÖRST (Red.): Chronik 250 Jahre Strohgilde Böhnhusen – Vereinigung zur gegenseitigen Unterstützung von Stroh in Brandfällen zu Böhnhusen 1759–2009, Böhnhusen 2009.
Rolf GEHRMANN: Die Volkszählungslisten als Spiegel der Sozialstruktur Schleswig-Holsteins im 19. Jahrhundert. In: Die Heimat 91 (1984), S. 111–118.
Silke GÖTTSCH: Ländliche Tage- und Anschreibebücher. In: KBlV XIV (1982), S. 153–159.
Silke GÖTTSCH: Möglichkeiten der Erfassung und Auswertung von Amtsrechnungen. In: KBlV XV (1983), S. 163–172.
Hans GRÜTZNER. Das Archiv des Kirchenkreises Rendsburg. In: JbRd 1998, S. 41–45.
Kurt HECTOR: Die Gettorfer Schuldbücher von 1494 bis 1534. In: JbEck 17 (1959), S. 143–191.
Kurt HECTOR: Das Schleswig-Holsteinische Landesarchiv, Schleswig 1973.
Paul von HEDEMANN-HEESPEN: Inhalt des öffentlichen Archivs der Familie v. Hedemann gen. v. Heespen, zu Deutsch-Nienhof. In: ZSHG 20 (1890), S. 193–212.
Paul von HEDEMANN-HEESPEN: Das öffentliche Archiv der Familie von Hedemann gen. von Heespen. In: ZSHG 21 (1891), S. 392–393.
Paul v. HEDEMANN-HEESPEN: Zum Landregister und zur Landesmatrikel der Herzogtümer. In: ZSHG 32 (1902), S. 204–222; Zusatz S. 481–483.
Georg HELMER: Die Geschichte der privaten Feuerversicherung in den Herzogtümern Schleswig und Holstein, insbesondere die Geschichte der Entstehung und Entwicklung der Brandgenossenschaften oder „Brandgilden" in Schleswig-Holstein. 2 Bände, Berlin 1925/26.
Rainer HERING: Öffentliches Gedächtnis Schleswig-Holsteins – das Landesarchiv am Beginn des 21. Jahrhunderts. In: Beiträge zur Schleswiger Stadtgeschichte, Schleswig 2007, S. 111–128.
Hartmut HILDEBRANDT: 150 Jahre Brandversicherungsgesellschaft Brügge 1844–1994, Dätgen 1994.
Georg HILLE: Das Ordnen der Akten im Schleswiger Staatsarchiv. In: ZSHG 34 (1904), S. 182–185.

Bärbel HOFFMANN: Die Eckernförder Beliebung – 386 Jahre Gemeinsinn und Tradition. In: JbEck 73 (2015), S. 67–81.
Gottfried Ernst HOFFMANN: Das älteste Dänischenhagener Kirchenbuch 1638–1716. In: JbEck 2 (1937), S. 3–8.
Gottfried Ernst HOFFMANN: Der Weg zu den archivalischen Quellen der Heimat- und Landesforschung. In: Peter Ingwersen (Hrsg.): Methodisches Handbuch für Heimatforschung, Schleswig 1954, S. 24–40.
Marie-Luise HOPF-DROSTE (Hrsg.): Katalog ländlicher Anschreibebücher aus Nordwestdeutschland, Münster 1989.
Heinrich Freiherr von HOYNINGEN und Robert KNULL: Landesarchiv Schleswig-Holstein. In: Steinburger Jahrbuch 2003, S. 31–42.
Hans HÜBNER: Das Ende der Leibeigenschaft in Schleswig-Holstein. In: Die Heimat 65 (1958), S. 82–85.
Peter INGWERSEN: Wie erarbeite ich ein Dorfbuch? Flensburg 1938.
Peter INGWERSEN (Hrsg.): Methodisches Handbuch für Heimatforschung, Schleswig 1954.
Wilhelm JENSEN: Die Kirchenbücher Schleswig-Holsteins, der Landeskirche Eutin und der Hansestädte, 2. Aufl., Neumünster 1958.
Wilhelm JENSEN: Die Festehufen in der alten Hohner und Hüttener Harde. In: JbRd 1982, S. 116–127.
Willers JESSEN: Quellen zur Sippenforschung in Eckernförde. In: JbEck 1 (1936), S. 5–7.
Hugo JÖHNK: Gutswirtschaft früher und heute [Saxtorf]. In: JbEck 40 (1982), S. 264–266.
Hans-Jürgen KAHLFUSS: Landesaufnahme und Flurvermessung in den Herzogtümern Schleswig, Holstein und Lauenburg vor 1864, Neumünster 1969.
Johannes Hugo KOCH: Vom Gildewesen im Hinblick auf die Brandgilden. In: Die Heimat 98 (1991), S. 72–85.
Heinrich KOCHENDÖRFFER: Das Archivwesen Schleswig-Holsteins, Kiel 1924.
Christian KOCK: Alte Brandgilden im Amte Hütten. In: JbEck 2 (1937), S. 88–92.
KÖNIGLICH Preußisches Statistisches Landesamt (Hrsg.): Gemeindelexikon für die Provinz Schleswig-Holstein, Berlin 1908.
Karl-Sigismund KRAMER: Möglichkeiten und Reichweite archivalischer Quellenforschung zur Volkskunde. In: KBlV XV (1983), S. 149–161.
Uwe KRÖGER: Vom Pfund zum Kilogramm in Schleswig-Holstein. In: Natur- und Landeskunde 112 (2005), S. 28–33.
Jürgen KÜHL: Zwei Recheneinschreibebücher aus dem 18. Jahrhundert. In: HJbS 45 (1999), S. 61–71.
Jürgen KÜHL: Vier Rechenhandschriften aus den Hüttener Bergen. In: JbEck 61 (2003), S. 263–277.
Jürgen KÜHL: Eine Rechenhandschrift aus Bünsdorf. In: JbEck 73 (2015), S. 161–166.
LANDESARCHIV Schleswig-Holstein (Hrsg.): Archive in Schleswig-Holstein, Schleswig 1996.
LANDSARKIVET for de sønderjyske Landsdele (Hrsg.): Nordslesvigske Retsbetjentarkiver, Aabenraa 1976.
LANDESVERMESSUNGSAMT Schleswig-Holstein (Hrsg.): Entstehen und Wert der Katasterkarten in der Provinz Schleswig-Holstein, Kiel 1952.

LANDESVERMESSUNGSAMT Schleswig-Holstein (Hrsg.): Topographische Charte des Herzogtums Holstein (1789–1796) 1:25 000, aufgenommen unter Gustav Adolf von Varendorf durch Offiziere des Schleswigschen Infanterieregiments, Kiel 1991.
Wolfgang LAUR: Die Ortsnamen im Kreise Rendsburg. In: JbRd 1954, S. 45–86.
Wolfgang LAUR: Die Ortsnamen in Schwansen. In: JbEck 22 (1964), S. 88–105.
Klaus-Joachim LORENZEN-SCHMIDT: Getreidepreise in Schleswig-Holstein, Hamburg und Lübeck 1734 bis 1841. In: Rundbr. 11 (1981), S. 6–18.
Klaus-Joachim LORENZEN-SCHMIDT: Bäuerliche Anschreibe- und Tagebücher – ein bisher vernachlässigter Quellenbereich der Landwirtschaftsgeschichte. In: Rundbr. 12 (1981), S. 9–14.
Klaus-Joachim LORENZEN-SCHMIDT: Eine Zeittafel für den schleswig-holsteinischen Wirtschafts- und Sozialhistoriker. In: Rundbr. 23 (1983), S. 2–22.
Klaus-Joachim LORENZEN-SCHMIDT: Anschreibebücher als Quellen zur Wirtschaftsgeschichte bäuerlicher Betriebe in Schleswig-Holstein. In: ZSHG 109 (1984), S 151–165.
Klaus-Joachim LORENZEN-SCHMIDT und Bjørn POULSEN (Hrsg.): Bäuerliche Anschreibebücher als Quellen zur Wirtschaftsgeschichte, Neumünster 1992 (= Studien zur Wirtschafts- und Sozialgeschichte Schleswig-Holsteins, Band 21).
Klaus-Joachim LORENZEN-SCHMIDT: Quellenkundliche Überlegungen bei der Auswertung bäuerlicher Schreibebücher. In: Research on Peasant Diaries, Newsletter 8 (1993), S. 7–14.
Klaus-Joachim LORENZEN-SCHMIDT: Warum schrieben Bauern? In: KBlV 27 (1995), S. 109–126.
Klaus-Joachim LORENZEN-SCHMIDT: Arbeitsschritte und Arbeitsmaterialien für das Schreiben einer Ortsgeschichte. In: Steinburger Jahrbuch 1995, S. 53–61.
Klaus-Joachim LORENZEN-SCHMIDT: Lübisch und Schleswig-Holsteinisch Grob Courant. Waren-, Handels- und Geldbeziehungen zwischen Lübeck und den Herzogtümern Schleswig und Holstein im Spätmittelalter und in der Frühen Neuzeit, Lübeck 2003 (= Handel, Geld und Politik vom frühen Mittelalter bis heute, Band 6).
Ronald LUCHT: Das Landesarchiv Schleswig-Holstein. Eine Betrachtung aus archivtechnischer Sicht, Schleswig 2006 (= Veröffentlichungen des Landesarchivs Schleswig-Holstein, 89).
Ludwig MAASS: Die Brandgilden, insbesondere in Schleswig-Holstein, Stuttgart 1910.
Volker MARTENS: Toten- und Knochenbruchgilden im Herzogtum Schleswig. Die Entwicklung der Sterbekassen und die Anfänge der Kranken- und Unfallversicherung. Dissertation, Göttingen 1967.
Andreas Ludwig Jacob MICHELSEN und Jacob ASMUSSEN: Archiv für Staats- und Kirchengeschichte der Herzogthümer Schleswig, Holstein, Lauenburg und der angrenzenden Länder und Städte, 5 Bände, Altona 1833–43.
Ingwer Ernst MOMSEN: Die allgemeinen Volkszählungen in Schleswig-Holstein in dänischer Zeit (1769–1860), Neumünster 1974 (=Quellen und Forschungen zur Geschichte Schleswig-Holsteins, Band 66).
Joachim MÜLLER und Sabine ZEIS: Das Nortorfer Statdarchiv. In: JbRd 1996, S. 137–141.
Winfried SARNOW: Die Straßen Nortorfs und die Bedeutung ihrer Namen. In: JbRd 1976, S. 96–98.
Ute NEUHAUS-SCHRÖDER: Dorfchroniken in Schleswig-Holstein. In: Die Heimat 101 (1994), S. 57–64.

Ute NEUHAUS-SCHRÖDER: Dorfchroniken in Schleswig-Holstein. In: Steinburger Jahrbuch 1995, S. 298–308.
Ute NEUHAUS-SCHRÖDER: Dorfchroniken im Kreis Rendsburg-Eckernförde. In: JbRd 1997, S. 63–70.
Ute NEUHAUS-SCHRÖDER (Hrsg.): Heimatforschung in Schleswig-Holstein. Handbuch für Chronisten, Regionalforscher und Historiker, Husum 2001.
Ute NEUHAUS-SCHRÖDER: Konzepte für eine konkrete Chronikarbeit. In: HJbS 47 (2001), S. 179–187.
Manfred Otto NIENDORF: Chronikarbeit voll im Trend? In: Steinburger Jahrbuch 1995, S. 11–32.
OBER-POSTDIREKTION Kiel (Hrsg.): Verzeichnis sämtlicher Ortschaften der Provinz Schleswig-Holstein, Berlin 1922.
Wilhelm PETERSEN: Was besagen die Endungen „thorp“, „borstel“ und „wurt“? Chronik schleswig-holsteinischer Ortsnamen. In: Jahrbuch für Schleswig-Holstein 53 (1991), S. 58–63.
Werner PINNAU: Die Katasterkarte. Eine Erläuterung ihrer Zeichen für den Benutzer. In: JbEck 21 (1963), S. 155–160.
Werner PINNAU: Was bietet das Kataster der Heimatforschung? In: JbEck 22 (1964), S. 107–113.
Reimer POHL: Straßen in Schleswig. Straßennamen und ihre Bedeutung, Schleswig 1993.
Julius PRANGE: Ein Freibrief aus dem Jahre 1775. In: Die Heimat 30 (1920), S. 26–27.
Wolfgang PRANGE: Geschäftsgang und Registratur der Rentekammer zu Kopenhagen 1720–1799, beschrieben als Anleitung zur Benutzung ihres Schleswig-Holstein betreffenden Archivs. In: ZSHG 93 (1968), S. 181–203.
Wolfgang PRANGE: Christian Ludwig Ernst von Stemann und die älteren schleswigschen Gerichtsprotokolle. In: ZSHG 125 (2000), S. 115–124.
Johann Christian RAVIT: Actenstücke zur Geschichte der Pflugzahl und insonderheit der reducierten Pflugzahl. In: Jahrbücher für die Landeskunde 9 (1867), S. 285–353.
Georg REIMER: Das älteste Einwohnerverzeichnis des Amtes Rendsburg. In: JbRd 1951, S. 133–142.
Georg REIMER: Vom Amte Rendsburg 1540–1800 (mit Hufenverzeichnissen). In: ZSHG 78 (1954), S. 139–205.
Georg REIMER: Das Schenefelder Missale von 1576. In: JbRd 1959, S. 9–31.
Georg REIMER: Bauernbuch des Amtes Rendsburg. Bearbeitet nach den Amtsrechnungen im Landesarchiv Gottorp, Manuskript im Landesarchiv Schleswig-Holstein.
G. REIMERS: Zur Aufhebung der Leibeigenschaft. In: Die Heimat 15 (1905), S. 26–27.
Hans RIEDIGER: Erdbuch des Amtes Neumünster von 1633. In: Zeitschrift für Niederdeutsche Familienkunde 33 (1958), S. 67–73 und 84–86.
Hermann SCHLÜTER: Auf Ahnensuche in Schwansen. Über Ungenauigkeiten bei Kirchenbucheintragungen. In: JbEck 44 (1986), S. 155–162.
Hermann SCHLÜTER: Auf Ahnensuche im Dänischen Wohld. In: IbEck 47 (1989), S. 202–214.
Hermann SCHLÜTER: Auf Ahnensuche im Dänischen Wohld II. In: JbEck 49 (1991), S. 238–253.

Franz SCHUBERT: Quellen und Schriften zur Bevölkerungsgeschichte Norddeutschlands. Trauregister aus den ältesten Kirchenbüchern Schleswig-Holsteins – von den Anfängen bis zum Jahre 1704. Band 4: Die Propsteien Kiel, Plön, Segeberg, bearbeitet von Christian Griem; Register zu Band 2–6, Göttingen 1987–89 (Selbstverlag).
Hugo SCHÜNEMANN: Alte Längenmaße und Meßgeräte. In: Steinburger Jahrbuch 1974, S. 83–98.
Hans Wilhelm SCHWARZ: Die ältesten Einwohnerverzeichnisse des Amtes Rendsburg von 1540 und 1538/40/41. In: JbRd 1989, S. 31–55.
Hans Wilhelm SCHWARZ: Einige Ergänzungen zu den ältesten Einwohnerverzeichnissen des Amtes Rendsburg von 1540 und 1538/40/41. In: JbRd 1990, S. 83–84.
Hans Wilhelm SCHWARZ: Die historischen Bestandteile des alten Kreises Rendsburg und ihre Überlieferung aus vorpreußischer und preußischer Zeit im Landesarchiv. In: JbRd 1992, S. 15–27.
Hans Wilhelm SCHWARZ: Die holsteinisch-dithmarsischen Klagelisten von 1447. Eine wichtige Quelle zur Lokalgeschichte mit den Ersterwähnungen vieler Orte unseres Jahrbuchgebietes. In: JbRd 1997, S. 71–86.
Hans Wilhelm SCHWARZ: Eine Instruktion für die Bauervögte des Amtes Rendsburg aus dem Jahre 1772. In: JbRd 1999, S. 85–92.
Hans Wilhelm SCHWARZ: Aus den Hanerauer Amtsrechnungen 1632 und 1633. In: JbRd 2013, S. 209–216.
Erika SCHWARZBURG: Die Hamdorfer Kuhgilde. In: JbRd 1985, S. 113–118.
Werner SOLTERBECK: Liste der im wehrfähigen Alter stehenden Söhne und Knechte der Bauern im Amte Hütten, März 1701. In: JbEck 29 (1971), S. 148–167.
STATISTISCHES Landesamt Schleswig-Holstein (Hrsg.): Verzeichnis der Gemeinden, Ortschaften und Wohnplätze in Schleswig-Holstein, Kiel 1953.
STATISTISCHES Landesamt Schleswig-Holstein (Hrsg.): Die schleswig-holsteinischen Kreise und Verzeichnis der Gemeinden nach der Gebietsreform vom 26.4.1970, Kiel 1970.
STATISTISCHES Landesamt Schleswig-Holstein (Hrsg.): Die Bevölkerung der Gemeinden in Schleswig-Holstein 1867–1970, Kiel 1972.
Gerd STEINWASCHER: Heimatforschung und mittelalterliche Quellen. Eine Einführung, Hildesheim 1992.
Heinrich STOLTENBERG: Ein Bauernbrief aus dem Jahre 1700. In: Die Heimat 27 (1917), S. 88–90.
Gerd STOLZ: Mit den Brandgilden fing es an. Schleswig-Holstein – die „Wiege" der deutschen Feuerversicherung. In: Natur- und Landeskunde 115 (2008), S. 182–191.
Otto THIESSEN: Das Schuld- und Pfandprotokoll als Quelle der Familienforschung. In: JbAng 3 (1933), S. 48–54.
Thomas THOMSEN: Ueber die Schuld- und Pfandprotocolle und über das Protocollations-Wesen des Herzogthums Schleswig..., Flensburg 1828.
Thomas THOMSEN: Das Eckernförder Kirchenregister von 1586. In: JbEck 25 (1967), S. 154–158.
Walther TREDE: Die Archivbestände der Kirchspiele in der ev.-luth. Propstei Hütten. In: JbEck 12 (1954), S. 177–208.
Willi WOLKE: Geschichte und Inhalt des Hanerauer Gesamtarchivs. In: JbRd 1959, S. 222–224.

Haus- und Familiengeschichte, Ortschroniken

(Alphabetisch nach Orten geordnet)

Burkhard CZINCZEL und Henry TIEDEMANN: Chronik der Gemeinde **Alt Duvenstedt** – 675 Jahre Alt Duvenstedt, Alt Duvenstedt 2003.
Hilmar MAROHN: **Altenhof** 1410–2012. Geschichte & Geschichten, Altenhof o. J. [2013].
Gerhard THOMSEN: Die Entstehung der Kirchengemeinde **Altenholz**. In: JbEck 34 (1976), S. 151–154.
Erik Wulff: **Arpsdorf** – Eine Chronik in der holsteinischen Geest, o. O. o. J.
Wolfgang LAUR: Die Ortsnamen **Ascheffel** und Damendorf in den Hüttener Bergen. In: JbEck 20 (1962), S. 73–75.
Hans PETERSEN: Verkoppelung der **Ascheffel**er Feldmark 1776–1778. JbEck 56 (1998) –Beihefte Materialien und Forschungen aus der Region 1.
Telse STOY: **Ascheffel** im Wandel der Zeit –1510 bis 2010. In: JbEck 68 (2010), S. 257–266.
GEMEINDE Schacht-**Audorf** (Hrsg.): Chronik Schacht-Audorf, Osterrönfeld 2006.
Gottfried SCHÄFER: 650 Jahre Schacht-**Audorf**, Schacht-Audorf 1980.
Heinrich ASMUS: Die Geschichte **Aukrug**s, o. O. 1995.
Georg REIMER: Die Geschichte des **Aukrug**s [INNIEN], 3., erweiterte Aufl., Rendsburg 1978.
Adolf MARTENS: Das Dorfbuch der Gemeinde **Bargstedt** in Holstein, Bargstedt 1978.
Hans ROHWER: Chronik des Walddorfes **Bargstedt** von 1540 bis ca. 1800, Nortorf 1996.
Claus WULF: Die Entwicklung der Landwirtschaft des Dorfes **Bargstedt** bis zur Aufhebung der Flurgemeinschaft. In: JbRd 1953, S. 112–124.
Wilhelm BRONNMANN: Zur Geschichte des Dorfes **Basdorf**. In: Riesebyer Jahrbuch 15 (1990), S. 35–41.
Merten WORM: Zur älteren Geschichte des Gutes **Bienebek** an der Schlei. In: JbEck 72 (2014), S. 127–156.
Gustav BLUNK: **Bissee**. In: JbRd 1975, S. 118–119.
Hans EGGERS: Chronik von **Bissee**, Bissee 1999.
Hermann MARXEN: Chronik des Dorfes **Bissee**, Bissee 1977.
Peter BANNICK: Chronik von **Bistensee**, Bistensee 1975.
Robert RENNER: Langwedel: **Blocksdorf** – Enkendorf – Pohlsee, Langwedel 1983.
Claus REESE: Hufen und Hufner in **Blumenthal**, Rumohr und Sprenge/Rotenhahn. In: Jahrbuch für das ehemalige Amt Bordesholm 16 (2014), S. 7–128.
Edith GRÜNAUER: Chronik der Gemeinde Kosel mit ihren Dörfern Kosel, **Bohnert**, Missunde und Weseby, Kosel 2016.
Heinrich KRÜCKENBERG: Die gesellschaftliche Struktur des Dorfes **Böhnhusen**, erklärt an dem Grundbesitz der Bewohner im Laufe von 200 Jahren, Examensarbeit 1950.
Claus REESE: Hufen und Hufner in **Böhnhusen** und Techelsdorf. In: Jahrbuch für das ehemalige Amt Bordesholm 15 (2013), S. 29–101.
Rule von BISMARCK: 650 Jahre **Bordesholm** 1327–1977, Bordesholm 1977.
Christian J. JENS: 650 Jahre **Bordesholm**. In: JbRd 1977, S. 70–75.

Christian J. JENS: Alt-**Bordesholm** – ein vergessener Ortsteil? In: JbRd 1987, S. 88–92.
Christian J. JENS: Aus dem alten „Almanach“ (von **Bordesholm**). In: JbRd 1988, S. 122–127.
Carsten OBST: Chronik der Gemeinde **Borgdorf**-Seedorf in Schleswig-Holstein. Eine historisch-volkskundliche Untersuchung, Borgdorf-Seedorf 2001.
Georg S. LEISNER: Beschreibung des im Herzogthum Schleswig und zwar im zweiten Dänisch-Wohlder adel. Güterdistrikt belegenen adel. Guts **Borghorst**. Eine Studie über das Gut im 18. Jahrhundert, Eckernförde 1999.
Helmut TIEMER: Das Gut **Borghorst** mit den Familien von Qualen und Hamann als Besitzer. In: JbEck 27 (1969), S. 124–138.
Alfred HOFFMANN: **Borgstedt** – eine Chronik, Borgstedt 1992.
Karin BÜCHLER: **Bornstein** – Häuser, Menschen, Geschichten, Bornstein 2011.
Kurt MÖLLER: **Bornstein** – Chronik eines Dorfes im Dänischen Wohld, Bornstein 1994.
GEMEINDE Bovenau (Hrsg.): Chronik **Bovenau**, Osterrönfeld 2007.
Richard DÖLLING: Chronik der Gemeinde **Brammer**. Von der Vorgeschichte bis in die heutige Zeit, Brammer 1993.
Daniel LEHMBECK: Chronik des Dorfes **Brammer**, Brammer 1971.
Walter VOLLNBERG: Das Dorf **Brandsbek** und das Gut Klein Nordsee ab 1800. In: Frauke HILDEBRANDT: Gemeinde Chronik [**Bredenbek**], Bredenbek 2003.
Oskar DIERING: **Breiholz** – ein Bauerndorf zwischen Eider und Nord-Ostseekanal, Kiel 1950.
Ernst-Jürgen FRAHM: 555 Jahre **Breiholz**. In: JbRd 2002, S. 95–104.
GEMEINDE Breiholz (Hrsg.): Chronik der Gemeinde **Breiholz**, Breiholz 1999.
Otto CLAUSEN: Wie die Bauern im 18. und 19. Jahrhundert zu eigenem Land kamen. Die Verkoppelung, veranschaulicht an der Gemeinde **Brekendorf**, Kirchspiel Hütten. In: JbEck 12 (1954), S. 51–68.
GEMEINDE Brekendorf (Hrsg.): Chronik der Gemeinde **Brekendorf**, Brekendorf 1996.
Manfred KLETT: Hüttener Chroniken – **Brekendorf**, o. O. 1991.
Carl PIEPGRAS: Alte Einwohner des Dorfes **Brekendorf**. In: JbEck 9 (1951), S. 113–118.
Claus VOIGT: Hüttener Chroniken – Chronik der Gemeinde **Brekendorf**, o. O. 1996.
Markus STIEPER: **Brinjahe** 1538–1991, Brinjahe 1993.
Johann WITT: Die Gemeinde **Brodersby**. Zum 700-jährigen Bestehen der Dörfer Brodersby und Höxmark. I. Teil: Bis zur Aufhebung der Leibeigenschaft 1805. In: JbEck 26 (1968), S. 98–109.
Hartmut HILDEBRANDT: Chronik der Gemeinde **Brügge**, Brügge 2002.
Nadine MAHN: Ein Gutsbetrieb im Wandel der Zeit. Ein Abriss der Geschichte [Gut **Büchenau**]. In: Riesebyer Jahrbuch 30 (2005), S. 55–66.
Hans ERICHSEN: Familienchronik der Landgemeinde **Bünsdorf**, Kirchspiel Bünsdorf. In: JbEck 41 (1983), S. 207–223.
Wilhelm BRONNMANN: Das **Büstorf**er Herrenhaus ist abgebrochen. Anmerkungen zur Geschichte des Gutes und der Hofanlage. In: JbEck 42 (1984), S. 107–117.
Ernst SCHÄRFF: Was besagen die Flurnamen „Sarrö“ und „Holten Peerd“ zu **Büstorf**? In: JbEck 17 (1959), S. 75–76.
Ralf TIESSEN: Dorfchronik **Christiansholm**, Meggerholm, Christiansholm 2012.
Hans ERICHSEN: Familienchronik der Landgemeinde **Damendorf**, Kirchspiel Hütten, I. Teil. In: JbEck 42 (1984), S. 286–311. II. Teil: In: JbEck 43 (1985), S. 156–168.

Hermann KRÖGER: Mündliche Überlieferungen aus der Geschichte **Damendorfs**. In: JbEck 57 (1999), S. 173–176.
Wolfgang LAUR: Die Ortsnamen Ascheffel und **Damendorf** in den Hüttener Bergen. In: JbEck 20 (1962), S. 73–75.
Sönke PETERSEN (Red.): Chronik der Gemeinde **Damendorf**, Damendorf 2000.
Wilhelm PINN: Die Gemeinde **Damp**. Landschaft und Geschichte – Ein Überblick. In: JbEck 25 (1967), S. 163–173.
Kurt VOIGT: Chronik **Damp**, Damp 1994.
111 Jahre Gemeinde **Dänischenhagen**, Festprogramm 1987.
Hermann BAASCH: Was die Kirchenbücher von **Dänischenhagen** für die historische und Familienforschung aussagen. In: JbEck 28 (1970), S. 76–89.
Frauke HILDEBRANDT: Chronik der Gemeinde **Dätgen**, 1243–1993 – 750 Jahre, Dätgen 1993.
Paul von HEDEMANN: Geschichte der adeligen Güter **Deutsch-Nienhof** und Pohlsee in Holstein, Teil 3 (1776–1905), o. O. 1906.
Uwe BONSEN: 700 Jahre Stadt **Eckernförde**, Eckernförde 2001.
Karl Gottlieb HANSSEN: Versuch einer Chronik von **Eckernförde**, Kiel 1833; Nachdruck Eckernförde 1988.
HEIMATGEMEINSCHAFT Eckernförde (Hrsg.): 700 Jahre Stadt **Eckernförde**. Beiträge zur Erforschung und Beschreibung der Geschichte der Stadt aus den Schriften und Veröffentlichungen der Heimatgemeinschaft, Eckernförde 2001.
Wolfgang LAUR: Zum Namen der Stadt **Eckernförde**. In: JbEck 59 (2001), S. 35–38.
Horst SLEVOGT: **Eckernförde**. Die Geschichte einer deutschen Kaufmannsstadt im Herzogtum Schleswig. 1. Von den Anfängen bis zur Reformation, Husum 1998; 2. Von gottorfischer über dänische zu preußischer Herrschaft, Husum 2005.
Thomas THOMSEN: Das **Eckernförde**r Kirchenregister von 1586. In: JbEck 25 (1967), S. 154–158.
Hilke ZIEGLER: 650 Jahre **Ehlersdorf**. Einige Nachrichten aus Ehlersdorf [1340–1990], Ehlersdorf 1990.
Dieter EHRENREICH: 1000 Jahre **Ehndorf** – ein Heimatbuch, Ehndorf 2000.
Gustav BLUNK: **Eiderstede**. In: JbRd 1975, S. 116–117.
Hartmut HILDEBRANDT: Hofübergabeverträge der Hufe Stange, Bordesholm, **Eiderstede** 1, zwischen 1768 und 1931. In: Mitteilungen des Geschichtsvereins für das ehemalige Amt Bordesholm, Heft 3 (1994), S. 3–32.
Uwe LOHSE: 800 Jahre **Ellerdorf** 1200–2000, Festschrift, Ellerdorf 2000.
666 Jahre **Elsdorf**-Westermühlen 1340–2006, Langenhorn 2006.
Hinrich SIEVERS: Alte Rauchhäuser in **Elsdorf**. In: JbRd 1963, S. 92–100.
GEMEINDE Embüren (Hrsg.): Chronik der Gemeinde **Embühren**, Embühren 2003.
Karl-Heinz BAHNS: Chronik **Emkendorf**, Emkendorf 2005.
Hartmut HILDEBRANDT: Das Gut **Emkendorf** um 1600. In: JbRd 47 (1997), S. 88–89.
Georg REIMER: Aufhebung der Leibeigenschaft auf **Emkendorf**. In: JbRd 1956, S. 164–166.
Robert RENNER: Langwedel: Blocksdorf – **Enkendorf** – Pohlsee, Langwedel 1983.
Edith GRÜNAUER: Die Hufen Königsburg und Buburg [Gut **Eschelsmark**]. In: JbEck 66 (2008), S. 107–116.

GEMEINDE Felde (Hrsg.): Dorfchronik der Gemeinde **Felde**, Band 1, Felde 1986; Band 2 1988; Band 3 1993.
Christian SCHÜTT (Hrsg.): Von Handel und Handwerk und Höfen und Katen in **Felde**, Felde 2003.
GEMEINDE Negenharrie (Hrsg.): Ludestesharegen – Negenharrie 1238; Wulverdesharegen – **Fiefharrie** 1238, Negenharrie 1988.
Heinz PAASCH: **Fleckeby** – Darstellung der Gemeinde in Vergangenheit und Gegenwart. Ein Handbuch zur Heimatkunde, Fleckeby o. J. [ca. 1996].
GEMEINDE Quarnbek: Zu den Anfängen **Flemhude**s, Quarnbek 1991.
Max HEITMANN: **Flintbek** im Wandel der Zeiten, Bordesholm 1977.
Frauke HILDEBRANDT: **Flintbek**. Groß Flintbek – Voorde – Kleinflintbek, Flintbek 1988.
Edward HOOP: 800 Jahre **Fockbek**. In: JbRd 1996, S. 174–186.
Hans SCHLOTHFELDT: Die Flurnamen der Gemarkung **Fockbek**. In: JbRd 1951, S. 39–59.
Hans SCHLOTHFELDT: Aus der **Fockbek**er Chronik. In: JbRd 1957, S. 122–131.
Hans SCHLOTHFELDT: Die Verwaltung des Dorfes **Fockbek** von 1567 bis jetzt. In: JbRd 1958, S. 171–177.
Hans SCHLOTHFELDT: Die alteingesessenen Familien von **Fockbek**. In: JbRd 1961, S. 154–157.
Hans SCHLOTHFELDT: Chronik von **Fockbek**. Neubearbeitung von Erika Schwarzburg und Hans Ruge, Fockbek 1989.
Otto CLAUSEN: Aus der Gründungsgeschichte der Moorkolonie **Friedrichsholm**. In: JbRd 1984, S. 131–147.
Hans-Werner MÖHRS: Aus der Geschichte **Friedrichsholm**s. In: JbRd 1978, S. 122–128.
GEMEINDE Gammelby (Hrsg.): 650 Jahre **Gammelby**, Gammelby 1989.
Kurt HECTOR: Die **Gettorf**er Schuldbücher von 1494 bis 1534. In: JbEck 17 (1959), S. 143–191.
Kurt HECTOR: Die Kirche und das Kirchspiel **Gettorf** im ausgehenden Mittelalter. In: JbEck 19 (1961), S. 7–74.
August SEIDEL: Zur Geschichte des **Gettorf**er Meierhofes. In: JbEck 7 (1949), S. 75–84.
Theodor STOLTENBERG: Aus alten Zeiten – ein Stück Chronik der **Gettorf**er Gemeinde, Kiel 1880.
Jürgen STRUCK: **Gettorf** (1876–1976) – von der Gutsdorfschaft zur Mittelpunktgemeinde, Gettorf 1976.
Walther TREDE: Dänisch-Wohld, zugleich eine Chronik der Ortschaft **Gettorf**, Rendsburg 1951.
Walter WILDE: 1259 – Beginn der Ortsgeschichte von **Gettorf**. In: JbEck 67 (2009), S. 177–182.
Erwin FRITSCHKA und Siegfried GEIGER: Chronik **Gnutz**, Gnutz 1998.
Jürgen KLEEN: Aus der Vergangenheit für die Gegenwart – Dorf-Chronik der Gemeinde **Gnutz**, Gnutz 1962.
Ingrid HOPPE: Chronik von **Grevenkrug**, Grevenkrug 2003.
Hartmut HILDEBRANDT: Chronik von **Groß Buchwald**, Groß Buchwald 1998.

Rolf POHLMEYER: Ovendorf [**Groß Buchwald**]. In: Jahrbuch für das ehemalige Amt Bordesholm 13 (2011), S. 137–144.
Paul STIELOW: Aus der Chronik von **Groß Buchwald**. In: JbRd 1971, S. 171–177.
Helmut BROSE: Erläuterungen zu den Gebäuden des ehemaligen Hufendorfes **Groß-Flintbek**. In: Jahrbuch für das ehemalige Amt Bordesholm 5 (2003), S. 9–24.
Frauke HILDEBRANDT: Flintbek. **Groß Flintbek** – Voorde – Kleinflintbek, Flintbek 1988.
Claus REESE: Hufen und Hufner in **Groß Flintbek**, Voorde und Kleinflintbek. In: Jahrbuch für das ehemalige Amt Bordesholm 17 (2015).
Wolf WIENCKE: Die Bedeutung des Ortsnamens „**Großkönigsförde**". In: JbEck 30 (1972), S. 149–150.
Friedrich Wilhelm HAAN: Heimatgeschichte **Groß Vollstedt**, o. O. 1979.
Merten WORM: Das Gut **Grünholz** in Schwansen vom 18. Jahrhundert bis zur Gegenwart. In: JbEck 71 (2013), S. 125–150.
Alf HERMANN: Villa Gudebu – **Güby**s Ersterwähnung. In: JbEck 70 (2012), S. 109–111.
Karl Heinz VOLLSTEDT: **Haale** – Chronik der Gemeinde, Haale 1993.
Wolfgang LAUR: Die Flurnamen von **Haby**. In: JbEck 35 (1977), S. 133–148.
Johann GOSCH: Feld und Hof vor 175 Jahren [**Hamdorf**]. In: JbRd 1952, S. 78–81.
Wilhelm JENSEN: Die älteren Flurnamen in der Gemarkung **Hamdorf**. In: JbRd 1980, S. 122–138.
Sven MAHMENS: Die Hufnerfamilie Thöming aus **Hamdorf**, Teil 1. In: Familienkundliches Jahrbuch Schleswig-Holstein 41 (2002), S. 28–59; Teil 2 in 42 (2003), S. 16–41.
Erika SCHWARZBURG: Die Geschichte des Kirchspiels **Hamdorf**. In: JbRd 1974, S. 83–92.
Erika SCHWARZBURG: Aus der Geschichte **Hamdorf**s. In: JbRd 1975, S. 69–81.
Erika SCHWARZBURG: 700 Jahre **Hamdorf** – eine Chronik, Hamdorf 1985.
Max Heinz ROHWER: Chronik der Gemeinde **Hamweddel**, Hamweddel 1994.
Hans Wilhelm SCHWARZ: Adel und Bauern in Westholstein – das Gut **Hanerau** um 1600. In: JbRd 1978, S. 103–112.
Hans Wilhelm SCHWARZ: Eine Beschreibung des Gutes **Hanerau** von ca. 1755. In: JbRd 1979, S. 96–100.
Hans Wilhelm SCHWARZ: Die Ländereien und Meierhöfe des Gutes **Hanerau** bis 1777 (1. Teil). In: JbRd 1982, S. 87–107.
Hans Wilhelm SCHWARZ: Die Ländereien und Meierhöfe des Gutes **Hanerau** bis 1777 (2. Teil). In: JbRd 1983, S. 137–154.
Hans Wilhelm SCHWARZ: Die Ländereien und Meierhöfe des Gutes **Hanerau** bis 1777 (3. Teil). In: JbRd 1984, S. 98–114.
Wilhelm HAHN: **Hemmelmark** im neunzehnten Jahrhundert. In: JbEck 22 (1964), S. 75–82.
Hermann TÖNSFELDT: Das Dorf **Hoffeld**, eine Siedlung von 1737. In: JbRd 1956, S. 151–163.
ARBEITSKREIS Hohenliether Chronik (Hrsg.): Ortschronik – Vom adligen Gut zum Siedlungsdorf. Zum 50-jährigen Bestehen der Siedler- und Dorfgemeinschaft **Hohenlieth** 1953–2003, Hohenlieth 2003.

Christian HANSEN: Erbpächter und Pächter im adligen Gut **Hohenlieth** um 1800. In: JbEck 2 (1937), S. 47–57.

Merten WORM: Das Gut **Hohenlieth** im Dänischen Wohld. Kurzer Abriss der Gutsgeschichte nach neuestem Forschungsstand. In: JbEck 70 (2012), S. 163–188.

750 Jahre **Hohenwestedt**, Rendsburg 1967.

Georg REIMER: Extractum des Kirchenmissals zu **Hohenwestedt** (1620). In: Die Heimat 37 (1927), S. 44–46 und S. 66–68.

ARBEITSKREIS Hohner Chronik (Hrsg.): Geschichte und Geschichten – **Hohn**, 1. Teil, 2. unveränderte Aufl., Hohn 1995; 2. Teil, Hohn 1999.

GEMEINDE Holtsee (Hrsg.): Chronik der Gemeinde **Holtsee**, Holtsee 1998.

Harald AMMANN: Buwinghe, Bonge, **Holzbunge**, Holzbunge 1999.

GEMEINDE Holzdorf (Hrsg.): Chronik der Gemeinde **Holzdorf**, Holzdorf 1999.

Wilhelm BRONNMANN: Alte Beschreibungen der Höfe **Hörst** und Holzkoppel. Abdruck der Beschreibungen von 1820. In: Riesebyer Jahrbuch 14 (1989), S. 75–80.

Wilhelm BRONNMANN: Alte Beschreibungen der Höfe **Hörst** und Holzkoppel. Abdruck der Beschreibungen von 1820. In: Riesebyer Jahrbuch 14 (1989), S. 75–80.

Wilhelm BRONNMANN: Zur Geschichte des Gutes **Hörst**. In: Riesebyer Jahrbuch 18 (1993), S. 9–11.

Johann WITT: Die Gemeinde Brodersby. Zum 700-jährigen Bestehen der Dörfer Brodersby und **Höxmark**. I. Teil: Bis zur Aufhebung der Leibeigenschaft 1805. In: JbEck 26 (1968), S. 98–109.

Manfred KLETT: Hüttener Chroniken – Chronik der Gemeinde **Hütten**, o. O. 1993.

Heinrich BÜLCK: Der Name **Hütten**. In: JbEck 11 (1953), S. 45–48.

Hans ERICHSEN: Familienchronik der Landgemeinde **Hütten**, Kirchspiel Hütten. In: JbEck 40 (1982), S. 170–201.

Thomas BECKER: 725 Jahre **Karby** 1278–2003. Zeitgeschichte des Dorfes Karby, 2. Teil: 1978–2003, Karby 2003.

Walter PIPPOW: Aufhebung der Leibeigenschaft und Parzellierung im Gute **Karlsburg** in Schwansen. In: JbEck 4 (1939), S. 3–17.

Günter WESTPHAL: Vom Dorf zum Gut, vom Gut zum Dorf – Gereby-**Karlsburg**, die Geschichte eines Gutes, Hamburg 1954.

Merten WORM: Das adelige Gut **Karlsburg**, bis 1826 mit Namen Gereby, von 1785 bis 1836 – zur Besitzzeit des Carl Landgraf von Hessen. In: JbEck 73 (2015), S. 179–199.

Werner BOMBOR und Ulrike FISCHBEK: **Klausdorf**, Schwentine – Chronik der Ereignisse, Nachrichten und Berichte von 1224 bis 2000, Klausdorf 2002.

Britta GAUDE: Die Räucherkate Homfeldt in **Klausdorf** (Altenholz). In: JbEck 37 (1979), S. 155–159.

Britta GAUDE: Hofbesitzerfolgen des Dorfes **Klausdorf**, Gemeinde Altenholz, im 19. Jahrhundert. In: JbEck 71 (2013), S. 173–175.

Frauke HILDEBRANDT: Flintbek. Groß Flintbek – Voorde – **Kleinflintbek**, Flintbek 1988.

Claus REESE: Hufen und Hufner in Groß Flintbek, Voorde und **Kleinflintbek**. In: Jahrbuch für das ehemalige Amt Bordesholm 17 (2015).

DOKUMENTE zur Geschichte von Felde und Gut **Klein Nordsee**. In: Christian Schütt (Hrsg.): Von Handel und Handwerk und Höfen und Katen in Felde, Felde 2003.

Walter VOLLNBERG: Das Dorf Brandsbek und das Gut **Klein Nordsee** ab 1800. In: Christian SCHÜTT (Hrsg.): Von Handel und Handwerk und Höfen und Katen in Felde, Felde 2003, S. 141–157.
Georg S. LEISNER: Untersuchungen über die adeligen Güter Lindau, **Königsförde**, Wulfshagener-Hütten, Wulfshagen. 3. Königsförde. Ein adliges Gut im Dänischen Wohld, Eckernförde 2006.
Hans Peter STAMP: Chronik der Gemeinde **Königshügel**, o. O. 2014.
200 Jahre Gemeinde **Kosel** 1777–1977, Kosel 1977.
Edith GRÜNAUER: Chronik der Gemeinde Kosel mit ihren Dörfern **Kosel**, Bohnert, Missunde und Weseby, Kosel 2016.
GEMEINDE Kronshagen (Hrsg.): **Kronshagen**, Kronshagen 1996.
Arthur GLOY: Das alte Amt Kronshagen. Geschichte der Dorfschaften Russee, Hassee, Ottendorf, **Kronshagen** mit Kopperpahl, Suchsdorf, Wik und des Gutes Schwartenbek, Kronshagen 1998; Nachdruck der Ausgabe Kiel 1914.
Otto CLAUSEN: Zur Entwicklung des Gebietes der Kirchengemeinde **Krusendorf**. In: JbEck 19 (1961), S. 75–95.
Monika MAERTEN: Entstehungszeit und Bedeutung der Ortsnamen Surendorf, **Krusendorf** und Jellenbek und ihre zugehörigen Bachnamen. In: JbEck 49 (1991), S. 172–186.
Hartwig SOMMER: **Krusendorf**. Die Entwicklung eines Kirchdorfes und die Geschichten seiner Familien, Krusendorf 2009.
KULTUR- und Museumsverein Langwedel (Hrsg.): Festschrift zur 800-Jahr-Feier **Langwedels** (1197–1997), Langwedel 1997.
Robert RENNER: **Langwedel**: Blocksdorf – Enkendorf – Pohlsee, Langwedel 1983.
CHRONIK der Gemeinde **Lindau**, Bad Oldesloe 2003.
Johannes GRAVERT: Chronik der Gemeinde **Lindau** im Kreis Rendsburg-Eckernförde, Lindau 1978.
Georg S. LEISNER: Untersuchungen über die adeligen Güter **Lindau**, Königsförde, Wulfshagener-Hütten, Wulfshagen; 1. Die Entstehung des Gutes Wulfshagen, Eckernförde 2001, S. 1–84; 2. Das adelige Gut Lindau (Deutsch-Lindau) im Dänischen-Wohld (Herzogtum Schleswig), Eckernförde 2002, S. I–V und 85–621.
Hans-Heinrich SETTGAST (Bearb.): Chronik von **Loose** (1339–2006), Freiburg/Br. 2006.
Ute-Bärbel HEYM-HAHNE: „Adliges Gut" im Schleswiger Land – Historie und heutige Nutzung [**Louisenlund**]. In: Von der Flensburger Förde bis zur Eider 1994, S. 141–159.
Horst KRUG: **Ludwigsburg**. In: 600 Jahre Waabs, Waabs 1982, S. 48–53.
Hans RUGE (Hrsg.): Dorfchronik **Lütjenwestedt**, Husum 1994.
Wilhelm PINN: Aufhebung der Leibeigenschaft und Parzellierung des Gutes **Maasleben** 1794. In: JbEck 1 (1936), S. 8–37.
Wilhelm PINN: Die **Maasleben**er Flurkarte von 1794. In: JbEck 2 (1937), S. 17–46.
Wilhelm PINN: Stammtafeln der 10 über 200 Jahre erbeingesessenen **Maasleben**er Bauernfamilien. In: JbEck 3 (1938), S. 97–111.
Rolf DORNBUSCH: Chronik **Melsdorf**. Von einer Ortschaft im Gutsbezirk Quarnbek zur selbständigen Gemeinde, Melsdorf 1990.
750 Jahre **Mielkendorf**, o. O. 1988.
Walter BARTHEL: Chronik von **Mielkendorf**, Mielkendorf 1971.

Hartmut HILDEBRANDT: **Mielkendorf** – Geschichte einer Kieler Stadtrandgemeinde, Mielkendorf 1995.
Claus REESE: Hufen und Hufner in **Mielkendorf**, Molfsee, Petersburg und Schulenhof. In: Jahrbuch für das ehemalige Amt Bordesholm 18 (2016).
Edith GRÜNAUER: Chronik der Gemeinde Kosel mit ihren Dörfern Kosel, Bohnert, **Missunde** und Weseby, Kosel 2016.
Hartmut HILDEBRANDT: Chronik von **Molfsee** 1238–1988, Molfsee 1988.
Claus REESE: Hufen und Hufner in Mielkendorf, **Molfsee**, Petersburg und Schulenhof. In: Jahrbuch für das ehemalige Amt Bordesholm 18 (2016).
Peter KEIMLING (Bearb.): **Mühbrook** – Festschrift zum Jubiläumsjahr der Gemeinde Mühbrook. 750 Jahre; 1238 Muthenbroke – 1988 Mühbrook, Mühbrook 1988.
GEMEINDE Negenharrie (Hrsg.): Ludestesharegen – **Negenharrie** 1238; Wulverdesharegen – Fiefharrie 1238, Negenharrie 1988; Neuauflage Bordesholm 2003.
Hartmut HILDEBRANDT: Haus und Hof einer alten Hufe im alten Amt Bordesholm. Der Hof Schnack aus **Negenharrie** zwischen 1600 und 1900, Magisterarbeit, Kiel 1984.
Erhard RODDE und Gerd Schöneich: Gut **Neu-Bülk**, Neu-Bülk 2000.
Walter DIBBERN (Hrsg.): **Neudorf**er Dorfchronik, Neudorf-Bornstein 1991.
Max-Detlef JÖHNK: Hundert Jahre Gemeinde **Neuwittenbek**, Neuwittenbek 1976.
Heijo SIEMEN: Flurnamen in der Gemeinde **Neuwittenbek**. In: Niewittenbeker Dörpsblatt, Nr. 34 (1992), S. 13; Nr. 35 (1992), S. 11; Nr. 39 (1993), S. 17.
Hinrich BORNHOLDT: **Nindorf** – eine Siedlung im Rendsburger Wald, Nindorf 1980.
Sabine MUES und Peter SCHOSS: Der Lindhof [**Gut Noer**] – Geschichte und Gegenwart. In: JbEck 64 (2006), S. 139–152.
Peter SCHOSS: 75 Jahre Gemeinde **Noer** 1928–2003, Noer 2003.
Wilhelm BRONNMANN: Ältere und neue Häuser in Rieseby und **Norby**. Jedes ein Stück Ortsgeschichte. In: Riesebyer Jahrbuch 23 (1998), S. 83–108.
Ernst SCHÄRFF: Der Rummelpotthof zu **Norby**/Rieseby. In: JbEck 22 (1964), S. 132–134.
Georg REIMER: Kleinigkeiten aus dem **Nortorf**er Kirchenrechnungsbuch. In: JbRd 1955, S. 167–171.
Georg REIMER: Aus alten **Nortorf**er Heiratsregistern 1662–1703. In: JbRd 1959, S. 31–35.
Max SCHÖNWANDT: Achtelhufe „Holsteinisches Haus“ in **Nortorf**, die Geschichte eines Hauses und seiner Bewohner. In: JbRd 1980, S. 172–184.
Max SCHÖNWANDT: Der Aufteilungs-Vergleich von 1783 und die Einkoppelung im Kirchdorf **Nortorf**. In: JbRd 1980, S. 186–194.
Heinrich SPECK: Dorf und Hof zur Hütten im Kirchspiel **Nortorf**. In: JbRd 1959, S. 155–178.
STADT Nortorf (Hrsg.): **Nortorf** – Siedlung, Flecken, Stadt, Nortorf 1981.
Claus KÖSTER: Das Haufendorf **Nübbel**. In: JbRd 1955, S. 174–177.
Rainer WILLMANN: **Oldenhütten** – eine Chronik, Oldenhütten 1998.
125 Jahre Gemeinde **Osdorf**, Osdorf 2001.
Erika SCHWARZBURG: 700 Jahre **Ostenfeld**, Rendsburg 1985.
Anneliese RUMPF: **Ostenfeld** – Geschichte der Hufen und ihrer Besitzer, Klosterneuburg 1996.

Hans-Heinrich KOHNKE: 666 Jahre **Osterrönfeld**. In: JbRd 1996, S. 117–128.
Alice THOMSEN: **Osterrönfeld** – Chronik, Osterrönfeld 1980.
Johann BLÖCKER: **Ottendorf** – Chronik eines Dorfes westlich von Kiel, Ottendorf 1994.
Arthur GLOY: Das alte Amt Kronshagen. Geschichte der Dorfschaften Russee, Hassee, **Ottendorf**, Kronshagen mit Kopperpahl, Suchsdorf, Wik und des Gutes Schwartenbek, Kronshagen 1998; Nachdruck der Ausgabe Kiel 1914.
GEMEINDE Owschlag (Hrsg.): Chronik der Gemeinde **Owschlag**, Hütten 1993.
Manfred KLETT: Hüttener Chroniken – Chronik der Gemeinde **Owschlag**, o. O. 1993.
Joachim BUTENSCHÖN: Chronik der Dorfschaft **Padenstedt** – mit besonderer Berücksichtigung der Landstelle des Hufners Claus Butenschön in Padenstedt sowie Denkwürdigkeiten der neueren Geschichte Schleswig-Holsteins, o. O. o. J. [ca. 1912].
Max BUTENSCHÖN: **Padenstedt** im zwanzigsten Jahrhundert. Band 2 der Dorfchronik, Padenstedt 2006.
Paul von HEDEMANN: Geschichte der adeligen Güter Deutsch-Nienhof und **Pohlsee** in Holstein, Teil 3 (1776–1905), o. O. 1906.
Robert RENNER: Langwedel: Blocksdorf – Enkendorf – **Pohlsee**, Langwedel 1983.
Jürgen RUST: **Prinzenmoor** in Geschichte und Gegenwart, Langenhorn 2008.
Karl LOCK: **Quarnbek** 1264–1969, Bad Segeberg 1969.
Anneliese RUMPF: **Rade** [bei Rendsburg] – Geschichte der Hufen und ihrer Besitzer, Klosterneuburg 1997.
Helmut TIEMER: Die Güter **Rathmannsdorf** und Warleberg. Geschichte und Eigentümer. In: JbEck 31 (1973), S. 95–119.
Ernst BLÖCKER: Chronik der Gemeinde **Reesdorf** – Heimatgeschichte von 1278–1994, Reesdorf 1998.
Edward HOOP: Geschichte der Stadt **Rendsburg**, Rendsburg 1989.
Alfred KUEHN: **Rendsburg**s Feldmark vor und nach der Verkoppelung. In: JbRd 1957, S. 26–34.
Karl MÜLLER: **Rendsburg** – ein Überblick über seine Geschichte und Entwicklung, Rendsburg 1948.
Heinz RAMM: Einwohnerzahlen der Stadt **Rendsburg** von 1495–1816. In: JbRd 1953, S. 37–38.
Heinz RAMM: Die Anfänge **Rendsburg**s. In: JbRd 1959, S. 38–46.
Georg REIMER: **Rendsburg**s Einwohnerzahl 1720. In: JbRd 1957, S. 65–67.
Georg REIMER: Bauernbuch des Amtes **Rendsburg**. Bearbeitet nach den Amtsrechnungen im Landesarchiv Gottorp, unvollständiges handschriftliches bzw. maschinenschriftliches Manuskript o. O. o. J. im Landesarchiv Schleswig-Holstein.
Gerhard SCHNIEDERS (Hrsg.): 800 Jahre **Rendsburg** – Menschen und Geschichten einer Stadt, 2. Aufl., Breiholz 1999.
Adolf von WARNSTEDT: **Rendsburg**. Eine holsteinische Stadt und Festung, Kiel 1850; Nachdruck Charleston 2012 (Nabu Press).
Ernst-Günter HANSEN: Chronik **Rickert**, Rickert 1972.
Hans REIMERS: 500 Jahre **Rickert** 1470–1970, Rickert 1991.
Wilhelm BRONNMANN: Ältere und neue Häuser in **Rieseby** und Norby. Jedes ein Stück Ortsgeschichte. In: Riesebyer Jahrbuch 23 (1998), S. 83–108.

Norwin INDINGER: Über die Deutung des Namen **Rieseby**. In: Riesebyer Jahrbuch 27 (2002), S. 21–22.
Christian KOCK: Chronik des Kirchspiels **Rieseby**, Rieseby 1940.
Gunther OTTO: Chronik der Gemeinde **Rodenbek**, Rodenbek 2013.
Cornelia LÜBKE: Eine Burg und ihre Bauern. Das Gut **Rosenkrantz** und die Gemeinde Schinkel im Lichte neuer Erkenntnisse. In: Archäologische Nachrichten aus Schleswig-Holstein, Heft 19 (2013), S. 94–100.
Joachim AMM: Der **Rotenhof** in Rendsburg. In: JbRd 1985, S. 19–30.
750 Jahre **Rumohr**, Rumohr 1995.
Claus REESE: Hufen und Hufner in Blumenthal, **Rumohr** und Sprenge/Rotenhahn. In: Jahrbuch für das ehemalige Amt Bordesholm 16 (2014), S. 7–128.
Winfried SARNOW: **Rumohr** – Aus der älteren Geschichte. In: JbRd 1985, S. 37–43.
Winfried SARNOW: **Rumohr** – Sprenge – Rumohrhütten, Rumohr 1987.
Arthur GLOY: Das alte Amt Kronshagen. Geschichte der Dorfschaften **Russee**, Hassee, Ottendorf, Kronshagen mit Kopperpahl, Suchsdorf, Wik und des Gutes Schwartenbek, Kronshagen 1998; Nachdruck der Ausgabe Kiel 1914.
Johann KÜHL: **Russee** – eine Dorfchronik, Russee 1967.
Ernst SCHÄRFF: 150 Jahre Charlottenhof und Erichshof [Gut **Saxtorf**]. In: JbEck 11 (1953), S. 49–55.
GEMEINDE Schacht-Audorf (Hrsg.): Chronik **Schacht**-Audorf, Osterrönfeld 2006.
Gottfried SCHÄFER: 650 Jahre **Schacht**-Audorf, Schacht-Audorf 1980.
Winfried SARNOW: Geschichte des Dorfes **Schierensee**. In: JbRd 1976, S. 99–107.
Winfried SARNOW: Das Dorf **Schierensee** und seine Bewohner in früherer Zeit. In: JbRd 1977, S. 87–92.
Winfried SARNOW: **Schierensee** – Chronik eines Dorfes, Neumünster 1977.
Fritz DANIELSON: Chronik von **Schinkel**, Schinkel 2000.
Cornelia LÜBKE: Eine Burg und ihre Bauern. Das Gut Rosenkrantz und die Gemeinde **Schinkel** im Lichte neuer Erkenntnisse. In: Archäologische Nachrichten aus Schleswig-Holstein, Heft 19 (2013), S. 94–100.
Ernst SCHOOF: Dorfchronik **Schmalstede**, Schmalstede 1989.
Hans EGGERS: **Schönhorst** – Dorfchronik, Schönhorst 1996.
GEMEINDE Schönhorst (Hrsg.): 750 Jahre **Schönhorst** 1238–1988. Aufzeichnungen aus Geschichte und Gegenwart, Schönhorst 1988.
Martin LORENZ: Über die Flurnamen von **Schulenhof**. In: JbRd 1957, S. 170–187.
Claus REESE: Hufen und Hufner in Mielkendorf, Molfsee, Petersburg und **Schulenhof**. In: Jahrbuch für das ehemalige Amt Bordesholm 18 (2016).
Hans RUGE: **Schülldorf** – Dorf-Chronik, Schülldorf 1981.
Anneliese RUMPF: **Schülldorf** – Geschichte der Hufen und ihrer Besitzer, Klosterneuburg 1995.
Werner GENSCHKE: So lebten die Dörfler vor 150 Jahren [**Schülp**/Rendsburg]. In: JbRd 1967, S. 109–115.
Hinrich MROZEK: 850 Jahre **Schülp** bei Rendsburg. In: JbRd 1999, S. 93–102.
Hinrich MROZEK: Geschichte der Gemeinde **Schülp** bei Rendsburg, Schülp 1999.
Carsten OBST: Chronik der Gemeinde **Schülp** bei Nortorf in Schleswig-Holstein – Eine historisch-volkskundliche Untersuchung, Schülp bei Nortorf 2001.

Klaus STRUCK: **Schwabe** – vom kleinen Bauerndorf bis zum Wohnort im Grünen, Schwabe 2003.
Arthur GLOY: Das alte Amt Kronshagen. Geschichte der Dorfschaften Russee, Hassee, Ottendorf, Kronshagen mit Kopperpahl, Suchsdorf, Wik und des Gutes **Schwartenbek**, Kronshagen 1998; Nachdruck der Ausgabe Kiel 1914.
Monika MAERTEN und Sönke Boysen: **Schwedeneck** im Wandel der Zeiten, Schwedeneck 2003.
Herbert SCHUMACHER: Chronik der Gemeinde **Schwedeneck**, Schwedeneck 1978.
Carsten OBST: Chronik der Gemeinde Borgdorf-**Seedorf** in Schleswig-Holstein. Eine historisch-volkskundliche Untersuchung, Borgdorf-Seedorf 2001.
Hellmuth HINSCH: **Seefeld** – Ein Dorf im Wandel der Zeit, Seefeld 2006.
Hermann BAASCH: Das frühere adlige Gut **Seekamp**. Die Höfe Scheidekoppel, Heisch und Kahlenberg. In: JbEck 27 (1969), S. 140–168.
Nicolaus DETLEFSEN: Das ehemalige Gut Stift im Dänischen Wohld [**Seekamp**]. In: JbEck 35 (1977), S. 69–95.
GEMEINDE Sehestedt (Hrsg.): 700 Jahre **Sehestedt**. Ein Dorf in Vergangenheit und Gegenwart, Büdelsdorf 2001.
Manfred JESSEN-KLINGENBERG: **Sehestedt** – Bemerkungen zum Alter des Dorfes und zur Adelsfamilie von Sehestedt. In: JbEck 65 (2007), S. 155–160.
Sören KLEIN: Das adelige Gut **Sehestedt**. In: Manfred Jessen-Klingenberg (Hrsg.): Sehestedt aus regionalgeschichtlicher Perspektive, Hamburg 2007, S. 39–65.
Kurt BESLER: Die Dorfgemeinschaft der **Sönderby**er Insten. Ein Blick zurück auf das Leben unserer alten Sönderbyer. In: Riesebyer Jahrbuch 21 (1996), S. 31–46.
Hans GOOS: Bin ich der letzte Hufner unserer Familie in **Sönderby**? In: Riesebyer Jahrbuch 12 (1987), S. 27–39.
Hans GUDDAT: Aus der Chronik **Sophienhamm**. In: JbRd 1977, S. 64–67.
Heinrich OHM: Geschichte eines Dorfes – **Sophienhamm** [1761–1990], Sophienhamm 1991.
666 Jahre **Sören** in Schleswig-Holstein 1323–1989, O. O. 1989.
Werner A. BECHER-GÖBEL: Die Solterbecks in **Sorgwohld**. Eine fast 400jährige Besitzfolge als Hufner. In: JbEck 44 (1986), S. 140–150.
Claus REESE: Hufen und Hufner in Blumenthal, Rumohr und **Sprenge**/Rotenhahn. In: Jahrbuch für das ehemalige Amt Bordesholm 16 (2014), S. 7–128.
Winfried SARNOW: Rumohr – **Sprenge** – Rumohrhütten, Rumohr 1987.
Werner GENSCHKE: So lebten die Dörfler vor 150 Jahren [**Stafstedt**]. In: JbRd 1967, S. 109–115.
Hinrich SIEVERS: Die Entwicklung der Gemeinde **Stafstedt** sowie die Hofgeschichte der dortigen Erbhöfe und Katen seit dem Jahre 1538, fortgeführt bis 1938, Rendsburg 1953.
Gisela STILLER: Chronik der Gemeinde **Stafstedt**, Stafstedt 2013.
Hans Wilhelm SCHWARZ: **Steenfeld** vor und nach 1148. In: JbRd 1999, S. 103–112.
Ute-Bärbel HEYM-HAHNE: „Adliges Gut" im Schleswiger Land – Historie und heutige Nutzung [**Steinwehr**]. In: Von der Flensburger Förde bis zur Eider 1994, S. 141–159.
Friedrich SELLMER: Die Fischerkate in **Strande**, ihre Bewohner und ihr Schicksal. In: JbEck 21 (1963), S. 133–140.
Kay THIELE: **Strande** – vom Fischerdorf zum Seebad, Neumünster 2011.

Svante DOMIZLAFF: Das adelige Gut **Stubbe** 1197–2014, [Hamburg] 2014.
Monika MAERTEN: Entstehungszeit und Bedeutung der Ortsnamen **Surendorf**, Krusendorf und Jellenbek und ihre zugehörigen Bachnamen. In: JbEck 49 (1991), S. 172–186.
Gerd MELZER: Chronik der Gemeinde (Reitmoor) **Tackesdorf**, 2., überarb. Aufl., Tackesdorf 2001.
Claus REESE: Hufen und Hufner in Böhnhusen und **Techelsdorf**. In: Jahrbuch für das ehemalige Amt Bordesholm 15 (2013), S. 29–101.
Claus VOIGT: Chronik der Gemeinde **Thumby** und des Kirchspiels Sieseby, Thumby 2012.
GEMEINDE Timmaspe (Hrsg.): Chronik **Timmaspe**, Teil 2 von Rolf Clausen, Timmaspe 1995.
Jürgen STRUCK: Chronik der Gemeinde **Timmaspe** – von den vorgeschichtlichen Anfängen bis in die Weimarer Republik, Timmaspe 1992.
Wilhelm PINN: Die Gemeinde **Tüttendorf**. Landschaft und Geschichte – Ein Überblick. In: JbEck 25 (1967), S. 110–119.
Helmut TIEMER: **Violenburg** – Name und Geschichte. In: JbEck 29 (1971), S. 101–107.
Frauke HILDEBRANDT: Flintbek. Groß Flintbek – **Voorde** – Kleinflintbek, Flintbek 1988.
Claus REESE: Hufen und Hufner in Groß Flintbek, **Voorde** und Kleinflintbek. In: Jahrbuch für das ehemalige Amt Bordesholm 17 (2015).
GEMEINDE Waabs (Hrsg.): 600 Jahre **Waabs**. Die Geschichte der Gemeinde, ihrer Vereine und Verbände [1382–1982], Waabs 1982.
Rainer HANSEN: **Waabs** – Vergangenheit und Gegenwart, Waabs 1981.
G. E. HOFFMANN: Zur Geschichte von Lütken **Warder** im Kirchspiel Nortorf. In: JbRd 1960, S. 196–201.
Detlef THIESSEN: **Warder** einst und jetzt. In: JbRd 1968, S. 133–147.
Helmut TIEMER: Die Güter Rathmannsdorf und **Warleberg**. Geschichte und Eigentümer. In: JbEck 31 (1973), S. 95–119.
Marianne WOLFF: 800 Jahre **Warleberg** – eine spannende Geschichte. In: Niewittenbeker Dörpsblatt, Nr. 74 (2002), S. 7–9.
Katharina und Hans DOOSE: Chronik von **Wasbek**, Wasbek 2000.
Gustav BLUNK: Das Rauchhaus in **Wattenbek**. In: JbRd 1970, S. 159–163.
Jacob HINRICHS (Hrsg.): **Wattenbek** – Chronik einer Gemeinde, Wattenbek 1991.
Wolfgang LAUR: **Wentorf** bei Bünsdorf. In: JbEck 54 (1996), S. 77–79.
Edith GRÜNAUER: Chronik der Gemeinde Kosel mit ihren Dörfern Kosel, Bohnert, Missunde und **Weseby**, Kosel 2016.
Wilhelm RICKER: **Westensee** – Chronik eines adligen Kirchdorfes, Westensee 1985.
666 Jahre Elsdorf-**Westermühlen** 1340–2006, Langenhorn 2006.
Britta NICOLAI-KOLB: **Westerrönfeld** – Geschichte und Geschichten, Osterrönfeld 2005.
Max FRANZEN: Der „Helenenhof“ in **Westerrönfeld**. In: JbRd 1965, S. 64–65.
Werner GENSCHKE: So lebten die Dörfler vor 150 Jahren [**Westerrönfeld**]. In: JbRd 1967, S. 109–115.
Hermann TRAULSEN: Vor 100 Jahren auf **Wilhelmsthal** bei Eckernförde. In: JbEck 30 (1972), S. 52–70.

Irmgard BUSCH: **Windeby** – Fünf Ortsteile, eine Gemeinde. Geschichte und Gegenwart, Windeby 2015.
Ute-Bärbel HEYM-HAHNE: „Adliges Gut" im Schleswiger Land – Historie und heutige Nutzung [**Wulfshagen**]. In: Von der Flensburger Förde bis zur Eider 1994, S. 141–159.
Georg S. LEISNER: Untersuchungen über die adeligen Güter Lindau, Königsförde, Wulfshagener-Hütten, **Wulfshagen**. 4.2. Wulfshagen. Ein adliges Gut im Dänischen Wohld, Eckernförde 2011.
Oliva JENS: **Wulfshagenerhütten** im Wandel der Zeiten. In: JbEck 68 (2010), S. 221–230.
Georg S. LEISNER: Untersuchungen über die adeligen Güter Lindau, Königsförde, **Wulfshagener-Hütten**, Wulfshagen. 4. Wulfshagenerhütten. Ein Adeliges Gut im Dänischen Wohld, Eckernförde 2008.
Wilhelm BRONNMANN: Zur Geschichte des Dorfes **Zimmert**. In: Riesebyer Jahrbuch 16 (1991), S. 33–41.
Kurt WULF: Landstelle Büßen im Dorfe **Zimmert**, Gemeinde Riesby, Kirchspiel Sieseby. In: JbEck 35 (1977), S. 194–205.

V. Anhang

Adressenverzeichnis

Wissenschaftliche Einrichtungen:

Nordfriisk Instituut
Projekt: Wegweiser zu den Quellen der Landwirtschaftsgeschichte Schleswig-Holsteins
Süderstr. 30
25821 Bräist/Bredstedt, NF
Tel.: 04671-601216
Fax: 04671-1333
E-Mail: kunz@nordfriiskinstituut.de
Internet: www.nordfriiskinstituut.de

Gerichte und Grundbuchämter:

Landgericht Kiel
Schützenwall 31–35
24114 Kiel
Tel.: 0431-6040
Fax: 0431-6041830
E-Mail: verwaltung@lg-kiel.landsh.de

Amtsgericht Eckernförde
Reeperbahn 45–47
24340 Eckernförde
Tel.: 04351-7153
Fax: 04351-715480
E-Mail: verwaltung@ag-eckernfoerde.de

Amtsgericht Kiel
Deliusstr. 22–24
24114 Kiel
Tel.: 0431-6040
Fax: 0431-6042850
E-Mail: verwaltung@ag-kiel.landsh.de

Amtsgericht Neumünster
Boostedter Straße 26
24534 Neumünster
Tel.: 04321-9400
Fax: 04321-940299
E-Mail: verwaltung@ag-neumuenster.landsh.de

Amtsgericht Rendsburg
Königstr. 17
24768 Rendsburg
Tel.: 04331-1390
Fax: 04331-139200
E-Mail: verwaltung@ag-rendsburg.landsh.de

Katasteramt Schleswig-Holstein
Kronshagener Weg 107
24116 Kiel
Tel.: 0431-237630
Fax: 0431-23763350
E-Mail: Poststelle-Kiel@LVermGeo.landsh.de

Archive:
www.archive.schleswig-holstein.de

Landesarchiv Schleswig-Holstein
Prinzenpalais
Gottorfstr. 6
24837 Schleswig
Tel.: 04621-86 18 05 (Lesesaal)
Fax: 04621-86 18 01
E-Mail: landesarchiv@la.landsh.de
www.schleswig-holstein.de/archive/lash

Kreisarchiv Rendsburg-Eckernförde
Kaiserstraße 8
24768 Rendsburg
Anja Freitag
04331-202167
kreisarchiv@kreis-rd.de

Stadtarchiv Eckernförde (Findbuch im LAS)
Gartenstraße 10
24340 Eckernförde
Dr. Uwe Beitz
Tel.: 04351-712548
Fax: 04351-712407
stadtarchiv-eckernfoerde@gmx.de

Stadtarchiv Büdelsdorf
Am Markt 1
24782 Büdelsdorf
Herr Matthias Roese
Tel.: 0177-5553642
info@archivgemeinschaft-gettorf.de

Stadtarchiv Rendsburg
Am Gymnasium 4
24768 Rendsburg
Dr. Dagmar Hemmie
Tel.: 04331-206350
archiv@rendsburg.de

Archivgemeinschaft Gettorf (Findbuch im LAS)
c/o Gemeinde Gettorf
Karl-Kolbe-Platz 1
24214 Gettorf
www.archivgemeinschaft-gettorf.de

Kirchenbücher:

Eine hervorragende Internet-Seite:
www.genealogienetz.de/reg/SCN/k-buecher-d.html

Kirchenkreisarchiv Rendsburg-Eckernförde
Vorwerksallee 14
24782 Büdelsdorf
Tel.: 0170-4844300
www.kkre.de/kirchenkreis

Heimatverbände:

Schleswig-Holsteinischer Heimatbund (SHHB)
Hamburger Landstr. 101
24113 Molfsee
Tel.: 0431-983840
Fax: 0431-9838423
E-Mail: shhb.lv@t-online.de
Internet: www.shhb.lernnetz.de

Heimatgemeinschaft Eckernförde e. V.
Vorsitzende Dr. Telse Stoy
Dorfstraße 21
24358 Ascheffel
Tel.: 04353/1097
E-Mail: stoy.ascheffel@t-online.de
Internet: www.heimatgemeinschaft-eckernfoerde.de

Gesellschaft für Rendsburger Stadt- und Kreisgeschichte e. V.
Hans-Jürgen und Ursula Wegner
Fliederweg 16
24809 Nübbel
Tel.: 04331-61865

Abkürzungen

AR	Amtsrechnungen
Aufl.	Auflage
Bd.	Band
betr.	betreffend, betreffs
bzw.	beziehungsweise
ca.	circa
Dänischw.	Dänischwohlder
DFA	Deutsches Familienarchiv
dies.	dieselbe
etc.	et cetera
f.	folgende (Seite)
ff.	folgende (Seiten)
Flur	Flurbücher
Fol.	Folium (Blatt)
Geb. St.	Gebäudesteuer
Hrsg.	Herausgeber
JbEck	Heimatgemeinschaft Jahrbuch Eckernförde
JbRd	Rendsburger Jahrbuch
JbSG	Jahrbuch für die Schleswigsche Geest
Jh.	Jahrhundert
KBlV	Kieler Blätter zur Volkskunde
Konv.	Konvolut (Sammelband)
KrA-K	Kreisarchiv Steinburg-Kirchspiel
Ksp.	Kirchspiel
Kspv.	Kirchspielvogtei
LAS	Landesarchiv Schleswig-Holstein
LG	Landgerichtliches
NE	Nordelbingen. Beiträge zur Heimatforschung in Schleswig-Holstein, Hamburg und Lübeck
Nr.	Nummer
pag.	pagina (Seite)
QuFGSH	Quellen und Forschungen zur Geschichte Schleswig-Holsteins
RD	Rendsburg
Rundbr.	Rundbrief des Arbeitskreises für Wirtschafts- und Sozialgeschichte Schleswig-Holsteins
SchuPfPr	Schuld- und Pfandprotokolle
Tom.	tomus (Band)
u. a.	unter anderem
usw.	und so weiter
vgl.	vergleiche
z. B.	zum Beispiel
ZSHG	Zeitschrift der Gesellschaft für Schleswig-Holsteinische Geschichte

Die im Rahmen des von der Stiftung Schleswig-Holsteinische Landschaft geförderten Projekts bereits erschienenen Arbeiten:

Wegweiser zu den Quellen der Haus- und Hofgeschichte Nordfrieslands
Bräist/Bredstedt 1998, 263 Seiten,
ISBN 978-3-88007-259-6, € 20,35.

Wegweiser zu den Quellen der Landwirtschaftsgeschichte Schleswig-Holsteins. Landschaft Dithmarschen
Bräist/Bredstedt 1999, 272 Seiten,
ISBN 978-3-88007-276-3, € 20,35.

Wegweiser zu den Quellen der Landwirtschaftsgeschichte Schleswig-Holsteins. Kreis Schleswig-Flensburg
Bräist/Bredstedt 2001, 332 Seiten,
ISBN 978-3-88007-289-3, € 20,35.

Wegweiser zu den Quellen der Landwirtschaftsgeschichte Schleswig-Holsteins. Kreis Ostholstein
Bräist/Bredstedt 2003, 409 Seiten,
ISBN 978-3-88007-303-6, € 19,90.

Wegweiser zu den Quellen der Landwirtschaftsgeschichte Schleswig-Holsteins. Kreis Plön
Bräist/Bredstedt 2005, 270 Seiten,
ISBN 978-3-88007-321-0, € 24,00.

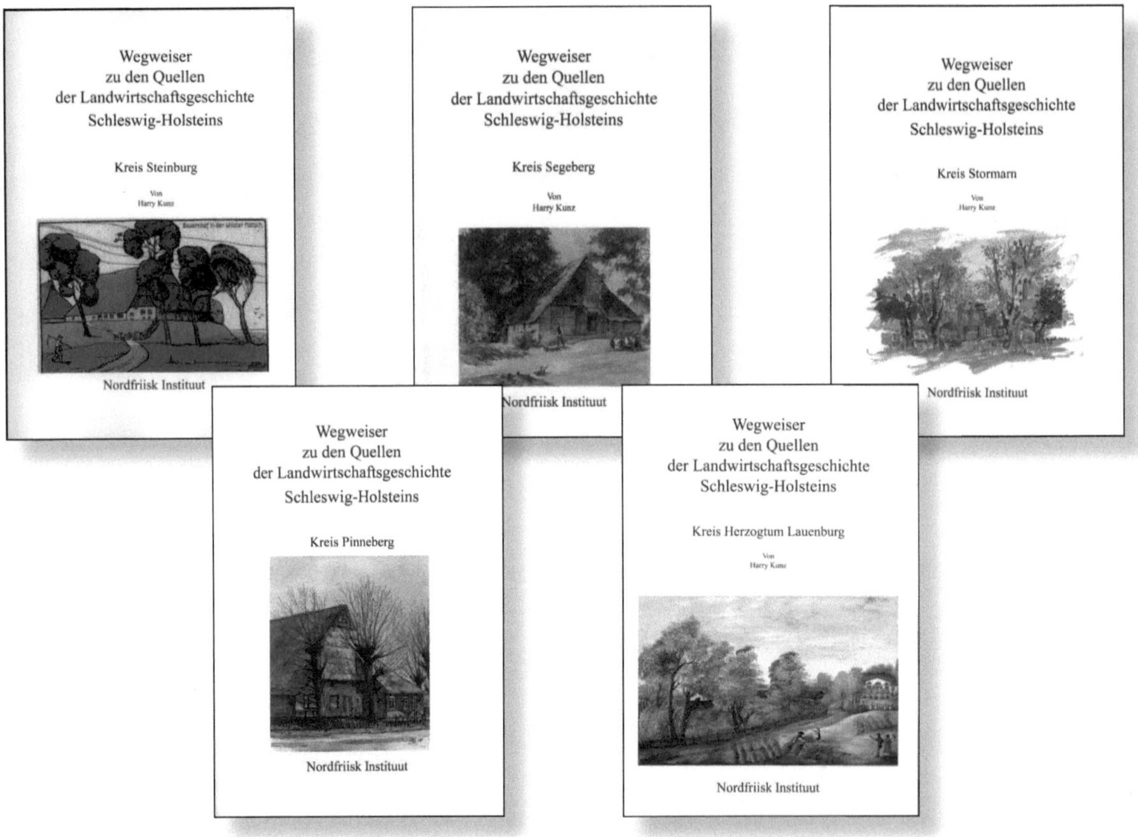

Wegweiser zu den Quellen der Landwirtschaftsgeschichte Schleswig-Holsteins. Kreis Steinburg
Bräist/Bredstedt 2007, 314 Seiten,
ISBN 978-3-88007-340-1, € 29,80.

Wegweiser zu den Quellen der Landwirtschaftsgeschichte Schleswig-Holsteins. Kreis Segeberg
Bräist/Bredstedt 2009, 263 Seiten,
ISBN 978-3-88007-354-8, € 27,90.

Wegweiser zu den Quellen der Landwirtschaftsgeschichte Schleswig-Holsteins. Kreis Stormarn
Bräist/Bredstedt 2011, 272 Seiten,
ISBN 978-3-88007-363-0, € 27,90.

Wegweiser zu den Quellen der Landwirtschaftsgeschichte Schleswig-Holsteins. Kreis Pinneberg
Bräist/Bredstedt 2013, 200 Seiten,
ISBN 978-3-88007-378-4, € 21,90.

Wegweiser zu den Quellen der Landwirtschaftsgeschichte Schleswig-Holsteins. Kreis Herzogtum Lauenburg
Bräist/Bredstedt 2015, 346 Seiten,
ISBN 978-3-88007-395-1, € 35,00.

Die Bücher sind im Buchhandel oder beim Nordfriisk Instituut erhältlich:
Tel.: 04671-60120
Fax: 04671-1333
verlag@nordfriiskinstituut.de